劳动和社会保障部全国计算机信息高新技术考试指定教材

数据库应用（Visual FoxPro平台）

Visual FoxPro 6.0 职业技能培训教程

（操作员级）

修订版

全国计算机信息高新技术考试
教材编写委员会 编写

内 容 简 介

由劳动和社会保障部职业技能鉴定中心在全国统一组织实施的全国计算机信息高新技术考试是面向广大社会劳动者举办的计算机职业技能考试，考试采用国际通行的专项职业技能鉴定方式，测定应试者的计算机应用操作能力，以适应社会发展和科技进步的需要。

本书共9章，主要内容包括数据库的基础知识，Visual FoxPro语言基础，数据库表的创建，自由表的操作，数据库的管理，数据查询，视图的创建与应用，报表和标签的应用，表单技术等。此外，部分章后提供了一些习题供读者练习。

本书是与《数据库应用（Visual FoxPro平台）Visual FoxPro 6.0试题汇编（操作员级·2006修订版）》配套的培训教材。可供广大Visual FoxPro数据库学习人员使用，也可供各级大、中专院校、技校、职高作为Visual FoxPro 6.0数据库培训的参考书。

本书习题所需素材请从www.b-xr.com下载。

需要本书或技术支持的读者，请与北京清河6号信箱（邮编：100085）发行部联系，电话：010-82702660（发行）、010-82702675（邮购），传真：010-82702698，E-mail：tbd@bhp.com.cn。

图书在版编目（CIP）数据

数据库应用（Visual FoxPro平台）Visual FoxPro 6.0职业技能培训教程. 操作员级/全国计算机信息高新技术考试教材编写委员会编写. —北京：科学出版社，2007.9

劳动和社会保障部全国计算机信息高新技术考试指定教材

ISBN 978-7-03-019787-0

Ⅰ.数… Ⅱ.全… Ⅲ.关系数据库—数据库管理系统，Visual FoxPro 6.0—技术培训—教材 Ⅳ.TP311.138

中国版本图书馆CIP数据核字（2007）第132546号

责任编辑：范二朋 / 责任校对：张月岭

责任印刷：媛 明 / 封面设计：刘孝琼

科学出版社 出版

北京东黄城根北街16号

邮政编码：100717

http://www.sciencep.com

北京媛明印刷厂印刷

科学出版社发行 各地新华书店经销

*

2007年9月第 一 版 开本：787mm×1092mm 1/16

2007年9月第一次印刷 印张：22.375

印数：1—3 000 字数：531千字

定价：35.00元

国家职业技能鉴定专家委员会

计算机专业委员会名单

全国计算机信息高新技术考试

教材编委会名单

主 任 委 员： 陈　宇　陆卫民

副主任委员： 徐建华　金志农　杨　波

委　　　员：（按姓氏笔画排序）

丁文花　王维新　甘登岱　代　勤　皮阳文　朱诗兵

朱崇君　孙志松　李东震　李建明　李顺福　何敏男

何新华　汪琪美　张发海　张灵芝　陈　捷　陈　朝

陈　敏　郑明红　段倚虹　姚红军　袁玉明　顾　明

栾大成　蔡红柳　廖彬山

本书执笔人： 赵树林　徐　津　王大印　李瑞平　朱立新　吴慧昕

蒿丽萍　姜中华　刘在强　马　喜　王　飞　丁国栋

徐志飞　闻金川　张增华　靳　梅　白海波　马　双

全国计算机信息高新技术考试简介

全国计算机信息高新技术考试是劳动和社会保障部为适应社会发展和科技进步的需要，提高劳动力素质和促进就业，加强计算机信息高新技术领域新职业、新工种职业技能鉴定工作，授权劳动和社会保障部职业技能鉴定中心在全国范围内统一组织实施的社会化职业技能考试。根据劳动和社会保障部职业技能开发司、劳动和社会保障部职业技能鉴定中心劳培司字[1997]63号文件，“考试合格者由劳动和社会保障部职业技能鉴定中心统一核发计算机信息高新技术考试合格证书。该证书作为反映计算机操作技能水平的基础性职业资格证书，在要求计算机操作能力并实行岗位准入控制的相应职业作为上岗证；在其他就业和职业评聘领域作为计算机相应操作能力的证明。通过计算机信息高新技术考试，获得操作员、高级操作员资格者，分别视同于中华人民共和国中级、高级技术等级，其使用及待遇参照相应规定执行；获得操作师、高级操作师资格者参加技师、高级技师技术职务评聘时分别作为其专业技能的依据。”

开展这项工作的主要目的，就是为了推动高新技术在我国的迅速普及，促使其得到推广应用，提高应用人员的使用水平和高新技术装备的使用效率，促进生产效率的提高；同时，对高新技术应用人员的择业、流动提供一个应用水平与能力的标准证明，以适应劳动力的市场化管理。

根据职业技能鉴定要求和劳动力市场化管理需要，职业技能鉴定必须做到操作直观、项目明确、能力确定、水平相当且可操作性强的要求。因此，全国计算机信息高新技术考试采用了一种新型的、国际通用的专项职业技能鉴定方式。根据计算机不同应用领域的特征，划分模块和系列，各系列按等级分别独立进行考试。

目前划分了五个级别：

序号	级别	与国家职业资格对应关系
1	高级操作师级	中华人民共和国职业资格证书国家职业资格一级
2	操作师级	中华人民共和国职业资格证书国家职业资格二级
3	高级操作员级	中华人民共和国职业资格证书国家职业资格三级
4	操作员级	中华人民共和国职业资格证书国家职业资格四级
5	初级操作员级	中华人民共和国职业资格证书国家职业资格五级

目前划分了15个模块，38个系列：

序号	模块	模 块 名 称	编号	平 台
1		初级操作员	001	Windows/Office
2	00	办公软件应用	002	Windows 平台（MS Office）
			003	Windows 平台（WPS）
3	01	数据库应用	011	FoxBASE+平台
			012	Visual FoxPro 平台
			013	SQL Server 平台
			014	Access 平台
4	02	计算机辅助设计	021	AutoCAD 平台
			022	Protel 平台
5	03	图形图像处理	031	3D Studio 平台
			032	Photoshop 平台

续表

序号	模块	模块名称	编号	平　　台
5	03	图形图像处理	034	3D Studio MAX 平台
			035	CorelDRAW 平台
			036	Illustrator 平台
6	04	专业排版	041	方正书版、报版平台
			042	PageMaker 平台
			043	Word 平台
7	05	因特网应用	051	Netscape 平台
			052	Internet Explorer 平台
			053	ASP 平台
8	06	计算机中文速记	061	听录技能
9	07	微型计算机安装调试维修	071	IBM-PC 兼容机
10	08	局域网管理	081	Windows NT 平台
			082	Novell NetWare 平台
11	09	多媒体软件制作	091	Director 平台
			092	Authorware 平台
12	10	应用程序设计编制	101	Visual Basic 平台
			102	Visual C++平台
			103	Delphi 平台
			104	Visual C#平台
13	11	会计软件应用	111	用友软件系列
			112	金蝶软件系列
14	12	网页制作	121	Dreamweaver 平台
			122	Fireworks 平台
			123	Flash 平台
			124	FrontPage 平台
			125	Macromedia 平台
15	13	视频编辑	131	Premiere 平台
			132	After Effects 平台

根据计算机应用技术的发展和实际需要，考核模块将逐步扩充。

全国计算机信息高新技术考试密切结合计算机技术迅速发展的实际情况，根据软硬件发展的特点来设计考试内容和考核标准及方法，尽量采用优秀国产软件，采用标准化考试方法，重在考核计算机软件的操作能力，侧重专门软件的应用，培养具有熟练的计算机相关软件操作能力的劳动者。在考试管理上，采用随培随考的方法，不搞全国统一时间的考试，以适应考生需要。向社会公开考题和答案，不搞猜题战术，以求公平并提高学习效率。

全国计算机信息高新技术考试特别强调规范性，劳动和社会保障部职业技能鉴定中心根据“统一命题、统一考务管理、统一考评员资格、统一培训考核机构条件标准、统一颁发证书”的原则进行质量管理，每一个考核模块都制定了相应的鉴定标准和考试大纲，各地区进行培训和考试都执行统一的标准和大纲，并使用统一教材，以避免“因人而异”的随意性，使证书获得者的水平具有等价性。为适应计算机技术快速发展的现实情况，不断跟踪最新应用技术，还建立了动态的职业鉴定标准体系，并由专家委员会根据技术发展进行拟定、调整和公布。

考试咨询网站：www.citt.org.cn　培训教材咨询电话：010-82702660，010-62978181

出 版 说 明

全国计算机信息高新技术考试是劳动和社会保障部为适应社会发展和科技进步的需要，提高劳动力素质和促进就业，加强计算机信息高新技术领域新职业、新工种职业技能鉴定工作，授权劳动和社会保障部职业技能鉴定中心在全国范围内统一组织和实施的社会化职业技能鉴定考试。

根据职业技能鉴定要求和劳动力市场化管理需要，职业技能鉴定必须做到操作直观、项目明确、能力确定、水平相当且可操作性强的要求，因此，全国计算机信息高新技术考试采用了一种新型的、国际通用的专项职业技能鉴定方式。根据计算机不同应用领域的特征，划分了模块和平台，各平台按等级分别独立进行考试，应试者可根据自己工作岗位的需要，选择考核模块和参加培训。

全国计算机及信息高新技术考试特别强调规范性，劳动和社会保障部职业技能鉴定中心根据“统一命题、统一考务管理、统一考评员资格、统一培训考核机构条件标准、统一颁发证书”的原则进行质量管理。每一个考试模块都制定了相应的鉴定标准和考试大纲，各地区进行培训和考试都执行统一的标准和大纲，并使用统一教材，以避免“因人而异”的随意性，使证书获得者的水平具有等价性。

为保证考试和培训的需要，每个模块的教材由两种指定教材组成。其中一种是汇集了本模块全部试题的《试题汇编》，一种是用于系统教学使用的《培训教程》。

本书是专门为数据库应用（Visual FoxPro 6.0）操作员在短期内掌握国家有关部门指定的数据库技能而编写的教材。本书共 9 章，主要内容包括数据库的基础知识，Visual FoxPro 语言基础，数据库表的创建，自由表的操作，数据库的管理，数据查询，视图的创建与应用，报表和标签的应用，表单技术等。此外，第 3 至 9 章提供了一些习题供读者练习。

本书是与《数据库应用（Visual FoxPro 平台）Visual FoxPro 6.0 试题汇编（操作员级·2006 修订版）》配套的培训教材。可供广大 Visual FoxPro 6.0 数据库学习人员使用，也可供各级大、中专院校、技校、职高作为 Visual FoxPro 6.0 数据库培训的参考书。

参与本书编写的赵树林、徐津、王大印、李瑞平、朱立新、吴慧昕、蔄丽萍、姜中华、刘在强、马喜、王飞、丁国栋、徐志飞、闻金川、张增华、靳梅、白海波、马双等。

本教程的不足之处敬请批评指正。

出版说明

目　录

第 1 章　Visual FoxPro 基础

数据库技术是信息社会的重要基础之一，是计算机领域中发展最为迅速的分支。数据库技术是一门综合性技术，它涉及到操作系统、数据结构、算法设计和程序设计等知识。从应用的角度来看，计算机用户需要掌握数据库的理论基础，以其来指导应用实践。

Visual FoxPro 是目前计算机上最流行的关系型数据库管理系统之一，它采用了可视化的、面向对象的程序设计方法，大大简化了应用系统的开发过程。只有掌握数据库系统的基础知识，熟悉数据库管理系统的特点，计算机应用人员才能开发出适用的数据库应用系统。本章将首先向用户介绍数据库和 Visual FoxPro 的基础知识，为学好、用好 Visual FoxPro 打好基础。

本章重点：

- 数据库的基础知识
- Visual FoxPro 6.0 概述

1.1　数据库的基础知识

数据库是指某些特定需求或应用信息的集合，数据库按照事先所定义的结构存储信息，并为以后检索和修改数据提供了方便的组织形式。

现在的数据库可以存储的数据信息类型很广，从简单的数字文本到复杂的多媒体文件都可以存储到数据库中。数据库系统提供了一种把工作和生活中各种信息集合在一起存储、维护、管理应用的方法，因而得到了广泛应用。

1.1.1　数据与信息

在人类社会活动中，对数据的管理和处理是人类正常生活的一种需求，为了更好地满足这种需求，产生了数据管理技术。

1. 数据（Data）

数据在大多数人头脑中的第一个反应就是数字。其实数字只是最简单的一种数据，是数据的一种传统和狭义的理解。广义的理解，数据就是描述事物的符号。在日常生活中数据无所不在，数字、文字、图表、图像、声音等都是数据。数据经过数字化后可以存入计算机，数据是数据库中存储的基本对象。人们通过数据来认识世界，交流信息。

为了了解世界，交流信息，人们需要描述这些事物。在日常生活中人们直接用自然语言（如汉语）描述。在计算机中，为了存储和处理这些事物，就要抽出对这些事物感兴趣的特征组成一个记录来描述。例如：在学生档案中，如果人们最感兴趣的是学生的姓名、性别、年龄、出生年月、籍贯、所在系别、入学时间，那么可以这样描述：

（赵树林，男，20，1986，河南，外语系，2005）

因此这里的学生记录就是数据。对于上面这条学生记录，了解其含义的人会得到如下信息：赵树林是个大学生，1986 年出生，20 岁，男，河南人，2005 年考入计算机系；而不了解其语义的人则无法理解其含义。可见，数据的形式还不能完全表达其内容，需要经过解释。所以数据和关于数据的解释是不可分的，数据的解释是指对数据含义的说明，数据的含义称为数据的语义，数据与其语义是不可分的。

2. 信息

信息是经过加工的数据，这种数据对人类社会实践、生产及经营活动能产生决策性影响。也就是说，信息是一种数据，是经过加工的有用数据。

数据和信息在概念上是有区别的：所有的信息都是数据，而只有经过加工的具有使用价值的数据才能成为信息。经过加工所得到的信息仍以数据的形式表现，此时数据是信息的载体，使人们认识信息的一种媒体。

3. 数据处理

数据处理就是指对各种类型的数据进行收集、存储、分类、计算、加工、检索及传输的过程，数据处理也被称为信息处理。数据处理的目的是从大量的数据中，根据数据自身的规律及其相互联系，通过分析、归纳、推理等科学方法，利用计算机、数据库等技术手段，提取有效的信息资源，为进一步分析、管理、决策提供依据。

通过处理数据可以获得信息，通过分析和筛选信息可以产生决策。例如，以某个产品每个月的销售量为原始数据，经过计算得出月平均销售量和总销售量等信息，计算处理的过程就是数据处理。

在计算机处理数据的过程中，计算机使用外存储器来存储数据，通过计算机软件来管理数据，通过应用程序来对数据进行加工处理。

1.1.2 数据管理技术的发展

数据处理的中心问题是数据管理。计算机对数据的管理是指对数据的组织、分类、编码、存储、检索和维护提供操作手段。

在计算机软、硬件发展的基础上，在应用需求的推动下，数据管理技术得到了很大的发展，它经历了由人工管理、文件系统和数据库系统 3 个阶段。

1. 人工管理阶段

早期的计算机主要用于科学计算，计算处理的数据量很小，基本上不存在数据管理的问题。从 20 世纪 50 年代初，开始将计算机应用于数据处理。当时的计算机没有专门管理数据的软件，也没有像磁盘这样可随机存取的外部存储设备，对数据的管理没有一定的格式，数据依附于处理它的应用程序，使数据和应用程序一一对应，互为依赖。那时数据与应用程序之间的关系如图 1-1 所示。

人工管理阶段的特点是：

- 数据不保存在机器中：因为在该阶段计算机主要用于科学计算，一般不需要将数据长期保存，只在计算一个题目时，将数据输入计算机，得到计算结果即可。程序运行结束后就退出计算机系统，一个程序中的数据无法被其他程序利用，因此程序与程序之间存在大量的重复数据。

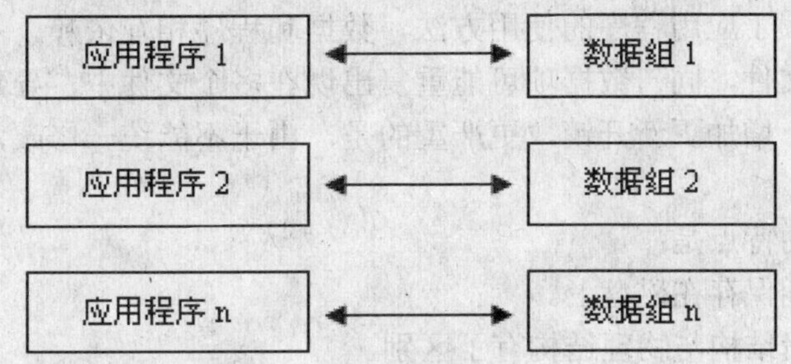

图 1-1 数据与应用程序之间的关系

- 数据缺少系统软件管理：没有专用软件对数据进行管理，数据与程序不具有独立性，一组数据对应一组程序，一旦数据在存储器上改变物理地址，就需要相应的改变用户程序。
- 只有程序的概念，没有文件的概念。

人工管理阶段的缺点是：

- 由于数据与应用程序的对应、依赖关系，应用程序中的数据无法被其他程序利用，程序与程序之间存在着大量重复数据，造成数据冗余，数据结构性差。
- 由于数据是对应某一应用程序的，使得数据的独立性很差，如果数据的类型、结构、存取方式或输入输出方式发生变化，处理它的程序必须相应改变。

2．文件系统阶段

20 世纪 50 年代后期到 60 年代中后期，随着计算硬件和软件的飞速发展，计算机不再只用于科学计算，而是开始大量地用于管理中的数据处理工作。这时出现了具有可直接存取的磁盘、磁带及磁鼓等外部存储设备，软件则出现了高级语言和操作系统，而操作系统的一项主要功能是文件管理，因此，数据处理应用程序利用操作系统的文件管理功能，将相关数据按一定的规则构成文件，通过文件系统对文件中的数据进行存取、管理，实现数据的文件管理方式。文件系统对数据的管理，实际上是通过应用程序和数据之间的一种接口来实现的，如图 1-2 所示。

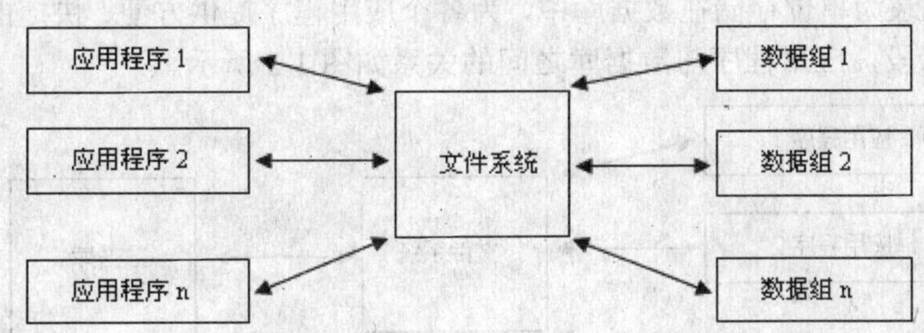

图 1-2 应用程序、数据和文件之间的关系

文件系统最大的特点是解决了应用程序和数据之间的公共接口问题，使得应用程序采用统一的存取方法来操作数据。在文件系统的支持下，程序只需用文件名即可访问数据文

件，程序员可以集中精力在数据处理的算法上，而不必关心记录在存储器上的地址和内、外存交换数据的过程。不过文件系统只是简单的存放数据，它们相互之间并没有有机的联系。数据的存放依赖于应用程序的使用方法，数据和程序相互依赖，不同的应用程序仍然很难共享同一数据文件，同一数据项可能重复出现在多个文件中，导致数据冗余度大。这不仅浪费存储空间，增加更新开销，更严重的是，由于不能统一修改，容易造成数据的不一致性。

文件系统阶段的特点是：

- 数据可长期保存在磁盘上。
- 数据的逻辑结构与物理结构有了区别。
- 文件组织呈现多样化。
- 数据不再属于某个特定程序，可以重复使用。

其缺陷是：

- 数据冗余度大。
- 数据不一致性。
- 数据联系弱。

3. 数据库系统阶段

从 20 世纪 60 年代后期开始，需要计算机管理的数据量急剧增长，并且对数据共享的需求日益增强，文件系统的数据管理方法已无法适应开发应用系统的需要。人们为了克服文件系统的不足，实现计算机对数据的统一管理，达到数据共享的目的，开发了一类新的数据管理软件——数据库管理系统（DataBase Management System，DBMS），运用数据库技术进行数据管理，将数据管理技术推向了数据库管理阶段。

一般说来，数据库系统由计算机软、硬件资源组成。它实现了有组织地、动态地存储大量关联的数据，方便多用户访问，它与文件系统的重要区别是数据的充分共享、交叉访问及应用程序的高度独立性。数据库技术对所有的数据实行统一、集中、独立的管理，以实现数据的共享，保证数据的完整性和安全性，提高了数据管理的效率。

数据库也是以文件方式存储数据的，但它是数据的一种高级组织形式。在应用程序和数据库之间，由数据库管理软件把所有应用程序中使用的相关数据汇集起来，按照统一的数据模型，以记录为单位存储在数据库中，为各个应用程序提供方便、快捷的查询和使用。在数据库管理阶段，应用程序与数据库之间的关系如图 1-3 所示。

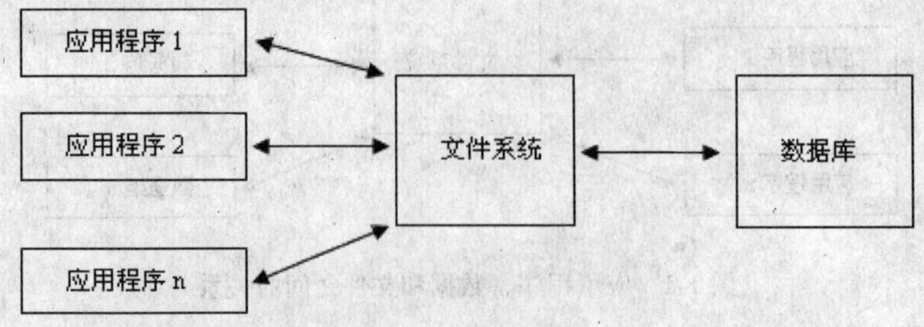

图 1-3　应用程序与数据库的关系

数据库阶段的特点是：

- 采用复杂的数据模型表示数据结构。
- 有较高的数据独立性（数据结构分成用户的逻辑结构、整体逻辑结构和物理结构三级）。
- 数据库系统为用户提供方便的用户接口，可以使用查询语言、终端命令或程序方式操作数据库。
- 系统提供了四个方面的数据控制功能：数据库的恢复、并发控制、数据完整性和数据安全性。
- 对数据的操作不一定以记录为单位，还可以数据项为单位。

1.1.3 数据库（DB 即 DataBase）

数据库，顾名思义，是存放数据的仓库。只不过这个仓库是在计算机存储设备上，而且数据是按一定的格式存放的。

人们收集并抽取出一个应用所需要的大量数据之后，应将其保存起来以供进一步加工处理，进一步抽取有用信息。在科学技术飞速发展的今天，人们的视野越来越广，数据量急剧增加。过去人们把数据存放在文件柜里，现在人们借助计算机和数据库技术科学地保存和管理大量的复杂的数据，以便能方便而充分地利用这些宝贵的信息资源。

所谓数据库是长期储存在计算机内、有组织的、可共享的数据集合。数据库中的数据按一定的数据模型组织、描述和储存，具有较小的冗余度、较高的数据独立性和易扩展性，并可为各种用户共享。

在当今的信息时代，无论是在学习还是工作或是在生活中，到处都是“数据库”的影子。比如说，公司有每个员工的档案，而公司可能有成百上千或者更多的职员，这么多的档案信息，如何进行管理呢？另外，如果身为公司的负责人，在面前的办公桌上，放着堆成山的员工资料和产品资料，从这些资料中寻找某些有用的东西就成了一个问题。这就需要建立一种管理模型来管理这些数据，如对档案进行编号，对产品资料进行分类等等。这就是“数据库”在日常生活中的模型。可以说，拥有这么多信息的上司、主管们，肯定要用这些档案、资料、清单来了解各种各样的情况。

比如，原来在某一个大文件夹上标记了“员工信息”，而在另一个文件夹上标记了“产品资料”，其他还有标记为“发票清单”、“库存信息”等等。如果要去查找某一个员工的资料，那么就一定会到标记了“员工信息”的大文件夹中去查找，而不会到其他任何一个文件夹里去查询。因为之前已经将所有的信息都按照文件夹分类了，将按照文件夹进行分类，若用数据库的术语来说，就是建立了各个不同的数据表，即每一个文件夹都是数据库中的“表”。

显然，这些“表”是相互区别的，有的是“员工信息”，有的是“产品资料”，有的是“发票清单”，而决不会因为混淆而导致查询的时候要一个挨一个的查找某个员工的资料。实际上只需在“员工信息”中就可以查找到想要知道的某员工信息了。当然，这些不同的表也是可以有联系的。比如要查找某个员工所在的部门，就可能在“员工信息”中看到“所在部门”项，并大致了解某些情况，再到“部门资料”中，就可以很快地查出了。

当查找到某个具体员工资料的时候，将会发现，该资料是分为几个项目进行描述的，如姓名、年龄、身高、体重、学历、工作经历、所在部门等等。而且在这样一个总的“员工信息”中，各个员工的资料一定是按照某种顺序进行排列保存的。

这样一个具体的员工资料，用数据库的术语来说，就是“记录”。当然“记录”是包含有许多具体信息的，这些具体的信息就是“数据”，比如姓名、年龄、学历等等。

而这些用来区分具体数据的项目名称，用数据库的术语，就应该被称为“字段”。

如果把按照某种规则查到的员工记录，另外组织成一个档案，那么这个档案就是数据库中的“查询”。

当然，如果需要的话，可以从原来的“员工信息”中或者后来建立的“查询”中，提取某些最终需要的信息，专门复制或者打印出来，这种付诸打印的就被称为“报表”。

通过上面的描述，再来认识一下数据库：

- 所有的分类文件夹，组成一个大的统一的“数据库”。
- 每一个分类的文件夹，包含许多条不同的信息，形成一个“表”。
- 每一条不同的信息，形成不同的“记录”。
- 标记不同的名称，用以区别不同的记录的就是“字段”。
- 每个不同记录下面具体描述的，就是我们常常所说的“数据”。
- 而描述各种具体数据情况的，就被称作“数据类型”。

1.1.4 数据库管理系统（DBMS 即 DataBase Management System）

了解了数据和数据库的概念，下一个问题就是如何科学地组织和存储数据，如何高效地获取和维护数据。完成这个任务的是一个系统软件——数据库管理系统。

数据库管理系统是位于用户与操作系统之间的一层数据管理软件。它的主要功能包括以下几个方面：

- 数据定义功能：DBMS 提供数据定义语言（Data Definition Language，简称 DDL），用户通过它可以方便地对数据库中的数据对象进行定义。
- 数据操纵功能：DBMS 还提供数据操纵语言（Data Manipulation Language，简称 DML），用户可以使用 DML 操纵数据实现对数据库的基本操作，如查询、插入、删除和修改等。
- 数据库的运行管理：数据库在建立、运用和维护时由数据库管理系统统一管理、统一控制，以保证数据的安全性、完整性、多用户对数据的并发使用及发生故障后的系统恢复。
- 数据库的建立和维护功能：它包括数据库初始数据的输入、转换功能，数据库的转储、恢复功能，数据库的重组织功能和性能监视、分析功能等。这些功能通常是由一些实用程序完成的。

数据库管理系统是数据库系统的一个重要组成部分。常见的数据管理系统有：dBASE，Oracle，Foxbase，Foxpro，Access，Microsoft SQL Server 等。数据库管理系统是构架在一个或多个数据库之上，并针对数据库中的数据进行管理和运用的系统。

1.1.5 数据库系统（DBS 即 DataBase System）

数据库系统是指在计算机系统中引入数据库后的系统构成，一般由数据库、数据库管理系统（及其开发工具）、应用系统、数据库管理员和用户构成。应当指出的是，数据库的建立、使用和维护等工作只靠一个 DBMS 远远不够，还要有专门的人员来完成，这些人被称为数据库管理员（Data Base Administrator，简称 DBA）。

在一般不引起混淆的情况下常常把数据库系统简称为数据库。

1.1.6　数据模型

数据模型是指数据库的组织形式，它决定了数据库中数据之间联系的表达方式。常用的数据模型有三种：层次模型、网状模型、关系模型。

1. *层次模型*

层次模型的结构像一棵倒立的树，树根、树的分枝点和树叶都可视为节点。树的节点代表实体，树枝代表联系。在这种结构中，树的根节点是惟一向上没有联系的结点，它处在最高层（或第一层）；树叶是向下没有任何联系的结点；其余的节点（枝节点）向上只有一个联系，而向下可以有多个联系。节点是分层的，处在同一层上的结点之间没有联系，所有联系的方向都是向下的。例如，图 1-4 所示的高校组织结构就属于层次模型。

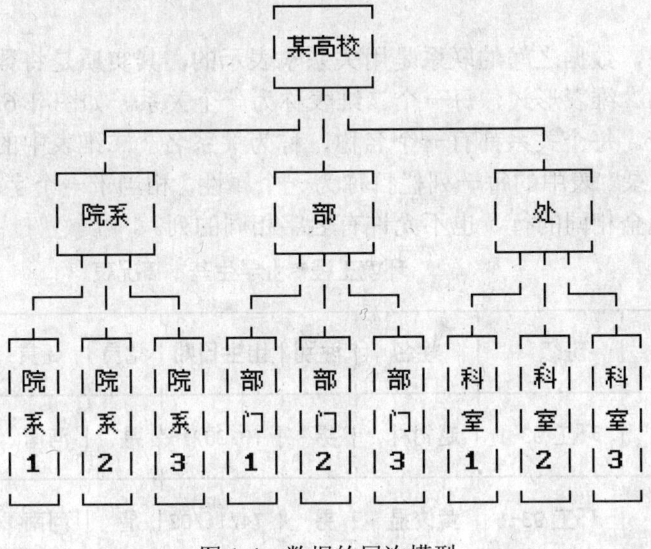

图 1-4　数据的层次模型

2. 网状模型

网状模型是层次模型的拓展，节点之间的联系像一张网，网上的连接点都是节点。节点之间是平等的，不分层次，每个节点表示一个数据元素。在网状模型中可以有任意个节点（包括零个）无上层联系，至少有一个子节点有多个上层，所以网状模型有更一般的表示事实的能力。如图 1-5 所示的“教师”、“学生”、“课程”、“成绩”之间的联系就是网状模型。

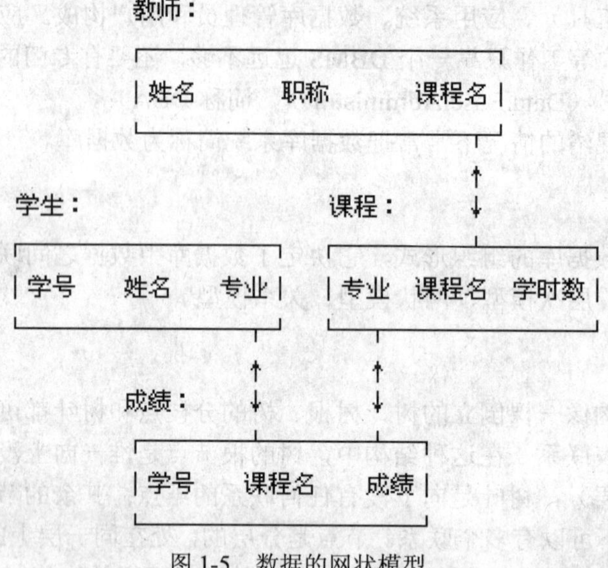

图 1-5 数据的网状模型

3. 关系模型

在关系模型中，数据之间的联系是用关系来表示的，其实质是将数据的逻辑结构归结为满足一定条件的二维表形式，每一个二维表称为一个关系。如图 1-6 所示的表为一学生基本情况的关系表。每个关系都有一个名称，称为关系名。二维表中的每一行称为一个元组，相当于一条记录。表中的每一列栏目称为一个属性，相当于一个字段。在每个关系中，既不允许有内容完全相同的行，也不允许有名字相同的列。

环境工程专业学生基本情况表

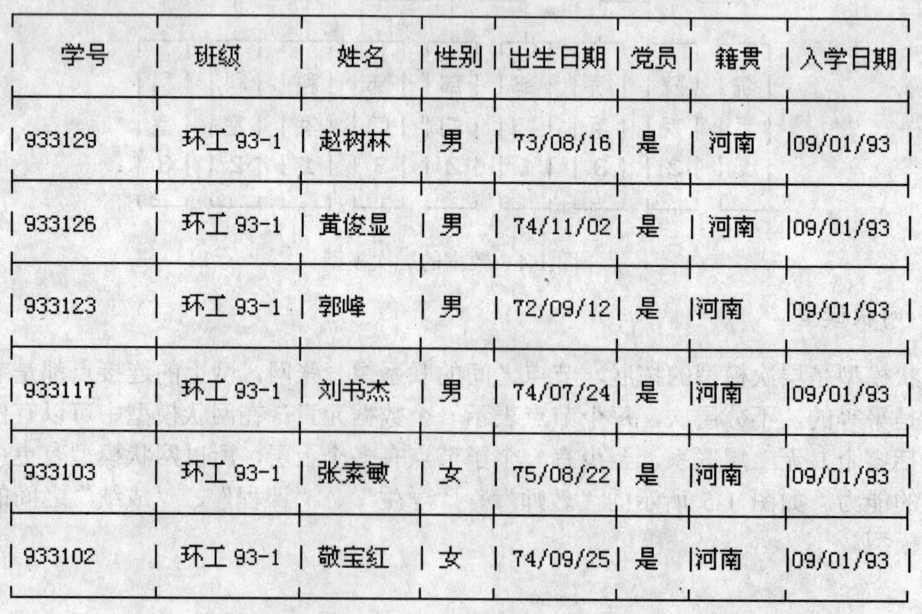

学号	班级	姓名	性别	出生日期	党员	籍贯	入学日期
933129	环工 93-1	赵树林	男	73/08/16	是	河南	09/01/93
933126	环工 93-1	黃俊显	男	74/11/02	是	河南	09/01/93
933123	环工 93-1	郭峰	男	72/09/12	是	河南	09/01/93
933117	环工 93-1	刘书杰	男	74/07/24	是	河南	09/01/93
933103	环工 93-1	张素敏	女	75/08/22	是	河南	09/01/93
933102	环工 93-1	敬宝红	女	74/09/25	是	河南	09/01/93

图 1-6 数据的关系模型

采用关系模型表示数据之间的联系，其主要特点在于数据描述的统一性，即数据之间的联系只能用关系来表示。关系模型有其严格的数学基础，数据的各种处理主要以集合代数为基础。

1.1.7　关系数据库的基本概念

利用关系模型来描述数据之间的联系，所建立的数据库称为关系数据库。在关系数据库中，每一个关系中的数据都存放在一个数据库文件（表）中，若干个数据库文件（表）就组成了关系数据库。按照关系模型，数据的组成可分为以下四个层次：

- 字段：是关系数据库文件中最基本的不可分割的数据单位，它用来描述某个实体对象的属性，且同一个字段中的数据类型都是相同的。例如，表中的“学号”、“班级”、“姓名”、“性别”、“出生日期”、“党员”、“籍贯”和“入学日期”都是字段名。
- 记录：一组字段值的集合称为一条记录（表中的一行）。一个记录可描述一个个体对象。表中的每个记录由 8 个字段的值组成，如 933129、环工 93-1、赵树林、男、73/08/16、是、河南、09/01/93 组成第一条记录。
- 数据库文件：具有关系性质的一张二维表称为一个数据库文件，由若干个具有相同性质的记录组成。
- 数据库：指所有数据库文件的集合，由若干个相关的二维表组成。数据库不是某一方面数据库文件的简单集合，它按照一定规则对库文件进行重新组织，以便使数据具有最大的独立性和最小冗余度，并实现对数据的共享。

现在常用的数据库管理系统产品多是基于关系型数据库的，本书介绍的 Visual FoxPro 是一种典型的关系型数据库管理系统。

1.2　Visual FoxPro 概述

Visual FoxPro 之前的版本是 FoxPro。FoxPro 是由 Foxbase 改进而产生的，而 Foxbase 的前身是 Dbase 系列。1992 年微软收购了 Fox 公司，把 FoxPro 纳入自己的产品中，它利用自身的技术优势和巨大的资源，在不长的时间里开发出了 FoxPro 2.5、FoxPro 2.6 等大约 20 个软件产品及其相关产品，包括 DOS、Windows、Mac 和 UNIX 四个平台的软件产品。1995 年 6 月，微软推出了 Visual FoxPro 3.0 版。接着又很快推出 Visual FoxPro 5.0 及其中文版。1998 年发布了可视化编程语言集成包 Visual Studio 6.0 ，本书介绍的 Visual FoxPro 6.0（中文版）就是其中的一员。它是可运行于 Windows 95/98，Windows NT 平台的 32 位数据库开发系统；它能充分发挥 32 位微处理器的强大功能，是一个直观易用的编程工具。

1.2.1　Visual FoxPro 的特性

Visual FoxPro 是为数据库结构和应用程序开发而设计的功能强大的面向对象的环境。无论是组织信息、运行查询、创建集成的关系型数据库系统，还是为最终用户编写功能全面的数据管理应用程序，Visual FoxPro 都可以提供管理数据所需的工具，可以在应用程序或数据库开发的任何一个领域中提供帮助。Visual FoxPro 所具有的速度、能力和灵活性，是普通数据库管理系统无法比拟的，它主要就有下面一些特性：

1. 增强的项目及数据库管理功能

Visual FoxPro 提供了一个进行集中管理的环境。在 Visual FoxPro 中用户可以对项目及数据进行更强的控制，可以在“项目管理器”中看到组件的状态。数据库容器允许几个用户在同一个数据库中同时创建或修改对象，利用“数据库设计器”可以迅速更改数据库中对象的外观。借助“项目管理器”可以创建和集中管理应用程序中的任何元素，可以访问所有向导、生成器、工具栏和其他易于使用的工具。

2. 增强的应用程序开发

Visual FoxPro 添加了“应用程序向导”功能，该向导可以使开发应用程序更有效率。Visual FoxPro 6.0 中还添加了一些功能来增强开发环境，使用这些新增的功能可以更方便地向应用程序中添加有效的功能。

Visual FoxPro 6.0 提供了更多更好的生成器、工具栏和设计器等，在它们的帮助下，可以快速开发应用程序，不用编程创建界面。在 Visual FoxPro 6.0 中，还提供了可以更简便地调试及监控的应用程序组件。

3. 提供真正的面向对象程序设计

Visual FoxPro 仍然支持标准的面向过程的程序设计方式，更重要的是它现在提供真正的面向对象程序设计的能力。借助 Visual FoxPro 的对象模型，可以充分使用面向对象程序设计的所有功能，包括继承性、封装性、多态性和子类。

4. Rushmore 技术

Rushmore 是一种从表中快速地选取记录集的技术，它可将查询响应时间从数小时或数分钟降低到数秒，可以显著地提高查询的速度。

5. 多人协同工作

如果是几个开发者开发一个应用程序，可以使用 Visual FoxPro 允许同时访问数据库组件的能力。同时，若要跟踪或保护对源代码的更改，还可以使用带有“项目管理器”的源代码管理程序。

6. 数据共享

使用 Visual FoxPro，可以方便地实现数据共享。如果有 Visual FoxPro 先前版本的文件，只要打开它们，就会出现 Visual FoxPro 转换对话框。用户可以把其他数据源移到 Visual FoxPro 表中，如果有电子表格或文本文件中的数据，比如 Microsoft Excel 或 Microsoft Word。

1.2.2 Visual FoxPro 的安装、卸载、启动与退出

要使用 Visual FoxPro 开发应用系统，必须将系统安装到本地机上。在安装 Visual FoxPro

之前，要了解 Visual FoxPro 必备的硬件和软件环境，做好安装前的准备工作。在当前计算机上安装 Visual FoxPro 6.0 系统应注意如下几个问题：

- 空间问题：不同的软件，需要不同的空间。Visual FoxPro 6.0 约需要近 100M 的磁盘空间，如果当前磁盘没有那么多空间，需要先整理磁盘。
- 文件夹：任何软件需要被安装在指定的文件夹下。通常安装软件提供一个默认的文件夹，如果用户不希望安装在默认的文件夹下，需要事先创建一个用户指定的文件夹。
- 组建选择：一个大软件是由许多个组件组成的，安装时可以根据自己的需要选择安装所需的组件，选择组件时需要知道其含义和功能。
- 客户和服务器选择：如果软件是客户/服务器方式提供的产品，在不同的计算机上需要安装不同的版本。在服务器上需要安装服务器版本，在客户机上需要安装客户机版本，这两个版本具有不同的功能。
- 安装方式：通常软件提供典型安装、完全安装和选择安装几种方式。典型安装是默认安装，完全安装是全部安装，选择安装是根据自己的需要选择性安装。安装方式将根据用户对软件的理解进行选择，通常典型安装是推荐给一般用户的方式。
- 操作系统：由于 Visual FoxPro 是 32 位产品，对于操作系统而言需要在 Windows 98/ NT /2000/XP 或更高版本的系统上运行。

1. 安装 Visual FoxPro 6.0

Visual FoxPro 6.0 可以从 CD-ROM 或网络上安装，下面简单介绍一下从 CD-ROM 安装的方法：

（1）将 Visual FoxPro 6.0 系统光盘放入 CD-ROM 驱动器。

（2）从“资源管理器”或者“我的电脑”中打开光盘，找到 setup.exe 文件，双击该文件，运行安装向导，出现安装初始画面，如图 1-7 所示。

（3）单击“下一步”按钮，进入用户许可协议对话框，如图 1-8 所示。在“最终用户许可协议”对话框中选择“接受协议”单选按钮之后才能激活“下一步”按钮。

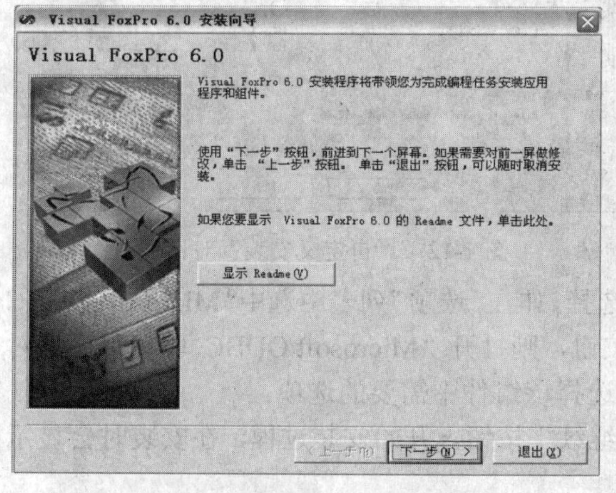

图 1-7 安装初始画面

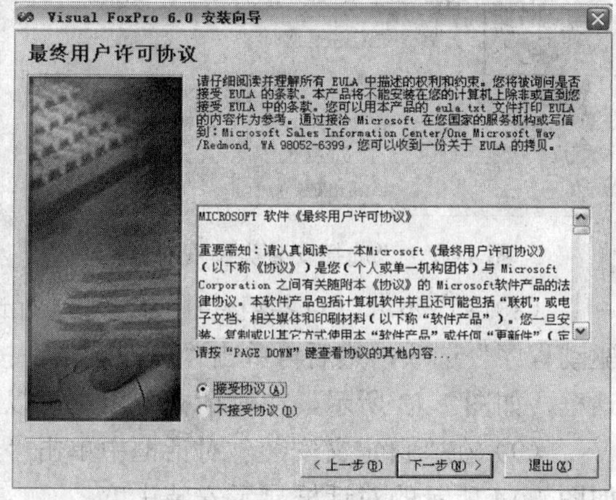

图 1-8 “最终用户许可协议”对话框

（4）单击“下一步”按钮，进入“产品号和用户 ID”对话框，如图 1-9 所示。在“产品号和用户 ID”对话框中输入产品的 ID 号和用户信息，只有输入正确的产品 ID 号才能够进入下一个对话框。

（5）单击“下一步”按钮，进入“选择公用安装文件夹”对话框，如图 1-10 所示。在“选择公用文件的文件夹”文本框中显示了系统默认的安装路径，用户如果要改变安装为止，单击“浏览”按钮选择安装位置。

图 1-9 “产品号和用户 ID”对话框

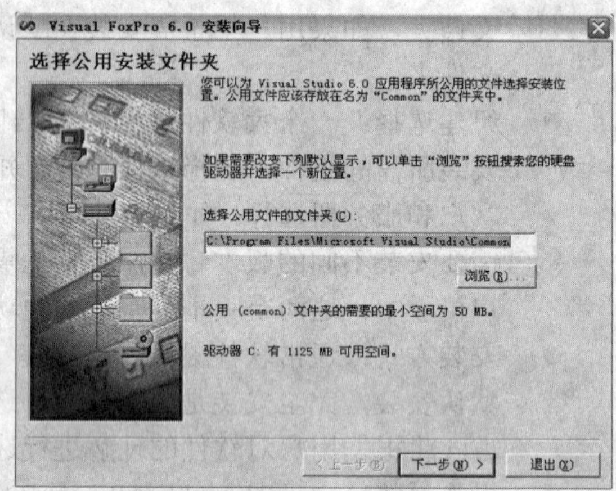

图 1-10 “选择公用安装文件夹”对话框

（6）单击“下一步”按钮，进入“选择安装类型”对话框，如图 1-11 所示。若要进行最小化安装，单击“自定义安装”图标按钮，该选项允许只选取必需的文件。一般用户通常选择“典型安装”。

（7）单击“自定义安装”按钮，进入“自定义安装”对话框，如图 1-12 所示。在对话框中用户可以选择需要安装的组件。

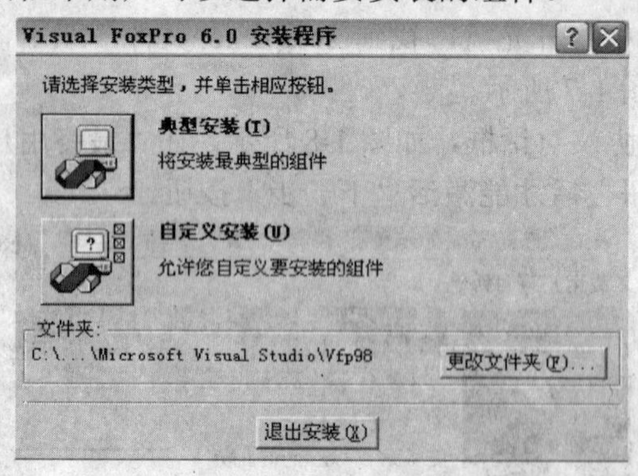

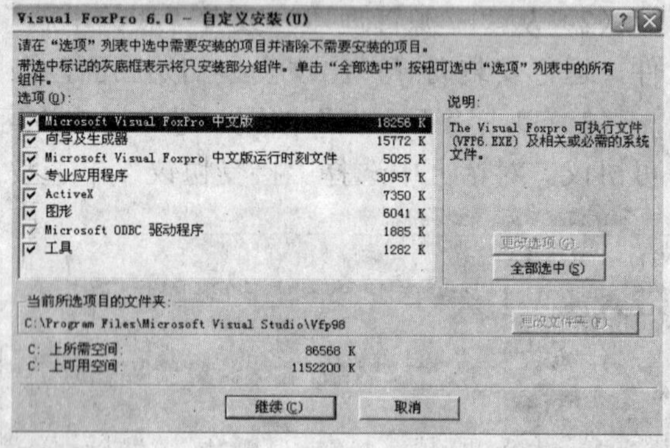

图 1-11 “选择安装类型”对话框

图 1-12 “自定义安装”对话框

（8）用户还可以对各组件中的选项进行选择，如在“选项”列表中选中“Microsoft ODBC 驱动程序”选项，然后再单击“更改选项”按钮，则打开“Microsoft ODBC 驱动程序”对话框，如图 1-13 所示。在对话框中用户可以选择该组件中需要的选项。

（9）在“自定义安装”对话框中单击“继续”按钮，开始安装过程，在安装时会显示如图 1-14 所示的对话框显示安装进度。

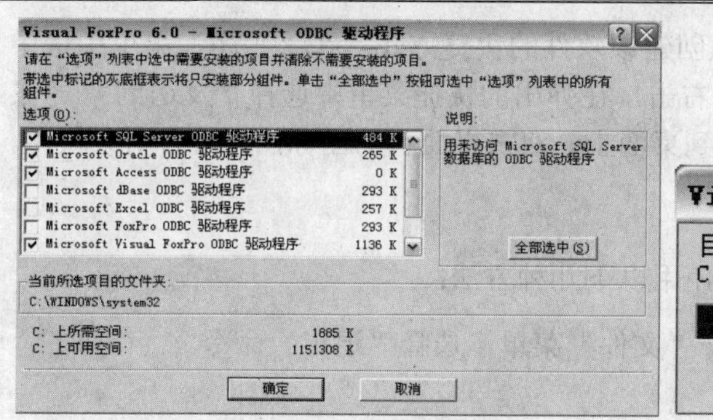

图 1-13　"Microsoft ODBC 驱动程序"对话框

图 1-14　安装进度对话框

2. 安装帮助信息

Visual FoxPro 6 作为 Microsoft Visual Studio 6.0 的成员，其帮助信息是以单独的光盘形式提供的，所以需要单独安装帮助信息部分。

将 msdn Library 光盘插入驱动器中，系统自动启动并安装。在安装过程中选择"自定义"按钮，然后选择 Visual FoxPro 6 的帮助信息。

3. 卸载 Visual FoxPro 6.0

从控制面板中进入到"添加或删除程序"对话框，如图 1-15 所示。在"当前安装的程序和更新"列表中找到安装的 Microsoft Visual FoxPro 6，然后单击"更改/删除"按钮，打开如图 1-16 所示的对话框。在对话框中如果单击"添加/删除"按钮，则用户可以为当前的安装配置添加新的组件或从中删除已安装的组件。如果在对话框中单击"重新安装"按钮，则重复上次安装，恢复丢失的文件和设置。如果在对话框中单击"全部删除"按钮，则卸载安装的 Visual FoxPro 6。

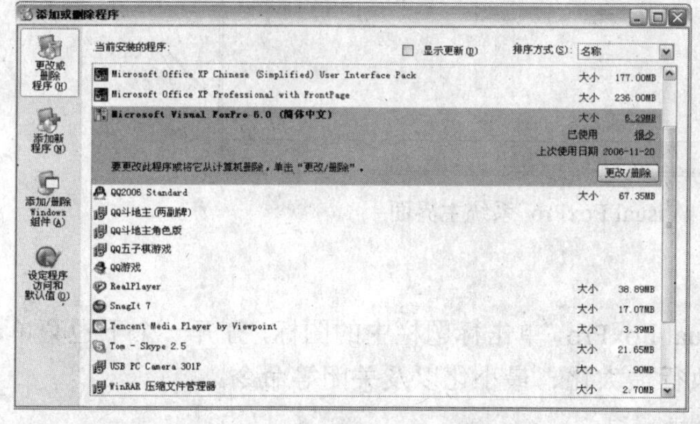

图 1-15　"添加或删除程序"对话框

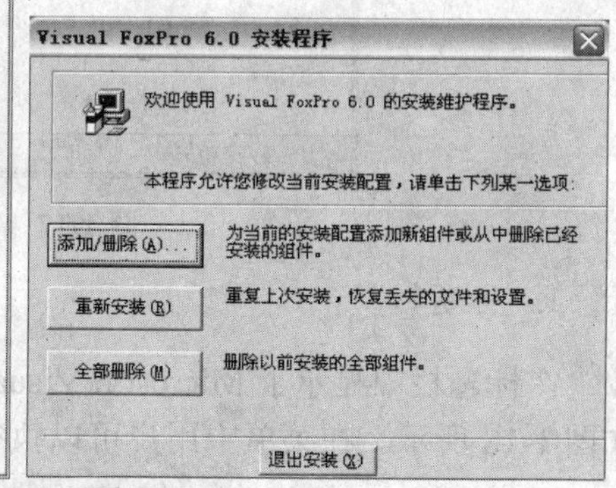

图 1-16　卸载 Visual FoxPro

4. 启动 Visual FoxPro 6.0

软件安装完成后，会在程序菜单中自动添加相应菜单项。启动 Visual FoxPro 6.0 最常用的方法就是从"开始"菜单启动，打开"开始"菜单，选择"程序"选项；然后在"程序"菜单下选择 Microsoft Visual FoxPro 6.0 选项，进入 Microsoft Visual FoxPro 系统。

如果经常使用该软件，可以在桌面上创建该软件的快捷方式。在“程序”菜单中选中 Microsoft Visual FoxPro 6.0 菜单项，然后右击，在弹出的快捷菜单中选择“发送到”|“桌面快捷方式”命令，则该软件的图标发送到桌面上。双击桌面上的图标，即可启动该软件。

5. 退出 Visual FoxPro 6.0

要退出 Visual FoxPro 6.0 系统，可以使用以下几种方法：

- 在 Visual FoxPro 主菜单下，打开“文件”菜单，选择“退出”命令。
- 按 Alt+F4 组合键。
- 在 Visual FoxPro 系统环境窗口中单击“关闭”按钮。
- 在“命令”窗口中输入 QUIT 命令，并按回车键。

1.2.3 Visual FoxPro 6.0 用户界面

当正常启动 Visual FoxPro 系统后，首先进入的是 Visual FoxPro 系统主界面，界面由标题栏、菜单栏、工具栏、工作区、状态栏和命令窗口组成，如图 1-17 所示。

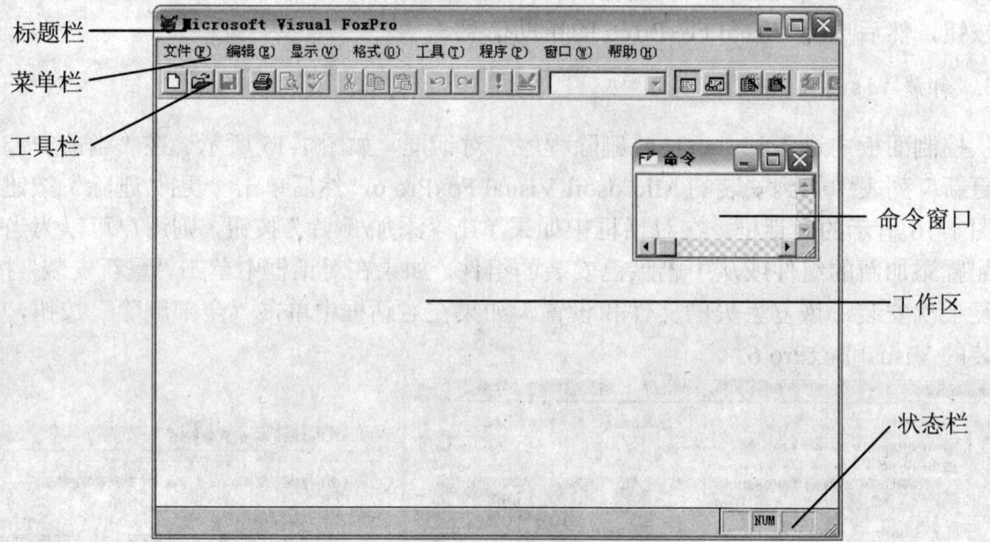

图 1-17 Visual FoxPro 系统主界面

1. 标题栏

在标题栏中显示了 Microsoft Visual FoxPro，单击标题栏中的图标，打开一个下拉菜单，如图 1-18 所示。在菜单中用户可以执行最大化、最小化以及关闭等命令。

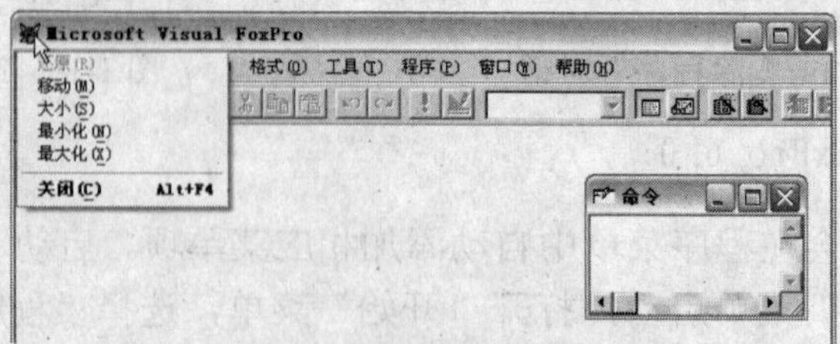

图 1-18 标题栏图标的下拉菜单

2. 菜单栏

在菜单栏中显示了所有的菜单选项，单击菜单栏中的菜单选项将打开一个下拉菜单，在下拉菜单中用户可以选择需要执行的命令，如图 1-19 所示。注意这个下拉菜单是个可以增长的菜单，系统将根据当前操作的状态增加或减少菜单命令。

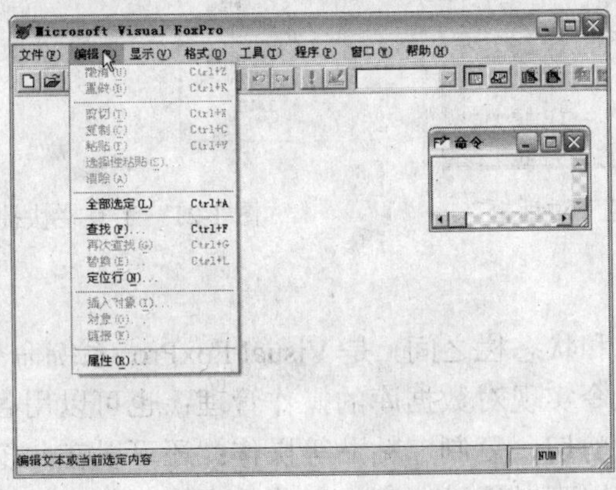

图 1-19 下拉菜单

3. 工具栏

工具栏是微软公司流行软件的共同特色，利用各种工具栏调用命令比通过菜单调用命令要方便快捷得多。Visual FoxPro 系统提供了 11 种不同环境下的常用工具栏，它们分别是：常用工具栏、布局工具栏、表单控件工具栏、表单设计器工具栏、查询设计器工具栏、视图设计器工具栏、数据库设计器工具栏、报表控件工具栏、报表设计器工具栏、调色板工具栏和打印预览工具栏，默认界面仅包括“常用”工具栏和“表单设计器”工具栏。工具栏显示在菜单栏下面，用户可以将其拖放到主窗口的任意位置。默认情况下，所有的工具栏按钮都有文本提示功能，当把鼠标指针停留在某个图标按钮上时，系统用文字的形式显示它的功能。用户可以使用工具栏提供的工具按钮进行相应的操作。

默认情况下，工具栏会随着某一种类型的文件打开后自动打开，如当新建或打开一个数据库文件时，将自动显示“数据库设计器”工具栏，当关闭了数据库文件之后该工具栏将自动关闭。

用户也可以在任何时候打开需要的工具栏，方法是通过“显示”菜单设置。要显示或隐藏工具栏，可以在菜单栏中单击“显示”菜单，在下拉菜单中选择“工具栏”命令，打开“工具栏”对话框，如图 1-20 所示。在“工具栏”列表中选中或清除相应的工具栏，然后单击“确定”按钮，便可显示或隐藏指定的工具栏。

在“工具栏”对话框的下面有 3 个复选框。选中“彩色按钮”复选框，表示所有活动的工具按钮为彩色按钮，否则是黑白的；选中“大按钮”复选框，则工具栏中图标按钮放大一倍，系统默认小按钮；选中“工具提示”复选框，表示所有的工具栏按钮都有文本提示功能，即把鼠标指针停留在某个图标按钮上时，用文字显示它的功能，否则不显示提示。

提示： 用户也可以在任意一个工具栏上右击，打开一个快捷菜单，如图 1-21 所示。用户可以从快捷菜单中选择要打开或关闭的工具栏，如果选择“工具栏”命令则打开“工具栏”对话框。

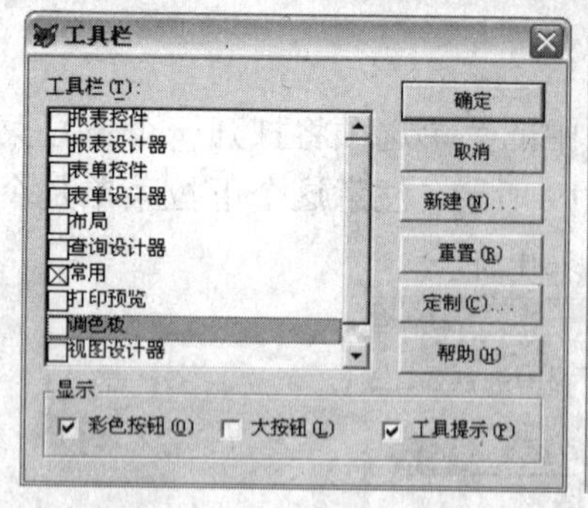

图 1-20　“工具栏”对话框

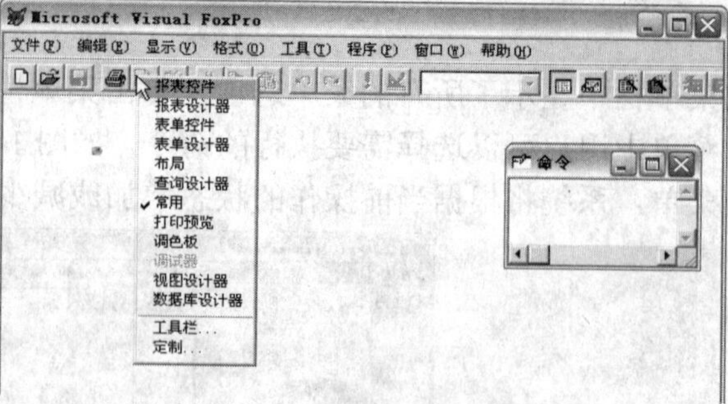

图 1-21　工具栏快捷菜单

4. 命令窗口

命令窗口位于菜单栏和状态栏之间，是 Visual FoxPro 系统命令执行、编辑的窗口。在命令窗口中，可以输入命令实现对数据库的操作管理；也可以用各种编辑工具对操作命令进行修改、插入、删除、剪切、复制、粘贴等操作；还可以在此窗口建立命令文件及运行命令文件。命令窗口的使用可以通过“窗口”菜单来控制，在“窗口”下拉菜单中，选择“隐藏”命令，可以关闭命令窗口，选择“命令窗口”命令，可以打开命令窗口。

5. 工作区

在工具栏与状态栏之间的一大块空白区域是系统工作区，各种工作将在这里进行。

6. 状态栏

状态栏位于屏幕的最底部，用于显示某一时刻的管理数据的工作状态。状态栏可以随时关闭或重新打开。如果 Set status 是 Off 状态，屏幕上不出现状态栏；如果 Set status 是 On 状态，屏幕上有状态栏出现。

如果当前没有表文件打开，状态栏的内容是空白；如果当前有表文件打开，状态栏显示表名、表所在的数据库名、表中当前记录的记录号、表中的记录总数、表中的当前记录的共享状态等内容。

1.2.4 Visual FoxPro 6.0 的工作方式

Visual FoxPro 6.0 有四种工作方式：命令操作工作方式、菜单操作工作方式、工具操作工作方式及程序操作工作方式。

- 命令操作：所谓命令操作是指在交互式窗口中键入一个命令就可以操作数据库。例如删除一条记录，键入 DELETE 命令就可以实现。命令操作为用户提供了一个直接操作的手段。这种方法的优点是能够直接使用系统的各种命令和函数，有效的操纵数据库。使用命令操作需要熟练掌握命令和函数的细节。
- 菜单操作：系统将若干命令做成菜单接口，用户可以通过菜单的选择来操作数据库。这些菜单选项相当于将系统的一些命令做成了用户操作界面，这样用户就不必记忆命令的具体格式，而是通过对话来完成相应的命令键入操作，从而达到按指定要求操作数据库的目的。有了这种操作方法，用户无需编写任何程序，就可完成数据库的操作和管理。

- 工具操作：在 Visual FoxPro 6.0 中提供了许多工具栏，例如表单设计器、数据库设计器等。系统围绕这些工具栏提供了许多选择和对话框，用户可以很方便地进行操作。
- 程序操作：所谓程序操作就是指将命令编写成一个程序，通过运行这个程序达到操作数据库的目的。制作一些实际应用系统需要编写程序，以提供更方便的画面交给用户去操作。FoxPro 的程序设计和其他高级语言的程序设计是一样的。

这四种操作方式可以相互补充，即可以在程序中增加菜单操作，也可以在菜单中增加程序操作。当然，命令操作是这些操作方法的基础，也是核心。

1.2.5　Visual FoxPro 的向导

向导是一种交互式程序，用户在一系列向导对话框上回答问题或者选择选项，向导会根据回答生成文件或者执行任务，帮助用户快速完成一般性的任务。例如，创建表单、编排报表的格式、建立查询、制作图表、生成数据透视表、生成交叉表报表以及在 Web 上按 HTML 格式发布等。Visual FoxPro 中带有的向导超过 20 个。

1. 启动向导

用“文件”菜单或项目管理器创建某种新的文件时，可以利用向导来完成这项工作。启动向导有以下常用途径：

- 从“文件”菜单中选择“新建”，或者单击工具栏上的“新建”按钮，打开“新建”对话框。选择待创建文件的类型，然后单击相应的向导按钮就可以启动相应的向导。
- 在“工具”菜单中选择“向导”子菜单，也可以直接访问大多数的向导。
- 在项目管理器中选定要创建文件的类型，然后选择“文件”菜单的“新建”选项。系统弹出“新建”对话框，单击“向导”按钮。

2. 使用向导

启动向导后，需要依次回答每一对话框所提出的问题。在准备好进行下一个对话框的操作时，可单击“下一步”按钮。

如果操作中出现错误，或者原来的想法发生了变化，可单击“上一步”按钮，返回上一对话框的内容，以便进行修改。选择“取消”将退出向导而不会产生任何结果。如果在使用过程中遇到困难，可按 F1 键获取帮助。

根据所使用向导的类型，每个向导的最后一对话框都会要求提供一个标题，并给出保存、浏览、修改或打印结果的选项。使用“预览”选项，可以在结束向导中的操作前查看向导的结果。如果需要做出不同的选择来改变结果，可以返回到前边重新进行选择。对向导的结果满意后，应单击“完成”按钮。

也可以在向导创建的某一对话框上选择“完成”按钮，直接进入向导的最后一步，跳过中间所要输入的选项信息，使用向导提供的默认值。

3. 修改用向导创建的项

使用向导创建好表、表单、查询或报表之后，可以用相应的设计工具将其打开，并做进一步的修改。不能用向导重新打开一个用向导建立的文件，但是可以在退出向导之前，预览向导的结果并做适当的修改。

4. Visual FoxPro 6.0 新增的向导

Visual FoxPro 6.0 在以前版本的基础上增加和改进了很多向导。

- 应用程序向导。Visual FoxPro 6.0 的应用程序向导提供对改进了的应用程序框架和新的“应用程序生成器”的支持。
- 连接向导。连接向导包括“代码生成向导”和“反向工程向导”。使用这些向导可以轻松地实现 Visual FoxPro 类库和 Microsoft Visual Modeler 模型之间的转换。
- 数据库向导。Visual FoxPro 的数据库向导使用模板创建数据库和表，也可以使用向导创建索引以及新数据库中表之间的关系。
- Web 发布向导。新的 Web 发布向导可以根据指定的数据源中的记录创建一个 HTML 文件。
- 示例向导。示例向导提供了一些创建自己的向导的简单步骤，其输入为根据指定的数据源中的记录创建的 HTML 文件。

此外，Visual FoxPro 6.0 对表向导、表单向导、文档向导、报表向导、图形向导、导入向导、标签向导、数据透视表向导、远程视图向导、安装向导和邮件合并向导都进行了很大的改进，增加了很多功能。

1.2.6 Visual FoxPro 6.0 系统环境的配置

Visual FoxPro 6.0 的配置决定其外观和行为。安装完 Visual FoxPro 6.0 之后，系统自动用一些默认值来设置环境，为了使系统能满足个性化的需求，也可以定制自己的系统环境。环境设置包括主窗口标题、默认目录、项目、编辑器、调试器及表单工具栏选项、临时文件存储、拖放字段对应的控件和其他选项等内容。系统环境的配置决定了 Visual FoxPro 6.0 系统的操作环境和工作方式。

设置系统环境可用菜单、命令和使用配置文件的方法。在 Visual FoxPro 6.0 系统的窗口执行“工具”|“选项”命令，打开如图 1-22 所示的“选项”对话框，“选项”对话框中有 12 种不同类别的环境选项卡，每一个选项卡对应特定的环境，有相应的设置对话框，用户可以根据操作的需要，采用交互的方式来查看和设置“选项”对话框中的各个选项卡。

例如要设置 Visual FoxPro 6.0 系统的工作目录为 c:\visualfoxpro，可以在如图 1-22 所示的“选项”对话框中，单击“文件位置”选项卡，如图 1-23 所示。然后在“文件类型”列表中选中“默认目录”选项，再单击“修改”按钮，出现“更改文件位置”对话框，在对话框中设置默认目录，如图 1-24 所示，最后单击“确定”按钮即可。

对于 Visual FoxPro 配置所做的更改既可以是临时性的，也可以是永久性的。临时设置保存在内存中，并在退出 Visual FoxPro 时释放。永久设置将保存在 Windows 注册表中作为以后再启动 Visual FoxPro 时的默认设置值。也就是说，可以把“选项”对话框中所做的设置保存为本次系统运行期间有效，或者保存为 Visual FoxPro 以后都能使用的默认设置，即永久设置。

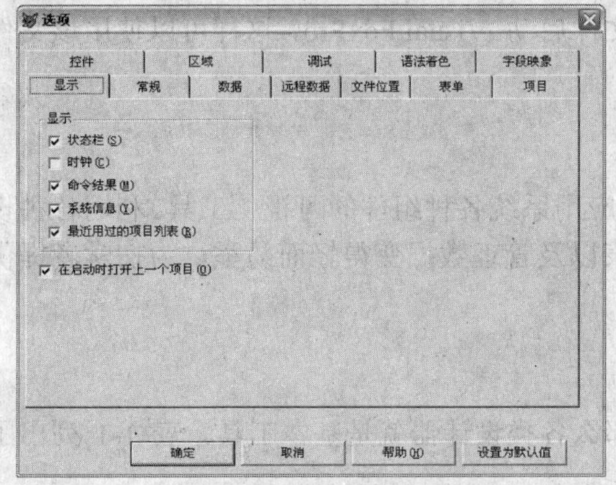

图 1-22　“选项”对话框

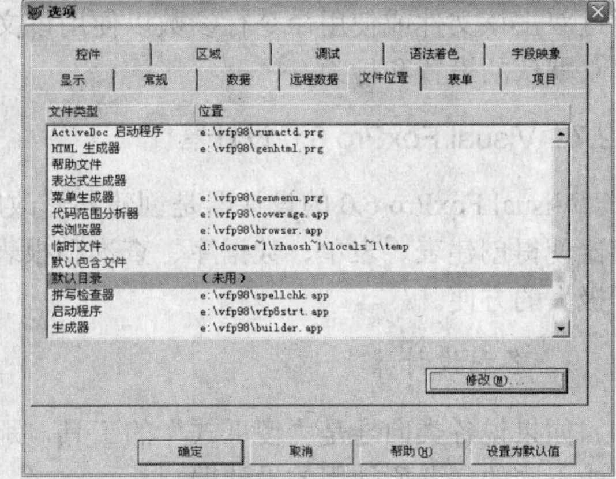

图 1-23　“文件位置”选项卡

- 临时设置：在“选项”对话框中选择各项设置之后，单击“确定”按钮，关闭“选项”对话框。所改变的设置仅在本次系统运行期间有效，它们一直起作用直到退出 Visual FoxPro，或再次更改选项。退出系统后，所做的修改将丢失。

图 1-24　“更改文件位置”对话框

- 永久设置：要永久保存对系统环境所做的更改，应把它们保存为默认设置。对当前设置做更改之后，“设置为默认值”按钮被激活，单击“设置为默认值”按钮，再单击“确定”按钮，关闭“选项”对话框。就将它们存储在 Windows 注册表中，以后每次启动 Visual FoxPro 时所做的更改继续有效。

可以用 Set 命令设置系统环境，在命令窗口中输入 Set 命令进行的设置是临时设置。不同的系统参数由不同的 Set 命令设置，设置默认目录的命令格式为：

```
Set  default  to  路径
```

其中的路径就是默认目录，例如如下命令同样可以设置 e:\visualfoxpro 为默认目录：

```
Set  default  to  e:\visualfoxpro
```

在命令窗口中使用 SET() 函数可以显示任何 SET 命令的当前值。例如若要查看 SET TALK 命令的当前状态，可在命令窗口中输入：

```
? SET("TALK")
```

除了使用“选项”对话框或 SET 命令设置 Visual FoxPro 环境之外，还可以有选择地建立一些设置并把它们保存在配置文件中。Visual FoxPro 配置文件是一个文本文件，可以在其中指定 SET 命令的值（例如要设置 e:\visualfoxpro 为默认目录，可以在配置文件中输入“set = e:\visualfoxpro”一行即可），设置系统变量以及执行命令或调用函数。Visual FoxPro 在启动时读取配置文件、建立设置以及执行文件中的命令。在配置文件中的设置将使“选项”对话框中（存储在 Windows 注册表）对应的默认设置无效。

要创建一个配置文件，使用 Visual FoxPro 编辑器（或任何能够创建文本文件的编辑器）在安装目录中创建一个文本文件即可，Visual FoxPro 的默认配置文件是 Config.fpw。然后通过双击该文件或使用命令行参数以使用该文件启动 Visual FoxPro，这样可以使用该文件建立默认的设置和行为。

1.2.7 Visual FoxPro 6.0 设计器

Visual FoxPro 6.0 的设计器是创建和修改应用系统各种组件的可视化工具。利用各种设计器使得创建表、表单、数据库、查询和报表以及管理数据变得轻而易举，为初学者提供了极大的方便。

1. 各种设计器

如果说各类向导是“傻瓜式”的工具，那么各类设计器就是基本工具。表 1-1 列出了完成不同的任务所使用的设计器。

表 1-1 Visual FoxPro 6.0 的设计器

设计器名称	功能
表设计器	创建并修改数据库表、自由表、字段和索引。可以实现诸如有效性检查和默认值等高级功能
数据库设计器	管理数据库中包含的全部表、视图和关系。当窗口活动时，显示“报表”菜单和“报表控件”工具栏
查询设计器	创建和修改在本地表中运行的查询。当该设计器窗口活动时，显示“查询”菜单和“查询设计器”工具栏
视图设计器	在远程数据源上运行查询。创建可更新的查询，即视图。当该设计器窗口活动时，显示“视图设计器”工具栏
表单设计器	创建并修改表单集，当该窗口活动时，显示“表单”菜单、“表单控件”工具栏、“表单设计器”工具栏和“属性”窗口
菜单设计器	创建菜单栏和弹出式子菜单
数据环境设计器	数据环境定义了表单和报表使用的数据源，包括表、视图和关系，可以用数据环境设计器来修改
连接设计器	为远程视图创建并修改命名连接，因为连接是作为数据库的一部分存储的，所以仅在打开数据库时才能使用“连接设计器”

2. 打开设计器

除了使用命令方式外，用户可以使用下面三种方法之一调用设计器：

- 菜单方式调用：从“文件”菜单中选择“新建”命令，或者单击工具栏上的“新建”按钮，打开“新建”对话框。选择待创建文件的类型，然后单击“新建”按钮，系统将自动打开相应的设计器。同样道理，当打开不同的文件时，系统将同时打开相应的设计器。
- 从“显示”菜单中打开：当打开某种类型的文件时，在“显示”菜单会出现相应的设计器选项。例如，当打开或创建表单、报表或标签时，从“显示”菜单中选择“数据环境”会打开“数据环境设计器”窗口。当浏览表时，在“显示”菜单会出现表设计器选项。

- 在项目管理器环境下调用：利用项目管理器可以快速访问 Visual FoxPro 的各种设计器。在项目管理器窗口中选择相应的选项卡，选中要创建文件的类型，然后单击“新建”按钮弹出“新建 XX”对话框，单击“新建”按钮即可打开相应的设计器。

由于设计器的功能各异，它们也具有不同的形式。有关各种设计器的详细使用方法将在后续章节中陆续介绍。

1.2.8 Visual FoxPro 6.0 的生成器

生成器是带有选项卡的对话框，用于简化对表单、复杂控件和参照完整性代码的创建和修改过程。每个生成器显示一系列选项卡，用于设置选中对象的属性。可以用生成器在数据库之间生成控件、表单、设置控件格式和创建参照完整性。表 1-2 列出了各种不同生成器的名称和功能。

表 1-2　Visual FoxPro 的生成器

生成器名称	功能
表单生成器	方便向表单中添加字段，这里的字段用作新的控件。可以在该生成器中选择选项，来添加控件和指定样式
表格生成器	方便为表格控件设置属性。表格控件允许在表单或页面中显示和操作数据的行与列。在该生成器对话框中进行设置表格属性
编辑框生成器	方便为编辑框控件设置属性。编辑框一般用来显示长的字符型字段或者备注型字段，并允许用户编辑文本，也可以显示一个文本文件和剪贴板中的文本。可以在该生成器对话框格式中选择选项设置属性
列表框生成器	方便为列表框控件设置属性。列表框给用户提供一个可滚动的列表，包含多项信息或选项。可在该生成器对话框格式中选择选项设置属性
文本框生成器	方便为文本框控件设置属性。文本框是一个基本的控件，允许用户添加或编辑数据，存储在表中“字符型”、“数值型”和“日期型”字段里。可在该生成器对话框格式中选择选项来设置属性
组合框生成器	方便为组合框控件设置属性。在生成器对话框中，可以选择选项来设置属性
命令按钮生成器	方便为命令按钮组控件设置属性，可在该生成器对话框中选择选项来设置属性
选项按钮生成器	方便为选择按钮控件设置属性，选项按钮允许用户在彼此之间独立的几个选项中选择一个。可在该生成器对话框中选择选项来设置属性
自动格式生成器	对选中的相同类型的控件应用一组样式，例如，选择表单上的两个和多个文本框控件，并使用该生成器赋予它们相同的样式；或指定是否将样式用于所有控件的边框、颜色、字体、布局或三维效果，或者用于其中的一部分
参照完整性生成器	帮助设置触发器，用来控制如何在相关表中插入、更新或者删除记录，确保参照完整性
应用程序生成器	如果选择创建一个完整的应用程序，可在应用程序中包含已经创建了的数据库、表单和报表，也可使用数据库模板从零开始创建新的应用程序。如果选择创建一个框架，则可稍后向框架中添加组件

通常在五种情况下启动生成器：使用表单生成器来创建或修改表单；对表单中的控件

使用相应的生成器；使用自动格式生成器来设置控件格式；使用参照完整性生成器；使用应用程序生成器为开发的项目生成应用程序。

启动某个对象的生成器的一般方法是：右击该对象，从弹出的快捷菜单上选择“生成器”即可。

如果表单中已经有多个同类控件，为了对其格式化，可以使用自动格式生成器同时设置它们的格式。具体操作方法如下：在表单设计器中按住 Shift 键，同时选择多个相同类型的控件，然后从表单设计器工具栏中选择“自动格式”按钮即可自动对多个同类控件进行格式化。

应用程序生成器是应用程序开发过程中的重要部分。它的设计目的是使开发者能轻而易举地将所有必需的元素以及许多可选的元素包含在应用程序中，其功能强大而易于使用。

使用应用程序向导和应用程序生成器，无须编写任何代码便可创建完整的应用程序。可以采用以下方法启动应用程序生成器：单击“工具”菜单，选择“向导”子菜单，然后单击“全部”命令，在打开的“向导选取”对话框中选中“应用程序生成器”按钮，然后单击“确定”按钮。

第 2 章　Visual FoxPro 语言基础

Visual FoxPro 语言由命令和函数两部分组成。一个命令执行一个操作；一个函数执行一个操作同时返回一个执行结果。命令和函数可以组合成 Visual FoxPro 语句，完成用户要求的功能。

Visual FoxPro 的很多语言可以直接在“命令”窗口中解释执行。Visual FoxPro 提供的“命令”窗口能够帮助用户快速熟悉 Visual FoxPro 语言，大大提高了开发和维护的效率。本章配合实例介绍 Visual FoxPro 中常用语言的语法和用法，其中绝大部分命令能够在系统的“命令”窗口中解释执行。

本章重点：

- Visual FoxPro 6.0 数据类型
- 表达式
- 变量与数组
- 过程与函数
- 常用命令、常用函数及常用的程序结构

2.1　Visual FoxPro 的数据类型

数据是反映客观事物属性的记录，每一个数据都有一定的类型，Visual FoxPro 6.0 向用户提供了丰富的数据类型，供用户设计数据库时使用。利用这些丰富的数据类型，用户可以优化数据库结构，从而方便地开发、管理和维护数据库。用户也可以在编程中使用这些数据类型来设计程序。

2.1.1　字符型

字符型数据描述不具有计算能力的文字数据类型，是最常用的数据类型之一。

字符型数据（Character）是由汉字和 ASCII 字符集中可打印字符（英文字符、数字字符、空格及其他专用字符）组成，长度范围是 0～254 个字符，使用时必须用定界符双引号（""），单引号（''）或中括号（[ ]）括起来。这里的单引号、双引号或方括号都是西文的标点符号，称为定界符。定界符必须成对匹配，不能一边用单引号而另一边用双引号。

2.1.2　数值型

可以储存整数和小数。储存包含小数的数据值的字段和变量经常定义为数值型。数值型数字一般由 0 到 9 的数字和小数点以及“+”和“-”符号组成。Visual FoxPro 6.0 支持对数值型的字段和变量以十进制和十六进制两种方式赋值。例如 ntest1=255 和 ntest1=0xff 是等效的。数值型数据在内存中用 8 个字节表示，在表中用 1 到 20 个字节表示。数值型数据的表示范围从 -0.9999999999E+19 到 +0.9999999999E+20。

2.1.3 浮点型

浮点型数据其实是数值型数据的一种，与数值型数据完全等价，浮点型数据只是在存储形式上采取浮点格式。

2.1.4 双精度型

双精度型数据（Double）是更高精度的数值型数据，它只用于数据表中的字段类型的定义，并采用固定长度浮点格式存储。双精度型数据用 8 个字节表示，表示数值范围从+/-4.94065645841247E-324 到+/-8.9884656743115E307，远远大于数值型和浮点型，该类型主要用于储存科学计算中的天文数字。

2.1.5 整型

是不包含小数点部分的数值型数据，用于储存整型值，用 4 个字节表示，是常用的数据类型之一。其表示的数值范围从-2147483647 到+2147483647。

2.1.6 货币型

如果用户需要储存货币值的数据可以用货币型，也可以用数值型。使用货币型时，对字段或者变量赋初值时要在数字前面加上一个$符号。另外货币型至多只能保留到小数点后 4 位。超过 4 位则会四舍五入，少于 4 位则系统自动在后面补 0。

货币型数据的表示范围从 -922337203685477.5808 到 +922337203685477.5807。

2.1.7 日期型

日期型数据（Date）是用于表示日期的数据，用默认格式{mm/dd/yyyy}来表示。其中 mm 代表月，dd 代表日，yyyy 代表年，存储长度固定为 8 位。使用严格的时间格式时，该数据类型的表示范围从{ ^ 0001-01-01}到{ ^ 9999-12-31}，也就是说，该数据类型能够表示从公元 0001 年 01 月 01 日到公元 9999 年 12 月 31 日的日期。

2.1.8 日期时间型

日期时间型数据（DateTime）是描述日期和时间的数据，其默认格式为{mm/dd/yyyy hh：mm：ss}。其中 yyyy 代表年，前一个 mm 代表月，dd 代表日，hh 代表小时，后一个 mm 代表分钟，ss 代表秒，存储长度固定为 8 位。使用严格的时间格式时，该数据类型的表示范围从{ ^ 0001-01-01}到{ ^ 9999-12-31}，也就是说，该数据类型能够表示从公元 0001 年 01 月 01 日的上午 00 点 00 分 00 秒（00:00:00）到公元 9999 年 12 月 31 日的下午 11 点 59 分 59 秒（11:59:59）的日期。

2.1.9 逻辑型

逻辑型数据（Logic）是描述客观事物真假的数据，用于表示逻辑判断结果。用 1 个字节表示，其值的范围只有 TRUE 和 FALSE 两个离散的值。

2.1.10 备注型

备注型数据（Memo）用于存放较长的字符型数据类型，可以把它看成是字符型数据的特殊形式。

备注型数据没有数据长度限制，仅受限于现有的磁盘空间。它只用于数据表中的字段类型的定义，其字段长度固定为 4 位，而实际数据被存放在与数据表文件同名的备注文件中，长度根据数据的内容而定。

2.1.11 通用型

通用型数据（General）是用于存储 OLE 对象的数据。通用型数据中的 OLE 对象可以是电子表格、文档、图片等。它只用于数据表中的字段类型的定义。

OLE 对象的实际内容、类型和数据量则取决于连接或嵌入 OLE 对象的操作方式。如果采用连接 OLE 对象方式，则数据表中只包含对 OLE 对象的引用说明，以及对创建该 OLE 对象的应用程序的引用说明；如果采用嵌入 OLE 对象方式，则数据表中除包含对创建该 OLE 对象的应用程序的引用说明，还包含 OLE 对象中的实际数据。

通用型数据长度固定为 4 位，实际数据长度仅受限于现有的磁盘空间。

2.1.12 字符型（二进制）

用于保存任何不希望改动的字符类型数据。每一个字符用 1 到 254 个字节表示，可以表示任何数据。

2.1.13 备注型（二进制）

用于保存任何不希望改动的备注字段类型数据块的指针。在表中用 4 个字节表示。其表示的数据的大小同通用型和备注型一样，只受可用内存空间的限制。

提示： 当遇到未知的数据类型时，可以用 TYPE()函数获得储存在变量、数组元素或者字段中的数据的类型。

2.2 表达式

在 Visual FoxPro 6.0 中，表达式由字段、函数、变量和运算符组成。Visual FoxPro 6.0 将表达式按照数据类型分成四种：字符型表达式、数值型表达式、日期型表达式和逻辑型表达式，在语句中分别用<expC>、<expN>、<expD>、<expL>表示。

字符常量用双引号（“”）、单引号（‘’）、或者中括号（[]）引用，如“FoxPro”、‘FoxPro’、[FoxPro]三者等价。

2.2.1 字符型表达式

字符表达式由字符型字段、字符型变量或数组元素、返回字符值的函数和字符串常量等组成，互相之间由字符表达式操作符连接。

字符表达式操作符有：

+ 用于连接两个字符表达式。

- 用于连接两个字符表达式，同时删除第一个字符串的尾随空格。

$ 用于两个字符表达式之间的比较，其语法为< expC1 >$< expC2 >，如果< expC1

>是< expC2 >的子串则表达式值为.T.（真），否则表达式值为.F.（假）。

= 用于两个字符表达式之间的比较，其语法为< expC1 >=< expC2 >，如果< expC1 >和< expC2 >相同则表达式值为.T.（真），否则表达式值为.F.（假）。

例如：

```
cFirst = "123  "
cSecond = "45"
cThird = cFirst + cSecond
? cFirst + cSecond
? cFirst - cSecond
? cFirst $ cThird
```

程序的运行结果为：

```
123  45
12345
.T.
```

2.2.2 数值型表达式

数值型表达式由数值类型字段、数字类型常量、数值类型内存变量或者数组元素、返回数值类型值的函数等组成。互相之间由数值表达式操作符连接。

常用的数值表达式操作符有：

() 优先级最高，先计算括号内表达式，然后才进行其他运算符的运算。

**、^ 幂运算，其优先级低于()。

*，/ 乘除运算，其优先级低于**、^。

% 取模运算，其优先级低于*，/。

+，- 加减运算，在数学运算中其优先级最低。

例如：

```
? (5 + 10 )* 2
? 5 + 10 * 2
? 2 ** 3
? 2 ^ 3
? 10 / 3
? 10 % 3
? 10 % 2
```

程序的运行结果为：

```
30
25
8.00
8.00
3.33
1
0
```

2.2.3　日期型表达式

日期型表达式由日期类型字段、日期类型常量、日期类型内存变量或者数组元素、返回日期类型值的函数等组成。

定义日期常量的方法如下：

date1 = {^yyyy/mm/dd}、date1 = {^yyyy-mm-dd}、date1 = {^yyyy mm dd}、date1 = {^yyyy,mm,dd} 或者 STORE {^yyyy/mm/dd} TO date1 、STORE {^yyyy-mm-dd} TO date1 等

例如：

```
date1 = {^2002/02/19}
date2 = {^2003-02-19}
date3 = date()
? date2 - date1
? date3
? date3 + 30
```

程序的运行结果为：

```
365
9/27/06
10/27/06
```

2.2.4　逻辑表达式

逻辑表达式由逻辑型字段、逻辑型内存变量或者数组元素、返回逻辑值的函数等组成。

逻辑表达式的常用操作符如下：

() 　　用于改变优先级，括号中的表达式优先级高于括号外的部分。

AND　　逻辑与操作。

OR　　逻辑或操作。

!、NOT　　逻辑非操作。

2.2.5　关系表达式

用关系表达运算符组合而成的表达式称作关系表达式，关系运算符两边既可以是常数、变量，也可以是表达式。一般形式是：

<exp1><操作符><exp2>

exp1 与 exp2 的类型必须一致，其返回值为逻辑值。如果 exp1 与 exp2 是字符型，按 ASCII 码值比较大小，汉字按扩展的 ASCII 码值比较大小。

关系表达式的常用操作符如下：

=　　等于

<>、#、!=　　不等于

<　　小于

<=　　小于等于或者不大于

>　　大于

>=　　　　　大于等于或者不小

例如：

```
cFirst = "123"
cSecond = "45"
cThird = cFirst + cSecond
cFifth = "12345"
? cFirst != cSecond
? cThird = cFifth
? 122 > 121
```

程序的运行结果为：

```
.T.
.T.
.T.
```

2.3 变量与数组

在 Visual FoxPro 系统环境下，数据输入、输出是通过数据的存储设备完成的。通常都是将数据存入到常量、变量、数组中，而在 Visual FoxPro 系统环境下，数据还可以存入到字段、记录和对象中。我们把这些供数据存储的常量、变量、数组、字段、记录和对象称为数据存储容器。

2.3.1 常量

在数据处理过程中其值不发生变化的量叫常量。常量用以表示一个具体的、不变的值，不同类型的常量有不同的书写格式。

1. 数值型常量

数值型常量也就是常数，用来表示一个数量的大小，由数字 0~9、小数点和正负号构成。例如 130，6.135，-8.12。为了表示很大或很小的数值型常量，也可以使用科学记数法形式书写，例如用 8.363E10 表示 8.363×10^{10}，用 8.363E-10 表示 8.363×10^{-10}。

2. 货币型常量

货币型常量用来表示货币值，其书写格式与数值型常量类似，但要加上一个前置的符号（$）。例如常量$698.1568。货币型常量没有科学记数法形式，在内存中占用 8 个字节。

3. 字符型常量

字符型常量也称为字符串，许多常量都有定界符，定界符虽然不作为常量本身的内容，但它规定了常量的类型以及常量的起始和终止界限。如果某定界符本身也是字符串的内容，则需要用另一种定界符为该字符串定界。

例如，在命令窗口输入以下命令：

```
?"计算机", '123'
```

会在主屏幕中显示：

```
计算机   123
```

提示： 不包含任何字符的字符串（""）叫空串，空串与包含空格的字符串（"   "）不同。

4. 日期型常量

日期型常量的定界符是一对花括号。花括号内包括年、月、日3部分内容，各部分内容之间用分隔符分隔，系统默认的分隔符为斜杠（/）。常用的其他日期分隔符有连字号（-）、句点（.）和空格。

日期型常量的格式有传统的日期格式和严格的日期格式两种。

① 传统的日期格式

系统默认的日期型数据为美国日期格式“mm / dd / yy”（月 / 日 / 年），传统日期格式中的月、日各为2位数字，而年份可以是2位数字，也可以是4位数字，如{08/01/06}、{08/01/2006}和{08 01 2006}等。

这种格式的日期型常量要受到命令语句SET DATE TO和SET CENTURY ON设置的影响。例如命令语句 SET DATE TO ymd 把日期设置成（年 / 月 / 日）格式，命令 SET CENTURY ON 把年份设置成4位数字格式。

② 严格的日期格式

严格的日期格式为{^yyyy-mm-dd}，用这种格式书写的日期常量能表达一个确切的日期，它不受SET DATE等语句设置的影响。这种格式的日期常量在书写时要注意：花括号内第一个字符必须是脱字符（^）；年份必须用4位（如2006、1998等）；年月日的次序不能颠倒、不能缺省。

严格的日期格式可以在任何情况下使用，而传统的日期格式只能在执行如下命令：

```
SET STRICTDATE TO 0
```

后才可以使用。输入日期型常量时使用严格的日期格式十分方便。执行如下命令：

```
SET STRICTDATE TO 1
```

把系统设置为严格的日期格式。另外，命令 SET MARK TO 是设定日期分隔符。例如，在命令窗口输入如下4条命令，并分别按回车键执行：

```
SET CENTURY ON          设置4位数字年份
SET MARK TO             恢复系统默认的斜杠日期分隔符份
SET DATE TO YMD         设置年月日格式
? {^2006-08-01}
```

主屏幕显示：

```
2006/08/01
```

再在命令窗口输入如下4条命令，并分别按回车键执行：

```
SET CENTURY OFF     && 设置2位数字年份
SET MARK TO '.'     && 设置日期分隔符为西文句号
```

```
SET DATE TO MDY    && 设置月日年格式
? {^2006-08-01}
```

主屏幕显示：

```
08.01.06
```

5. 日期时间型常量

日期时间型常量包括日期和时间两部分内容：{<日期>,<时间>}。

<日期>部分与日期型常量相似，也有传统的和严格的两种格式。<时间>部分的格式为：[hh[：mm[：ss]][a | p]]。其中 hh、mn 和 ss 分别代表时、分和秒，默认值分别为 12、0 和 0。a 和 p 分别代表上午和下午，默认值为 a。如果指定的时间大于等于 12，则自然为下午的时间。

例如，在命令窗口输入如下命令：

```
SET MARK TO
? {^2006-08-01,11: 10: 10},{^2006-08-01,15: 10: 10}
```

主屏幕显示：

```
08/01/06 11: 10: 10 AM 08/01/06 03: 10: 10 PM
```

6. 逻辑型常量

逻辑型数据只有逻辑真和逻辑假两个值。逻辑真的常量表示形式有：.T. ，.t. ，.Y.和.y.。逻辑假的常量表示形式有：.F. ，.f. ，.N.和.n.。前后两个句点作为逻辑型常量的定界符是必不可少的，否则会被误认为变量名。逻辑型数据只占用一个字节。

2.3.2 变量

指代计算机内存中的某一位置，其中可存放数据。用户可以改变一个变量的内容，但其名称和存储区域可以一直使用，直到结束 Visual FoxPro 工作期或释放该变量。变量及其中的值在用户退出 Visual FoxPro 时丢失，除非在退出前将其保存在磁盘上。

变量包括字段变量和内存变量，分别说明如下：

- 字段变量：每个数据库表格的字段，存在于数据表中（*.dbf），字段变量的类型由第前面介绍的 13 中类型组成。
- 内存变量：独立于数据表，存在于内存之中，是程序员用来保存执行的中间结果的临时工作单元。可以随时定义，随时释放。变量名由汉字、字母、下划线和数字组成。例如单位名称、men1、me_1 等都是合法的内存变量名。

内存变量按照其适用范围可以分为公用（PUBLIC）、私用（PRIVATE）内存变量。公用内存变量又称为全局内存变量，适用于所有的过程；私有内存变量又称为局部内存变量，仅适用于定义该变量的过程。

内存变量显示的值可以用？、？？或者@…say 语句在“命令”窗口显示。

可以用 LIST MEMORY [TO PRINT]或者 DISPLAY MEMORY [TO PRINT] 命令显示所有的内存变量。如果语句中包含 [TO PRINT] 选项，则结果输出到打印机上，否则在屏幕上显示。

如果要删除内存变量，可以用以下命令：

```
RELEASE MemVarList
```

MemVarList 是内存变量列表，如 RELEASE mem1，mem2，mem3。

还可以用如下的命令形式：

```
RELEASE ALL [EXTENDED][LIKE Skeleton | EXCEPT Skeleton ]
```

如果在“命令”窗口中输入 RELEASE ALL，则删除所有的内存变量。如果在程序中用 RELEASE ALL，则删除当前程序定义的局部内存变量。如果用了 EXTENDED 选项，则公用内存变量也被删除，如果用了 LIKE Skeleton 选项，则删除满足通配符的内存变量，相反如果用了 EXCEPT Skeleton 选项，则删除不满足通配符的内存变量。

可以用 SAVE TO 命令将当前的内存变量或者数组保存在磁盘文件中，也可以用 RESTORE FROM 命令将保存在内存变量文件中的内存变量和数组恢复到内存，其默认的内存变量文件的扩展名为.MEM。

SAVE TO 命令的语法如下：

```
SAVE TO FileName | MEMO MemoFieldName [ALL LIKE Skeleton |ALL EXCEPT
Skeleton]
```

FileName——指定存放内存变量或者数组的内存变量文件。

MEMO MemoFieldName ——指定同时存储 MEMO 类型内存变量以及存放该内存变量的文件。

[ALL LIKE Skeleton |ALL EXCEPT Skeleton] ——作用同上，可以加入通配符限制内存变量和数组的形式。

RESTORE FROM 命令的语法如下：

```
RESTORE FROM FileName | MEMO MemoFieldName [ADDITIVE]
```

ADDITIVE——指定恢复内存变量和数组时，保留内存中已经存在的内存变量和数组。如果内存中的内存变量和数组与文件中的内存变量和数组同名，则用文件中内存变量和数组的值覆盖内存中内存变量和数组的值。

例如：

```
gnVal1 = 50
gcVal2 = 'Hello'
SAVE TO temp
CLEAR MEMORY
gdVal3 = DATE( )
RESTORE FROM temp ADDITIVE
CLEAR
DISPLAY MEMORY LIKE g*
```

上面程序的运行结果为：

```
GDVAL3    Priv  D  11/27/03
GDVAL1    Priv  N  50    (50.00000000)
GDVAL2    Priv  C  "Hello"
```

除用户自定义的内存变量外，FoxPro 早期版本还为用户提供了丰富的系统内存变量。系统内存变量是 FoxPro 自身创建的内存变量，能够帮助用户达到一些特殊的目的，熟练地使用这些系统内存变量有时能够达到事半功倍的效果。例如，用户可以使用系统内存变量来操作鼠标和剪贴板，还可以使用系统内存变量控制初始化应用程序的窗口格式（最大化、最小化等）。系统内存变量默认为公用值（PUBLIC），用户也可以将其定义为私有的（PRIVATE）。到了 Visual FoxPro 6.0，很多系统变量虽然仍然提供，但一般都不用，由系统提供的对象和控件来代替。

下面结合具体实例介绍几种常用的系统内存变量。

1. ALIGNMENT = <expC>

用于空白之间的文本对齐，表达式<expC>中包含的字符串决定文本对齐方式。

LEFT　　默认情况，产生左对齐输出。

CENTER　　产生居中对齐输出。

RIGHT　　产生右对齐输出。

例如：

```
_ALIGNMENT = "LEFT"
MyChoice = "LEFT"
@ 4,0 SAY "请选择文本输出对齐方式："
@ 5,0 GET MyChoice FUNCTION [*R LEFT ;RIGHT ;GENTER]
READ
_ALIGNMENT = MyChoice
```

用户可以在程序编辑窗口中输入上述的代码，然后存成 MyAlig.prg 文件，在命令窗口输入 DO MyAlig.prg 命令，查看程序的运行结果。

2. CALCMEM = < expN >

该变量返回或者初始化计算器的值，利用该变量可以访问计算器的计算结果，对该变量赋初值就是对计算器赋初值。

例如以下程序用于给计算器赋初值：

```
STORE 1234 TO _CALCMEM             &&赋初值
ACTIVATE WINDOW calculator          &&显示计算器
CLEAR TYPEAHEAD                    &&清除键盘缓冲区
KEYBOARD CHR(82)                   &&向键盘缓冲区填充“R”字符，以显示计算器值
```

用户可以在程序编辑窗口中输入上述的代码，然后存成 MyCalc.prg 文件，在命令窗口输入 DO MyCalc.prg 命令，查看程序的运行结果。

3. DIARYDATE = < expN >

该变量返回或者初始化系统日历（Calendar/Diary）中的日期，_DIARYDATE 中存放着当前的系统日历的日期，使用该变量可以设置和获取系统日历的日期。

例如用以下程序可以修改和显示系统日期：

```
SET CENTURY ON                          &&设置日期显示格式
STORE {^2001-03-28} TO _DIARYDATE        &&初始化系统日历日期
=MESSAGEBOX(DTOC(_DIARYDATE),64)        &&显示系统日历日期
ACTIVATE WINDOW calendar                &&调用系统日历
=MESSAGEBOX("Change date to July 4, 1776",48)
STORE {^1776-07-04} TO _DIARYDATE        &&更改系统日历日期
=MESSAGEBOX(DTOC(_DIARYDATE),64)        &&显示更改后的系统日历日期
=MESSAGEBOX("Change date to today's date",48)
STORE DATE( ) TO _DIARYDATE             &&获取系统时间
=MESSAGEBOX(DTOC(_DIARYDATE),64)        &&显示获得的系统时间
RELEASE WINDOW calendar                 &&释放系统日历
```

用户可以在程序编辑窗口中输入上述的代码，然后存成 MyDiar.prg 文件，在命令窗口输入 DO MyDiar.prg 命令，查看程序的运行结果。

4. SCREEN.PropertyName [= eValue]

_SCREEN 是为主窗口对象定义的系统内存变量。这个系统内存变量很有用，主要用于对主窗口的初始化。该系统内存变量具有一系列的属性和方法，可以实现对主窗口的一系列操作。其具体的属性和方法很多，读者可以查询联机帮助或者开发手册。这里通过例子分析该系统变量的基本用法。

下面是使用该变量的一个实例程序：

定义一些局部变量用来保存属性的原始值

```
Local oldScreenLeft
Local oldScreenTop
Local oldScreenHeight
Local oldScreenWidth
Local oldScreenColor
WITH _Screen
 oldScreenLeft=.Left                  && 存储当前主窗口的左上角的 X 坐标
 oldScreenTop=.Top                    && 存储当前主窗口的左上角的 Y 坐标
 oldScreenHeight=.Height              && 存储当前主窗口的高度
 oldScreenWidth=.Width                && 存储当前主窗口的宽度
 oldScreenColor = .Backcolor          && 存储当前主窗口的背景颜色
 .LockScreen=.T.                      && 锁定当前窗口，使当前窗口刷新功能失效
 .BackColor=rgb(192,192,192)          && 将当前窗口的背景颜色设置为深灰色
 .BorderStyle=2                       && 将窗口边框设置为双线性
 .Closable=.F.                        && 去除窗口的控制按钮
 .ControlBox=.F.                      && 去除窗口的控制菜单钮
 .MaxButton=.F.                       && 去除窗口的最大化按钮
```

```
    .MinButton=.T.                  && 保留窗口的最小化按钮
    .Movable=.T.                    && 设置窗口为可以移动
    .Height=285                     && 设置窗口的高度
    .Width=550                      && 设置窗口的宽度
    .Caption="用户定制的窗口"        && 设置窗口的标题文字
    .LockScreen=.F.                 && 解锁当前窗口，使当前窗口刷新功能生效
  ENDWITH
  =MESSAGEBOX("恢复窗口的原先模式",48,WTITLE())
```

以下将定制的窗口恢复到窗口的原始模式

```
  With _Screen
    .Left = oldScreenLeft
    .Top = oldScreenTop
    .Height = oldScreenHeight
    .Width  = oldScreenWidth
    .BackColor=oldScreenColor
    .LockScreen=.T.
    .BorderStyle=3
    .Closable=.T.
    .ControlBox=.T.
    .MaxButton=.T.
    .MinButton=.T.
    .Movable=.T.
    .Caption="Microsoft Visual FoxPro"
    .LockScreen=.F.
  Endwith
```

用户可以在程序编辑窗口中输入上述的代码，然后存成 MyScre.prg 文件，在命令窗口输入 DO MyScre.prg 命令，查看程序的运行结果。

提示：读者可能用到的系统内存变量还有：_SHEEL、_SPELLCHK、_TALLY、_TEXT、_THROTTLE、_TRIGGERLEVEL、_UNIX、_MAC、_DOS、_VFP、_WINDOWS、_WIZARD、_CONVERTER、_CLIPTEXT、_BUILDER、_BROWSER、_DBLCLICK、_COVERAGE 等。

2.3.3 数组

用户在使用一组形式相同的变量时，如果一个一个地单独地定义和调用变量，则显得非常烦琐笨拙。所以同其他高级语言一样，Visual FoxPro 提供定义数组的方法，给所有形式相同或者相近的变量定义同一个名字，用不同的下标来区分不同的变量，并且同一数组的不同元素可以存储不同类型的数据。当数组元素没有赋初值时其默认初值为.F.，默认类型为逻辑类型。并且数组元素是按照顺序在内存中存放的，因此定义的二维数组也可以转

换成一维数组的下标来进行储存引用等操作。如定义了 myarray(3，4)，则数组元素 myarray(2，3)和 myarray(6)为同一数组元素。

在 FoxPro 语言中，数组的定义用关键字 DIMENSION 来定义，同时要表明数组的大小和维数。DIMENSION 的语法如下：

```
DIMENSION ArrayName1(nRows1 [, nColumns1])
[, ArrayName2(nRows2 [, nColumns2])] ...
```

其中，ArrayName1，ArrayName2 为数组的名称。同时定义多个数组时，多个数组的名称之间用逗号隔开。

如果定义的数组形式为 ArrayName1(nRows1)，则定义的是一维数组。如果定义的数组形如 ArrayName1(nRows1, nColumns1)，则定义的是二维数组。

数组一经定义，则其每一个元素和一个内存变量的功能相同。因此数组也可以用关键字 PUBLIC 和 PRIVATE 来定义其作用域，其语法形式如下：

```
PUBLIC [ARRAY] ArrayName1(nRows1 [, nColumns1])]
[, ArrayName2(nRows2 [, nColumns2])] ...
PRIVATE [ARRAY] ArrayName1(nRows1 [, nColumns1])
[, ArrayName2(nRows2 [, nColumns2])] ...
```

下面为数组的定义使用的实例。

例一：定义一维数组，

```
DIMENSION marray(2)
STORE 'A' TO marray(1)
STORE 'B' TO marray(2)
CLEAR
DISPLAY MEMORY LIKE marray
DIMENSION marray(4)
DISPLAY MEMORY LIKE marray
```

程序的运行结果为：

```
MARRAY        Priv    A
(1)       C    "A"
(2)       C    "B"

MARRAY        Priv    A
(1)       C    "A"
(2)       C    "B"
(3)       L    .F.
(4)       L    .F.
```

例二：定义二维数组覆盖一维数组，

```
DIMENSION marrayone(4)
STORE 'E' TO marrayone(1)
```

```
STORE 'F' TO marrayone(2)
STORE 'G' TO marrayone(3)
STORE 'H' TO marrayone(4)
CLEAR
DISPLAY MEMORY LIKE marrayone
DIMENSION marrayone(2,3)
DISPLAY MEMORY LIKE marrayone
```

程序的运行结果为：

```
MARRAYONE      Priv  A
(1)            C    "E"
(2)            C    "F"
(3)            C    "G"
(4)            C    "H"

MARRAYONE      Priv  A
(1, 1)         C    "E"
(1, 2)         C    "F"
(1, 3)         C    "G"
(2, 1)         C    "H"
(2, 2)         L    .F.
(2, 3)         L    .F.
```

例三：同一数组的不同元素可以存储不同类型的数据，

```
DIMENSION sample(2,3)
STORE 'Goodbye' TO sample(1,2)
STORE 'Hello' TO sample(2,2)
STORE 99 TO sample(6)
STORE .T. TO sample(1)
CLEAR
DISPLAY MEMORY LIKE sample
```

程序的运行结果为：

```
SAMPLE      Priv  A
(1, 1)         L    .T.
(1, 2)         C    "Goodbye"
(1, 3)         L    .F.
(2, 1)         L    .F.
(2, 2)         C    "Hello"
(2, 3)         N    99
```

2.4 过程与函数

FoxPro 向用户提供了近 300 个函数，这些函数大大提高了用户的管理、维护和开发的效率。后面的章节将分类介绍在编程过程中常用的函数。但是有时为达到特定的目的还需要具有特定功能的函数和过程，这些与用户的特定环境和特定目的有关。因此，FoxPro 还允许用户编制自己特定的过程和函数，来扩展系统函数库，提高工作效率。

所谓用户自定义函数和过程就是用户为了达到特定的目的而编制的一段 FoxPro 程序。一般调用这个函数或过程时都给定一组输入参数，函数执行过后都返回一个执行结果。当然用户自定义的函数或者过程不能和系统提供的函数同名。

Visual FoxPro 的过程如下所示：

```
PROCEDURE myproc
   *本行是注释，但也可为可执行代码。
ENDPROC
```

习惯上，过程是为完成某个操作而编写的代码，函数用来计算并返回一个值。在 Visual FoxPro 中，这二者区别不大。

```
FUNCTION myfunc
   * 本行为注释，但也可作为可执行代码
ENDFUNC
```

可以将过程和函数保存在单独的程序文件中，也可放在一般程序的结尾。不能把可执行的主程序代码放在过程或函数之后。

若将过程或函数放在单独的程序文件中，可以在应用程序中使用 SET PROCEDURE TO 命令访问它们。例如，保存过程或函数的文件名为 FUNPROC.PRG，可在“命令”窗口中使用下面的命令调用它们：

```
SET PROCEDURE TO funproc.prg
```

2.4.1 调用过程或函数

在程序中有两种调用过程或函数的方式：

（1）使用 DO 命令，例如：

```
DO myproc
```

（2）在函数名后加上一对小括号，例如：

```
myfunc( )
```

如果向过程或函数发送值或接收它们的返回值，则两种方式都可以加以扩展。

2.4.2 向过程或函数发送值

若要向过程或函数传递值，可以使用参数。例如，下面的过程接收一个参数：

```
PROCEDURE myproc( cString )
   * 下行显示一条信息
   MESSAGEBOX ("myproc" + cString)
```

```
ENDPROC
```

注意：在过程或函数定义行的括号中包含参数，表明该参数的作用域仅为该过程或函数，例如 PROCEDURE myproc (cString)。也可以使用 LPARAMETERS，让函数或过程来接收局部作用域的参数。

在函数中，参数以同样方式工作。要向函数或过程传递参数值，可以使用字符串或包含字符串的变量，如下所示。

```
DO myproc WITH cTestString  &&调用过程，并传递原义字符串或字符变量
DO myproc WITH "test string"
myfunc("test string")        &&调用函数，并传递原义字符串或字符变量的副本
myfunc( cTestString )
```

注意：若在调用过程或函数时不是用 Do 命令，UDFPARMS 设置控制如何传递参数。在默认条件下，UDFPARMS 设置为 VALUE，即传递参数的副本。在使用 DO 命令调用过程或函数时，实际的参数被传递（以引用方式传递参数）。这时，在过程或函数运行过程中，参数值的任何变化都将反映到原始数据中，而与 UDFPARMS 状态无关。

可以向过程或函数传递多个参数，参数之间用逗号分开。例如，下面的过程有三个参数：日期、字符串和数字。

```
PROCEDURE myproc( dDate, cString, nTimesToPrint )
 FOR nCnt = 1 to nTimesToPrint
   ? DTOC(dDate) + " " + cString + " " + STR(nCnt)
 ENDFOR
ENDPROC
```

下面的代码将调用这个过程：

```
DO myproc WITH DATE(), "Hello World", 10
```

2.4.3 接收函数的返回值

函数默认的返回值是“真”（.T.），但可以使用 RETURN 命令返回任意值。例如，下面的函数返回比参数值晚两周的日期。

```
FUNCTION plus2weeks
PARAMETERS dDate
  RETURN dDate + 14
ENDFUNC
```

下面的代码将此函数的返回值保存在一个变量中：

```
dDeadLine = plus2weeks(DATE())
```

要保存和显示函数的返回值，可以使用：

```
var = myfunc( )    &&将函数的返回值保存于变量中
? myfunc( )        &&在活动输出窗口中打印函数的返回值
```

2.4.4　在过程或函数中检验参数

检验发送的参数是否为过程或函数所要接收的数据是一种良好的设计习惯，TYPE( ) 和 PARAMETERS( ) 可以用来检验参数的类型和个数。

例如，上面提到的函数需要接收一个日期型参数，可以用 TYPE( ) 函数检验所接收的参数类型是否正确。

```
FUNCTION plus2weeks( dDate )
  IF TYPE("dDate") = "D"
    RETURN dDate + 14
  ELSE
    MESSAGEBOX( "You must pass a date!" )（"必须传递一个日期型数据！"）
    RETURN {}       && 返回空的日期
  ENDIF
ENDFUNC
```

当过程所接收的参数多于所需要的个数时，Visual FoxPro 将产生一个错误信息。例如，如果用户只列出了两个参数，却使用三个参数调用它，这时将会出错。但如果过程接收的参数个数小于所要求的数目，则 Visual FoxPro 仅将余下的参数赋初值为“假”（.F.），而不产生出错信息，因为无法得知最后的参数是被置为“假”值，还是被忽略。下面的过程确认参数个数是否正确。

```
PROCEDURE SaveValue( cStoreTo, cNewVal, lIsInTable )
  IF PARAMETERS( ) < 3
    MESSAGEBOX( "Too few parameters passed." )
    RETURN .F.
  ENDIF
  IF lIsInTable
    REPLACE (cStoreTo) WITH (cNewVal)
  ELSE
    &cStoreTo = cNewVal
  ENDIF
  RETURN .T.
ENDPROC
```

2.5　常用命令

在 Visual FoxPro 的操作过程中，除了使用菜单操作之外，主要是通过命令方式操作的，这些命令都有固定的格式和语法。

2.5.1　Visual FoxPro 命令结构

Visual FoxPro 有许多命令和函数，每条命令都有确定的格式，命令结构一般由命令动词、语句体和注释几部分构成。

命令格式：

```
<命令动词>  [<功能子句 1>]   [<功能子句 2>]  [...]   && 注释部分
```

其中符号“&&”后面的文字是注释部分，不是命令的可执行部分，常常用于程序中，用来对命令的功能和执行结果进行说明，实际在使用命令时不必输入。

例如显示命令 LIST 的格式：

```
LIST [<范围>] [[<FIELDS>]<字段名表达式表>] [FOR<条件>] [WHILE<条件>] ;
[OFF]   [TO<设备名|文件名|内存变量名>]   && 注释部分
```

1. 命令动词

所有命令都以命令动词开头，这个命令动词决定此命令的性质。命令动词一般为一个英文动词，该动词的英文含义表示要执行的操作。当一个动词的字母超过 4 个时，从第 5 个字母开始都可以省略。但从程序可读性考虑，不提倡略写命令动词。

2. 语句体

语句体由一系列功能子句（也称为短语）构成，功能子句表明操作的对象及对操作的某些限制性的说明，使用时可以根据需要选择一个或多个功能子句，也可以一个都不选。可使用的常用功能子句如下。

① 范围子句

在一些命令中都有一个范围子句，表示记录的执行范围，可以是 ALL，NEXT<n>，RECORD<n>，REST 几项中之一。其中的<n>是数值型表达式。系统对表中的记录是逐条进行处理的。对于一个打开的表文件来说，在某一时刻只能处理一条记录。Visual FoxPro 为每一个打开的表设置了一个内部使用的记录指针，指向正在被操作的记录，该记录称为当前记录。记录指针的作用是标识表的当前记录。记录指针是可以移动的，但只能在命令子句<范围>包括的记录中移动。

ALL：表示全部记录。

NEXT <n>：表示从当前记录开始的以下 n 条记录。

RECORD <n>：表示第 n 号记录。

REST：表示从当前记录到最后一条记录。

例如：

```
use zhao
list  next  3   &&显示 zhao.dbf 表的第 1，第 3 三个记录
list record  6   && 显示 zhao.dbf 表的第 6 个记录
```

② FIELDS 子句

该子句说明数据库的字段名称，一般后面跟一个字段名称表（或简称字段表）。在字段表中有多个字段时，字段名之间用逗号分隔。例如命令：

```
use zhao
list fields 姓名,总分  && 显示 zhao.dbf 表的“姓名”和“总分”两列数据
```

③ FOR 子句

FOR 子句后面一般跟一个<条件表达式>，FOR 子句表示满足条件表达式的所有记录，例如命令：

```
use zhao
list for 总分>500  && 显示 zhao.dbf 表中身高大于 500 的所有记录
```

④ WHILE<条件>

WHILE 子句后面一般跟一个<条件表达式>，WHILE 子句表示满足条件表达式的记录。从表中当前正在使用的记录开始向下顺序判断，当遇到第一个不满足条件的记录时，停止命令执行，而不管其后是否还有满足条件的记录。例如命令：

```
use zhao
list WHILE 总分>500   && 显示 zhao.dbf 中前面连续几个总分大于 500 的记录
```

⑤ TO<设备名|文件名|内存变量名>

表示操作结果的输入去向。例如命令：

```
list to print     &&把显示的数据同时送到打印机打印
```

3. 命令书写格式说明

在书写命令格式时，还用到一些符号，这些符号只是在书写时使用，实际操作时并不输入。这些符号以及它们所表示的意义如下。

- <>：表示其中内容为必选项。
- [ ]：表示其中内容为可选项。
- | ：表示其两侧项目只能任选一项。
- … ：表示同类项的多次重复。

4. 命令的书写规则

在输入命令时，应注意下面规则。

① 每条命令必须以命令动词开始，以回车键结束，命令中各子句的顺序是任意的。例如以下两个命令的作用是一样的：

```
list fields 姓名,总分  for 总分>500
list  for 总分>500  fields 姓名,总分
```

② 命令动词、短语中的英文单词及函数名均可缩写为前 4 个字符，大小写可混用。例如：

```
list  for 总分>500  fiel  姓名,总分  RECO  5
```

③ 命令动词、语句体及其各短语之间均以空格相隔。

④ 一行只能写一个命令，不能将两个命令写在同一行。

⑤ 命令一行写不下时，可以由系统自然换行或在行尾加分号（；），按回车键强制换行。命令行的长度小于或等于 2048 个字符。例如下面两行是一条命令：

```
LIST  for 总分>500  fiel  姓名,总分 ;
RECO  5   to print
```

2.5.2 常用命令

命令是使用 Visual FoxPro 进行数据库开发和维护的必备知识，我们在以后的学习中会逐步接触到各种常用的命令，这里首先为用户介绍几种常用的命令。

1. 调用子程序命令（DO）

功能：DO 命令用于执行 Visual FoxPro 程序或过程。

语法：

```
DO ProgramName1 | ProcedureName
[IN ProgramName2]
[WITH ParameterList]
```

说明：ProgramName1 指定要执行的程序名。如果未带扩展名，Visual FoxPro 将按下列顺序寻找程序：

- .exe（可执行版本）
- .app（应用程序）
- .fxp（编译版本）
- .prg（程序）

用 DO 命令执行菜单程序、表单程序或查询程序时必须加扩展名（.mpr、.spr 或.qpr）。

ProcedureName 指定要执行的过程名。

IN ProgramName2 执行 ProgramName2 所指的程序文件中的过程。

WITH ParameterList 指定传递给程序或函数的参数。

2. 调用表单命令（DO FORM）

功能：运行一个由表单设计器设计的表单文件，该文件是经编译过的。

语法：

```
DO FORM 表单文件名 [NAME 变量名 [LINKED]]
```

说明：表单文件名即是要运行的由表单设计器设计的表单文件名称。变量名为调用该表单所用的变量名称，做为表单，不能直接用它的名称去调用它，必须将其赋给一个变量，然后用这个变量来调用它。如果您不会在这个表单之外调用它，也可以不要这个变量。

在程序中产生的所有变量在程序运行结束后将被释放，即这些变量不再存在，因此也就无法继续调用这些变量，如果为了调试程序需要在程序运行结束后在命令窗口中调用这个表单，必须加上 linked 子句。

例如：在程序中调用 ZHAO 表单，并将赋给一个变量 WANG，语句如下：

```
DO FORM ZHAO NAME WANG
```

3. 赋值命令（store...to）

功能：将一个数据赋给一个变量。

语法：

```
STORE 表达式 TO 变量名表
```

说明：表达式的值即为要赋给变量的数据。变量名表即为要被赋值的各变量。在这里可以是一个变量，也可以是多个变量，如果有多个变量，其间用“,”（逗号）隔开。

如果是给一个变量赋值，该语句可写成如下形式：

变量名=表达式

表达式可以是一个数值，也可以是一个算术式。

例如：将 5 赋给 ab、cd 、efg 三个变量，语句如下：

```
store 3 to ab,cd,efg
```

如将变量 gz 的值加 200 赋给 abcd。语句如下：

```
abcd=gz+200
```

4. 返回调用程序命令（return）

功能：返回调用本程序（该语句所在程序）的程序。前面讲过调用子程序的语句，从一个程序 A 调用另一个程序 B 后，系统便开始执行 B 程序中的语句，到一定时候往往要从程序 B 返回程序 A，便可使用该语句。

语法：

```
RETURN
```

说明：程序 A 调用程序 B，当从 B 返回 A 后，系统接着执行调用语句（do b）下面的一条语句。

例如：

程序 a.prg 如下：

```
do while .not. eof()
if 工资<100
do b
endif
skip
enddo
```

程序 b.prg 如下：

```
replace 工资 with 工资*1.5    &&将工资增加 50%
display  &&显示出该记录，这样可以将所有增加了工资的记录显示出来
return
```

首先执行程序 a.prg，当程序执行到 do b 语句时，便转去执行程序 b.prg，在程序 b 中执行到 return 语句时，又返回程序 a，并接着执行 do b 的下一条语句 endif。

5. 启动事件处理命令（read events）

功能：启动 VFP 的事件处理程序。

语法：

```
read events
```

说明：当该命令执行后，系统即停止继续执行后续的语句，这时可以调用之前所启动的菜单、表单等对象，并用这些对象的事件程序去完成相应的任务，直到发出 clear events 命令，系统才接着执行 read events 后面的命令语句。

6. 清除事件处理命令（clear events）

功能：终止由 read events 语句启动的事件处理程序。

语法：

```
clear events
```

说明：发出该命令后，系统将继续执行 read events 之后的语句。

7. 结束程序命令（cancel）

功能：结束当前正在运行的所有程序，返回 VFP 或操作系统。

语法：

```
cancel
```

8. 退出程序命令（quit）

功能：QUIT 命令用于退出 Visual FoxPro 系统并返回操作系统。

语法：

```
quit
```

9. 调试、显示命令

调试、显示命令主要用于程序设计的调试阶段，可以随时在屏幕上显示中间值或运行结果，跟踪程序的运行。

① \|\\命令

功能：在屏幕上输出文本。

语法：

```
\TextLine
\\TextLine
```

说明：\ 在屏幕上新起一行输出文本 TextLine；

\\从屏幕上当前行紧跟着输出文本 TextLine。

例如：

```
\This is an example:
\Visual
\\ FoxPro 6.0
\\ Programming
\The end.
```

运行上述程序在屏幕上显示：

```
This is an example:
Visual FoxPro 6.0 Programming
The end
```

② ?|??命令

功能：在屏幕上显示表达式的内容。

语法：

```
? | ?? Expression1
[PICTURE cFormatCodes] | [FUNCTION cFormatCodes] | [VnWidth]
[AT nColumn]
[FONT cFontName [, nFontSize] [STYLE cFontStyle | Expression2]]
[, Expression3] ...
```

说明：? 在屏幕上新起一行显示表达式 Expression1 的内容；

?? 从屏幕上当前行紧跟着显示表达式 Expression1 的内容。

表达式 Expression1 可以是字符型、日期型、数字型、逻辑型和图片，可以用 PICTURE 或者 FUNCTION 选项来控制显示的结果。例如可以用 FUNCTION "V10"选项设定每行只能显示 10 个字符。AT nColumn 选项可以制定输出区域在哪一列。[FONT cFontName [, nFontSize] [STYLE cFontStyle | Expression2]] [, Expression3] ...选项用于设定显示的字体、大小、显示风格（如粗体、常规、斜体、带下划线等）。

例如：

```
? "This is a test:" AT 20 FONT "Courier",16
? "今日日期：" AT 20 FONT "宋体",16 STYLE "BI"
?? DATE() FONT "Courier",16 STYLE "BIU"
? "The end" AT 20 FONT "Courier",16
```

运行上述程序在屏幕第 20 列上显示：

```
This is a test:
今日日期：12/07/06
The end
```

其中第一、三行为 Courier 字体，大小为 16；第二行字体为宋体，大小为 16，风格为粗体、斜体，显示的日期带下划线。

③ ???命令

功能：将字符串表达式的内容发送到打印机。

语法：

```
??? cExpression
```

说明：

cExpression 参数为一字符串表达式，如果是其他类型则必须转化为字符串类型，此命令在调试打印机时使用。

④ @ ... SAY

功能：从屏幕上制定行、制定列输出表达式的内容。

语法：

```
@ nRow,nColumns SAY cExpression
```

说明：

从屏幕上制定的起始点（nRow,nColumns）开始显示表达式 cExpression 的内容。

例如：

```
@ 10,20 SAY "This is a test:"
```

```
@ 12,20 SAY "明天日期："
@ 12,30 SAY DATE() + 1
@ 14,20 SAY "The end"
```

运行以上程序在屏幕上第（10，20）开始显示：

```
This is a test:
明天日期：
12/08/03
The end
```

10. 其他常用命令

这里再为用户介绍几种很常用的命令。

① BUILD APP 命令

BUILD APP 命令根据项目文件内容创建扩展名为.APP 的应用程序文件。其语法为：

```
BUILD APP APPFileName FROM ProjectName [RECOMPILE]
```

其中：

APPFileName　指定要创建的应用程序的文件名。

FROM ProjectName 指定建立应用程序所依据的项目名。

RECOMPILE 指定在建立应用程序文件之前先编译项目文件。

② BUILD EXE 命令

BUILD EXE 命令将项目文件生成可执行文件。其语法为：

```
BUILD EXE EXEFileName FROM ProjectName [RECOMPILE]
```

BUILD EXE 命令选项和 BUILD APP 命令类似，不再细谈。

③ COPY FILE 命令

COPY FILE 命令复制任何类型的文件。其语法为：

```
COPY FILE FileName1 TO FileName2
```

如果用来复制带备注字段或结构索引文件的表文件，需注意一定要单独复制其.fpt 文件和.cdx 文件。

④ MODIFY COMMAND/FILE 命令

MODIFY COMMAND/FILE 命令用于在 Visual FoxPro 系统下编辑源程序文件或文本文件。

⑤ RUN/!命令

RUN/!命令用于执行外部操作命令或程序。

2.6 常用函数

Visual FoxPro 6.0 系统提供了几百种内置函数，分别为字符串处理函数、数值计算函数、日期和时间函数、数组操作函数、文件操作函数等。

2.6.1 字符串处理函数

字符处理是实现文字编辑的重要手段，这里介绍几种常用字符处理函数的格式和实例。

① 判断子字符串函数 AT

格式：AT（<字符表达式 1>,<字符表达式 2>）

功能：求<字符表达式 1>在<字符表达式 2>的起始位置数值。

说明：若<字符表达式 2>中不包含<字符表达式 1>，则函数值为零。若<字符表达式 2>的值含有两个以上的<字符表达式 1>的值，则函数给出第一个值的位置。大小写字母在检索中视为不同。

例如：

```
?AT（"北京","中国首都北京"），AT（"APLE","ADMOMPU"）
```

运行结果为：

```
5  0
```

② 取子串函数 SUBSTR

格式：SUBSTR（<字符表达式>,<起始位置>［,<长度>］）

功能：对<字符表达式>从给定的<起始位置>开始截取指定长度的字符，生成一个新的字符串。

说明：若无<长度>或<长度>大于后面剩余的字符个数，则截至末尾。若<起始位置>大于字符串表达式长度，则输入空串。

例如：

```
?SUBSTR（"12345678901",6,4）
```

运行结果为：

```
6789
```

③ 取左子串函数 LEFT

格式：LEFT（<字符表达式>,<数值表达式>）

功能：LEFT 从<字符表达式>左边截取由<数值表达式>的值指定的字符，生成一个新的字符串。

例如：

```
?LEFT（'FOXPRO 数据库管理系统',6）
```

运行结果为：

```
FOXPRO
```

④ 取右子串函数 RIGHT

格式：RIGHT（<字符表达式>,<数值表达式>）

功能：RIGHT 从<字符表达式>右边截取由<数值表达式>的值指定的字符，生成一个新的字符串。

例如：

```
?RIGHT（'FOXPRO 数据库管理系统',14）
```

运行结果为：

```
数据库管理系统
```

⑤ 宏代换函数&

格式：&＜字符型内存变量＞［.］

功能：替换出<字符型内存变量>的值。即将<字符型内存变量>值的定界符去掉，使其可能代表一个变量名、文件名、命令、表达式等。

说明：在表达式中使用该函数时，如果函数中的字符型内存变量名与其后面的字符无明显分界时，应使用圆点将它们隔开。例如：

```
A="北京"
B="中国"
? "&A.是&B.首都"
```

运行结果为：

```
北京是中国首都
```

⑥ 字符串长度函数 LEN

格式：LEN（<字符表达式>）

功能：测定字符串的长度（字符个数）。

例如：

```
?LEN（'FOXPRO 数据库管理系统'）
```

运行结果为：

```
20
```

⑦ 删除首部和尾部空格的函数 LTRIM ，TRIM（RTRIM）和 ALLTRIM

格式：LTRIM|TRIM |RTRIM |ALLTRIM（<字符表达式>）

功能：LTRIM 是删除字符串首部的空格，TRIM 和 RTRIM 是删除字符串尾部的空格，ALLTRIM 则可删除字符串首部和尾部的空格。

例如：

```
aa='this  '
bb='  word '
?LEN（aa），LEN（LTRIM（aa）），LEN（BB），LEN（TRIM（BB）），LEN（ALLTRIM
（BB））
```

运行结果为：

```
6  4  7  6  4
```

⑧ 构造空格函数 SPACE

格式：SPACE（<数值表达式>）

功能：产生由<数值表达式>的值决定的空格数。

例如：

```
?"姓名",SPACE（3），"李宁"
```

运行结果为：

```
姓名   李宁
```

⑨ 生成重复字符串函数 REPLICATE

格式：REPLICATE（<字符表达式>,<数值表达式>）

功能：把<字符表达式>的值（字符串）重复由<数值表达式>的值指定的次数，生成新的字符串。

例如：

```
?REPLICATE（'FOXPRO',3）
```

运行结果为：

```
FOXPROFOXPROFOXPRO
```

⑩大小写字母转换函数 LOWER|UPPER

格式：LOWER|UPPER（<字符表达式>）

功能：LOWER 把<字符表达式>中的大写字母转换为小写字母；UPPER 把<字符表达式>中的小写字母转换为大写字母。

例如：

```
?LOWER（[FoxPro]），UPPER（[FoxPro]）
```

运行结果为：

```
foxpro  FOXPRO
```

其他常用的字符串函数见表 2-1。

表 2-1 其他常用的字符串函数

函数名	函数功能
ASC()	返回字符串中第一个字符的 ASCII 码值
ATC()	查找一个字符串在另一个字符串中第一次出现的位置，且不区分大小写
ATCLINE()	查找一个字符串在一个备注字段中第一次出现的位置的行号，且不区分大小写
ATLINE()	查找一个字符串在一个备注字段中第一次出现的位置的行号
BETWEEN()	判断字符串是否在两个已知字符串之间
CHR()	将给定的 ASCII 码值转换为字符
CTOD()	将字符类型数据转换为日期型数据
DIFFERENCE()	判断两个字符串之间的拼写差异
DTOC()	将日期型数据转换为字符类型数据
EMPTY()	判断一个表达式是否为空
EVALUATE()	计算一个表达式并返回结果
INLIST()	判断一个字符表达式是否在另一个字符表达式中
ISALPHA()	判断一个表达式是否以字母开头
ISLOWER()	判断表达式中的第一个字符是否为小写
ISUPPER()	判断表达式中的第一个字符是否为大写
LIKE()	将一个可以包含通配符的字符串同另一个字符串比较
OCCURS()	返回一个字符串在另一个字符串中出现的位置
PADC()	在字符串的两端填充指定的字符

（续表）

函数名	函数功能
PADL()	在字符串的前边填充指定数量的空格字符
PADR()	在字符串的后边填充指定数量的空格字符
PROPER()	生成一个用大写字母开头的用做名称的字符表达式
RAT()	返回一个字符串在另一个字符串中最后一次出现的位置
RATLINE()	返回一个字符串在另一个备注字段或字符串中最后一次出现的行号
SOUNDEX()	返回指定字符表达式的语音表示
STR()	将数字表达式转换成字符串
TRANSFORM()	输出格式化字符和数字
TYPE()	返回一个表达式的类型
STRTRAN()	在一个字符串中搜索子串用指定的字符串替换
STUFF()	用一个字符串替换另一个字符串中的子串

2.6.2 数值处理函数

数值处理函数主要包括三角、对数、指数等函数，这里介绍几种常用数值处理函数的格式和实例。

① 求绝对值函数 ABS

格式：ABS（<数值表达式>）

功能：ABS（）返回指定的数值表达式的绝对值。例如：

```
?ABS（-5）
```

运行结果：

```
5
```

② 求整函数 INT

格式：INT（<数值表达式>）

功能：INT（）返回指定数值表达式的整数部分。例如：

```
? INT（1.99）
```

运行结果：

```
1
```

③ 四舍五入函数 ROUND

格式：ROUND（<数值表达式>,<保留小数位>）

功能：按保留小数位指定的位数对<数值表达式>的数值进行四舍五入。

说明：当保留小数位为正整数或零时，系统将自动对其后的数进行四舍五入处理；当其为负数时，舍入将在整数部分进行。例如：

```
?ROUND（3.14159,3）,ROUND（3.14159,0）,ROUND（536.56,-1）,ROUND
（536.56,-2）
```

运行结果：

```
3.14200  3.00000  540.00   500.00
```

④ 指数函数 EXP，自然对数函数 LOG，平方根函数 SQRT

格式：EXP| LOG | SQRT（<数值表达式>）

功能：返回指定数值表达式的指数函数值、自然对数函数值、平方根函数值。例如：

```
? exp（2）
```

运行结果：

```
7.39
```

⑤ 取模（求余数）函数 MOD

格式：MOD（<数值表达式 1>,<数值表达式 2>）

功能：取<数值表达式 1>除以<数值表达式 2>的余数。

说明：余数的正负号与<数值表达式 2>相同。当两个表达式的值同号时，函数值为<数值表达式 1>除以<数值表达式 2>所得到的余数；两个表达式的值异号时，函数值为<数值表达式 1>除以<数值表达式 2>所得到的余数再加上<数值表达式 2>的值。例如：

```
?MOD（20,3）,MOD（20,-3）,MOD（-20,-3）,MOD（-20,3）
```

主屏幕显示：

```
2  -1  -2  1
```

⑥ 求最大值 MAX、最小值 MIN

格式：MAX| MIN（<表达式 1>,<表达式 2>,… ,<表达式 n>）

功能：求<表达式 1>，<表达式 2>，…，　和<表达式 n>中的最大者、最小者。例如：

```
? max（2,5,3,2）
```

运行结果：

```
5
```

其他常用的数值处理函数见表 2-2。

表 2-2　其他常用的数值处理函数

函数名	函数功能
%	数值取余
ACOS()	反余弦函数
ASIN()	反正弦函数
ATAN()	反正切函数
ATN2()	扩展的反正切函数，在四个象限中返回值
BETWEEN()	判断一个数值表达式值是否处于另外两个数值表达式值之间
CALCULATE()	财务统计函数
CEILING()	返回大于或者等于已知数的最小整数
COS()	余弦函数
DTOR()	将角度转换成弧度
FLOOR()	返回小于或者等于已知数的最大整数

（续表）

函数名	函数功能
FV()	求投资的预期值
ISDIGIT()	判断表达式的第一个字符是否为数字
LOG10()	求常用对数
PAYMENT()	求贷款中每次定期付款的数额
PI()	返回圆周率的值
PV()	求投资的当前值
RAND()	生成一个随机数
RTOD()	将弧度转换成角度
SIGN()	判断数值的符号
SIN()	正弦函数
TAN()	求数值表达式的正切值
VAL()	将字符串转化成数值

2.6.3 日期和时间处理函数

在世纪交替之际，2000 年问题给计算机带来很多麻烦，在 Visual FoxPro 6.0 中对 2000 年问题作了相应处理。只要在系统配置的区域设置里设置页面中选中“使用系统设置”，这样就不会出现 2000 年问题的麻烦。系统设置的格式为：

```
yyyy-mm-dd[ , ][hh[: mm[: ss]][a|p]]
```

即年-月-日、时：分：秒、上午|下午，其中年用 4 位数字表示。下面介绍几种常用日期和时间处理函数的格式和实例。

① 系统日期和时间函数 DATE| TIME| DATETIME

格式：DATE（），TIME（），DATETIME（）

功能：DATE（）返回当前系统日期，函数值为日期型；TIME（）以 24 小时制格式返回当前系统时间，函数值为字符型；DATETIME（）返回当前系统日期，函数值为日期型。

例如：

```
? DATE（）,TIME（）
```

② 年、月、日函数 YEAR|MONTH|DAY

格式：YEAR|MONTH|DAY（<日期表达式>）

功能：从<日期表达式>中求出年、月、日的数值。

例如：

```
aa={^2006-10-15}
? YEAR（aa）,MONTH（aa）,DAY（aa）
```

主屏幕显示：

```
2006  10  15
```

③ 星期函数 DOW|CDOW

格式 1：DOW（<日期表达式>）

格式 2：CDOW（<日期表达式>）

功能：格式 1 给出<日期表达式>指定的日期是一星期的第几天。1 表示星期日，2 表示星期一，……，7 表示星期六；格式 2 给出星期几的英文名称。

例如：

```
? DATE（）,DOW（DATE（））,CDOW（DATE（））
```

其他常用的时间和日期处理函数见表 2-3。

表 2-3　其他常用的时间和日期处理函数

函数名	函数功能
BETWEEN()	判断一个日期表达式值是否处于指定的两个日期表达式值之间
CMONTH()	求给定日期的月份
CTOD()	将字符类型数据转换为日期类型数据
DMY()	将日期表达式转换为日月年的表达式
DTOC()	将日期类型数据转换为字符类型数据
DTOS()	将给定的日期型或日期时间型转换成 yyyymmdd 格式的日期字符串
EMPTY()	判断一个日期表达式是否为空
GOMONTH()	求一个给定的日期之前或之后指定月数的日期
INLIST()	判断一个日期表达式是否在一组日期表达式之中
MDY()	将日期表达式转化成月日年的表示形式

2.6.4 数据库操作函数

常用的数据库操作函数见表 2-4。

表 2-4　常用的数据库操作函数

函数名	函数功能
AFIELDS()	将数据库结构信息复制到一个数组
ALIAS()	返回指定工作区的别名
BOF()	判断记录指针向上是否越界
CDX()	返回打开的复合索引文件名称
DBF()	返回指定工作区中数据库文件的名称
DELETED()	判断指定的记录是否有删除标记
EOF()	判断记录指针向下是否越界
FCOUNT()	返回指定的工作区中数据库字段的数目
FIELD()	返回第几个字段的名称
FILTER()	返回指定工作区的过滤器表达式
FOUND()	判断最后一次查找是否成功
FSIZE()	返回指定字段的大小
KEY()	返回主索引文件的键索引表达式

（续表）

函数名	函数功能
LUPDATE()	返回数据库最后一次修改的日期
MEMLINES()	返回备注字段的行数
MLINE()	从备注字段中返回一行
MDX()	返回打开的复合索引文件名称
NDX()	返回指定工作区打开的索引文件名称
ORDER()	返回指定工作区的主索引文件名称
RECCOUNT()	返回数据库的记录数
RECNO()	返回指定工作区的当前记录号
RECSIZE()	返回指定工作区数据库记录的大小
SCATTER()	将数据库字段填充数组元素
SELECT()	返回所选择的工作区的号码
TAG()	根据索引文件名称返回标志名称
TARGET()	返回对应关系的目标工作区
USED()	判断数据库是否在指定工作区打开

2.6.5 其他函数

其他常用的函数见表 2-5。

表 2-5 其他常用的函数

函数名	函数功能
ACOPY()	复制数组
ADEL()	删除数组中的一个元素、一行元素或者一列元素
ADIR()	将匹配的文件信息放入一个数组
AELEMEMT()	根据数组元素的行、列下标返回数组元素的符号
AINS()	将一个元素、一行元素或者一列元素插入数组
ALEN()	返回数组元素数、行数、列数
ASCAN()	在数组中搜索一个元素 0
ASORT()	按照升序或者降序排列数组
ASUBSCRIPT()	根据数组的元素序号返回其行、列下标
CAPSLOCK()	设置大写字母锁定键
CHRSAW()	检查一个字符是否放在键盘缓冲区中
CURDIR()	返回在指定驱动器上的当前 DOS 目录
DISKSPACE()	显示缺省磁盘驱动器上当前的空闲空间
ERROR()	返回程序出错的错误号
FCHSIZE()	改变一个文件的大小
FEOF()	判断文件的指针是否指向文件的末尾
FERROR()	判断最后一个低级文件函数是否执行成功

（续表）

函数名	函数功能
FFLUSH()	将文件写入磁盘
FGETS()	从一个用低级命令打开的文件中返回一组字节
FILE()	判断一个文件是否存在
FKLABEL()	返回对应整数值的功能键名称
FKMAX()	返回当前键盘上可用的功能键的总数
FLOCK()	请求锁定数据库文件
FOPEN()	打开一个文件
FPUTS()	将字符串、回车符或换行符写入低级文件函数打开的文件中
FREAD()	从一个文件返回指定长度字节数字符串
FSEEK()	在一个以低级命令打开的文件中移动指针
FULLPATH()	返回一个指定文件的完整路径
FWRITE()	向一个以低级文件函数打开的文件写入字符串
GETFILE()	弹出系统打开文件对话框
HEADER()	返回指定的工作区中打开的数据库文件头的字节数
IFF()	类似 IF 语句的函数，根据一个逻辑表达式取两个值之一
INKEY()	返回对应某次键盘输入或者鼠标触发的整数值
INSMODE()	设置写入或重写方式
LASTKEY()	返回最后一次按键的对应值
LOCFILE()	查找文件
LOCK()	请求锁定数据库的一个或者多个记录
MCOL()	得到鼠标在屏幕或者窗口的列位置
MDOWN()	得到鼠标按钮状态的逻辑值
MEMORY()	返回当前可用内存大小
MESSAGE()	返回程序出错的错误信息
MESSAGEBOX()	弹出一个系统信息对话框
MROW()	得到鼠标在屏幕或者窗口的行位置
NETWORK()	判断正在使用的 FoxPro 是否为网络版本
NUMLOCK()	设置数字锁定方式
OS()	返回操作系统名称
PCOL()	返回打印机当前的列位置
PRINTSTATUS()	测试打印机状态是否准备就绪
PROW()	返回打印机当前的行位置
PUTFILE()	打开系统保存文件的话框
RLOCK()	请求锁定数据库的一个或者一组记录
SCHEME()	从颜色配置中返回一个颜色对或者颜色对表
SET()	返回 SET ON/OFF 或者 SET TO 选项的状态

（续表）

函数名	函数功能
SYS(3)	生成一个惟一的、合法的文件名
SYS(6)	返回当前的打印设备
SYS(7)	返回当前格式文件的名称

2.7 常用的程序结构

每个实际程序都包含一定的结构和设计技巧，很难想象一个程序从头到尾按顺序执行，中间没有任何判断、转移、循环等操作。实际上一个较大的程序不可避免地要涉及到非顺序的流程，并且有人证明任何一个程序结构都可以用顺序、分支、循环三种基本结构解决。因此在学习任何一门程序设计语言时，都必须掌握这三种结构的设计语言。

在 Visual FoxPro 6.0 中，提供了 DO CASE …ENDCASE、DO WHILE …ENDDO、FOR …ENDFOR、IF …ENDIF、IF 等语句来实现三种基本结构的编程。

2.7.1 顺序结构

顺序结构处处可见，就是按照顺序依次执行命令。顺序结构是程序中最常用的结构，也是不可避免的结构。

所有的命令都是顺序结构命令。在此向大家介绍一个不算严格的顺序结构命令，SCAN …ENDSCAN 命令。

语法：

```
SCAN [NOOPTIMIZE]
[Scope] [FOR lExpression1] [WHILE lExpression2]
[Commands]
[LOOP]
[EXIT]
ENDSCAN
```

说明：SCAN …ENDSCAN 命令扫描指定范围内（Scope 选项），满足条件（[FOR lExpression1] [WHILE lExpression2]选项）的所有记录，并且对这样的记录执行命令组操作[Commands]。如果执行过程中遇到 LOOP 命令则放弃 LOOP 后面的命令，指针指向下一条记录，重新进行 SCAN …ENDSCAN 中的操作。如果执行过程中遇到 EXIT 命令，则立即停止本命令的执行，退出本命令，执行 ENDSCAN 后面的命令。

例如，可以使用下面的程序在 tsetdata 表中，查找 country 字段的内容为“SWEDEN”的记录，并显示记录的 contact、company、sity 字段的数据：

```
CLOSE DATABASES
OPEN DATABASE (HOME(2) + 'Data\testdata')
USE customer  && Opens Customer table
CLEAR
```

```
SCAN FOR UPPER(country) = 'SWEDEN'
  ? contact, company, city
ENDSCAN
```

2.7.2 分支结构

分支结构也是常用的结构之一，常用的分支结构设计命令有条件判断命令IF…ELSE…ENDIF和分支选择命令DO CASE…ENDCASE。

1. 条件分支结构

IF…ELSE…ENDIF命令

语法：

```
IF lExpression [THEN]
Commands
[ELSE
Commands]
ENDIF
```

说明：该命令在程序设计中经常用到。当逻辑表达式lExpression的值为.T.时，执行紧跟其后的命令组，执行完毕后跳出ENDIF。否则如果有ELSE选项则执行紧跟在ELSE后面的命令组，执行完毕后跳出ENDIF；如果没有ELSE选项就不执行任何命令直接跳出ENDIF。

注意：在IF…ELSE…ENDIF命令中可以嵌套IF…ELSE…ENDIF命令，一般嵌套层数不宜超过8层，嵌套过多会使程序可读性变得极差，且程序运行容易出错。

2. 多重分支结构

DO CASE…ENDCASE命令

语法：

```
DO CASE
CASE lExpression1
Commands
[CASE lExpression2
Commands
...
CASE lExpressionN
Commands]
[OTHERWISE
Commands]
ENDCASE
```

说明：DO CASE命令根据逻辑条件的结果选择执行一组Visual FoxPro命令，当得到一个逻辑值.T.时，执行紧跟其后的所有命令，直到下一个CASE或者ENDCASE语句为止。

只有一条逻辑值为.T.的 CASE 语句后面的命令组被执行，即第一个逻辑值为.T.的 CASE 语句下属的命令组，执行后跳出 DO CASE 语句，执行 ENDCASE 后面的命令。

如果所有的 CASE 语句后面的逻辑表达式的值都为.F.，此时如果有 OTHERWISE 选项则执行 OTHERWISE 语句后面的命令组；如果没有 OTHERWISE 选项则跳出 DO CASE 语句，执行 ENDCASE 后面的命令。

例如：根据学生成绩判断学生的表现

```
DO CASE
CASE Score > 95
Class = "非常优秀"
CASE Score >= 85 AND Score < 95
Class = "优秀"
CASE Score >= 75 AND Score < 85
Class = "良好"
CASE Score >= 60 AND Score < 75
Class = "通过"
OTHERWISE
Class = "不及格"
ENDCASE
```

注意：同 IF...ENDIF 命令一样，在 DO CASE 命令中可以嵌套 DO CASE 命令，一般嵌套层数不宜过多，嵌套过多会使程序可读性变得极差，且程序运行容易出错。

2.7.3 循环结构

在程序设计中经常会遇到重复性的操作，重复的次数有时可知有时不可知，只有根据操作的结果确定操作是否应该结束。这样的操作有时很难甚至不可能一一枚举。为了适应这样的工作，所有的程序设计语言无一例外地提供了循环程序语句或者命令，在 Visual FoxPro 中提供了 DO WHILE ...ENDDO、FOR...ENDFOR 等循环命令。DO WHILE ...ENDDO 命令主要用于操作次数未知或者操作次数根据程序运行的不同情况而改变的循环。当然该命令完全可以代替 FOR...ENDFOR 命令，而 FOR...ENDFOR 命令主要用于操作次数已知的循环。

1. WHILE 循环

DO WHILE ...ENDDO 命令

语法：

```
DO WHILE lExpression
Commands
[LOOP]
[EXIT]
ENDDO
```

说明：该命令根据逻辑表达式 lExpression 的值决定是否执行 DO WHILE 和 ENDDO

语句之间的命令。如果表达式 lExpression 的值为.T.，则执行 DO WHILE 和 ENDDO 语句之间的命令，否则循环结束。如果执行 DO WHILE 和 ENDDO 语句之间的命令时执行到了 LOOP 语句则程序自动忽略 LOOP 语句后面的所有命令语句，跳到 DO WHILE 自动进行下一轮循环。如果执行 DO WHILE 和 ENDDO 语句之间的命令时执行到了 EXIT 语句，则程序自动结束循环，跳出 DO WHILE ...ENDDO 语句，执行 ENDDO 语句后面的命令语句。所以 LOOP 和 EXIT 选项主要用于决定是否忽略一定的操作而继续下面的循环或者是否结束循环。

例如，在 DO WHILE 循环中计算价格超过$20 的库存商品数，遇到文件末尾（EOF）结束。退出 DO WHILE 循环后显示计算结果。

```
CLOSE DATABASES
OPEN DATABASE (HOME(2) + 'Data\testdata')
USE products
SET TALK OFF
gnStockTot = 0

DO WHILE .T.  && 循环开始
  IF EOF( )
    EXIT    && 跳出循环
  ENDIF
  IF unit_price < 20
    SKIP
    LOOP    && 跳到 DO WHILE
  ENDIF
  gnStockTot = gnStockTot + in_stock
  SKIP    && 移动记录指针
ENDDO    && 循环结束

CLEAR
? "价格超过 20 美元的库存商品数:"
?? gnStockTot
```

程序的运行结果如下：

价格超过 20 美元的库存商品数：1319.0000

2. FOR 循环

FOR...ENDFOR 命令

语法：

```
FOR Var = nInitialValue TO nFinalValue [STEP nIncrement]
Commands
[EXIT]
```

```
[LOOP]
ENDFOR | NEXT
```

说明：该命令当变量 Var 在 nInitialValue 和 nFinalValue 参数范围内（包括 nInitialValue 和 nFinalValue 临界量），则执行 FOR...ENDFOR 语句之间的操作，如果变量 Var 在 nInitialValue 和 nFinalValue 参数指定的范围之外则循环结束。STEP nIncrement 选项指定每执行一次循环后变量 Var 的改变值。如果 nIncrement 大于 0 则每次执行循环后变量 Var 增加 nIncrement；如果 nIncrement 小于 0 则每次执行循环后变量 Var 减少 nIncrement；默认的 nIncrement 值为 1。EXIT 和 LOOP 选项的意义同 DO WHILE ...ENDDO 命令的说明。

例如，下面的程序显示了 FOR...ENDFOR 命令的执行过程：

```
CLEAR  && 清除屏幕
FOR i = 1 TO 5   && 连续显示1，2，3，4，5
?? i
ENDFOR
?          && 光标换行
FOR i = 1 TO 10 STEP 2   && 连续显示1，3，5，7，9
?? i
ENDFOR
?
FOR i = 10 TO 1 STEP -2   && 连续显示10，8，6，4，2
?? i
ENDFOR
?
FOR i = 1 TO 15   && 连续显示3，6，9，12，15
IF i%3 <> 0
LOOP
ENDIF
?? i
ENDFOR
```

程序的运行结果为：

```
1 2 3 4 5
1 3 5 7 9
10 8 6 4 2
3 6 9 12 15
```

第 3 章 数据表的创建

如果可以把一个 Visual FoxPro 应用程序比做是一座大厦的话，那么，表就是其中一块块砖瓦——处理数据和建立关系型数据库及应用程序的基本单元。数据表简称表，在 Visual FoxPro 系统中，把包含在数据库中的表称为数据库表，并把不包含在数据库而独立存在的表称为自由表。自由表可以添加在数据库中而成为数据库表，数据库表也可以从数据库中移出而成为自由表。

本章重点：

- 项目管理器的应用
- 创建数据表
- 表设计器的使用

3.1 项目管理器的应用

在 Visual FoxPro 中，项目管理器可称的上是用户开发应用程序的灵魂。用户在开发过程所使用的数据库、查询、表单、报表、类库以及各种应用程序均可集成与项目管理器中，用户可以利用它向项目文件中加入文件、删除文件、生成新文件、修改已有文件、观察表的内容以及与其他项目文件建立关联等。因此，一个项目文件实际上是程序、文档及 Visual FoxPro 6.0 对象的集合，它以.PJX 为扩展名存在磁盘上。最后，可创建经过编译的.APP 文件或可在 Windows 环境下独立运行的.EXE 文件。但是，值得用户注意的是，项目文件(.JPX)中所保存的并非它所包含的文件，而仅仅是对这些文件的引用。

3.1.1 创建一个项目

创建一个新项目有两个途径，一是仅创建一个项目文件，用来分类管理其他文件；二是使用应用程序向导生成一个项目和一个 Visual FoxPro 应用程序框架。实际应用很少使用第二种途径，在此介绍第一种途径。

可以使用菜单命令创建项目，具体操作步骤如下：

（1）在 Visual FoxPro 主界面中执行“文件”|“新建”命令，或者单击“常用”工具栏上的“新建”按钮，打开“新建”对话框，如图 3-1 所示。

（2）在“文件类型”区域选择“项目”单选按钮，然后单击“新建文件”图标按钮，打开“创建”对话框，如图 3-2 所示。

（3）在“创建”对话框的“项目文件”文本框中输入项目名称，如“学生”，然后在“保存在”列表框中选择保存该项目的文件夹。

（4）单击“保存”按钮，Visual FoxPro 就在指定目录位置建立一个“学生.pjx”的项目文件。

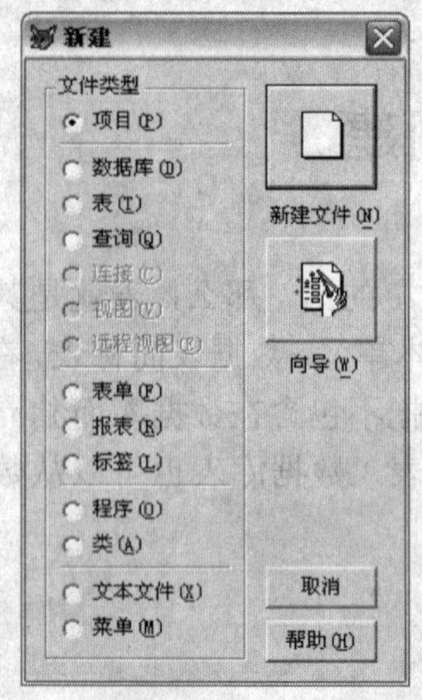

图 3-1 “新建”对话框

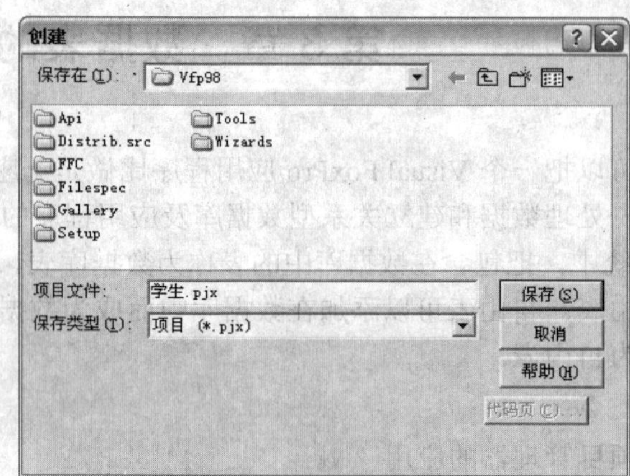

图 3-2 “创建”对话框

另外用户也可以命令窗口中输入 CREATE PROJECT 命令创建项目，在命令窗口中输入命令：

```
CREATE  PROJECT
```

执行该命令后将出现“创建”对话框，在对话框中用户可以输入项目名称然后进行保存。

如要创建一个“教师.pjx”的项目文件，用户还可以在命令窗口中输入如下命令：

```
CREATE  PROJECT 老师.pjx
```

执行命令后即可创建并同时打开名称为“老师”的项目管理器，如图 3-3 所示，该项目保存在默认的文件夹中。

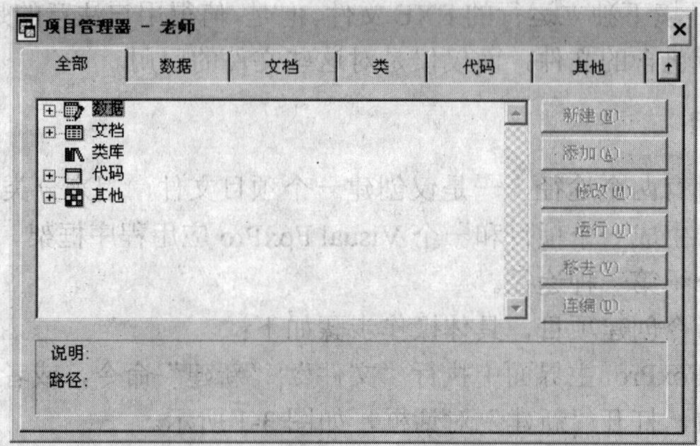

图 3-3 项目管理器

3.1.2 打开和关闭项目

在 Visual FoxPro 中可以随时打开一个已有的项目，也可以关闭一个打开的项目。使用菜单命令打开一个项目的操作步骤如下：

（1）执行“文件”|“打开”命令，或者单击“常用”工具栏上的“打开”按钮，打开“打开”对话框，如图 3-4 所示。

（2）在“打开”对话框的“文件类型”下拉列表中选择“项目”选项，在“查找范围”区域打开项目所在的文件夹。

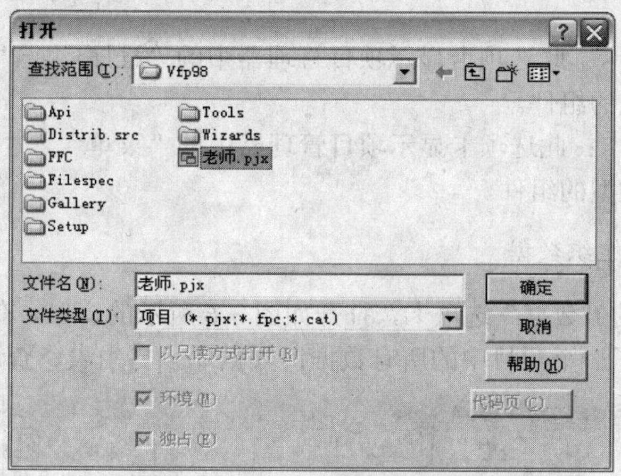

图 3-4 “打开”对话框

（3）双击要打开的项目，或者选中它，然后单击“确定”按钮，即打开所选项目。

提示： 对于磁盘上的项目文件，在打开时同时自动打开项目管理器。当激活“项目管理器”窗口时，在菜单栏中将显示“项目”菜单。

若要关闭项目，只需单击项目管理器右上角的“关闭”按钮即可。未包含任何文件的项目称为空项目。当关闭一个空项目文件时，Visual FoxPro 在屏幕上显示提示框，如图 3-5 所示。单击提示框中的“删除”按钮，系统将从磁盘上删除该空项目文件；若单击提示框中的“保持”按钮，系统将保存该空项目文件。

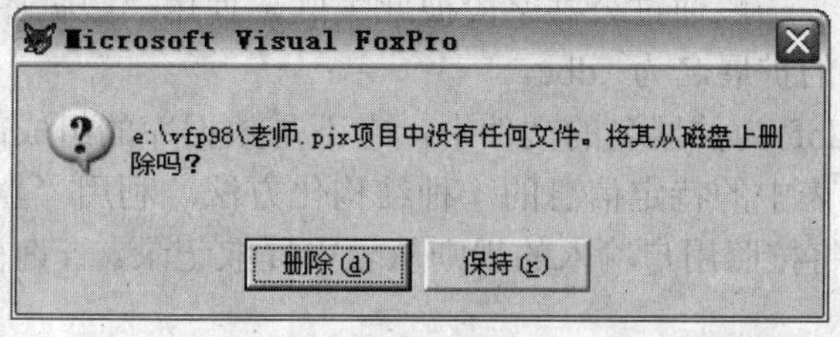

图 3-5 提示框

3.1.3 项目管理器的选项卡

“项目管理器”对话框共有 6 个选项卡，其中“数据”、“文档”、“类”、“代码”、“其他”5 个选项卡用于分类显示各种文件，“全部”选项卡用于集中显示该项目中的所有文件。若要处理项目中某一特定的文件或对象，可选择相应的选项卡。

- “全部”选项卡：此选项卡显示项目管理器里的所有类型的组件，如“数据”、“文档”、“类”、“代码”和“其他”等。
- “数据”选项卡：此选项卡显示项目管理器中的“数据项”、“自由表”和“查询”3 种类型的组件。
- “文档”选项卡：此选项卡显示项目管理器中的“表单”、“报表”和“标签”3

种类型的组件。

- “类”选项卡：此选项卡显示项目管理器中的所有类库文件，但当项目是空项时无显示。
- “代码”选项卡：此选项卡显示项目管理器中的“程序”、“API 库”和“应用程序”3 种类型的组件。
- “其他”选项卡：此选项卡显示项目管理器中的“菜单”、“文本文件”和“其他文件”3 种类型的组件。

1. 用数据选项卡组织数据

单击项目管理器的“数据”选项卡，打开如图 3-6 所示的窗口，在这里用户可以看到，“数据”选项卡包含了一个项目中的所有数据：数据库、自由表、查询和视图。

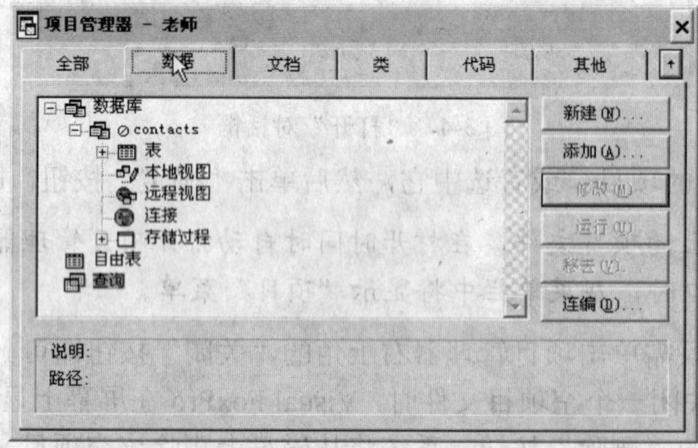

图 3-6　“数据”选项卡

数据库是表的集合，一般通过公共字段彼此关联。使用“数据库设计器”可以创建一个数据库，数据库文件的扩展名为 .dbc。

自由表存贮在以 .dbf 为扩展名的文件中，它不是数据库的组成部分。

查询是检查存贮在表中的特定信息的一种结构化方法。利用“查询设计器”，可以设置查询的格式，该查询将按照用户输入的规则从表中提取记录。查询被保存为带 .qpr 扩展名的文件。

视图是特殊的查询，通过更改由查询返回的记录，可以用视图访问远程数据或更新数据源。视图只能存在于数据库中，它不是独立的文件。

2. 用文档选项卡组织数据

单击项目管理器的“文档”选项卡，打开如图 3-7 所示的窗口，用户可以看到在“文档”选项卡中包含了处理数据时所用的全部文档：输入和查看数据所用的表单，以及打印表和查询结果所用的报表及标签。

表单用于显示和编辑表的内容。

报表是一种文件，它告诉 Visual FoxPro 如何设置查询，以从表中提取结果，以及如何将它们打印出来。

标签是打印在专用纸上的带有特殊格式的报表。

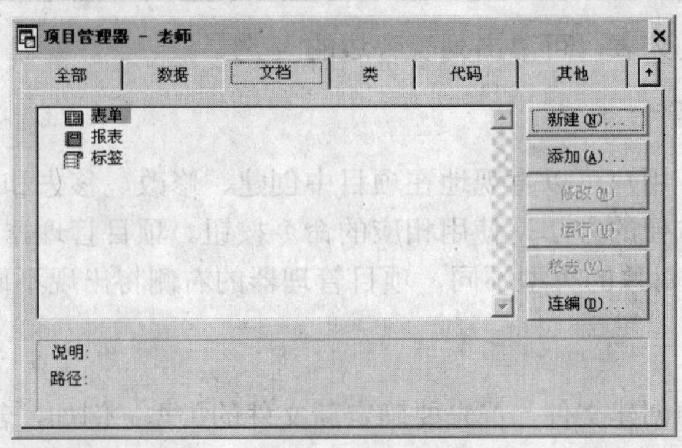

图 3-7　“文档”选项卡

3.1.4　查看项目内容

“项目管理器”中的项是以类似于大纲的结构来组织的，可以将其展开或折叠，以便查看不同层次中的详细内容。

如果项目中具有一个以上同一类型的项，其类型符号旁边会出现一个 + 号。单击 + 号可以显示项目中该类型项的名称。

例如，在图 3-8 中单击数据库“contacts”旁边的 + 号，可以看到项目中“contacts”数据库包含的内容。再单击数据库“contacts”中“表”旁边的 + 号，则可以看到表中包含的内容，如图 3-9 所示。

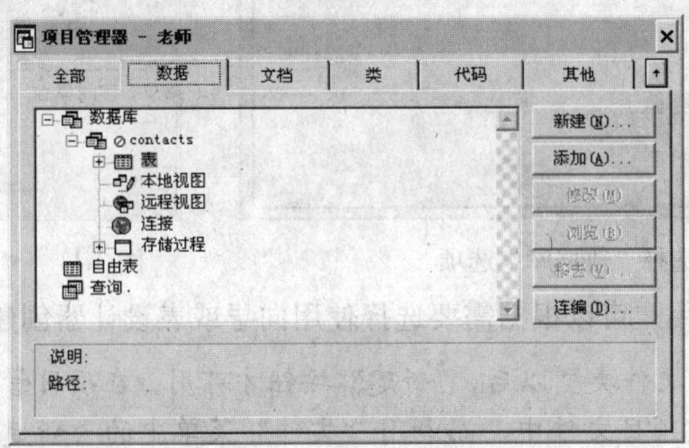

图 3-8　显示“contacts”数据库含的内容

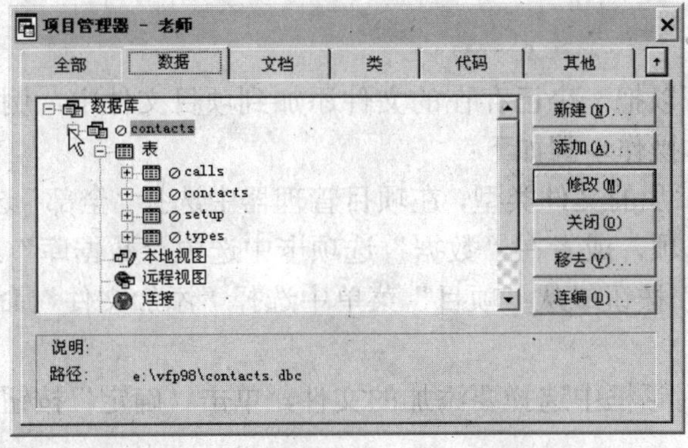

图 3-9　显示数据库表中包含的内容

若要折叠已展开的列表，可单击列表旁边的 - 号。

3.1.5 使用项目管理器

通过项目管理器，用户可以直观地在项目中创建、修改、移去和运行指定的文件。在项目管理器中操作最方便的方法是使用相应的命令按钮。项目管理器的右侧可以同时显示6个按钮，根据所选定对象的类型不同，项目管理器的右侧将出现不同的按钮组。

1. 创建文件

要在项目管理器中创建文件，首先要确定新文件的类型。例如，若要创建一个自由表，具体步骤如下：

（1）首先要选择添加的文件类型，在项目管理器中选择“全部”选项卡，然后选中“数据”下的“自由表”选项，如图 3-10 所示。或者在“数据”选项卡中选中“自由表”选项。

（2）单击“新建”按钮，或者在“项目”菜单中选择“新建文件”命令，此时会打开“新建表”对话框，如图 3-11 所示。

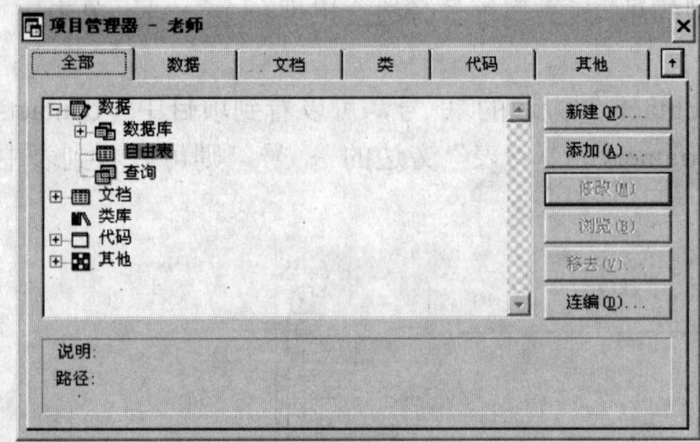

图 3-10 选择“数据库”选项

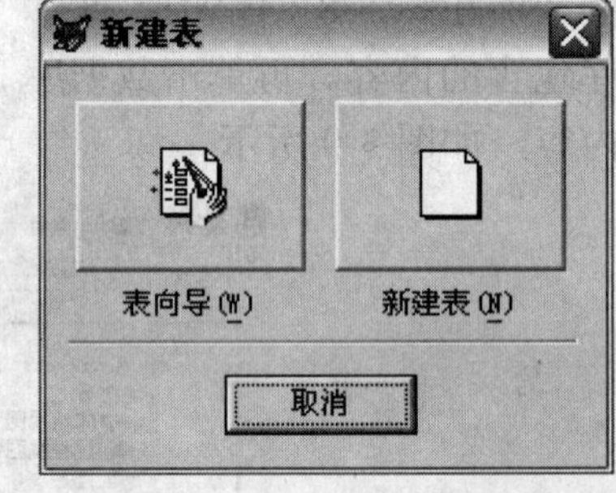

图 3-11 “新建表”对话框

（3）在对话框中用户可以根据需要选择使用向导或表设计器创建表。

注意： 只有选定了文件类型以后，“新建”按钮才可用。在项目管理器中新建的文件自动包含在该项目文件中，而利用“文件”菜单中的“新建”命令创建的文件不属于任何项目文件。

2. 添加文件

利用项目管理器可以把一个已存在的文件添加到项目文件中，例如，要添加一个数据库到项目文件中，具体操作步骤如下：

（1）首先要选择添加的文件类型，在项目管理器中选择“全部”选项卡，然后选中“数据”下的“数据库”选项，或者在“数据”选项卡中选中“数据库”选项。

（2）单击“添加”按钮或从“项目”菜单中选择“添加文件”命令，打开“打开”对话框，如图 3-12 所示。

（3）在“打开”对话框中选择要添加的文件，单击“确定”按钮，系统便将选择的文件添加到项目文件中。

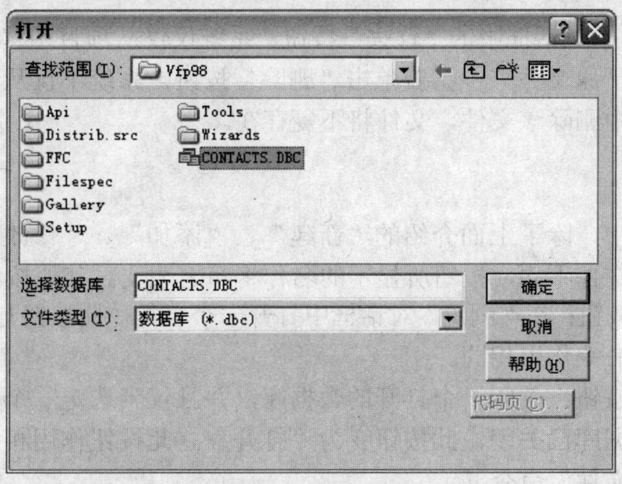

图 3-12　“打开”对话框

在 Visual FoxPro 中，新建或添加一个文件到项目中并不意味着该文件已成为项目的一部分。事实上，每一个文件都以独立文件的形式存在，某个项目包含某个文件只是表示该文件与项目建立了一种关联。这样做有两大优点：一是大部分的文件可以包含在多个项目中，项目仅仅需要知道所包含的文件在哪里，而不需关心所包含文件的其他信息；二是如果一个文件同时被多个项目所包含，那么在修改该文件时，修改的结果将同时在相应的项目中得到体现，这样就避免了在多个项目中分别修改而产生的修改不一致的后果。

3. 修改文件

利用项目管理器可以随时修改项目文件中的指定文件，具体操作步骤如下：

（1）选择要修改的文件。例如，选择数据库中的一个表。

（2）单击“修改”按钮或从“项目”菜单中选择“修改文件”命令，此时可以打开表设计器。

（3）在表设计器中修改相应的文件。

如果被修改的文件被同时包含在多个项目中，修改的结果对于其他项目也有效。

4. 移去文件

一般来说，项目中如果某个文件不需要时，可以从项目中移去。具体操作步骤如下：

（1）选择要移去的文件。

（2）单击“移去”按钮或从“项目”菜单中选择“移去文件”命令，打开如图 3-13 所示的提示对话框。

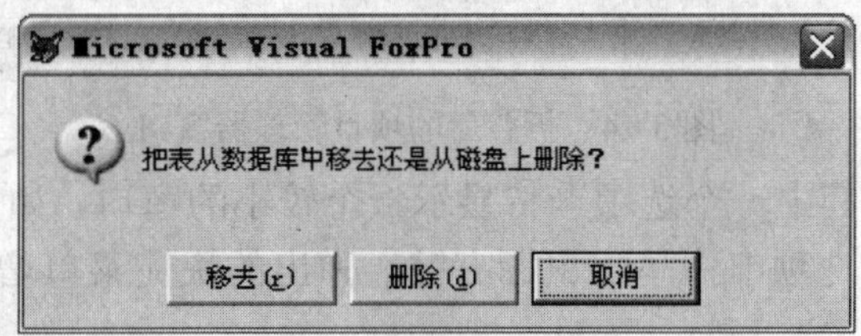

图 3-13　移去提示对话框

（3）若单击提示对话框中的“移去”按钮，系统仅仅从项目中移去所选择的文件，被移去的文件仍存在于原文件夹中；若单击“删除”按钮，系统不仅从项目中移去所选择的文件，还将从磁盘中删除该文件，文件将不复存在。

5. 其他按钮

在项目管理器中，除了上面介绍的“新建”、“添加”、“修改”、“移去”按钮之外，随着所选择的文件不同，按钮所显示的名称将随之改变。其他按钮的功能如下：

- “浏览”按钮：在“浏览”对话框中打开一个表等。此按钮与“项目”菜单的“浏览文件”命令作用相同。
- “关闭”按钮：关闭一个打开的数据库，并且仅当选定一个数据库时可用。如果选定的数据库已关闭，此按钮变为“打开”。此按钮作用相当于“项目”菜单中的“关闭文件”命令。
- “打开”按钮：打开一个数据库，并且仅当选定一个数据库时可用。如果选定的数据库已打开，此按钮变为“关闭”。此按钮作用相当于“项目”菜单中的“打开文件”命令。
- “预览”按钮：在打印预览方式下显示选定的报表或标签，与“项目”菜单的“预览文件”命令作用相同。
- “运行”按钮：执行选定的查询、表单或程序。当选定项目管理器中的一个查询、表单或程序时才可使用。此按钮与“项目”菜单的“运行文件”命令相同。
- “连编”按钮：连编一个项目或应用程序，在专业版中，还可以连编一个可执行文件。此按钮作用相当于“项目”菜单中的“连编”命令。

3.1.6 定制项目管理器

项目管理器显示为一个独立的窗口。可以移动它的位置、改变它的尺寸或者将它折叠起来只显示选项卡。

若要移动项目管理器，将鼠标指针指向标题栏，按住鼠标左键然后将项目管理器拖到屏幕上的其他位置。

若要改变项目管理器窗口的大小，将鼠标指针指向项目管理器窗口的顶端、底端、两边或角上，按住鼠标左键拖动鼠标即可扩大或缩小它的尺寸。

若要折叠项目管理器，单击右上角的⬆按钮。在折叠情况下只显示选项卡，如图 3-14 所示。若要还原项目管理器，单击右上角的⬇按钮。

图 3-14 折叠后的项目管理器窗口

在折叠状态，选择其中一个选项卡将显示一个较小的窗口，如图 3-15 所示。小窗口不显示命令按钮，但是在选项卡中单击鼠标右键，弹出的快捷菜单增加了“项目”菜单中各命令按钮功能的选项。

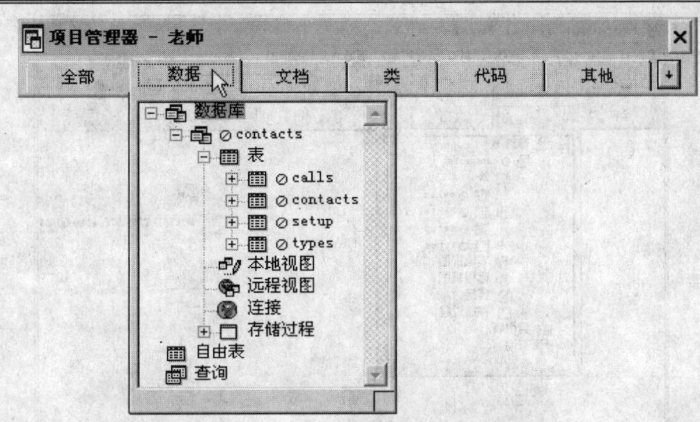

图 3-15　折叠项目管理器选项卡的窗口

折叠项目管理器对话框以后，可以进一步拆分“项目管理器”对话框，使其中的选项卡成为独立、浮动的窗口，用户还可以根据需要重新安排它们的位置。

在折叠的项目管理器上选定一个选项卡，使用鼠标可以直接将它拖离项目管理器，如图 3-16 所示。当选项卡处于浮动状态时，在选项卡中右击，打开的快捷菜单增加了“项目”菜单中的选项，如图 3-16 所示。

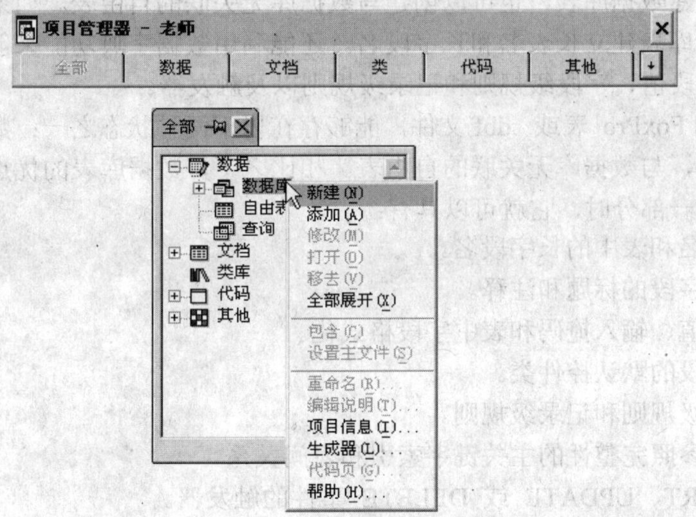

图 3-16　拆分项目管理

对于从项目管理器对话框拆分的选项卡，单击选项卡上的图标，可以钉住该选项卡，将其设置为始终显示在屏幕的最顶层，不会被其他窗口遮挡。再次单击图钉图标便取消其“顶层显示”设置。若要还原拆分的选项卡，可以单击选项卡上的“关闭”按钮，也可以用鼠标将拆分的选项卡拖曳回项目管理器对话框中。

与工具栏类似，用户将项目管理器拖到 Visual FoxPro 主窗口的顶部就可以使它像工具栏一样停放在主窗口的顶部。用户也可以双击标题栏将项目管理器停放在主窗口的顶部。停放后项目管理器变成了窗口工具栏区域的一部分，被自动折叠，只显示选项卡。当用户单击某一选项卡时，系统将弹出相应的数据管理窗口，如图 3-17 所示。对于停放的项目管理器，同样可以从中拖开选项卡。

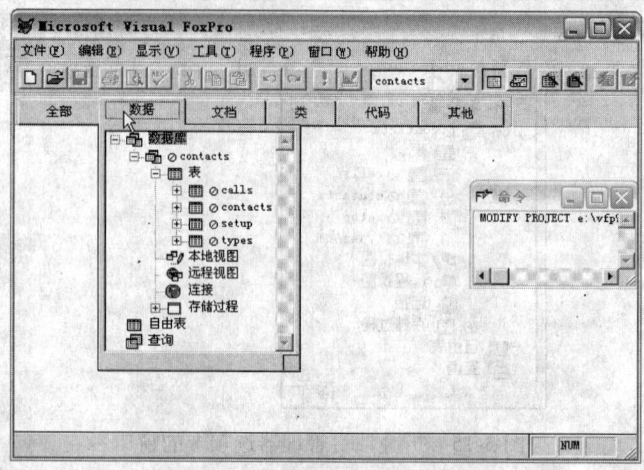

图 3-17　停放在顶部的项目管理器

3.2　创建数据表

用户可以创建数据库表，也可以创建与数据库无关联的自由表。如果将表放在数据库中，可以为数据库表建立长表名和长字段名。还能利用数据字典功能来创建数据库表、长字段名、默认字段值、字段级规则和记录级规则以及触发器。

一个 Visual FoxPro 表或 .dbf 文件，能够存在以下两种状态之一：数据库表（与数据库相关联的表），与数据库无关联的自由表。相比之下，数据库表的优点要多一些。当一个表是数据库的一部分时，它就可以具有：

- 长表名和表中的长字段名。
- 表中字段的标题和注释。
- 默认值、输入掩码和表中字段格式化。
- 表字段的默认控件类。
- 字段级规则和记录级规则。
- 支持参照完整性的主关键字索引和表间关系。
- INSERT、UPDATE 或 DELETE 事件的触发器。

数据库表可以具备自由表所没有的属性。

要创建表，可以使用“表向导”来创建表，也可以使用“表设计器”以交互方式设计和创建表，或者使用语言以编程方式来创建表。

3.2.1　使用表向导创建表

表向导基于典型的表结构创建表，表向导允许从样表中选择满足需要的表，在一步步经过向导的过程中，可以定制表的结构和字段，用户也可以在向导保存表之后修改表。数据库表和自由表都可以使用表向导进行创建，使用表向导创建数据表的基本方法如下：

（1）在 Visual FoxPro 主界面中执行“文件”|“新建”命令，或者单击“常用”工具栏上的“新建”按钮，打开“新建”对话框。在“文件类型”区域选择“表”，如图 3-18

所示。

注意：在项目管理器中选择“数据”选项卡，然后选择某个数据库中的“表”，或选择“自由表”。单击“新建”按钮，此时将打开“新建表”对话框，如图 3-19 所示。在对话框中用户也可以选择使用向导创建表。

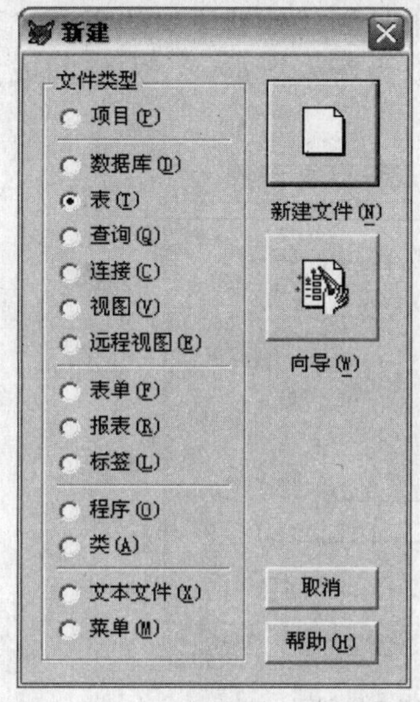

图 3-18　在“新建”对话框中选择表

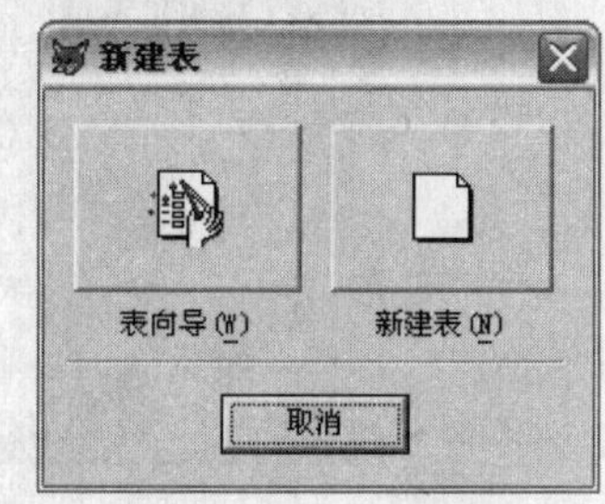

图 3-19　在项目管理器中使用向导创建表

（2）单击“向导”按钮，打开如图 3-20 所示的“字段选取”对话框。在“样表”列表中选择一个表，然后在可用字段列表中选中要加入表中的字段，然后单击“添加”按钮▸，将字段添加到选定字段列表中，如果需要将可用字段列表中的字段全部添加，则可以单击“全部添加”按钮▸▸。用户可以在多个表中间选择字段，如果想要向“样表”中添加自己的表，单击“加入”按钮，打开“打开”对话框，在对话框中用户选择自己的表，然后单击“添加”按钮，将其添加到“样表”列表中。

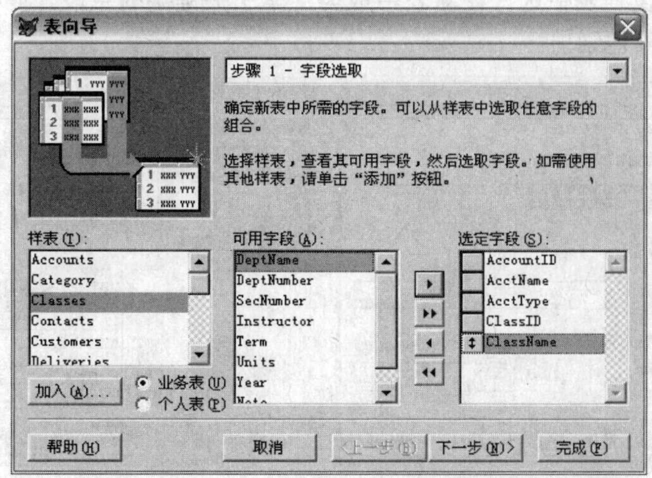

图 3-20　“字段选取”对话框

提示： 在添加字段后，如果感觉不合适可以将添加的字段删除，在选定字段列表中选中要删除的字段，然后单击按钮 ◀ 则可将选中的字段删除。用户还可以在选定字段列表中拖动字段前面的按钮 ↕ 上下移动字段。

（3）字段选择完毕，单击“下一步”按钮，打开如图 3-21 所示的选择数据库对话框。用户可以选择创建自由表还是数据库中的表。如果是创建数据库中的表，“表向导”将在下一步提供自动的和自定义的格式选项。也可以为新表指定一个友好的或具有说明性的名称。

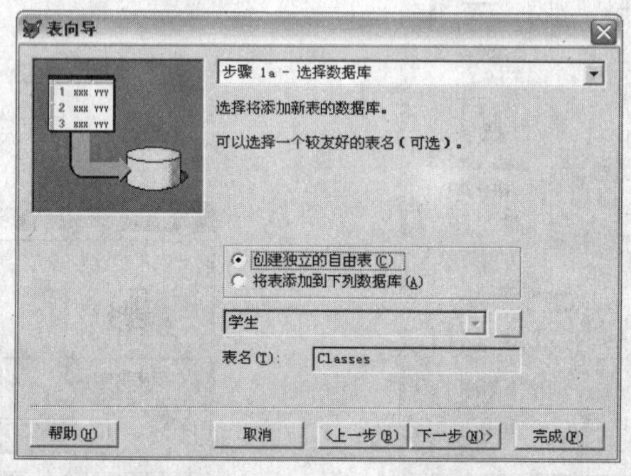

图 3-21 “选择数据库”对话框

（4）选择创建自由表，单击“下一步”按钮，打开如图 3-22 所示的“修改字段设置”对话框，在该对话框中用户可以改变正在创建的表字段的设置。例如，用户可以改变一个字符字段的最大宽度，可以指定字段是否包含 Null 值，或者更改字段数据类型。如果在数据库中创建表，也可以为每个字段类型选择预定义数据输入掩码，或者创建自定义输入掩码。“格式”窗口显示所选择的掩码和格式。

（5）修改完毕，单击“下一步”按钮，打开如图 3-23 所示的“为表建索引”对话框。在“主关键字”下拉列表中选择在新表中成为主索引关键字的字段，同时也可以选中字段前面的复选框创建其他索引。

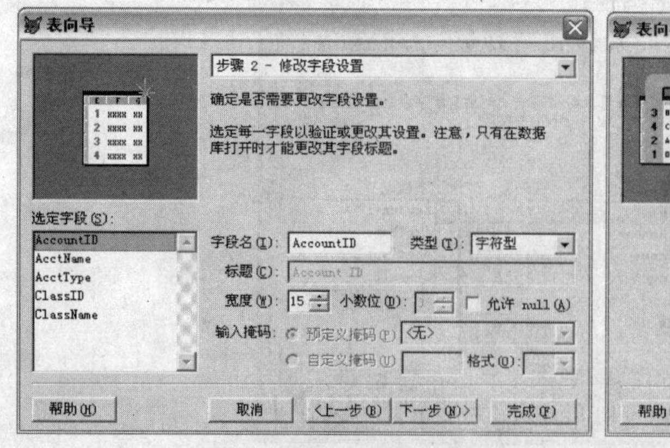

图 3-22 “修改字段设置”对话框

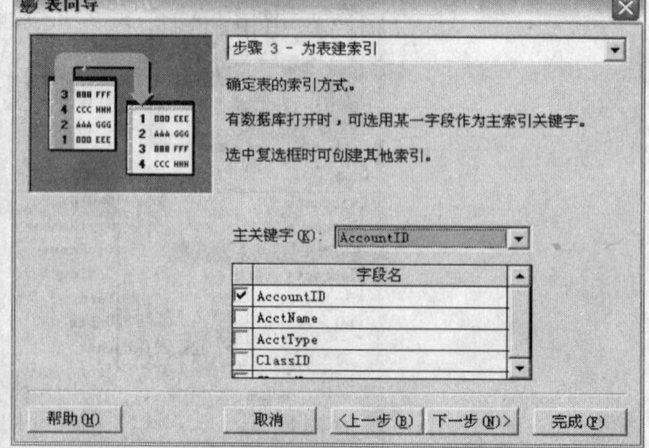

图 3-23 “为表建索引”对话框

（6）单击“下一步”按钮，如果创建的是数据库中的表，将打开如图 3-24 所示的“建立关系”对话框。单击“关系”按钮，打开“关系”对话框，如图 3-25 所示。在对话框中用户可以在新表的字段和数据库中已有表的字段之间建立关系。

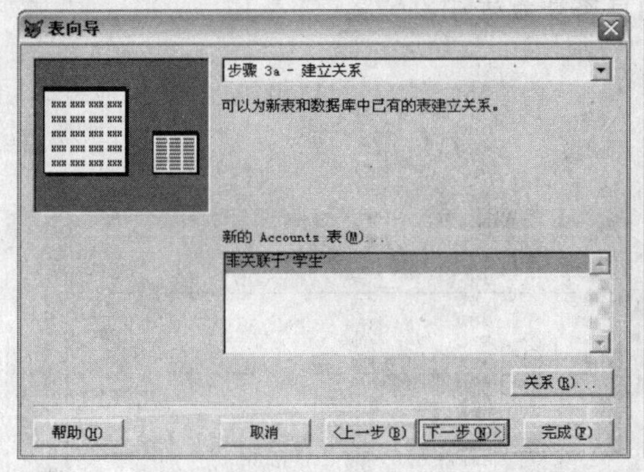

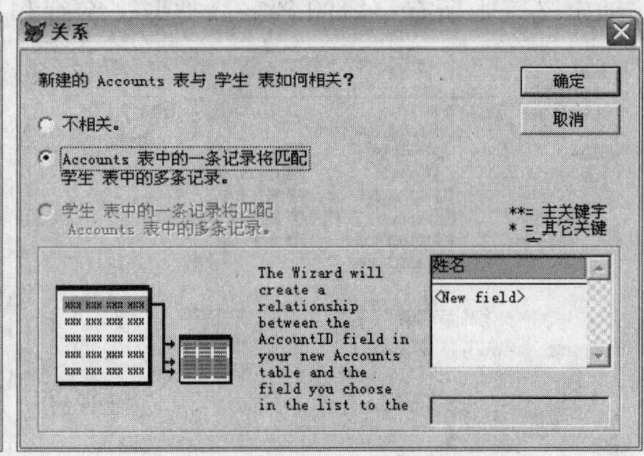

图 3-24　“建立关系”对话框　　　　图 3-25　“关系”对话框

（7）建立关系后，单击“下一步”按钮，打开如图 3-26 所示的对话框。如果选中“保存表以备将来使用”单选按钮，则直接将表保存，以后可以像其它表一样在“表设计器”中打开或修改它。如果选择“保存表，然后浏览该表”单选按钮，则新建表将显示在“浏览”窗口中。如果选择“保存表，然后在表设计器中修改该表”单选按钮，则将打开表设计器，用户可以直接对表进行修改。

（8）单击“完成”按钮，打开“另存为”对话框，如图 3-27 所示。在对话框中输入表的名称，然后选择表的保存位置，单击“保存”按钮，将表进行保存。

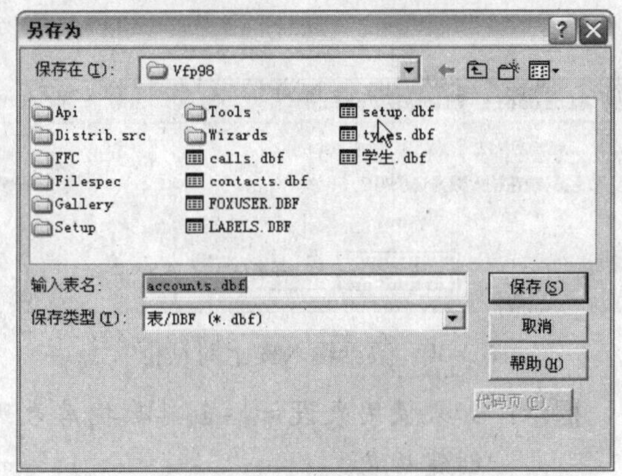

图 3-26　表向导结束　　　　图 3-27　“另存为”对话框

3.2.2　使用表设计器创建表

使用表设计器则可以方便、直观地创建表。例如使用表设计器创建一个自由表，基本步骤如下：

（1）在 Visual FoxPro 主界面中执行“文件”|“新建”命令，或者单击“常用”工具栏上的“新建”按钮，打开“新建”对话框。

（2）在“新建”对话框中，选择“表”单选按钮，然后单击“新建文件”按钮，打开

“创建”对话框，如图 3-28 所示。在“创建”对话框的“输入表名”文本框中输入表的名称，如“教师资料”，然后在“保存在”列表框中选择保存该项目的文件夹。

（3）单击“保存”按钮，打开“表设计器”对话框，如图 3-29 所示。在对话框中逐一地定义表中所有字段的名字、类型、宽度和是否建立索引。

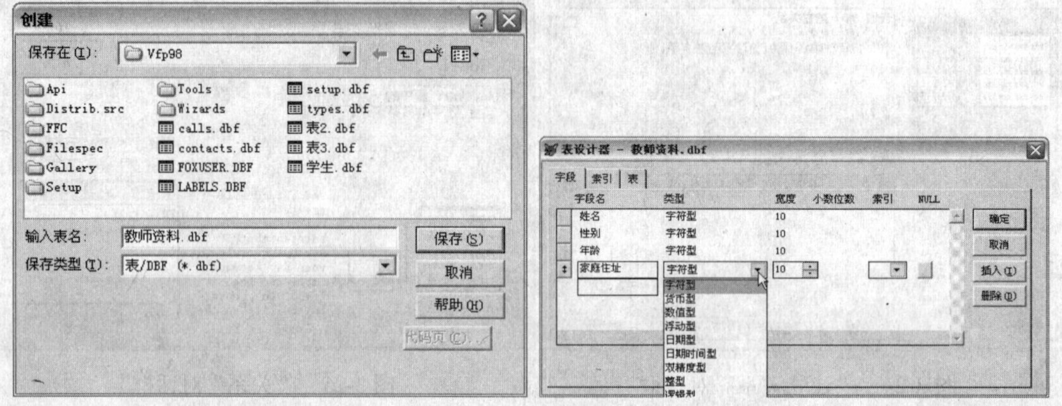

图 3-28　创建自由表　　　　图 3-29　“表设计器”对话框

（4）当表中所有属性定义完成后，再单击“确定”按钮，出现如图 3-30 所示的对话框。

（5）在对话框中单击“是”按钮，可以立即向表中输入数据，如图 3-31 所示。如果单击“否”按钮，则完成对数据表结构的建立。

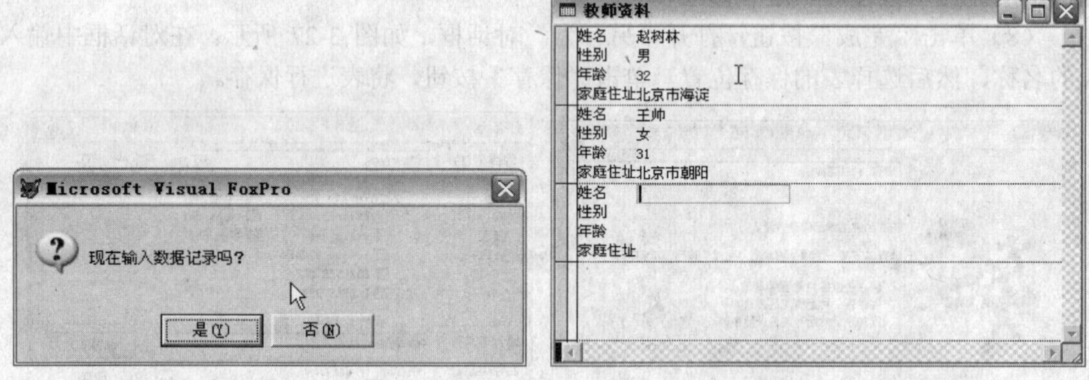

图 3-30　数据输入提示对话框　　　　图 3-31　向表中输入数据

提示： 如果使用表设计器创建数据库表则应打开相应的数据库，然后执行新建表命令创建新表。

“表设计器”有三个选项卡，它们分别为：“字段”、“索引”和“表”，下面分别对每一个选项卡的组成和使用作一下详细介绍。

1. “字段”选项卡

“字段”选项卡在可滚动表格内显示表字段，每一行包括字段名、数据类型、字符宽度、小数位数、索引，并支持 null 值。自由表和数据库表的“字段”选项卡显示的信息稍有不同，自由表的“字段”选项卡仅包括基本的字段名、类型和格式选项，如图 3-32 所示。

数据库表的“字段”选项卡还包括设置有效性检查的选项，如图 3-33 所示。

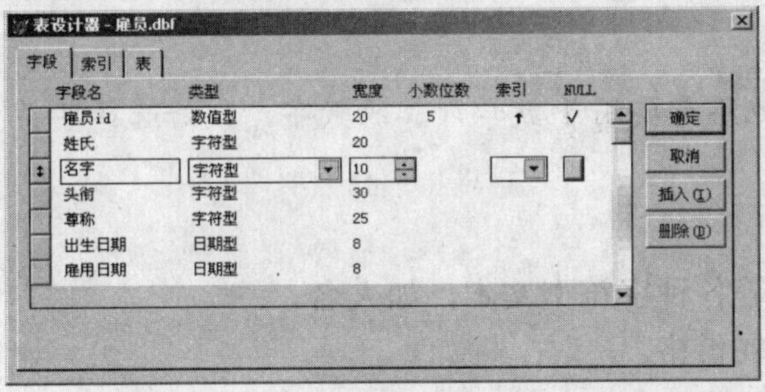

图 3-32 自由表表设计器“字段”选项卡

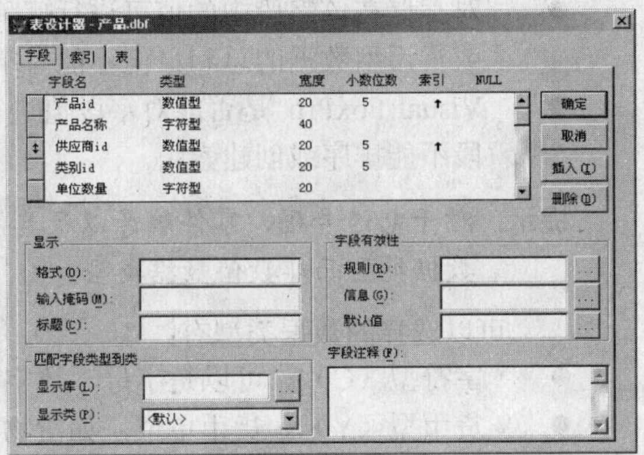

图 3-33 数据库表表设计器“字段”选项卡

① 字段名

字段名即关系的属性名或表的列名，一个表由若干列（字段）构成，每个列必须有一个惟一的名字——字段名，将来可以通过字段名直接引用表中的数据。在“字段名”文本框中用户可以直接输入字段名，在中文 Visual FoxPro 中字段名可以是汉字或合法的西文标识符，要注意以下几点：

- 自由表字段名最长为 10 个字符。
- 数据库表字段名最长为 128 个字符。
- 字段名必须以字母或汉字开头。
- 字段名可以由字母、汉字、数字和下划线组成。
- 字段名中不能包含空格。

在创建数据库表时，Visual FoxPro 把表字段的长字段名存储在 .dbc 文件的一个记录中，长名的前 10 个字符同时还作为字段名保存在.dbf 文件中。如果长字段名的前 10 个字符在表中不惟一，Visual FoxPro 就取长字段名的前 n 个字符，然后在后面追加顺序标号，共同形成 10 个字符长的字段名。当一个表与数据库相关联时，必须使用长字段名来引用该表中的字段，不能使用长度为 10 个字符的字段名来引用数据库表中的字段。如果将该表从数据库中移去，其长字段名就会丢失，这时必须使用存储在 .DBF 中的、长度为 10 个字符的字段名来引用该表中的字段。用户可以在索引文件中使用长字段名。但是，如果用长字段名创建索引，然后又从数据库中移去包含此长字段名的表，那么索引将无法正常工作。在这种情况下，可以删除索引并用短字段名重新创建索引。

提示： Visual FoxPro 的表可包括多达 255 个字段。若一个或多个字段可包含 null 值，表可包含的最大字段数减少一个，从 255 到 254。

② 类型

类型是指定字段的数据类型，用户可以单击下拉箭头并从中选择一个数据类型。

当用户选择字段的数据类型时，就决定字段的下列属性：

- 该字段允许存放哪种类型的值。例如，不能在数值型字段中存储文本。
- Visual FoxPro 为该字段分配的存储空间大小。例如，货币数据类型的任何值都使用 8 个字节的存储空间。

- 对存储在该字段中的值可进行哪种操作。例如，Visual FoxPro 可以计算数值型或货币型数据的总和，但不能对字符型及通用型数据进行此类操作。
- Visual FoxPro 是否能对字段值进行索引或排序。例如，对于备注型或通用型字段不能排序或创建索引。

提示： 对于电话号码、零件编号以及其他不需要用于数学计算的数字，最好选择字符数据类型而非数值数据类型。

可以选择的数据类型有：

- 字符型（C）。可以是字母、数字等各种字符型文本，如人名。
- 货币型（Y）。货币单位，如货物的价格。
- 数值型（N）。整数或小数。
- 浮点型（N）。功能上类似于“数值型”，其长度在表中最长可达 20 位。
- 日期型（D）。由年、月、日构成的数据类型，如入团日期。
- 日期时间型（T）。由年、月、日、时、分、秒构成的数据类型，如上课的时间。
- 双精度型（N）。双精度数值类型，一般用于要求精度很高的数据。
- 整型（N）。不带小数点的数据类型。
- 逻辑型（L）。值为“真”（T）或“假”（F），如表示是否团员。
- 备注型（M）。不定长的字符型文本，如用于存放个人简历等。它在表中占用 4 个字节，所保存的数据信息存储在以.ftp 为扩展名的文件中。
- 通用型（G）。用于标记电子、表格、文档、图片等 OLE 对象（对象链接与嵌入），如用于存放 Microsoft Excel 电子表格等。它在表中占 4 个字节，存储在以 FPT 为扩展名的文件中。
- 字符型（二进制）（C）。同“字符型”，以二进制方式存储。
- 备注型（二进制）（M）。同“备注型”，以二进制方式存储。

③ 宽度

宽度指定字符或数字字段能被存储的长度，在设置宽度时要使字段的宽度足够容纳将要显示的信息内容。

④ 小数位数

指定小数点右边的数字位数，“小数位”列适用于数值型和双精度型数据。

⑤ 索引

索引指定字段的普通索引，用以对数据进行排序。创建的索引自动加入索引选项卡列表，并使用字段名作为索引表达式。若要修改索引，可切换到索引选项卡以改变索引名、类型或增加一个过滤器。

⑥ NULL

“NULL”选项表示是否允许字段为空值。空值也是关系数据库中的一个重要概念，在数据库中可能会遇到尚未存储数据的字段，这时的空值与空（或空白）字符串、数值 0 等具有不同的含义，空值就是缺值或该值还没有确定值，不能把它理解为任何意义的数据。比如表示成绩的一个字段值，空值表示没有确定成绩，而数值 0 可能表示成绩为 0。一个字段是否允许为空值与实际应用有关，比如作为关键字的字段是不允许为空值的，而那些在插入记录时允许暂缺的字段往往允许为空值。

提示：在字段最左侧有一个双向箭头按钮，用户可以使用此按钮在列表内上下移动某一行改变它的位置。

⑦ 字段有效性

字段有效性是数据库表用来设置字段有效规则的选项，它包含规则、信息和默认值三个方面。

规则是指定实施数据字段级有效性检查的规则。

可以通过创建字段级和记录级规则，为数据的输入实施一定的规则，以此来控制输入到数据库表字段和记录中的数据，这些规则称为有效性规则。字段级和记录级规则将把所输入的值与所定义的规则表达式进行比较，如果输入的值不满足规则要求，则拒绝该值。

字段级和记录级规则能够控制输入到表中的信息类型，而不管数据是通过“浏览”窗口、表单，还是使用语言以编程方式来访问。它们可以使用户始终如一地对字段实施规则，所用的代码比在表单上用 VALID 子句，或者作为程序而编写的规则表达式代码要少。另外，建立在数据库中的规则可以对表的所有用户实施，而不理会应用程序的要求。

例如，将一个字段级有效性规则添加到表中，要求输入到字段中的数字必须大于等于 1，可以在“表达式生成器”中输入如下语句：

```
quantity >= 1
```

当用户试图输入一个小于 1 的值时，Visual FoxPro 就会显示一个错误信息对话框，并拒绝该值的输入。

信息则是指定当输入违反字段级有效性规则时，显示的错误信息。

用户可以通过给字段添加有效性文字，来定制当违反规则时要显示的提示信息。所输入的文字将代替默认的错误信息，并显示出来。若要在字段级规则中添加自定义错误信息，可在“表设计器”中的“字段有效性”区的“信息”文本框里，直接输入想要定义的错误信息或者单击其右边的按钮，打开“表达式生成器”进行输入。

默认值是指定字段的默认值。在添加新记录时，要想让 Visual FoxPro 自动为某个字段填入内容，可以为该字段创建默认值。无论是在表单、“浏览”窗口或视图中输入数据，还是以编程方式输入数据，默认值都起作用，并一直存在于字段中，直到输入新值为止。

⑧ 显示

在显示区域可以指定输入和显示字段的格式属性。

利用格式可以确定在“浏览”窗口、表单或报表中，字段显示时的大小写、字体大小和样式。

利用输入掩码可以指定字段中输入数值的格式。指定输入掩码就是定义字段中的值必须遵守的标点、空格和其他格式要求。这样字段中的值就具有了统一的风格，从而可以减少数据输入错误，提高输入效率。例如，有一个字符型字段，用于存储电话号码，用户可以为该字段指定一个掩码，定义分隔符或空格的位置。这样，当用户向该字段中填写电话号码时，就不用再考虑分隔符或空格的位置，加快了录入的速度。

例如，以下代码指定了一个日期的输入掩码：

```
DBSetProp("orders.postalcode","field","InputMask", "99999-9999")
```

标题指定了在“浏览”窗口、表单或报表中代表字段的标签。用户可以为数据库表中的每个字段创建一个标题。Visual FoxPro 将显示字段的标题文字，并以此作为该字段在“浏览”窗口中的列标题，以及表单表格中的默认标题名称。表单或报表中的属性设置可覆盖此设置。

⑨ 字段注释

在数据库中创建了表之后，可以添加每个表字段的说明，使表更容易被理解和更新。在“项目管理器”中，从表的字段列表中选定一个字段之后，Visual FoxPro 就会显示该字段的注释文字。

2. “索引”选项卡

用户可以使用表设计器的“索引”选项卡为表设置索引，为所索引指定文件名，设置索引类型、索引表达式、和筛选表达式等。图 3-34 显示了为表创建的索引。

Visual FoxPro 支持四种索引：主索引、候选索引、惟一索引和普通索引。这些索引类型控制着在表字段和记录中是否允许或禁止重复值。

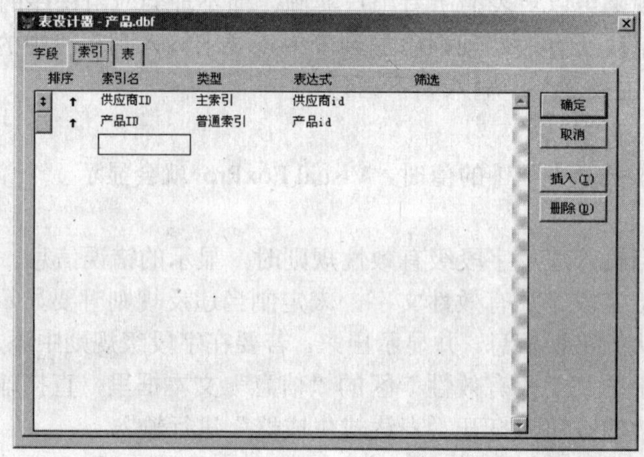

图 3-34 表设计器“索引”选项卡

① 主索引

主索引是在指定字段或表达式中不允许出现重复值的索引。主索引主要用于主表或“被引用”表，用来在一个永久关系中建立参照完整性。一个表只能创建一个主索引。如果在任何已含有重复数据的字段中指定主索引，Visual FoxPro 将产生错误信息。

只有数据库表才能创建主索引，自由表不能创建主索引。

② 惟一索引

惟一索引无法防止重复值记录的创建，但是，在惟一索引中系统只在索引文件中保存第一次出现的索引健值，即只能找到同一个关键字段值第一次出现时的记录。对于重复值的其他记录，尽管它们仍然保留在表中，但在惟一索引文件中却不包括它们。

数据库表和自由表都可以有惟一索引。

③ 候选索引

候选索引可用作主关键字的索引，因为它不包含 null 值或重复值。候选这个名词是指索引的状态。因为候选索引禁止重复值，因此它们在表中有资格被选作主索引，即主索引的“候选项”。对于一个表而言，尽管只允许有一个主索引，但它的候补索引却可以有许多，而且也可以用它们在永久关联中创建参照完整性。

数据库表和自由表都可以有候补索引。

对于一个表，其主索引和候补索引都存储在.CDX 复合结构索引文件中，同时也存储在数据库的 Primary 和 Candidate 中，但是它不能储存在.CDX 独立复合索引文件和.IDX 单项索引文件中。这主要是因为主索引和候补索引必须和表同时打开和同时关闭，而.CDX 独立复合索引文件和.IDX 单项索引文件却不能做到这一点。

④ 普通索引

普通索引可用来对记录排序和搜索记录，它不强迫记录中的数据具有惟一性。此外，普通索引还可作为一对多永久关系中的“多方”。

在 Visual FoxPro 中，只有惟一索引和普通索引可以存放在.CDX 独立复合索引文件和.IDX 单项索引文件中。

在“字段”选项卡中，在每一个字段的后面都有一个索引项，该选项也可以指定是否将该字段设置为索引字段，以及索引顺序（升序或降序），但设置的索引类型为普通索引，如果用户想将该字段设置其他索引，就需要在“索引”选项卡中设置。

在索引名文本框中用户可以指定索引的索引标识名，索引名左侧的箭头按钮指定以升序或降序排序。向上箭头表示升序，向下箭头表示降序。

用户可以在表达式输入框中输入一个表达式为索引指定表达式，如一个字段名，该表将按照字段值的大小进行排序。也可以单击表达式编辑框后的按钮，将打开如图 3-35 所示的“表达式生成器”对话框。用户可以在“表达式生成器”中创建或编辑一个表达式，一个表达式最多可有 240 个字符。

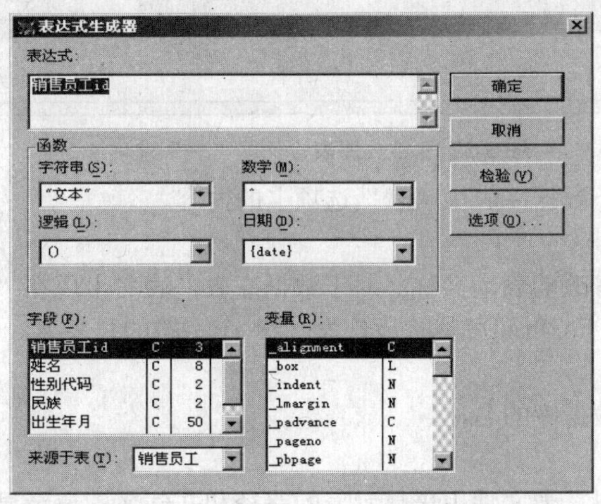

图 3-35　“表达式生成器”对话框

3. “表”选项卡

自由表和数据库表的“表设计器”的“表”选项卡的信息有些不同，自由表的“表”选项卡比较简单，此选项卡中只显示表的只读资料。自由表没有相关的规则、触发器或注释，如图 3-36 所示。如果是数据库表，用户可以为其指定最长不超过 128 个字符的长表名。但是此处指定的表名并不作为表文件名，而是作为表的别名，该名称可在项目管理器、数据库设计器、表单设计器中显示，在程序中引用。此外，用户还可以设置记录级规则、有效性说明、记录插入、修改、删除触发器以及表的注释，如图 3-37 所示。

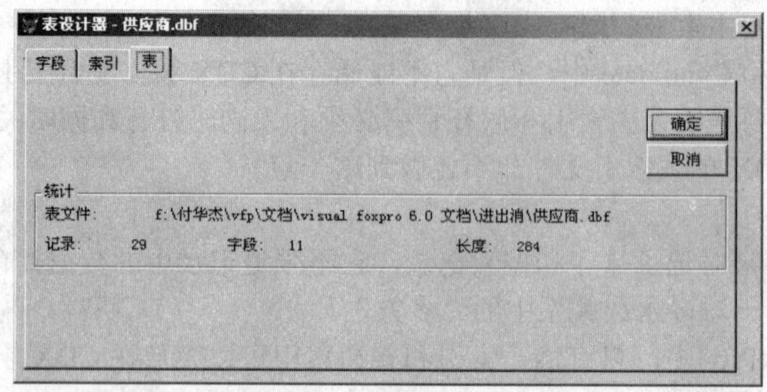

图 3-36　自由表表设计器“表”选项卡

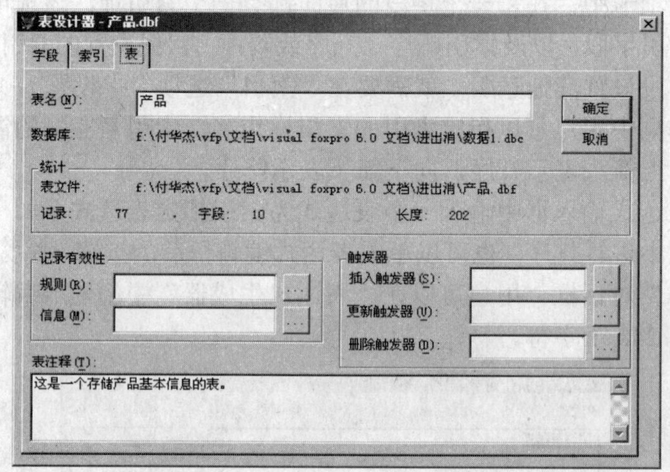

图 3-37　数据库表设计器“表”选项卡

下面简单介绍一下数据库表中“表”选项卡的内容。

① 表名

指出正在创建或修改的表的名称。对于数据库表，表名出现在“项目管理器”中，它并不是文件名。Visual FoxPro 可支持最长为 128 个字符的长表名。

② 数据库

显示表所隶属的数据库的名称。

③ 统计

显示表的只读资料。表文件用来显示表的路径和文件名，记录显示表中当前存储的记录数，字段显示表结构中所定义的列数，长度显示表的长度。

④ 记录有效性

记录有效性检查规则用来检查同一记录中不同字段之间的逻辑关系。使用记录验证规则可以控制输入到记录中的数据，通常是比较同一记录中两个或多个字段的值，以确保它们遵守一定的规则。与字段验证规则不同，记录验证规则是当记录的值被改变后，记录指针准备离开该记录时被激活的。

“规则”文本框：用于指定记录级有效性检查规则，光标离开当前记录时进行校验。如要求每个记录都要输入学号，而且输入合理的体重，可以在“规则”文本框中输入“学号#" " AND 体重>身高*40”。

“信息”文本框：用于指定出错提示信息。出错提示信息内容必须用西文引号括起。

⑤ 触发器

触发器是绑定在表上的表达式，当表中的任何记录被指定的操作命令修改时，触发器被激活。当数据修改时，触发器可执行数据库应用程序要求的任何副操作。例如，可以使用触发器做如下工作：

- 记录对数据库的修改。
- 实施参照完整性。
- 自动记录数量低于库存要求的产品。

触发器作为特定表的属性来创建和存储。如果从数据库中移去一个表，则同时删除和该表相关联的触发器。触发器在进行了其他所有检查之后（例如有效性规则，主关键字的实施，以及 null 值的实施）被激活。与字段级规则和记录级规则不同，触发器不对缓冲数据起作用。

触发器有 3 种：

- 插入触发器：用于指定一个规则，每次向表中插入或追加记录时该规则被触发，据此检查插入的记录是否满足规则。
- 更新触发器：用于指定一个规则，每次更新记录时触发该规则。
- 删除触发器：用于指定一个规则，每次向表中删除记录（打上删除标记）时触发该规则。

触发器是一个在输入、删除或更新表中的记录时被激活的表达式。例如将删除触发器设置为“RECNO ()>10”，表示只有记录号大于 10 的记录才可以被逻辑删除。如果逻辑删除记录号为 10 以内的记录时，将会出现如图 3-38 所示的提示框，拒绝执行删除操作。

图 3-38　拒绝执行操作提示框

3.2.3　使用命令创建表

用户还可以使用命令建立表，建立自由表的命令是：

```
CREATE  [<表文件名>| [.dbf]]
```

例如要建立自由数据表 教师资料.dbf 时可使用命令：

```
CREATE  教师资料
```

命令执行后打开表设计器，然后用户可以在表设计器中对表进行设置。

3.3 使用表设计器修改表

在 Visual FoxPro 中，无论使用向导创建的表还是使用表结构创建的表可以任意修改，例如可以增加、删除字段，可以修改字段名、字段类型、字段的宽度，可以建立、修改、删除索引，数据库表还可以建立、修改、删除有效性规则等。

通常利用表设计器来修改表的结构。首先打开表，然后执行“显示” | “表设计器”命令打开相应的表设计器。

用户也可以使用下面的命令打开表设计器：

```
MODIFY STRUCTURE
```

3.3.1 添加字段

用户可以通过“表设计器”或使用编程语言给表添加新的字段。

在表设计器中如果要给表添加字段，可以单击“插入”按钮或者直接输入新的字段。例如，在考生报名表中的“联系电话”字段下面添加一个字段“家庭住址”，则可以在表设计器最下面的空行处直接输入新的字段“家庭住址”，如图 3-39 所示。然后利用鼠标拖动“家庭住址”字段行最左侧的移动按钮，将其拖动到“联系电话”字段的下面，如图 3-40 所示。

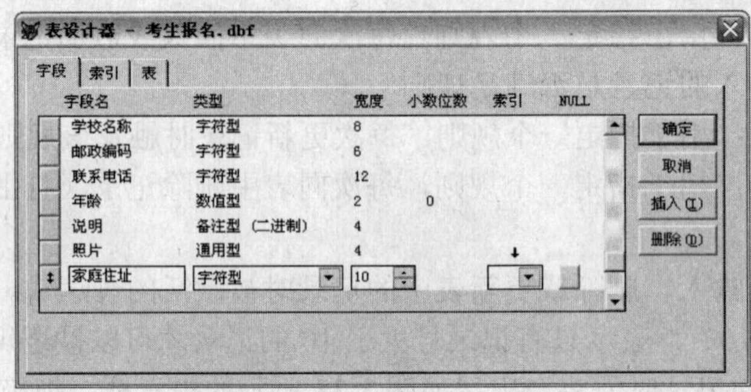

图 3-39 直接输入新的字段

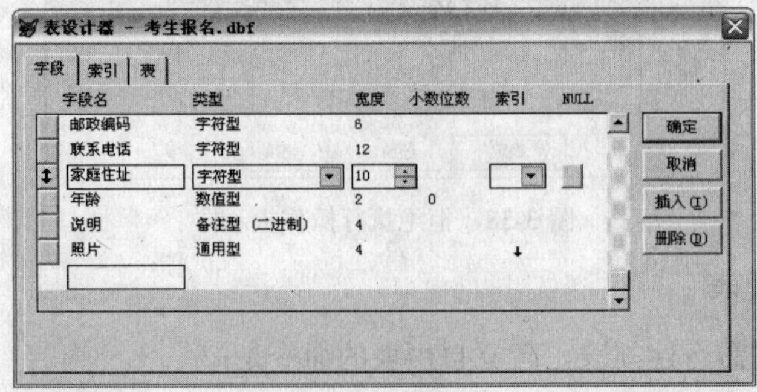

图 3-40 移动字段

用户还可以在表设计器中选中“年龄”字段，然后单击“插入”按钮，此时在“联系电话”字段的下面插入一个新的字段，如图 3-41 所示。在新字段中输入字段名称，并设置数据类型及宽度等。

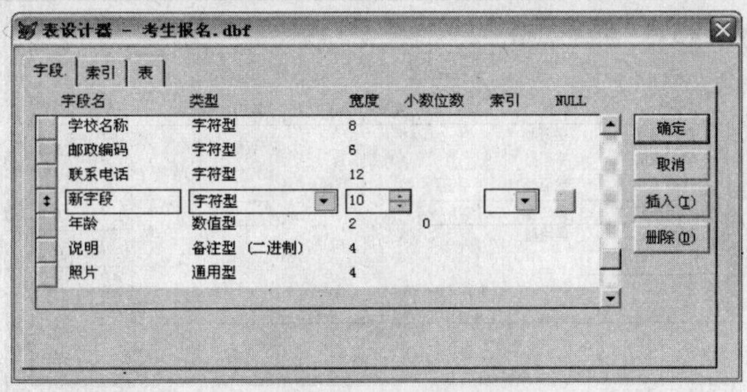

图 3-41　插入新字段

用户还可以使用 ALTER TABLE 命令的 ADD [COLUMN] 子句添加字段。

例如，可以使用以下命令把字段“家庭住址”添加到“考生报名”表中，并允许该字段有 null 值：

```
ALTER TABLE 考生报名 ADD COLUMN 家庭住址 c(20) NULL
```

3.3.2　删除字段

用户可以通过“表设计器”或通过编程从表中删除已有的字段。

在“表设计器”中选中要删除的字段，然后单击“删除”按钮可将选中的字段删除。

用户也可以使用 ALTER TABLE 命令的 DROP [COLUMN] 子句删除字段。

例如，可以使用以下命令从“考生报名”表中删掉“家庭住址”字段：

```
ALTER TABLE 考生报名 DROP COLUMN 家庭住址
```

注意：从表中移去字段的同时，也移去了字段的默认值设置、规则定义和标题。如果索引关键字或触发器表达式引用了该字段，则该字段被移去后，表达式无效。无效的索引关键字或触发器表达式在运行之前不会产生错误。

3.3.3　重新命名字段

如果在“表设计器”中为字段重新命名，用户可以直接将鼠标定位在“字段名”输入框中，然后直接更改名称。如将“考生报名”表中的“说明”字段重命名为“获得奖励”。在表设计器中首先将鼠标定位在“说明”字段中，如图 3-42 所示。首先将文字“说明”删除，然后再输入新的字段名称“获得奖励”，如图 3-43 所示。

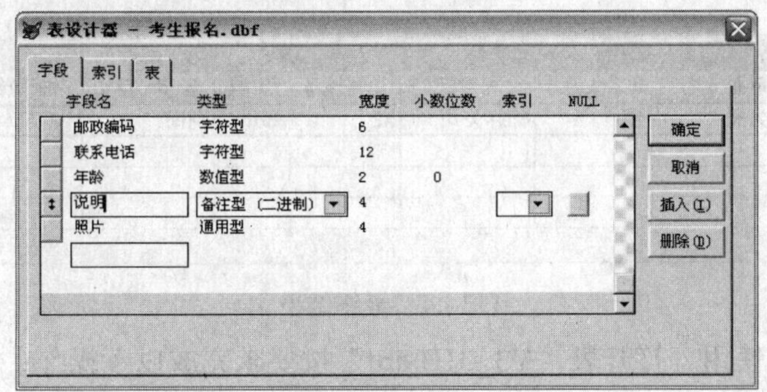

图 3-42　定位“说明”字段

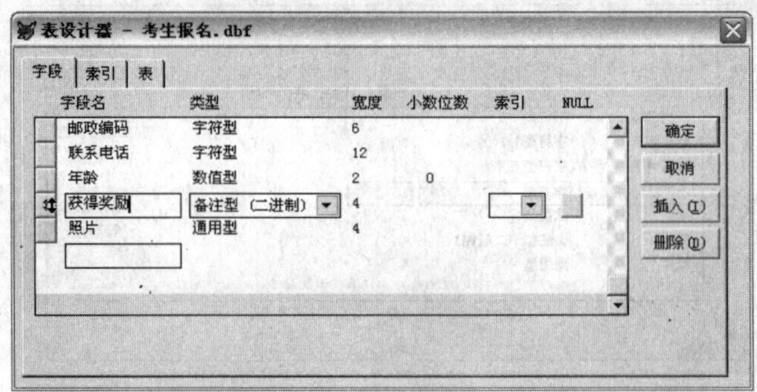

图 3-43　输入新的字段名称

用户还可以使用 ALTER TABLE 命令的 RENAME COLUMN 子句为字段重新命名。例如，可以使用以下命令对“考生报名”表的“说明”字段重新命名：

```
ALTER TABLE 考生报名 RENAME COLUMN 说明 TO 获得奖励
```

3.4　习　　题

习题 1：

将习题素材 Unit3 文件夹中的文件夹 Y3-01 复制到考生文件夹中，重命名为“X3-01”，完成下列操作。

1．**表向导的使用**　根据表向导，按以下要求新建一个表，在表向导中完成如下操作：

- 在字段选取步骤中，选择“个人表”中的样表“Books”，并选取所有可用字段；
- 在选择数据库步骤中，选择“创建独立的自由表”；
- 在修改字段设置步骤中，将字段“Pages”的字段名改为“页数”，宽度修改为“4”；
- 在为表创建索引步骤中，选取字段“BookCollID”为索引；将表保存为“X3_01A.dbf”，存放在文件夹 X3-01 中。

2．**表记录的输入**：打开表“Y3_01.dbf”，并输入该表的第一条记录，最终结果如图 3-44 所示。

Y3_01

客户_id	联系人名字	联系人姓氏	公司或部门	记帐地址	市_县	省_市_自治	邮政编码
1	为民	贾	棉麻公司	A2	郑州	河南	466000

图 3-44　最终结果

3．**表设计器的使用**　打开表“Y3_01B.dbf”按要求完成以下操作：

- 删除字段“性别代码”；
- 修改字段“政治面貌”的字段宽度为“6”，修改字段“年龄”的数据类型为

“字符型”；

- 设置索引字段“报名序号”为普通索引，并设置为升序；
- 添加字段如图 3-45 所示。

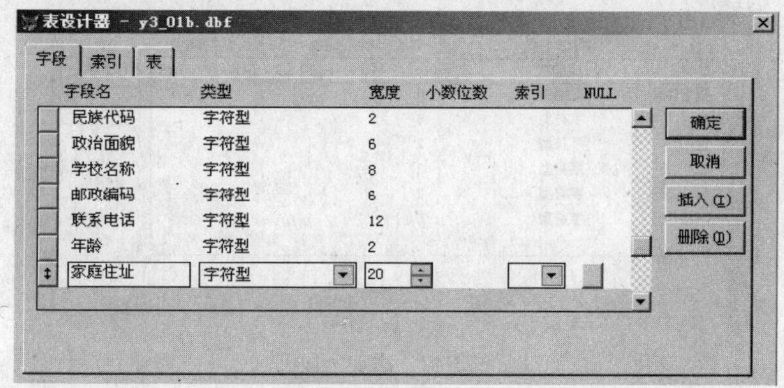

图 3-45　添加字段

习题 2:

将习题素材 Unit3 文件夹中的文件夹 Y3-02 复制到考生文件夹中，重命名为“X3-02”，完成下列操作。

1. **表向导的使用**　根据表向导，按以下要求新建一个表，在表向导中完成如下操作：
   - 在字段选取步骤中，选择“个人表”中的样表“Guests”，并选取所有可用字段；
   - 在选择数据库步骤中，选择“创建独立的自由表”；
   - 在修改字段设置步骤中，将字段“Prefix”的字段名改为“称谓”，宽度修改为“20”；
   - 在为表创建索引步骤中，选取字段“GuestID”为索引；将表保存为“X3_02A.dbf”，存放在文件夹 X3-02 中。
2. **表记录的输入**：打开表“Y3_02.dbf”，并输入该表的第一条记录，最终结果如图 3-46 所示。

图 3-46　最终结果

3. **表设计器的使用**　打开表“Y3_02B.dbf”按要求完成以下操作：
   - 删除字段“考号”；
   - 修改字段“性别代码”的字段名为“性别”，修改字段“报名序号”的数据类型为“数值型”；

- 设置索引字段“报名序号”为普通索引，并设置为升序；
- 添加字段如图 3-47 所示。

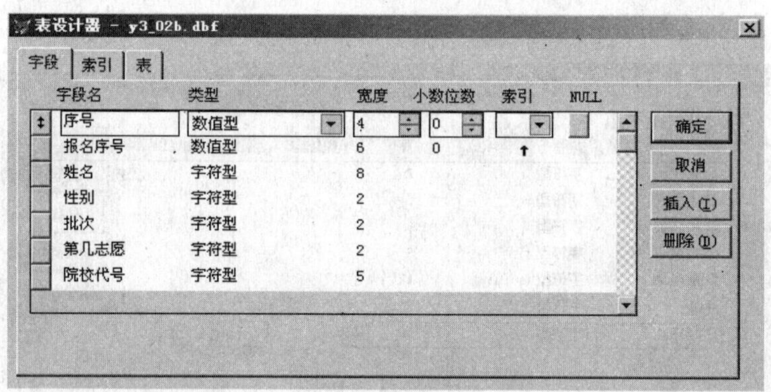

图 3-47　添加字段

习题 3:

将习题素材 Unit3 文件夹中的文件夹 Y3-03 复制到考生文件夹中，重命名为“X3-03”，完成下列操作。

1. **表向导的使用**　根据表向导，按以下要求新建一个表，在表向导中完成如下操作：
   - 在字段选取步骤中，选择“个人表”中的样表“Artists”，并选取所有可用字段；
   - 在选择数据库步骤中，选择“创建独立的自由表”；
   - 在修改字段设置步骤中，将字段“Birthdate”的字段名改为“出生日期”，数据类型修改为“字符型”；
   - 在为表创建索引步骤中，选取字段“ArtistID”为索引；将表保存为“X3_03A.dbf”，存放在文件夹 X3-03 中。
2. **表记录的输入**：打开表“Y3_03.dbf”，并输入该表的第一条记录，最终结果如图 3-48 所示。

Y3_03

雇员_id	名字	姓氏	头衔	分机	单位电话
1	得草	牛	副班长	128	037-6822522

图 3-48

3. **表设计器的使用**　打开表“Y3_03B.dbf”按要求完成以下操作：
   - 删除字段“愿意调剂”；
   - 修改字段“考号”的字段宽度为“6”，修改字段“性别代码”的数据类型为“数值型”；

- 设置索引字段“考号”为普通索引，并设置为升序；
- 添加字段如图 3-49 所示。

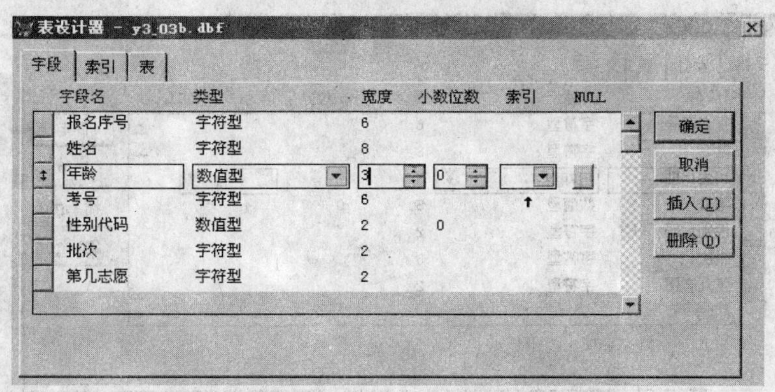

图 3-49

习题 4:

将习题素材 Unit3 文件夹中的文件夹 Y3-04 复制到考生文件夹中，重命名为“X3-04”，完成下列操作。

1. **表向导的使用**　根据表向导，按以下要求新建一个表，在表向导中完成如下操作：
   - 在字段选取步骤中，选择“个人表”中的样表“Friends”，并选取所有可用字段；
   - 在选择数据库步骤中，选择“创建独立的自由表”；
   - 在修改字段设置步骤中，将字段“EmailAddr”的字段名改为“电子信箱”，宽度修改为“40”；
   - 在为表创建索引步骤中，选取字段“City”为索引；将表保存为“X3-04A.dbf”，存存放在文件夹 X3-04 中。
2. **表记录的输入**：打开表“Y3-04.dbf”，并输入该表的第一条记录，最终结果如图 3-50 所示。

Y3_04

联系人_id	名字	姓氏	昵称	地址	市_县	省_市_自治	邮政编码
1	玫瑰	白	小白	八一路	登峰	河南	466000

图 3-50

3. **表设计器的使用**　打开表“Y3-04B.dbf”按要求完成以下操作：
   - 删除字段“专业代号 2”；
   - 修改字段“批次”的字段宽度为“3”，修改字段“考号”的数据类型为“数值型”；

- 设置索引字段“考号”为普通索引，并设置为升序；
- 添加字段如图 3-51 所示。

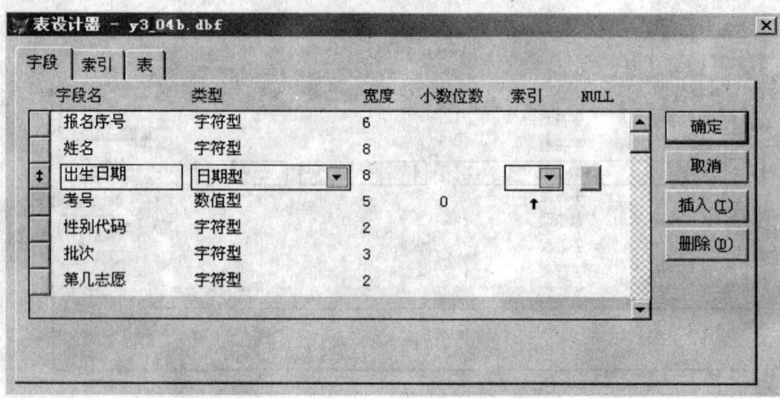

图 3-51

第 4 章　自由表的操作

表一旦建立起来以后，需要进行相应的管理操作，包括向表中添加新的数据记录、删除无用的记录、修改有问题的记录、查看记录等。在本章就向用户介绍一下自由表的一些基本操作。

本章重点：

- 自由表的基本操作
- 处理记录
- 表的复制
- 数据的替换
- 数据的排序与筛选
- 表数据的统计

4.1　自由表的基本操作

对表进行任何操作之前都应该先打开表，打开表就是把表文件从磁盘“复制”到计算机的内存。当完成对表的操作后，就要把表关闭，关闭就是把数据表保存到磁盘，并从内存中清除表。

4.1.1　表的打开

用户可以通过菜单命令或者在命令窗口中输入命令来执行打开表的操作。

在菜单栏中选择“文件”菜单中的“打开”命令，或工具栏上的“打开”按钮，打开“打开”对话框，如图 4-1 所示。在对话框中的“文件类型”下拉列表中选择文件类型为“表”，在文件名文本框中输入要打开的表名称，或者在“查找范围”区域选中要打开的表，选择表的打开方式，是只读打开还是独占打开，最后单击“确定”按钮，将表打开。

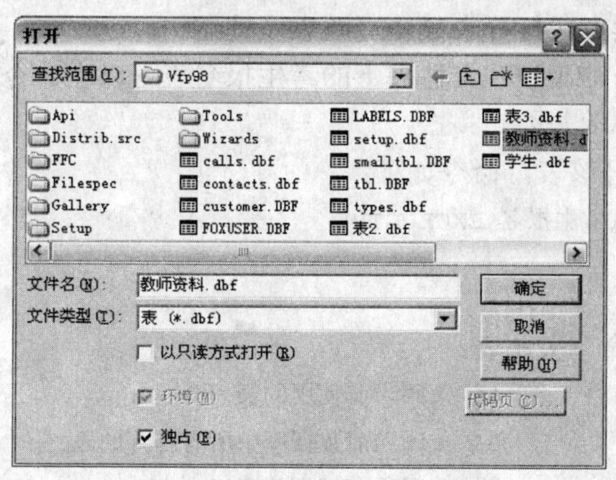

图 4-1　“打开”对话框

Visual FoxPro 提供了打开表的命令：USE。USE 命令用于打开一个表及其相关索引文件，或打开一个 SQL 视图。其语法如下：

```
USE [<表名>| SQL 视图名 | ?]
[IN <工作区号> |别名]
[AGAIN]
[INDEX <索引文件表> | ?
[ORDER [<数值表达式 1> | <idx 索引文件>| [TAG] <标记名>
[OF <压缩文件>][ASCENDING | DESCENDING]]]
[ALIAS <别名>]
[EXCLUSIVE]
[SHARED]
[NOUPDATE]
```

说明：

? 显示使用对话框，可以从对话框中选择要打开的表。

IN <工作区号>指定要打开表所在的工作区。

AGAIN 用于同时在多个工作区中打开一个表。

INDEX <索引文件表>指定一组和表一起打开的索引。如果表具有结构复合索引文件，该索引文件自动与表一起打开。索引文件表可以包含任何.idx 单项索引文件和.cdx 复合索引文件的文件名。除非在索引文件列表中的.idx 和.cdx 索引文件具有相同的文件。否则无须为索引文件加扩展名。在索引文件列表中的第一个索引文件是主控索引文件，该文件控制列表中的记录如何访问和显示。然而，如果第一个索引文件是一个.cdx 复合索引文件，则表中的记录按记录的物理顺序显示和访问。

ALIAS cTableAlias 创建表的别名。可以在需要或支持别名的命令和函数中用别名来引用表。打开表时，系统自动给它指定一个别名。如果不包含 ALIAS 子句，那么就用该表的名称作为表的别名，但也包含 ALIAS 子句和一个新别名来为表创建一个不同的别名。

EXCLUSIVE 在网络上以独占使用方式打开表。

SHARED 在网络上以共享使用方式打开表。使用 SHARED 子句打开一个表时，即使 EXCLUSIVE 设置为 ON，此表也将以共享方式使用。

NOUPDATE 以只读方式打开表禁止更改表及其结构。

例如，要打开磁盘 e 中 vfp98 文件夹下的考生报名表可以在命令窗口中输入以下命令：

```
USE e:\vfp98\考生报名
```

如果以独占方式打开该表，命令如下：

```
USE e:\vfp98\考生报名 EXCLUSIVE
```

4.1.2 表的关闭

用户可以使用以下命令关闭表：

```
USE              && 关闭当前使用的表
COLSE TABLE      && 关闭当前数据库中所有打开的表
COLSE TABLE ALL  && 关闭所有打开的表
```

```
COLSE ALL        && 关闭所有打开的表、程序文件及表单等
```

4.1.3 删除自由表

对于自由表，可以通过“项目管理器”或使用 DELETE FILE 命令删除表文件。

例如，考生报名.dbf 是当前表，使用以下代码可以关闭该表，并在磁盘上删除该文件：

```
USE
DELETE FILE 考生报名.dbf
```

在发出 DELETE FILE 命令时，想要删除的文件不能处于打开状态。如果要删除的表有与之相关联的 .fpt 备注或索引文件（.cdx 或 .idx），应确保同时删除了这些文件。例如，如果文件 sample.dbf 有与之相关联的备注文件，可以用以下命令删除这两个文件：

```
USE
DELETE FILE 考生报名.dbf
DELETE FILE 考生报名.fpt
```

4.1.4 显示表结构

表结构信息可以显示出来，甚至可以打印或存放到一个文本文件中。用 LIST STRUCTURE 或 DISPLAY STRUCTURE 命令可以显示和查看某一已经打开的表结构。

LIST STRUCTURE 命令语法如下：

```
LIST STRUCTURE
[IN <工作区号> | 表别名]
[NOCONSOLE]
[TO PRINTER [PROMPT] | TO FILE <文件>]
```

DISPLAY STRUCTURE 命令语法如下：

```
DISPLAY STRUCTURE
[IN <工作区号> | 表别名]
[TO PRINTER [PROMPT] | TO FILE <文件>]
[NOCONSOLE]
```

说明：

LIST STRUCTURE 和 DISPLAY STRUCTURE 命令的不同之处在于输出到屏幕显示时，若一屏显示不下，DISPLAY STRUCTURE 命令能够自动分屏。每当显示完一屏时，停止显示，等待用户按任意键继续显示下一屏。而 LIST STRUCTURE 命令不能自动分屏。

NOCONSOLE 不将显示结果输出到系统主窗口或当前活动的自定义窗口。

TO PRINTER [PROMPT] | TO FILE <文件> 将显示结果输出到打印机或者用户指定的文件，其中 [PROMPT] 决定是否在输出到打印机之前弹出显示打印机状态的对话框。

例如，要显示“销售员工”表的表结构命令如下：

```
USE 销售员工.DBF
LIST STRUCTURE
```

屏幕显示运行结果如图 4-2 所示。

```
表结构:          F:\付华杰\VFP\文档\VISUAL FOXPRO 6.0 文档\进出消\销售员工.DBF
数据记录数:      6
最近更新的时间:  01/25/04
代码页:          0
  字段  字段名        类型      宽度  小数位  索引  排序     Nulls
     1  销售员工ID    数值型       3          升序  Machine  否
     2  姓名          字符型       8                         否
     3  性别          逻辑型       1                         否
     4  民族          字符型       8                         否
     5  出生日期      日期型       8                         否
     6  联系电话      字符型      15                         否
** 总计 **                        44
```

图 4-2　显示表的结构

如果用“LIST STRUCTURE TO FILE 销售员工.TXT”命令则上面显示的内容将输出到文本文件销售员工.TXT。

4.1.5　导入、导出数据

用户可以将其他格式的数据（如文本文件、Excel 文件等）导入到 Visual FoxPro 6.0 中生成新数据表或者追加到已有数据表的后面。当然用户也可以将数据表中的数据导出为其他格式的文件。

1. 导入数据

用户可以将多种格式的数据导入到 Visual FoxPro 6.0 中生成一个新表或者追加到已有表数据的后面。选择“文件”菜单中的“导入”命令，打开“导入”对话框，如图 4-3 所示。在对话框的“类型”下拉列表中选择导入的数据类型，在“来源于”文本框中输入数据来源的路径，也可以单击后面的按钮打开“打开”对话框选择数据来源，单击“确定”按钮，即可将原来的数据文件导入到 Visual FoxPro 6.0 中生成一个新的数据表，新表保存在默认的路径中并且名字为来源文件名。

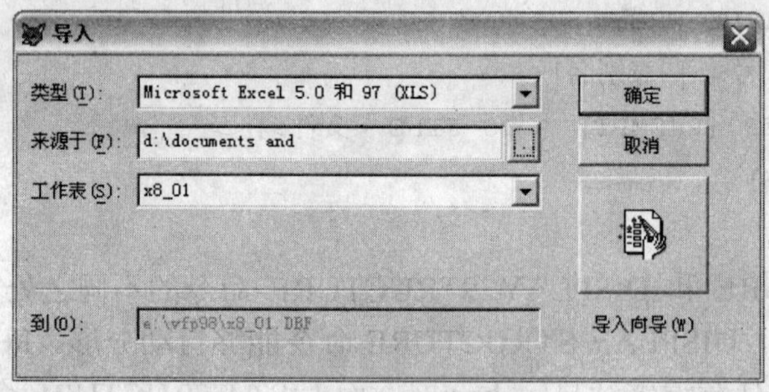

图 4-3　“导入”对话框

使用“导入”对话框只能将原来的数据生成一个新表并且不能导入文本文件，因此具有很大的局限性。用户可以使用“导入向导”来进行更多的选择，在“导入”对话框中单击“导入向导”按钮，打开“导入向导”对话框，如图 4-4 所示。

在“文件类型”文本框中用户可以选择导入的文件类型，单击“定位”按钮，在打开的“打开”对话框中选择导入的文件。在目标文件区域用户可以选择是创建一个新表还是将数据导入到已有的表中。如果选择“新建表”，单击“定位”按钮，在打开的“另存为”对话框中选择新表的保存位置和名称。单击“下一步”按钮，进入选择是创建独立的自由表还是将表添加到数据库中，如图 4-5 所示。用户可以根据实际情况进行选择，选择完毕，单击“下一步”按钮，按照向导进行设置。

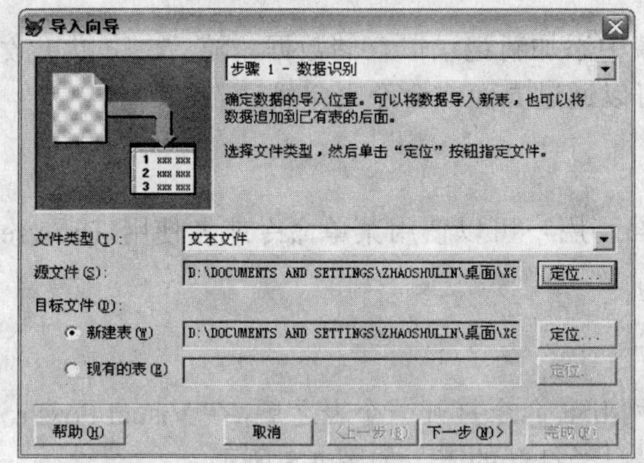

图 4-4　导入向导

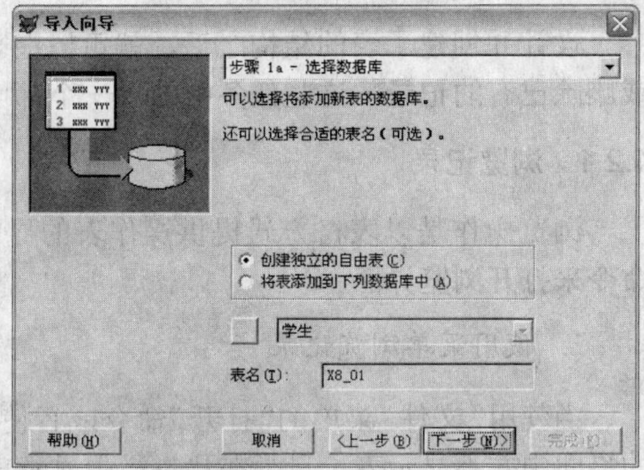

图 4-5　选择创建自由表还是数据库表

如果选择“现有的表”，单击“定位”按钮，在打开的“打开”对话框中选择已有的表，然后单击“下一步”按钮，按照向导进行设置。

2. 导出数据

用户可以将 Visual FoxPro 6.0 中的数据表导出为其他格式的表格文件，如 EXCEL 格式的表格文件。选择“文件”菜单中的“导出”命令，打开“导出”对话框，如图 4-6 所示。在对话框的“类型”下拉列表中选择导出的文件类型，在“到”文本框中输入导出的目标路径，也可以单击后面的按钮打开“另存为”对话框选择保存的位置和名称，在“来源于”文本框中输入导出表的路径，也可以单击后面的按钮，在打开的“打开”对话框中选择来源表，单击“确定”按钮，即可将数据表中的数据导出生成需要的文件。

用户还可以单击“选项”按钮，打开“导出选项”对话框，在对话框中设置导出的选项，如图 4-7 所示。

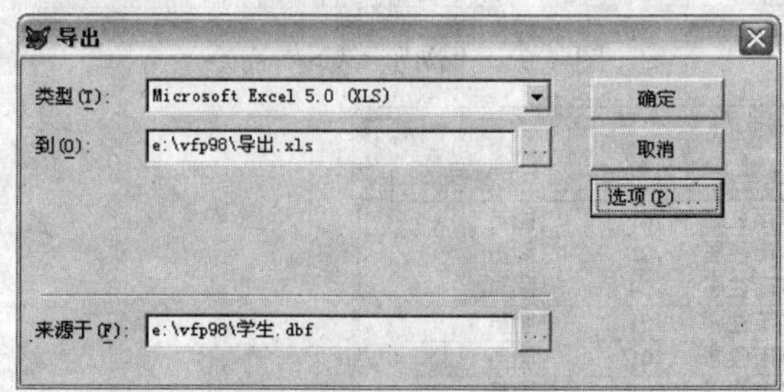

图 4-6　“导出”对话框

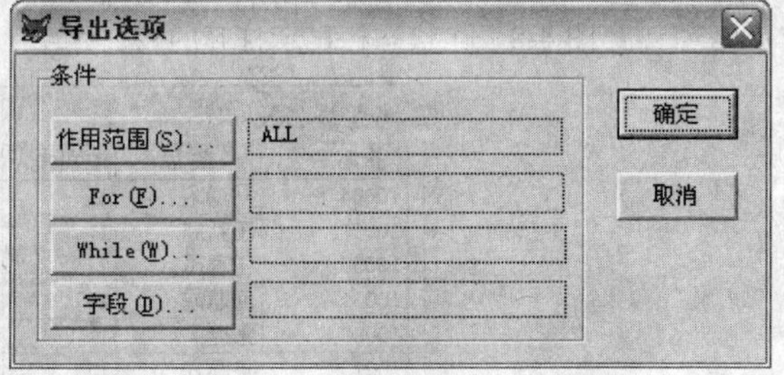

图 4-7　“导出选项”对话框

另外用户还可以使用 COPY TO 命令导出数据，例如要将学生数据表导出为“Microsoft Excel 5.0（XLS）”类型，到文件夹 e:\vfp98 中，并命名为考生信息.xls，则命令为：

```
USE 学生信息.dbf
COPY TO e:\vfp98\考生信息.xls TYPE XL5
```

4.2 处理记录

设计并创建了表的结构之后，就可以在表中添加新记录以存储数据，随后，可以更改或删除已有的记录，这些任务中的每一个都可以通过界面或命令来完成。

4.2.1 浏览记录

浏览操作是以表格方式提供操作表的界面，用户可以使用菜单命令或者使用 Browse 命令来打开浏览界面。

1. 使用菜单浏览记录

当使用“文件”菜单的“打开”命令或者使用 USE 命令打开一个表之后，在 Visual FoxPro 的界面中并不显示表，只是在状态栏中显示出已经打开的表，如图 4-8 所示。

打开表后，“显示”菜单中将出现一个“浏览<表>”命令，如图 4-9 所示。选择“浏览<表>”命令即可查看该表，如图 4-10 所示。在“浏览”窗口中，要选择字段，可单击一个单元格，或按 TAB 键、ENTER 键或方向键。

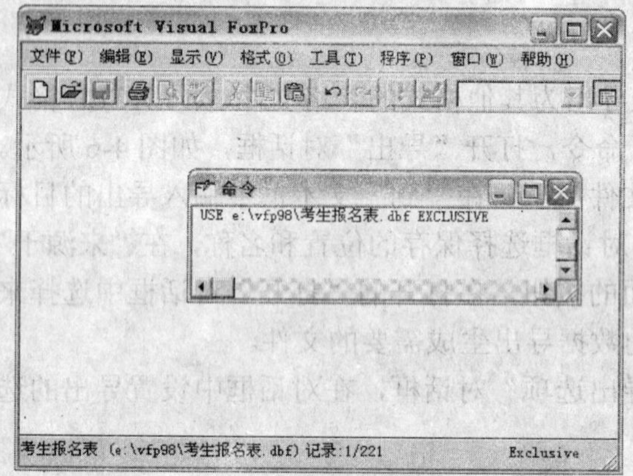

图 4-8 在状态栏显示打开的表

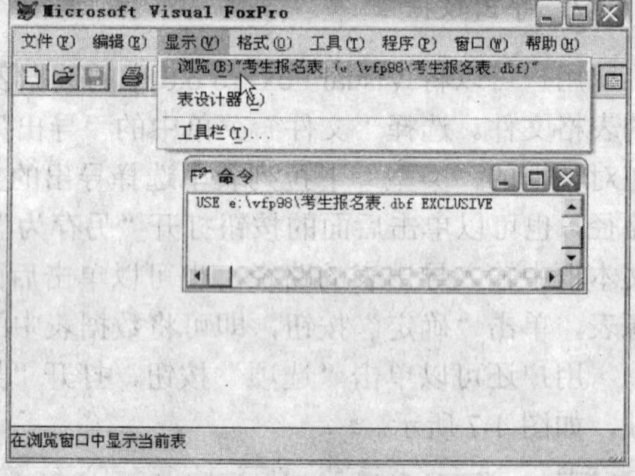

图 4-9 “浏览<表>”命令

考生报名表

报名序号	姓名	性别代码	考生类别	民族代码	政治面貌
10004	马增昭	1	城市往届	01	团员
10027	王新威	1	城市往届	01	团员
10030	王喜玲	2	城市往届	04	团员
10031	何慧霞	2	城市往届	01	团员
10069	张挺	1	城市应届	01	团员
10073	王春亢	1	城市往届	01	团员
10074	孙金辉	1	城市往届	01	团员
10085	张富山	1	城市往届	01	团员
10092	王岱	1	城市应届	02	团员
10104	王连举	1	城市往届	01	团员
10117	章保见	1	城市往届	01	团员
10120	张书香	2	城市往届	01	团员
10134	王爱青	2	城市往届	01	团员
10144	高趁灵	2	城市往届	01	团员

图 4-10 表的浏览窗口

提示： 浏览表时可以使用浏览或编辑的方式，图 4-10 所示的是表的浏览窗口。用户可以选择“显示”|“编辑”命令把浏览方式切换成编辑方式，如图 4-11 所示。选择“显示” | “浏览”命令则可把编辑方式切换成浏览方式。在两种方式中都可以进行浏览和修改数据等各种操作，但浏览方式比较适合于浏览操作，编辑方式更适合于数据修改操作。

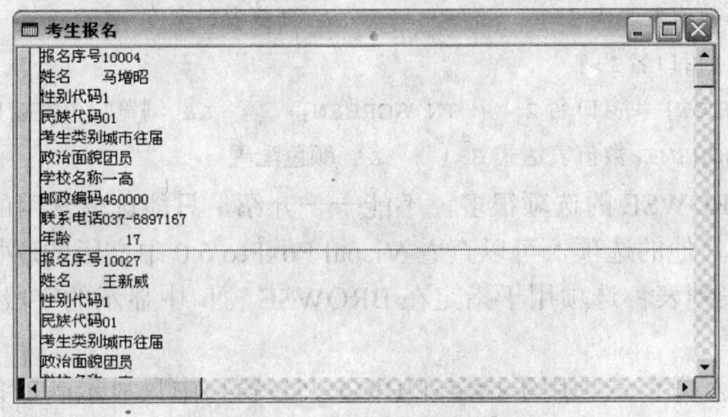

图 4-11　表的编辑窗口

2. 使用命令浏览记录

FoxPro 表的浏览命令由 BROWSE、DISPLAY、LIST 等命令组成，其中 BROWSE 命令的功能非常强大。BROWSE 命令是 Visual FoxPro 提供的功能最强大的命令之一，它几乎囊括了数据输入、编辑、浏览和修改的所有功能。BROWSE 命令提供了丰富的选项集，通过选择其选项可以满足各种功能上和界面上的需求，可以设计出各种友好的数据输入、浏览、编辑和修改的界面。其语法如下：

```
BROWSE [FIELDS <字段列表>]
[FONT cFontName [, nFontSize]][STYLE cFontStyle]  && 字体、风格、格式设置
[FOR <逻辑表达式 1>]                           && 记录选择
[FREEZE <字段>]                                && 冻结指定字段
[KEY 表达式 1 [, 表达式 2]]                     && 索引键值或范围
[LAST]                                         && 以最后一次的配置浏览
[LEDIT] [REDIT] [LPARTITION]                   && 设置左右分区，选分区
[LOCK <记录个数>]                               && 左分区锁定
[NAME 对象名]
[NOAPPEND] [NOCLEAR] [NODELETE] [NOEDIT | NOMODIFY]
[NOLGRID] [NORGRID]                            && 不要分区网络线
[NOLINK]                                       && 左右分区不连接
[NOMENU] [NOWAIT] [NOOPTIMIZE]                 && 不访问表菜单，不等待，不优化
[NOREFRESH]                                    && 禁止窗口刷新
[NORMAL]                                       && 默认方式打开浏览窗口
[PARTITION <数值表达式 3> [LEDIT] [REDIT]]      && 左右分区
```

```
[PREFERENCE <数值表达式 3>]                  && 将浏览窗口属性保存在 FOXUSER.DBF
[REST] [SAVE] [TIMEOUT <数值表达式 4>]     && 记录指针在当前位置保存结果
[TITLE <字符表达式 4>]                       && 浏览标题窗口
[VALID [:F] <逻辑表达式 2> [ERROR <字符表达式 5>]]   && 记录级检查
[WHEN <逻辑表达式 3>]                        && 当条件检查
[WIDTH <数值表达式 5>]                       && 浏览窗口宽度
[WINDOW <窗口名 1>]
[IN [WINDOW] <窗口名 2> | IN SCREEN]        && 浏览窗口在窗口或屏幕中
[COLOR SCHEME<数值表达式 6>]             && 颜色配置
```

说明：由于 BROWSE 的选项很多，不能一一介绍，只能选最常用的选项向大家介绍。如果大家需要用到其他的选项，可以查看 Visual FoxPro 6.0 中文版的联机帮助文档。

FIELDS <字段列表> 选项用于指定在 BROWSE 窗口中显示的字段，默认值显示所有的字段。

FOR <逻辑表达式 1>选项用于指定在 BROWSE 窗口中只显示满足条件的记录。

NOAPPEND 选项不允许对在 BROWSE 窗口中显示的记录进行追加操作，默认情况下允许在 BROWSE 窗口中进行追加操作。如果在使用 BROWSE 命令之前使用 SET CARRY ON 命令，则系统会实现自动追加。

NODELETE 选项不允许对在 BROWSE 窗口中显示的记录进行删除操作，默认情况下允许在 BROWSE 窗口中进行删除操作。

NOEDIT | NOMODIFY 选项不允许对在 BROWSE 窗口中显示的记录进行修改和编辑操作，默认情况下允许在 BROWSE 窗口中进行修改和编辑操作。

TITLE <字符表达式 4>选项用于指定 BROWSE 窗口的文字标题，默认的文字标题为该表的名称。

WIDTH <数值表达式 5>选项指定字段在 BROWSE 窗口中显示的宽度为 nFieldWidth 个字符。

例如，打开销售员工表，在“命令”窗口中运行下面的代码会显示 BROWSE 窗口，在该窗口中只能浏览指定的字段：姓名、性别和联系电话，不能对记录进行编辑、修改、删除、追加等操作。窗口的标题为“销售员工档案”。

```
USE 销售员工.DBF
BROWSE FIELDS 姓名,性别,联系电话;
NOMODIFY NODELETE NOAPPEND;
TITLE "销售员工档案"
```

运行结果如图 4-12 所示。

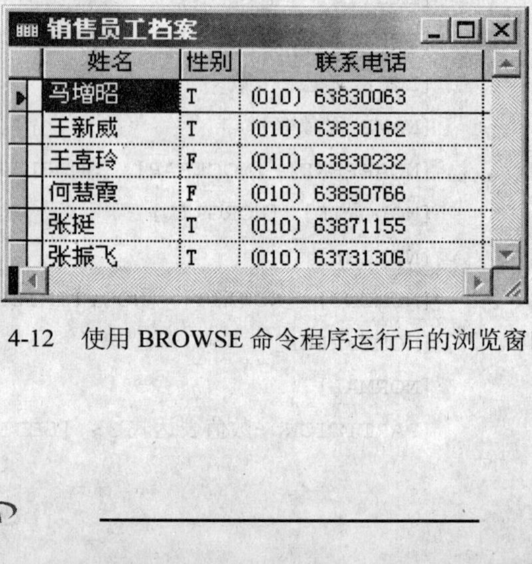

销售员工档案

姓名	性别	联系电话
马增昭	T	(010) 63830063
王新威	T	(010) 63830162
王喜玲	F	(010) 63830232
何慧霞	F	(010) 63850766
张挺	T	(010) 63871155
张振飞	T	(010) 63731306

图 4-12 使用 BROWSE 命令程序运行后的浏览窗口

另外用户还可以使用 DISPLAY 命令或 LIST 命令显示表中的记录。

DISPLAY 命令显示系统主窗口或自定义窗口中当前表的信息。其语法格式如下：

```
DISPLAY
```

```
[[FIELDS] <字段列表>]
[范围] [FOR <逻辑表达式 1>] [WHILE <逻辑表达式 2>]
[OFF]
[NOCONSOLE]
[NOOPTIMIZE]
[TO PRINTER [PROMPT] | TO FILE FileName]
```

说明：DISPLAY 命令的大多数选项的意义与前面的命令选项的意义相同，这里需要说明的是 OFF 选项。使用该选项在显示记录时不显示记录号，默认情况下显示记录号。

TO PRINTER [PROMPT] | TO FILE FileName 选项用于指定输出到打印机或者文本文件，默认的情况是显示在屏幕上。

例如，下面的代码将记录输出到一个文本文件 myRecord.txt：

```
USE 产品.DBF
DISPLAY FIELDS 产品 id,产品名称,单位数量,单价;
ALL TO myRecord.txt
```

生成的文本文件的内容如图 4-13 所示。

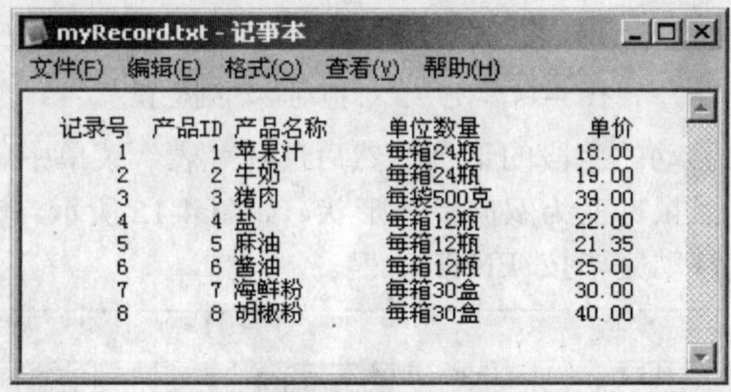

记录号	产品ID	产品名称	单位数量	单价
1	1	苹果汁	每箱24瓶	18.00
2	2	牛奶	每箱24瓶	19.00
3	3	猪肉	每袋500克	39.00
4	4	盐	每箱12瓶	22.00
5	5	麻油	每箱12瓶	21.35
6	6	酱油	每箱12瓶	25.00
7	7	海鲜粉	每箱30盒	30.00
8	8	胡椒粉	每箱30盒	40.00

图 4-13 文本文件的内容

LIST 命令用于连续显示表中信息或环境信息。其语法如下：

```
LIST
[FIELDS <字段列表>]
[范围] [FOR <逻辑表达式 1>] [WHILE <逻辑表达式 2>]
[OFF]
[NOCONSOLE]
[NOOPTIMIZE]
[TO PRINTER [PROMPT] | TO FILE FileName]
```

说明：LIST 命令的用法、选项和功能基本上与 DISPLAY 命令类似，不同之处在于：

- LIST 命令的默认范围为所有记录。
- LIST 命令在显示内容超过一屏时不给予任何提示。
- 如果 SET DELETED 设置为 ON，LIST 命令不显示标记为删除的记录。

4.2.2 定制“浏览”窗口

用户可以按照不同的需求定制“浏览”窗口，可以重新安排列的位置、改变列的宽度、显示或隐藏表格线或把“浏览”窗口分为两个窗格。

1. 重新安排列

可以重新安排“浏览”窗口中的列，使它们按照需要的顺序进行排列，但这并不影响表的实际结构。

若要在“浏览”窗口中重新安排列，用户可单击选中字段名，把列拖动到希望的位置，然后放开鼠标键，如图 4-14 所示。

考生报名

报名序号	姓名	性别代码	民族代码	政治面貌	考生类别	学校名称	邮政
10004	马增昭	1	01	城市往届	团员	一高	4600
10027	王新威	1	01	城市往届	团员	一高	4600
10030	王喜玲	2	04	城市往届	团员	一高	4600
10031	何慧霞	2	01	城市往届	团员	一高	4600
10069	张挺	1	01	城市应届	团员	一高	4600
10073	王春亢	1	01	城市往届	团员	一高	4600
10074	孙金辉	1	01	城市往届	团员	一高	4600
10085	张富山	1	01	城市往届	团员	一高	4600
10092	王岱	1	02	城市应届	团员	一高	4600
10104	王连举	1	01	城市往届	团员	一高	4600
10117	章保见	1	01	城市往届	团员	一高	4600
10120	张书香	2	01	城市往届	团员	一高	4600

图 4-14 使用鼠标拖动移动列位置

用户也可以选中要移动的字段的记录，然后选择“表”菜单中“移动字段”命令，此时当前字段自动选中并且鼠标变为双向箭头形状，如图 4-15 所示。然后用上下键或左右健都可以移动列的位置，移动完毕按 ENTER 键。

考生报名

报名序号	姓名	性别代码	民族代码	考生类别	政治面貌	学校名称	邮政
10004	马增昭	1	01	城市往届	团员	一高	4600
10027	王新威	1	01	城市往届	团员	一高	4600
10030	王喜玲	2	04	城市往届	团员	一高	4600
10031	何慧霞	2	01	城市往届	团员	一高	4600
10069	张挺	1	01	城市应届	团员	一高	4600
10073	王春亢	1	01	城市往届	团员	一高	4600
10074	孙金辉	1	01	城市往届	团员	一高	4600
10085	张富山	1	01	城市往届	团员	一高	4600
10092	王岱	1	02	城市应届	团员	一高	4600
10104	王连举	1	01	城市往届	团员	一高	4600
10117	章保见	1	01	城市往届	团员	一高	4600
10120	张书香	2	01	城市往届	团员	一高	4600

图 4-15 使用菜单命令移动列位置

2. 改变列的宽度

用户可以在“浏览”窗口中改变列的宽度，这种尺寸调整不会影响到字段的长度或表的结构。如果用户想改变字段的实际长度，应使用“表设计器”修改表的结构。

若要改变列宽可在列标头中，将鼠标指针指向两个字段之间的结合点，拖动鼠标调整列的宽度，如图 4-16 所示。也可以先选定一个字段，然后选择“表”菜单中的“调整字段大小”命令，然后用左、右箭头键来调整列宽，最后按 ENTER 键确认。

考生报名

报名序号	姓名	性别代码	民族代码	考生类别	政治面貌	学校名
10004	马增昭	1	01	城市往届	团员	一高
10027	王新威	1	01	城市往届	团员	一高
10030	王喜玲	2	04	城市往届	团员	一高
10031	何慧霞	2	01	城市往届	团员	一高
10069	张挺	1	01	城市应届	团员	一高
10073	王春亢	1	01	城市往届	团员	一高
10074	孙金辉	1	01	城市往届	团员	一高
10085	张富山	1	01	城市往届	团员	一高
10092	王岱	1	02	城市应届	团员	一高
10104	王连举	1	01	城市往届	团员	一高
10117	章保见	1	01	城市往届	团员	一高
10120	张书香	2	01	城市往届	团员	一高

图 4-16　改变列宽度

3. 打开或关闭网格线

在“浏览”中可以显示网格线也可以隐藏网格线。若要显示或隐藏网格线，可从“显示”菜单中选中“网格线”命令或取消“网格线”命令的选中状态。图 4-17 所示的隐藏网格线的窗口。

考生报名

报名序号	姓名	性别代码	民族代码	考生类别	政治面貌	学校名称	邮
10004	马增昭	1	01	城市往届	团员	一高	46
10027	王新威	1	01	城市往届	团员	一高	46
10030	王喜玲	2	04	城市往届	团员	一高	46
10031	何慧霞	2	01	城市往届	团员	一高	46
10069	张挺	1	01	城市应届	团员	一高	46
10073	王春亢	1	01	城市往届	团员	一高	46
10074	孙金辉	1	01	城市往届	团员	一高	46
10085	张富山	1	01	城市往届	团员	一高	46
10092	王岱	1	02	城市应届	团员	一高	46
10104	王连举	1	01	城市往届	团员	一高	46
10117	章保见	1	01	城市往届	团员	一高	46
10120	张书香	2	01	城市往届	团员	一高	46

图 4-17　关闭网格线窗口

4. 拆分“浏览”窗口

通过拆分“浏览”窗口，可以很方便地查看同一表中的两个不同区域，如图 4-18 所示就是将浏览窗口拆分的情况。

考生报名

报名序号	姓名	性别代码	民
10004	马增昭	1	0
10027	王新威	1	0
10030	王喜玲	2	0
10031	何慧霞	2	0
10069	张挺	1	0
10073	王春亢	1	0
10074	孙金辉	1	0
10085	张富山	1	0
10092	王岱	1	0
10104	王连举	1	0
10117	章保见	1	0
10120	张书香	2	0

政治面貌	学校名称	邮政编码	联系电话
团员	一高	460000	037-689716
团员	一高	460000	037-663622
团员	一高	460000	037-653604
团员	一高	460000	037-651255
团员	一高	460000	037-683335
团员	一高	460000	037-697501
团员	一高	460000	037-659198
团员	一高	460000	037-697612
团员	一高	460000	037-683551
团员	一高	460000	037-671177
团员	一高	460000	037-685211
团员	一高	460000	037-685300

图 4-18　拆分窗口

若要拆分“浏览”窗口，将鼠标指针指向窗口左下角的拆分条，向右方拖动拆分条，将“浏览”窗口分成两个窗格。或者从“表”菜单中选择“调整分区大小”，用左右箭头键移动拆分条，按 ENTER 键。

若要调整拆分窗格的大小，将指针指向拆分条，向左或向右拖动拆分条，改变窗格的相对大小。或者从“表”菜单中选择“调整分区大小”，按左箭头或右箭头键移动拆分条，按 ENTER 键。

默认情况下，“浏览”窗口的两个窗格是相互链接的；即在一个窗格中选择了不同的记录，这种选择会反映到另一个窗格中。取消“表”菜单中“链接分区”的选中状态，可以中断两个窗格之间的联系，使它们的功能相对独立。这时，滚动某一个窗格时，不会影响到另一个窗格中的显示内容。

4.2.3 添加记录

第一次创建 Visual FoxPro 表时，它将被打开且为空。只有在表中先创建记录，然后才能在表中存储数据。给新表添加记录的第一步是添加存储新数据的行。

1. 使用菜单命令输入新记录

如果在以浏览或编辑方式查看表时添加新记录，可从“显示”菜单中选择“追加方式”命令，或者从“表”菜单中选择“追加新记录”命令，表中将添加一条空白记录，如果表中已有记录，该空白记录位于表的末尾。用户可以在其中输入新记录。在新记录中填充字段时，用 TAB 键可以在字段间进行切换。每完成一条记录，在文件的底端就会又出现一条待输入的新记录。图 4-19 所示的是在浏览方式中添加记录，图 4-20 所示的是在编辑方式中添加记录。

考生报名

报名序号	姓名	性别代码	民族代码	考生类别	政治面貌	学校名称	邮政编码
30926	刘兰	2	01	农村应届	团员	三高	460000
30933	李可灵	2	01	城市往届	团员	三高	460000
30958	李文中	1	01	城市往届	团员	三高	460000
30968	宋春	1	01	城市往届	团员	三高	460000
31013	何涛	1	01	农村应届	团员	三高	460000
31017	李萌	2	01	农村应届	团员	三高	460000
31022	张娜	2	03	农村应届	团员	三高	460000

图 4-19 在浏览方式下添加记录

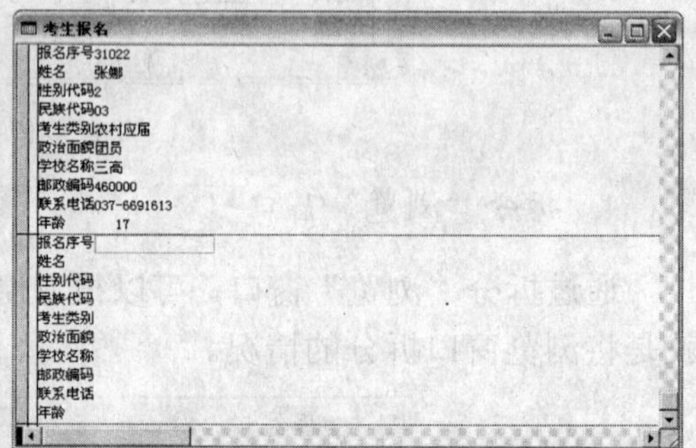

图 4-20 在编辑方式下添加记录

2. 使用 APPEND 命令添加记录

APPEND 命令是在表的尾部增加记录，它有两种格式：APPEND 或 APPEND BLANK。

执行一次 APPEND BLANK 命令后在表中添加一条空记录，而执行 APPEND 命令打开编辑界面，用户可以输入新的记录值，一次可以连续输入多条新的记录。然后按 CTRL+W 键或单击窗口的“关闭”按钮结束并保存输入的新记录；按 Esc 键结束并不保存输入的新记录。

3. 从其他表中追加记录。

另一种在记录中存储数据的方法是复制在其他表或文件中的数据。例如，可以从其他表或文件中获取要追加的记录。

若要从另一个文件里获取要追加的记录，可在以浏览或编辑方式查看表时从“表”菜单中选择“追加记录”命令，系统打开如图 4-21 所示的“追加来源”对话框。

图 4-21　“追加来源”对话框

用此对话框从其他表、电子表格或文本文件向当前表或视图中添加记录。

在“类型”框内输入源文件的格式，指定从中追加记录的文件类型。

在“来源于”框中输入要追加记录的源文件名。如果不知道文件名，可以单击后面的打开按钮，打开“打开”对话框，选择所需的文件。

在“到”文本框中，显示记录要追加到的表或视图的路径和文件名。

如果想指定追加字段或有选择地追加记录，单击“选项”按钮，打开“追加来源选项”对话框，如图 4-22 所示。单击“字段”按钮，打开“字段选择器”对话框，如图 4-23 所示，在对话框中用户可以添加字段。单击 For 按钮，打开“表达式生成器”中指定一个待追加记录必须满足的表达式。

图 4-22　“追加来源选项”对话框

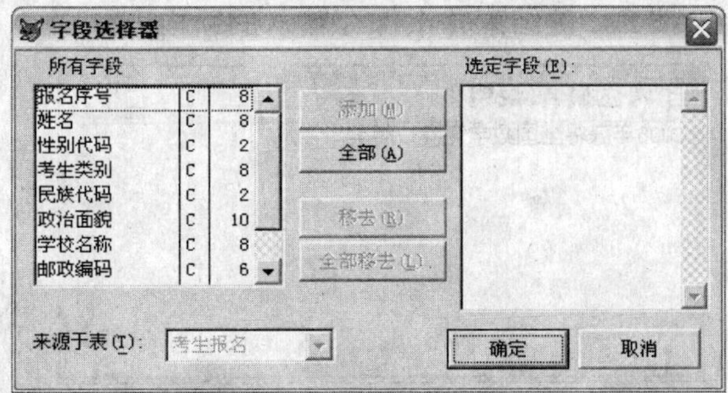

图 4-23　“字段选择器”对话框

注意： 如果从文本文件追加字段，Visual FoxPro 假定字段用逗号分隔，并且每个字符字段用引号括起。如果将小数点字符显示为逗号，数字和货币数据可能会被分为多个字段。

从其他表或文件中追加记录。还可使用 APPEND FROM 命令，或者使用 IMPORT 命令。

例如，使用以下代码打开 customer 表，将表结构复制到 backup 表并打开 backup 表，然后向其追加 customer 表中国家为芬兰的所有记录。

```
CLOSE DATABASES
OPEN DATABASE (HOME(2) + 'Data\testdata')
USE customer
COPY STRUCTURE TO backup
USE backup
APPEND FROM customer FOR country = 'Finland'
```

4. 备注字段数据的输入

数据类型为备注的字段数据的输入比较特殊，数据类型为备注的数据显示为“Memo”或“memo”，如图 4-24 所示。其中“Memo”表示对应的记录的备注字段已经输入了数据，而“memo”表示该字段中没有备注内容。

考生报名

政治面貌	学校名称	邮政编码	联系电话	年龄	说明	照片
团员	一高	460000	037-6897167	17	Memo	Gen
团员	一高	460000	037-6636225	18	Memo	gen
团员	一高	460000	037-6536040	17	memo	gen
团员	一高	460000	037-6512550	17	memo	gen
团员	一高	460000	037-6833350	17	memo	gen
团员	一高	460000	037-6975017	19	memo	gen
团员	一高	460000	037-6591985	17	memo	gen
团员	一高	460000	037-6976128	17	memo	gen
团员	一高	460000	037-6835517	17	memo	gen
团员	一高	460000	037-6711770	17	memo	gen
团员	一高	460000	037-6852112	19	memo	gen

图 4-24 备注类型字段数据显示内容

要为某记录的备注字段输入数据或修改其中的内容，可双击该记录的备注字段，进入如图 4-25 所示备注字段的编辑窗口，编辑完后按 Ctrl>+W 键或单击窗口的“关闭”按钮结束并保存输入的新内容；按 Esc 键结束并不保存输入的新内容。

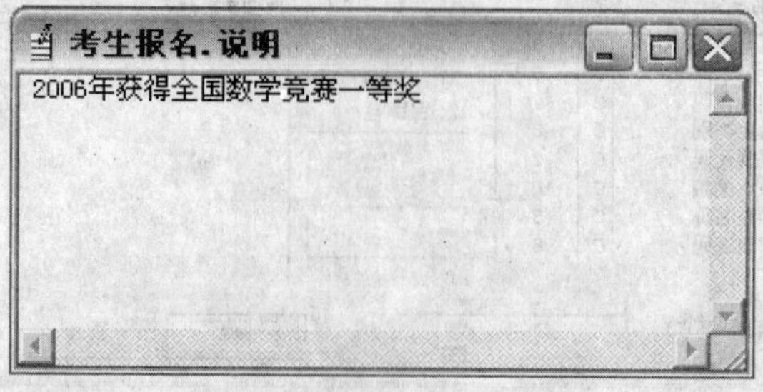

图 4-25 备注字段编辑窗口

5. 通用字段数据的输入

与备注型类似，通用型字段在浏览窗口中显示为“Gen”或“gen”，“Gen”表示对应的通用型字段有内容，而“gen”表示该字段中没有内容。双击通用型字段进入如图 4-26 所示的通用型字段编辑窗口，通用型字段的数据可通过剪贴板粘贴，或通过执行“编辑”|“插入对象”菜单命令来插入图形或其他对象。在通用型字段窗口中可以使用 Ctrl+X 键等操作来删除通用型字段数据。编辑完后按 Ctrl>+W 键或单击窗口的“关闭”按钮结束并保存输入的新内容；按 Esc 键结束并不保存输入的新内容。

6. 在字段中输入 Null 值

如果字段接受 null 值，则可以使用编程语言、通过 .NULL. 标记、或在界面使用组合键向字段中输入 null 值。

若要在字段中存储 null 值，可在“浏览”窗口或表单控件中，按组合键 CTRL+0（零）。或者使用 .NULL. 标记。

例如，可以使用以下代码将 automobile 字段中已有的值替换成 null 值。

```
REPLACE automobile WITH NULL
```

图 4-26　通用型字段编辑窗口

4.2.4　删除记录

删除记录时，先对记录作删除标记，然后再移去要删除的记录。在移去作了删除标记的记录之前，它们仍然存在于磁盘上，并可以撤消删除标记，恢复成原来的状态。

1. 对记录作删除标记

可在界面中或使用 DELETE - SQL 命令对记录作删除标记。

若要对记录作删除标记，可使用以下方式：

- 在“浏览”窗口中单击记录左边的小方框，标记待删除的记录。
- 在“表”菜单中选择“删除记录”。
- 使用 DELETE - SQL 命令。

在“浏览”窗口中单击记录左边的小方框，此时该方框呈黑亮显示，这就是为记录添加了删除标记，如图 4-27 所示。添加了删除标记的记录仍然存在于磁盘上，并可以撤消删除标记，恢复成原来的状态。

如果在“表”菜单中选择“删除记录”命令，打开“删除”对话框，如图 4-28 所示。在对话框中选择“作用范围”后面的列表确定删除记录的范围。从下拉列表中可以选择 All、Next、Record 或者 Rest。若从“作用范围”下拉列表中选择了 Next 或 Record，须再从右边的微调控制项内选择一个记录数。

单击 For 后面的对话按钮，将显示“表达式生成器”对话框，可在其中创建一个逻辑表达式，每条被命令影响的记录必须满足该表达式。Visual FoxPro 使用该 For 表达式测试表或视图中的每一条记录。

考生报名

报名序号	姓名	性别代码	考生类别	民族代码	政治面貌	学校名称
10027	王新威	1	城市往届	01	团员	一高
10030	王喜玲	2	城市往届	04	团员	一高
10031	何慧霞	2	城市往届	01	团员	一高
10069	张挺	1	城市应届	01	团员	一高
10073	王春亢	1	城市往届	01	团员	一高
10074	孙金辉	1	城市往届	01	党员	一高
10085	张富山	1	城市往届	01	团员	一高
10092	王岱	1	城市应届	02	团员	一高
10104	王连举	1	城市往届	01	党员	一高
10117	章保见	1	城市往届	01	团员	一高
10120	张书香	2	城市往届	01	团员	一高

图 4-27　为记录添加删除标记

单击“While”后面的对话按钮，也将显示“表达式生成器”对话框。While 表达式指定仅当该逻辑表达式为“真”时，操作影响记录。一旦表达式取值为“假”，操作即停止而不考虑其余记录。

在输入完删除条件后，单击“删除”按钮，就为符合条件的记录添加了删除标记。

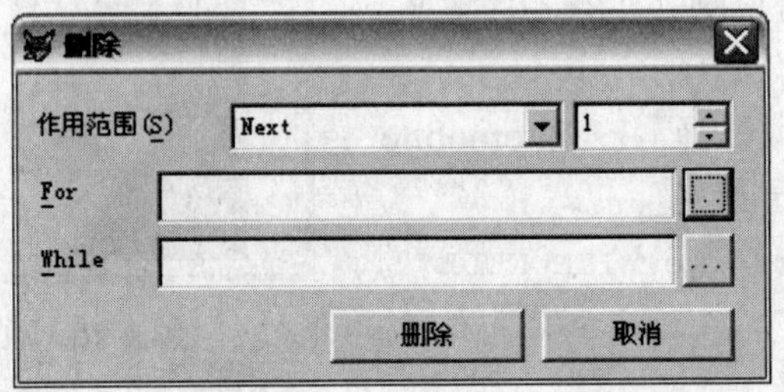

图 4-28　“删除”对话框

如果使用 DELETE 命令对记录作删除标记。可以指定记录范围，还可以指定由逻辑表达式得到的条件，使要删除的记录必须满足这个条件。例如，可以使用以下代码对“考生报名”表中“政治面貌”字段的值为“党员”的所有产品记录作删除标记。

```
USE 考生报名
DELETE FROM 考生报名 WHERE 政治面貌 = '党员'
BROWSE
```

运行结果如图 4-29 所示

考生报名

姓名	性别代码	考生类别	民族代码	政治面貌	学校名称
王新威	1	城市往届	01	团员	一高
王喜玲	2	城市往届	04	团员	一高
何慧霞	2	城市往届	01	党员	一高
张挺	1	城市应届	01	团员	一高
王春亢	1	城市往届	01	团员	一高
孙金辉	1	城市往届	01	党员	一高
张富山	1	城市往届	01	团员	一高
王岱	1	城市应届	02	团员	一高
王连举	1	城市往届	01	党员	一高
章保见	1	城市往届	01	团员	一高
张书香	2	城市往届	01	团员	一高

图 4-29　查看删除标记

在发出 PACK 命令之前，带有删除标记的记录并没有在物理上被删除。如果 SET DELETED 设置为 OFF，那么在“浏览”窗口中查看表时，可以看到每个要删除的记录都已标识了删除标记，但记录在表中仍可见。如果 SET DELETED 设置为 ON，则带有删除标记的记录在“浏览”窗口中不可见。SET DELETED 命令的设置也同样影响了操作记录的命令能否作用于带有删除标记的记录。

2. 撤消记录的删除标记

可以使用 RECALL 命令撤消记录的删除标记。RECALL 命令只能在还没有发出 PACK 或 ZAP 命令之前恢复记录，PACK 和 ZAP 命令是在物理上把记录从表中删除。

若要撤消记录的删除标记，有以下几种方法：

- 在“浏览”窗口中直接单击删除标记来撤消它。
- 从“表”菜单中选择“恢复记录”。
- 使用 RECALL 命令。

如果在“表”菜单中选择“恢复记录”命令，则打开“恢复记录”对话框，如图 4-30 所示。在“恢复记录”对话框中，可以在“作用范围”后面的列表中确定恢复记录的范围。从下拉列表中可以选择 All、Next、Record 或者 Rest。若从“作用范围”下拉列表中选择了 Next 或 Record，须再从右边的微调控制项内选择一个记录数。

单击 For 后面的对话按钮，将显示“表达式生成器”对话框，可在其中创建一个逻辑表达式，每条被命令影响的记录必须满足该表达式。Visual FoxPro 使用该 For 表达式测试表或视图中的每一条记录。

单击 While 后面的对话按钮，也将显示“表达式生成器”对话框。While 表达式指定仅当该逻辑表达式为“真”时，操作影响记录。一旦表达式取值为“假”，操作即停止而不考虑其余记录。

在输入完条件后，单击“恢复记录”按钮，就为符合条件的记录取消删除标记。

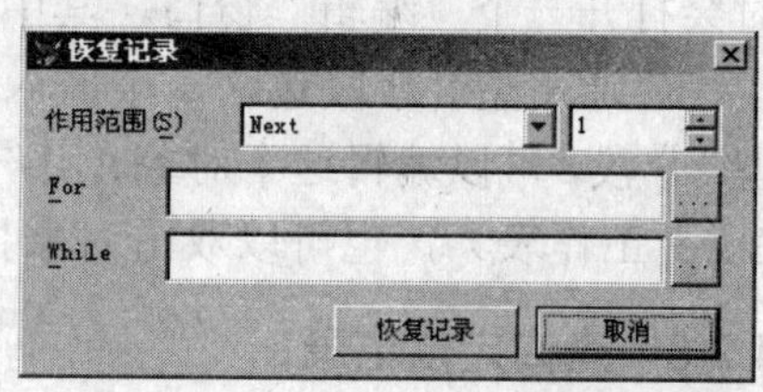

图 4-30 “恢复记录”对话框

使用 RECALL 命令来恢复记录也可以指定记录的范围，还可以指定由逻辑表达式得到的条件，记录必须满足这些条件才能撤消删除标记。例如，可以使用以下代码撤消 Products 表中 discontinu 字段的值为“.T.”的所有产品记录的删除标记。

```
USE products
RECALL FOR discontinu = .T.
BROWSE
```

3. 删除带有删除标记的记录

对记录作了删除标记之后，可以通过界面或使用编程语言把它们从磁盘上永久地删除。

用户可以使用 PACK 命令删除标记的记录，PACK 命令有两个子句：MEMO 和 DBF。当发出不带 MEMO 也不带 DBF 子句的 PACK 命令时，在表文件及与其相关联的备注文件中，所有带有删除标记的记录都将删除。例如，可以使用以下代码删除作了删除标记的记录：

```
USE 考生报名
PACK
```

若要仅删除表文件中的记录，而保留备注文件不动，请使用 PACK DBF 命令。

删除做过删除标记的记录时会将表关掉，因此若要继续工作，必须重新打开该表。

用户也可以在浏览窗口中从“表”菜单中选择“彻底删除”命令，打开如图 4-31 所示的对话框。选择“是”按钮将删除所有标记过的记录，并重新构造表中余下的记录。

图 4-31　彻底删除提示对话框

4. 从表中移去所有记录

使用 ZAP 命令可以物理删除表中的全部记录，不管记录是否有删除标记。该命令只是删除全部记录，并没有删除表，执行完该命令后表结构依然存在。例如：

```
USE 考生报名
ZAP
```

注意：不能恢复从当前表中彻底删除的记录。

4.2.5 修改记录

若要改变“字符型”字段、“数值型”字段、“逻辑型”字段、“日期型”字段或“日期时间型”字段中的信息，可以把光标设在字段中并编辑信息，或者选定整个字段并键入新的信息。

若要编辑“备注型”字段，可在“浏览”窗口中双击该字段或按下 CTRL+PGDN。这时会打开一个“编辑”窗口，其中显示了“备注型”字段的内容。

“通用型”字段包含一个嵌入或链接的 OLE 对象。通过双击“浏览”窗口中的“通用型”字段，可以编辑这个对象，用户可以直接编辑文档（如 Microsoft Word 文档或 Microsoft Excel 工作表），也可以双击对象打开其父类应用程序（如 Microsoft 画笔对象）。

4.2.6 查询定位记录

对于一个打开的表文件来说，Visual FoxPro 系统对表中的记录是逐条进行处理的，在某一时刻只能处理记录指针指向的记录（称为当前记录），表刚打开时指针是指向表中最上面的记录的。记录指针是可以移动的，移动记录指针可以用命令方法，也可以用菜单的方法。

1. 菜单方法移动记录指针

如果已知记录的记录号，要使指针指向该记录号的记录。，可从“表”菜单中选择“转到记录”，从在子菜单中选择“第一个”、“最后一个”、“下一个”、“上一个”或“记录号”，如图 4-32 所示。

例如，要使指针定位记录号为 20 的记录，执行“表”|“转到记录”|“记录号”命令，

打开“转到记录”对话框，如图 4-33 所示。在记录号文本框中输入 20，单击“确定”按钮，指针定位在记录号为 20 的记录，如图 4-34 所示。

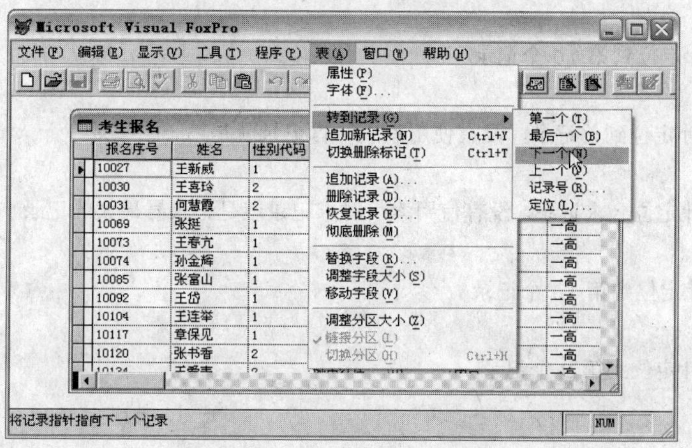

图 4-32　查询定位记录

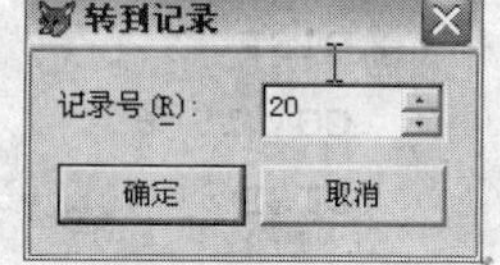

图 4-33　“转到记录”对话框

如果不知记录的记录号，要使指针指向满足或符合某种条件的记录，执行“表”|“转到记录”|“定位”命令，打开“定位记录”对话框，如图 4-35 所示。在对话框中设置定位记录的条件，然后单击“确定”按钮。

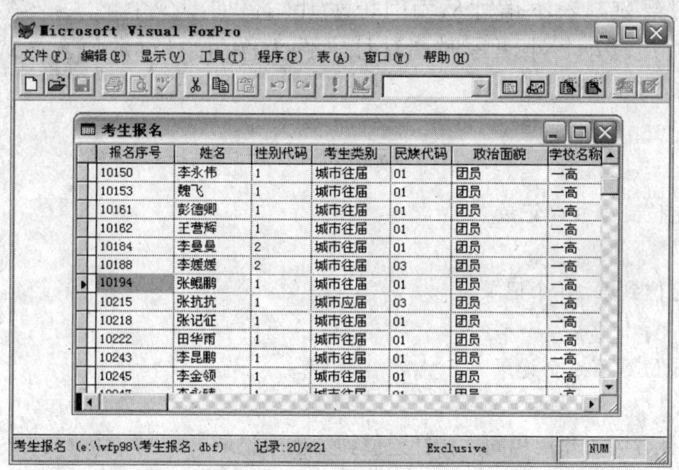

图 4-34　移动记录的结果

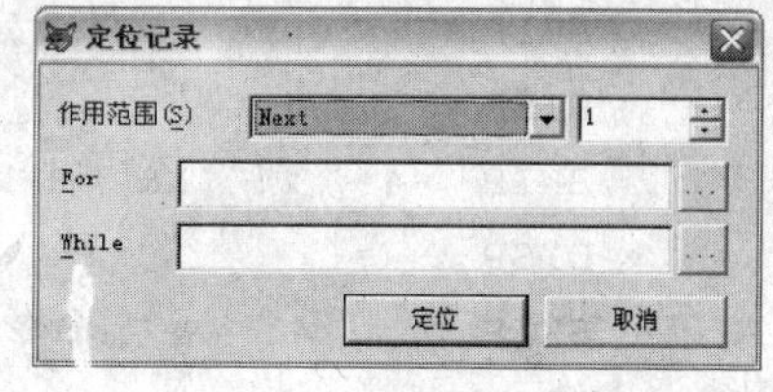

图 4-35　“定位记录”对话框

2. 命令方法移动指针

用户还可以使用命令方法移动记录指针。

① GO 命令

GO 命令是绝对定位命令，它将记录指针定位于指定位置。GO 命令有如下两种格式：

```
GO [TO] TOP | BOTTOM
[GO[TO]] <数值表达式>
```

GO TOP 命令把指针定位在首记录；GO BOTTOM 命令把指针定位在末记录；[GO[TO]] <数值表达式>命令中的<数值表达式>的值取正整数，指针定位在记录号等于该整数的记录上。

例如：

```
USE 考生报名      && 指针定位到首记录
DISP
GO  10           && 指针定位到第 10 个记录
DISP
GOTO  TOP        && 指针定位到首记录，没有使用索引时首记录就是第一个记录
DISP
GO BOTTOM        && 指针定位到末记录，没有使用索引时末记录就是记录号最大的记录
DISP
GO  10           && 指针定位到第 10 个记录
DISP
GO  15-6         && 指针定位到第 9 个记录
DISP
```

② SKIP 命令

SKIP 命令是相对定位命令，是相对于当前记录进行定位的命令。

命令格式：

```
SKIP  [<数值表达式>]
```

<数值表达式>的值取正或负的整数，表示指针从当前记录开始移动多少个记录。<数值表达式>的值大于零时指针往文件尾移动，小于零时指针往文件头移动；当<数值表达式>默认时表示 1。

例如命令：

```
USE 考生报名
SKIP  8          && 指针定位到第 9 个记录
DISP
SKIP  1          && 指针定位到第 10 个记录
DISP
SKIP  -4         && 指针定位到第 6 个记录
DISP
SKIP             && 与命令 SKIP 1 作用相同，指针定位到第 7 个记录
DISP
```

另外，LSIT、DISPLAY、LOCATE 和 REPLACE 等命令执行后也会移动指针，使用这些命令时要特别注意，例如：

```
USE  考生报名
LIST  NEXT  3         && 指针定位到第 3 个记录
DISP  NEXT  3         && 指针定位到第 5 个记录
DISP  REST            && 显示第 5 个记录以下的所有记录，指针定位到文件尾
LIST                  && 显示 XSQK.DBF 的所有记录，指针定位到文件尾
```

3. 与指针及表相关的测试函数

在数据处理过程中，有时用户需要使用与指针及表相关的测试函数来了解记录指针是

否移到了文件尾、数据表的当前记录号、要使用的文件是否存在、检索是否成功、某工作区中记录指针所指的当前记录是否有删除标记、数据类型等信息，尤其是在运行应用程序时，常常需要根据测试结果来决定下一步的处理方法或程序走向。

① 文件结束测试函数 EOF

函数格式：

EOF（[<数值表达式>] | <表别名>）

函数功能：

测试<数值表达式>指定工作区中表文件记录指针是否指向文件结束位置（表文件尾），表文件尾是指最后一条记录的后面位置。若指针指向结束位置，函数值为逻辑真（.T.），否则函数值为假（.F.）。

函数说明：

- 若表文件中不包含任何记录，函数返回逻辑真（.T.）。
- 不选用<数值表达式>时，测试当前工作区（工作区的概念在后面介绍）中的数据表文件。
- 若<数值表达式>指定的工作区没有打开数据表文件，则返回值为.F.。

例如：

```
USE  考生报名
GO BOTTOM                 && 指针移到最后一条记录
?EOF ()                   && 主屏幕显示: .F.
SKIP                      && 指针移到文件尾
?EOF ()                   && 主屏幕显示: .T.
GO  4
LIST                      &&  显示考生报名.DBF 的所有记录，指针定位到文件尾
?EOF ()                   &&主屏幕显示: .T.
```

② 文件起始测试函数 BOF

函数格式：

BOF（[<数值表达式>] | <表别名>]）

函数功能：

测试<数值表达式>指定的工作区中表文件记录指针是否指向起始位置，表文件起始位置在首记录的前面，也称为文件头。若指针指向起始位置，函数值为逻辑真（.T.），否则为假（.F.）。

函数说明：

- 若表文件中不包含任何记录，函数返回逻辑真.T.。
- 不选用<数值表达式>时，测试当前工作区数据表文件。
- 若<数值表达式>指定的工作区没有打开数据表文件，则返回值为.F.。

例如：

```
USE  考生报名
GO  TOP                   && 指针移到首记录记录
?EOF () ,BOF ()           && 主屏幕显示: .F. .F.
```

```
SKIP  -1                && 指针移到文件头
?EOF(),BOF()            && 主屏幕显示：.F.  .T.
```

③ 记录号测试函数 RECNO

函数格式：

```
RECNO([<数值表达式>|<表别名>])
```

函数功能：

给出<数值表达式>指定的工作区中打开的数据表的当前记录号。

函数说明：

- 不选用<数值表达式>时，给出当前工作区数据表的当前记录号。
- 若<数值表达式>指定的工作区没有打开数据表文件，则返回值为 0。
- 如果指针指向文件尾，函数值为表文件中的记录数加 1。如果记录指针指向文件首，函数值为表文件中第一条记录的记录号。

例如：

```
USE 考生报名             && 假定表中有 20 条记录
? RECNO()               && 主屏幕显示：1
SKIP -1                 && 指针移到文件头
? RECNO()               && 主屏幕显示：1
GO  BOTTOM
? RECNO()               && 主屏幕显示：20
SKIP                    && 指针移到文件尾
? RECNO()               && 主屏幕显示：21
```

④ 记录总数测试函数 RECCOUNT

函数格式：

```
RECCOUNT([<数值表达式>|<表别名>])
```

函数功能：

测试<数值表达式>指定的工作区中数据表的记录个数。

函数说明：

- 不选用<数值表达式>时，测试当前工作区数据表的记录个数。
- 若<数值表达式>指定的工作区没有打开数据表文件，则返回值为 0。

例如：

```
USE  考生报名                          && 假定表中有 20 条记录
? BOF(),RECNO()                        && 主屏幕显示：.F.   1
SKIP  -1
?BOF(),RECNO(),RECCOUNT()              && 主屏幕显示：.T. 1  20
GO BOTTOM
?EOF(),RECNO(),RECCOUNT()              && 主屏幕显示：.F. 20   20
SKIP
?EOF(),RECNO(),RECCOUNT()              &&主屏幕显示：.T. 21  20
```

⑤ 文件测试函数 FILE

格式：

```
FILE（<文件名>）
```

功能：测试<文件名>指定的磁盘文件是否存在，若存在，函数值为逻辑真（.T.），否则函数值为假（.F.）。

例如：

```
?FILE（'XSQK.DBF'）
```

⑥ 记录大小测试函数 RECSIZE

格式：

```
RECSIZE（[<数值表达式>|<表别名>]）
```

功能：测试<数值表达式>指定的工作区中数据表记录的长度。

说明：

- 不选用<数值表达式>时，在当前工作区测试。
- 若<数值表达式>指定的工作区没有打开数据表文件，则返回值为 0。

例如：

```
USE
?RECSIZE（）        && 主屏幕显示：0
USE 考生报名
?RECSIZE（）        && 主屏幕显示：20
```

⑦ 数据类型测试函数 TYPE

格式：

```
TYPE（<表达式>）
```

功能：测试<表达式>的数据类型。

例如：

```
AA=10
? TYPE（'AA'）        && 主屏幕显示：N
```

⑨ 表文件名测试函数 DBF

格式：

```
DBF（[<表的别名>|<工作区号>]）
```

功能：测试指定的表，或在指定工作区中所打开的表在磁盘的位置。若默认自变量，则测试当前工作区中所打开的表。

例如：

```
? DBF（）
? DBF（'考生报名'），DBF（1）
```

⑩ 字段数测试函数 FCOUNT

格式：

```
FCOUNT（[<表的别名>|<工作区号>]）
```

功能：测试指定的表，或在指定工作区中所打开的表的字段数。若默认自变量，则测试当前工作区中所打开的表。

```
?FCOUNT()                  && 屏幕显示当前工作区中所打开的表的字段个数：20
?FCOUNT('考生报名')         && 屏幕显示考生报名.DBF 表的字段个数：20
?FCOUNT(1)                 && 屏幕显示第 1 工作区中所打开的表的字段个数：20
```

4.3 表的复制

对已有的表进行复制以得到它的一个副本，是保护数据安全的措施之一。一般使用命令进行复制，复制方式常有下面几种。

4.3.1 结构与数据的同时复制

结构与数据的同时复制可以使用以下函数格式：

```
COPY TO <表文件>[<范围>] [FIELDS<字段名表>] [FOR | WHILE<条件>]
```

功能：将满足条件的记录按指定的结构复制到新的表文件。

说明：若不指定条件、范围和字段表，则按原结构复制所有记录；<字段名表>的字段和排列顺序决定了新表的字段和排列顺序；<范围>和 FOR | WHILE <条件>规定挑选原表中那些记录复制到新表中；<范围>默认值为 ALL；当被复制的表有对应的文件时，对应的文件会同时被复制。复制时被复制的表必须是打开的。

例如：

```
USE 考生报名
COPY TO 考生报名副本          && 考生报名副本.DBF 表与考生报名.DBF 表完全一样
USE 考生报名副本
BROWSE
COPY TO 考生报名副本 1  FOR  考生类别 ='城市应届'  FIELD 报名序号,姓名,学
校名称
USE 考生报名副本 1
BROWSE
```

执行命令后显示的表“考生报名副本”如图 4-36 所示，显示的表“考生报名副本 1”如图 4-37 所示。

考生报名副本

报名序号	姓名	性别代码	考生类别	民族代码	政治面貌
10004	马增昭	1	城市往届	01	团员
10027	王新威	1	城市往届	01	团员
10030	王喜玲	2	城市往届	04	团员
10031	何慧霞	2	城市往届	01	团员
10069	张挺	1	城市应届	01	团员
10073	王春亢	1	城市往届	01	团员
10074	孙金辉	1	城市往届	01	团员
10085	张富山	1	城市往届	01	团员
10092	王岱	1	城市应届	02	团员
10104	王连举	1	城市往届	01	团员
10117	章保见	1	城市往届	01	团员

图 4-36 复制的考生报名副本

考生报名副本1

报名序号	姓名	学校名称
10069	张挺	一高
10092	王岱	一高
10215	张抗抗	一高
10287	高娅琪	一高
10334	岳大伟	一高
10451	王明明	一高
10507	马晓宇	一高
21286	张北京	二高

图 4-37　复制的考生报名副本 1

4.3.2　只复制表文件结构

只复制表文件结构可以使用以下函数格式：

```
COPY  STRUCTURE  TO  <文件名>  [FIELDS <字段名表>]
```

功能：按指定的字段表复制表结构到一个新文件，若不指定字段表，则复制与当前表相同的结构。

说明：复制时被复制的表必须是打开的；当被复制的表有对应的文件时，对应的文件会同时被复制。

例如：

```
USE  考生报名
COPY STRUCTURE TO 考生报名副本 3  FIELD 报名序号,姓名,考生类别,学校名称,
联系电话
USE  考生报名副本 3
LIST  STRUCTURE                   && 显示当前表的结构
```

执行命令后显示如图 4-38 所示。

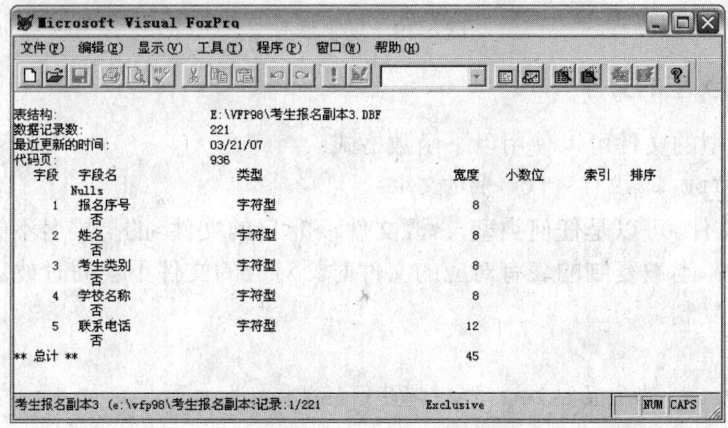

图 4-38　复制表的结构

4.3.3　只复制记录数据

只复制记录数据可以使用以下函数格式：

```
COPY TO <文本文件名>[<范围>] [FIEL<字段名表>] [FOR | WHILE <条件>] SDF
| DELIMITED
```

功能：按指定格式将表文件的记录复制到文本文件（.TXT），若省略范围、条件和字段名表，则复制所有记录值。

说明：<范围>默认值为 ALL；复制时被复制的表必须是打开的。SDF 为标准数据格式，DELIMITED 为限定符格式。

例如：

```
USE  考生报名
COPY  TO  报名序号.TXT  FIELD 报名序号,姓名  for 考生类别='城市应届'
SDF
TYPE  报名序号.TXT          && TYPE 是显示文本文件的命令
```

执行命令后显示如图 4-39 所示。

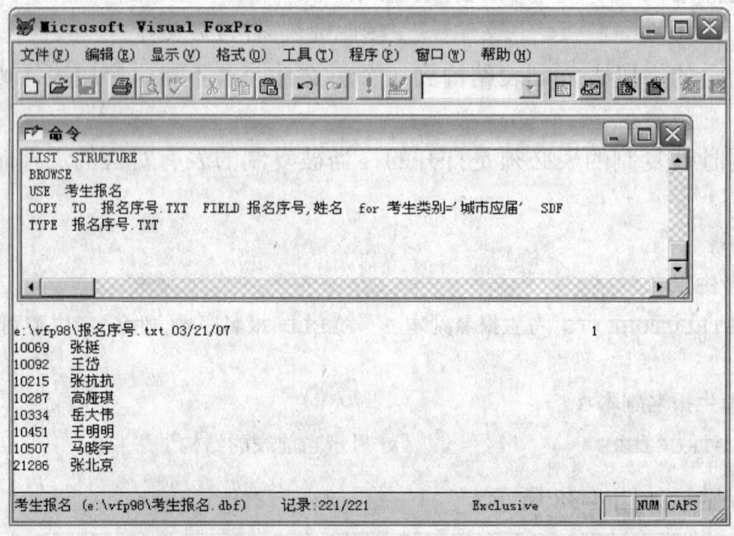

图 4-39 复制数据

4.3.4 复制任何类型的文件

复制任何类型的文件可以使用以下函数格式：

```
COPY FILE <源文件> TO <目的文件>
```

说明：<源文件>可以是任何类型，<源文件>和<目的文件>的扩展名不能省去；源表文件必须是关闭的；当被复制的表有对应的文件时，对应的文件不会同时被复制，需要用另外一条命令进行复制。

例如：

```
COPY FILE  考生报名.DBF  TO  考生报名副本 8.DBF
USE  考生报名副本 8
BROWSE
```

执行命令后显示如图 4-40 所示。

考生报名副本8

报名序号	姓名	性别代码	考生类别	民族代码	政治面貌
10004	马增昭	1	城市往届	01	团员
10027	王新威	1	城市往届	01	团员
10030	王喜玲	2	城市往届	04	团员
10031	何慧霞	2	城市往届	01	团员
10069	张挺	1	城市应届	01	团员
10073	王春亢	1	城市往届	01	团员
10074	孙金辉	1	城市往届	01	团员
10085	张富山	1	城市往届	01	团员
10092	王岱	1	城市应届	02	团员
10104	王连举	1	城市往届	01	团员
10117	章保见	1	城市往届	01	团员
10120	张书香	2	城市往届	01	团员

图 4-40　在不打开表的情况下复制的数据

例如还可以复制文本数据：

```
COPY FILE  报名.TXT  TO  报名副本.TXT
```

4.3.5　记录数据复制生成数组

记录数据复制生成数组可以使用以下函数格式：

```
COPY TO ARRAY  数组名 [<范围>] [FIELD<字段名表>] [FOR | WHILE <条件>]
```

功能：将记录数据传送到二维数组，每个记录对应数组的一行。

例如：

```
USE 考生报名
COPY TO ARRAY  AR1     && 生成10行二维数组AR1（10,10）
COPY TO ARRAY  AR2  RECORD 2   && 生成1行二维数组AR2（1,10）
DISPLAY  MEMORY      && 显示数组内存变量
```

执行命令后显示如图 4-41 所示。

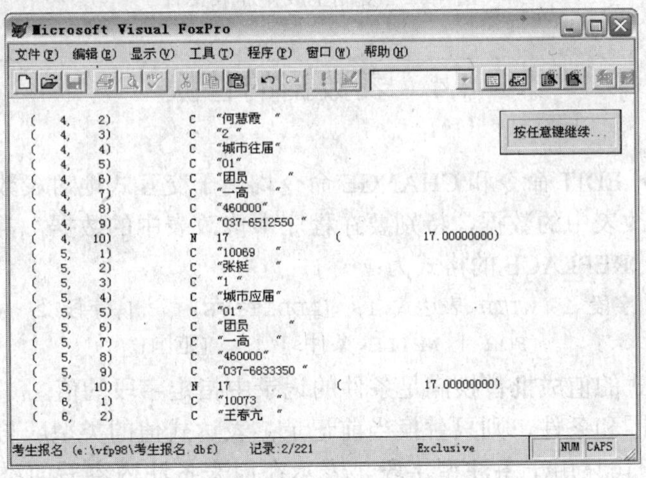

图 4-41　记录数据复制生成数组

4.3.6　复制生成排序表文件

复制生成排序表文件可以使用以下函数格式：

SORT TO <排序文件>ON<字段 1>[/A | /D] [/C] [,字段 2][/A | /D] [/C] ....[<范围>] [FIELDS<字段名表>] [FOR|WHILE<条件>]

功能：按指定的关键字，重新排列记录顺序组成新文件（排序文件），原文件不变。

说明：排序文件以关键字段值为序，从左到右依次序为第一，第二，......，顺序；/D 表示降序，默认为升序；[/C] 不区分大小写字母；只允许 C，N，D，L4 种类型作排序关键字段；若默认范围和条件，则对全部记录排序；若不指定字段名表，则排序文件与原文件结构相同。

例如：

```
USE 考生报名
SORT TO  报名顺序  ON 报名序号 FOR 考生类别='城市应届'    &&生成排序文件报名顺序.DBF
USE  报名顺序
BROWSE
```

执行命令后显示如图 4-42 所示。

报名顺序

报名序号	姓名	性别代码	考生类别	民族代码	政治面貌	学校名称
10069	张挺	1	城市应届	01	团员	一高
10092	王岱	1	城市应届	02	团员	一高
10215	张抗抗	1	城市应届	03	团员	一高
10287	高娅琪	2	城市应届	03	团员	一高
10334	岳大伟	1	城市应届	01	团员	一高
10451	王明明	2	城市应届	01	团员	一高
10507	马晓宇	2	城市应届	01	团员	一高
21286	张北京	1	城市应届	01	团员	二高

图 4-42　复制生成排序表文件

4.4　表数据的替换

BROWSE 命令、EDIT 命令和 CHANGE 命令均用于交互式地对表数据进行编辑、修改，而要成批地快速修改表中的数据，特别要在程序中修改表中的数据，常常用非交互式的替换命令 REPLACE。REPLACE 的格式为：

REPLACE 字段 1 WITH<表达式 1> [ADDITIVE]   [,字段 2 WITH<表达式 2> [ADDITIVE] ...]   [FOR | WHILE<条件>]   [范围]

功能：用表达式的值成批替换满足条件的记录中指定字段的值。

说明：若无范围和条件，则只替换当前记录；表达式值的类型应与对应的字段类型一致；[ADDITIVE]子句只用于备注型字段，表示在原来备注内容后面添加新的内容，不选 [ADDITIVE] 子句时，用新的内容替换备注字段的原来内容。例如：

```
USE  考试成绩
REPLACE 总分 WITH  0,平均分 WITH  0  all   && 为所有学生平均分和总分填入 0
BROWSE
```

```
REPLACE 总分 WITH 语文+数学+外语  all       && 为所有学生填入其总分成绩
REPLACE 平均分 WITH 总分/3  FOR 数学>=100  && 为数学大于等于 100 的所有学生填入平均分成绩
```

执行命令后为所有学生平均分和总分填入 0 的显示如图 4-43 所示，填入总分成绩和平均成绩显示如图 4-44 所示。

考试成绩

姓名	语文	数学	外语	总分	平均分
高振杰	97	93	90	0	0
马增昭	101	106	98	0	0
张建辉	94	97	88	0	0
张帅伟	115	105	87	0	0
马晓宇	124	113	130	0	0
李国辉	95	93	94	0	0
邓飞	99	100	108	0	0
李长青	111	122	115	0	0
黄阵	100	106	97	0	0
赵艳辉	103	88	86	0	0
孙高阳	76	116	91	0	0
顾涛	100	90	114	0	0

图 4-43　为所有学生平均分和总分填入 0

考试成绩

姓名	语文	数学	外语	总分	平均分
高振杰	97	93	90	280	0
马增昭	101	106	98	305	102
张建辉	94	97	88	279	0
张帅伟	115	105	87	307	102
马晓宇	124	113	130	367	122
李国辉	95	93	94	282	0
邓飞	99	100	108	307	102
李长青	111	122	115	348	116
黄阵	100	106	97	303	101
赵艳辉	103	88	86	277	0
孙高阳	76	116	91	283	94
顾涛	100	90	114	304	0

图 4-44　填入总分和平均成绩

注意： 用户也可以从“表”菜单中选择“替换字段”命令，打开“替换字段”对话框，如图 4-45 所示。在“字段”文本框中选择要替换的字段，在替换为文本框中输入要替换的表达式或者函数，如可以输入函数 RECNO() 使替换值为记录号。

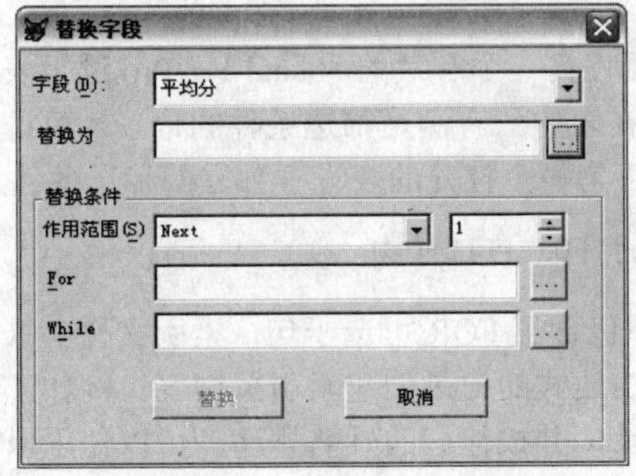

图 4-45　“替换字段”对话框

4.5 筛选和排序

4.5.1 记录的筛选

一个表可能包含很多记录。但用户在浏览该表的时候并不需要浏览所有记录。在这时候就需要对记录进行筛选，使在浏览该表时只显示某些记录。对记录进行筛选可以使用以下方法：

可以使用筛选索引把所访问的记录限制在指定的数据上。筛选索引为仅满足筛选表达式的记录生成索引，当创建了筛选索引之后，只有符合筛选表达式的记录才可显示和访问。

1. 使用 SET FILTER 命令

用户可以使用 SET FILTER 命令暂时筛选数据，指定一个暂时的条件，使表中只有满足该条件的记录才能访问。如果要关闭当前表的筛选条件，可以执行不带表达式的 SET FILTER TO 命令。例如，可以使用以下命令筛选“考生报名”表中考生类别为城市应届的记录：

```
USE 考生报名
SET FILTER TO 考生类别 = "城市应届"
BROWSE
```

执行命令后运行结果如图 4-46 所示。

考生报名

报名序号	姓名	性别代码	考生类别	民族代码	政治面貌	学校名称
10069	张挺	1	城市应届	01	团员	一高
10092	王岱	1	城市应届	02	团员	一高
10215	张抗抗	1	城市应届	03	团员	一高
10287	高娅琪	2	城市应届	03	团员	一高
10334	岳大伟	1	城市应届	01	团员	一高
10451	王明明	2	城市应届	01	团员	一高
10507	马晓宇	2	城市应届	01	团员	一高
21286	张北京	1	城市应届	01	团员	二高

图 4-46 筛选总分的结果

SET FILTER 命令接受任何一个有效的 Visual FoxPro 逻辑表达式作为筛选条件。如果使用 SET FILTER 命令，在表中只有满足筛选条件的记录才可访问，所有访问表的命令都遵守 SET FILTER 条件。可为每个打开的表设置独立的筛选条件。

2. 使用 INDEX 命令的 FOR 可选子句

如果在 INDEX 命令中包含了 FOR 可选子句，索引文件就具有筛选的功能。在索引文件中，只为那些符合筛选表达式的记录创建索引关键字。例如，在考生报名表中，筛选出考生类别为城市应届的记录，并按他们的姓名排序。可以使用以下代码创建筛选索引，并在“浏览”窗口中显示筛选出来的数据：

```
USE 考生报名
INDEX ON 姓名 FOR 考生类别 = "城市应届" ;
TAG 姓名
BROWSE
```

执行命令后运行结果如图 4-47 所示。

考生报名

报名序号	姓名	性别代码	考生类别	民族代码	政治面貌	学校名称
10287	高娅琪	2	城市应届	03	团员	一高
10507	马晓宇	2	城市应届	01	团员	一高
10451	王明明	2	城市应届	01	团员	一高
10092	王岱	1	城市应届	02	团员	一高
10334	岳大伟	1	城市应届	01	团员	一高
21286	张北京	1	城市应届	01	团员	二高
10215	张抗抗	1	城市应届	03	团员	一高
10069	张挺	1	城市应届	01	团员	一高

图 4-47　筛选城市应届的结果

3. 使用“工作区属性”对话框

打开“考生成绩”表，然后从“表”主菜单选择“属性”命令，打开“工作区属性”对话框，如图 4-48 所示。

用户可以直接在“数据过滤器”文本框中输入筛选的条件“总分 >=300”，也可以单击“数据过滤器”文本框右边的按钮，在打开的“表达式生成器”对话框中使用表达式生成器设置过滤条件“总分 >=300”，如图 4-49 所示。依次单击确定按钮，这样在“浏览”窗口中只显示总分大于等于 300 的记录。如图 4-50 所示。

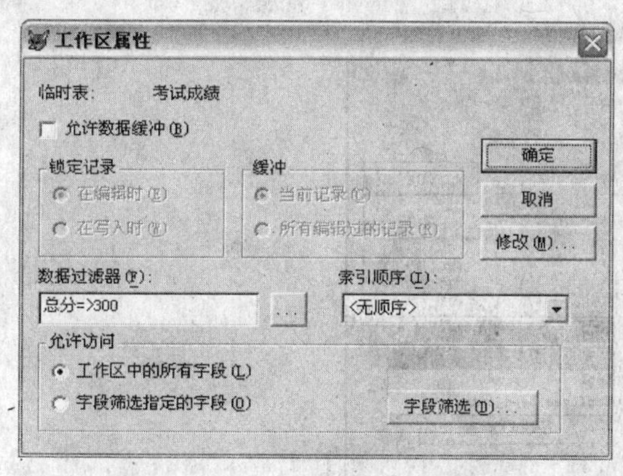

图 4-48　“工作区属性”对话框

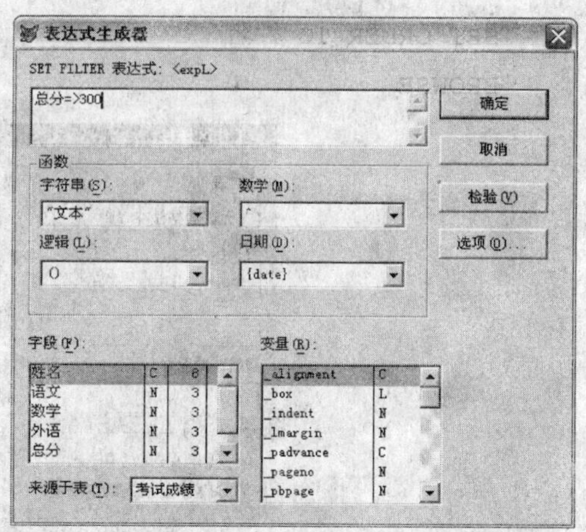

图 4-49　在“表达式生成器”对话框中设置筛选条件

如果用户不需要浏览所有字段，或者某些字段比较重要，需要限制对这些字段的访问权限，也可以通过设置“工作区属性”来完成。选择“字段筛选指定的字段”，单击“字段筛选”，将显示如图 4-51 所示的“字段选择器”对话框，然后在“所有字段”列表中单击需要显示的字段，把它们添加到“选定字段”列表框中。

考试成绩

姓名	语文	数学	外语	总分	平均分
马增昭	101	106	98	305	102
张帅伟	115	105	87	307	102
马晓宇	124	113	130	367	122
邓飞	99	100	108	307	102
李长青	111	122	115	348	116
黄阵	100	106	97	303	101
顾涛	100	90	114	304	0
孙志飞	102	110	102	314	105
李熙平	99	111	110	320	107
张珍惜	105	100	95	300	100
张文山	102	92	115	309	0
岳巧云	99	83	122	304	0
单留峰	106	99	96	301	0
李亚飞	109	112	105	326	109
邢树亮	106	83	116	305	0

图 4-50　筛选总分后的效果

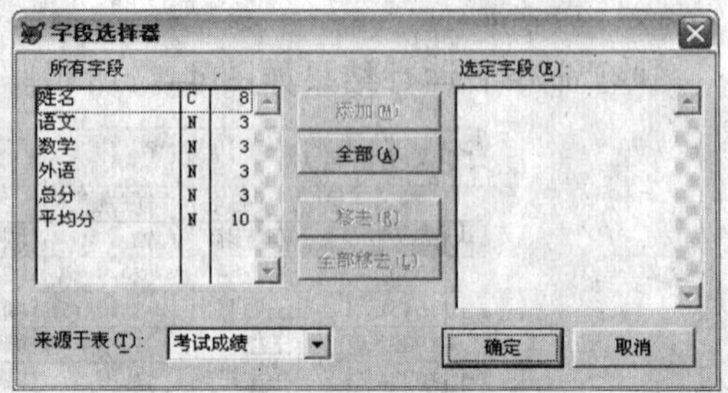

图 4-51　设置字段的筛选条件

4.5.2　记录的排序

对于已经建好的表，可以利用索引对其中的数据进行排序，以便加速检索数据的速度。可以用索引快速显示、查询或者打印记录。还可以选择记录、控制重复字段值的输入并支持表间的关系操作。

若要用索引对记录排序，可在“项目管理器”中选择已建好索引的表。选择“浏览”。然后从“表”菜单中选择“属性”。在系统打开的如图 4-52 所示的“工作区属性”窗口的“索引顺序”框中，选择要用的索引。单击“确定”按钮，显示在“浏览”窗口中的表将按照索引指定的顺序排列记录。

还可以用 SET ORDER 命令选择具体的索引关键字作为表的排序关键字。

例如，使用以下代码打开“浏览”窗口，并按姓名显示“考生报名”表中的记录：

```
USE 考生报名
SET ORDER TO 姓名
BROWSE
```

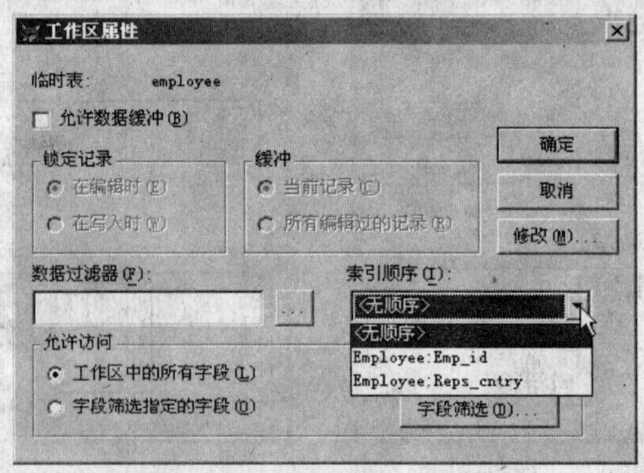

图 4-52　在“工作区属性”对话框利用索引排序

SET ORDER 可以指定主控索引文件或标识。表可以有许多同时打开的索引文件。当然，要决定显示或访问表中记录的顺序，还要设置一个单项索引（.idx）文件（主控索引文件）作为主控索引，或设置复合索引（.cdx）文件中的一个标识（主控标识）作为主控索引。有些命令使用主控索引标识来搜索记录，如 SEEK。查询时不需要使用 SET ORDER。

若要按降序读取已有的索引，可使用 SET ORDER 命令的 DESCENDING 子句，按降序读取已有的索引。

按降序读取已有的索引，可以调整已有的索引而不用创建新索引。例如，可以使用以下代码创建索引，它根据“报名序号”字段对“考生报名”表进行排序：

```
USE 考生报名
INDEX ON 报名序号 TAG 报名序号
BROWSE
```

默认的排序是升序的，执行命令后的效果如图 4-53 所示。

考生报名

报名序号	姓名	性别代码	考生类别	民族代码	政治面貌	学校名称
10004	马增昭	1	城市往届	01	团员	一高
10027	王新威	1	城市往届	01	团员	一高
10030	王喜玲	2	城市往届	04	团员	一高
10031	何慧霞	2	城市往届	01	团员	一高
10069	张挺	1	城市应届	01	团员	一高
10073	王春亢	1	城市往届	01	团员	一高
10074	孙金辉	1	城市往届	01	团员	一高
10085	张富山	1	城市往届	01	团员	一高
10092	王岱	1	城市应届	02	团员	一高
10104	王连举	1	城市往届	01	团员	一高
10117	章保见	1	城市往届	01	团员	一高
10120	张书香	2	城市往届	01	团员	一高
10134	王爱青	2	城市往届	01	团员	一高

图 4-53　升序排列的结果

用户还可以使用以下代码按降序浏览表：

```
USE products
SET ORDER TO 报名序号 DESCENDING
BROWSE
```

执行命令后的效果如图 4-54 所示。

考生报名

报名序号	姓名	性别代码	考生类别	民族代码	政治面貌	学校名称
31022	张娜	2	农村应届	03	团员	三高
31017	李萌	2	农村应届	01	团员	三高
31013	何涛	1	农村应届	01	团员	三高
30968	宋春	1	城市往届	01	团员	三高
30958	李文中	1	城市往届	01	团员	三高
30933	李可灵	2	城市往届	01	团员	三高
30926	刘兰	2	农村应届	01	团员	三高
30867	顾义	1	城市往届	01	团员	三高
30864	黃阵	1	城市往届	01	团员	三高
30839	董相	2	城市往届	01	团员	三高
30824	张甜甜	2	城市往届	01	团员	三高
30784	许文	1	农村应届	01	团员	三高
30663	杨小文	1	农村应届	01	团员	三高

图 4-54　降序排列的效果

前面的示例主要说明了按降序访问信息。SET ORDER 和 INDEX 两个命令都提供了 ASCENDING 子句，可以在应用程序中组合这两个命令以获得更大的灵活性。例如，可以使用 ASCENDING 或 DESCENDING 子句来按常用的顺序创建索引，再使用 SET ORDER 命令中的相反子句，按相反的排序查看或访问其中的信息。

上面介绍的 SET ORDER 和 INDEX 两个命令都是使用索引进行排序的操作，他们提供查找基表的组织方式，并不影响基表的内容。如果重新安排记录的顺序，并且把它放置到一个新表中，可以使用 SORT TO 命令，语法为：

```
SORT TO <排序文件>ON<字段 1>[/A | /D] [/C] [,字段 2][ /A | /D] [/C];
[<范围>] [FIELDS<字段名表>] [FOR|WHILE<条件>]
```

功能：按指定的关键字，重新排列记录顺序组成新文件（排序文件），原文件不变。

说明：排序文件以关键字段值为序，从左到右依次为第一，第二，……，顺序；/D 表示降序，默认为升序；[/C] 不区分大小写字母；只允许 C，N，D，L4 种类型作排序关键字段；若默认范围和条件，则对全部记录排序；若不指定字段名表，则排序文件与原文件结构相同。

例如：

```
USE 考试成绩
SORT TO 考生成绩 ON 语文,数学 &&生成排序文件考生成绩.DBF
```

4.6 表数据的统计

统计与汇总是数据库的重要内容，Visual FoxPro 6.0 提供 5 种命令来支持统计功能。

4.6.1 计数命令

用户可以使用 COUNT 函数进行计数，函数格式为：

```
COUNT [<范围>] [FOR<条件>] [WHILE<条件>] [TO<内存变量>]
```

功能：计算指定范围内满足条件的记录数。

说明：通常记录数显示在主窗口的状态条中，使用 TO 子句还能将记录数保存到<内存变量>中，便于以后引用；若默认<范围>子句则指表的所有记录。

例如：

```
USE 考生报名
COUNT FOR 考生类别='城市应届' TO XB
?XB
```

执行命令后在主屏幕显示 8，如图 4-55 所示。

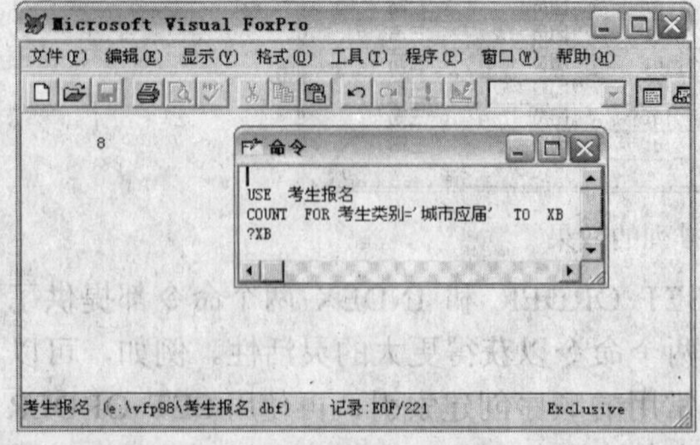

图 4-55 计数的效果

4.6.2 求和命令

用户可以使用 SUM 函数进行求和，函数格式为：

```
SUM [<数值表达式表>][<范围>][FOR<条件>][WHILE<条件>][TO<内存变量表>| ARRAY<数组>]
```

功能：在打开的表中，对<数值表达式表>的各个表达式分别求和。

说明：<数值表达式表>中各表达式的和可依次存入<内存变量表>或数组；若默认该表达式表，则对当前表所有的数值表达式分别求和；默认<范围>指表中所有记录。

注意：SUM（包括下面的 AVERAGE 和 CALCULATE）命令中<内存变量表>的变量个数必须与<数值表达式表>或<表达式表>个数相同。

例如：

```
USE  考试成绩
SUM FOR 性别 = '男' 语文,数学,外语  TO SG,TZ
```

执行命令后在主屏幕显示如图 4-56 所示。

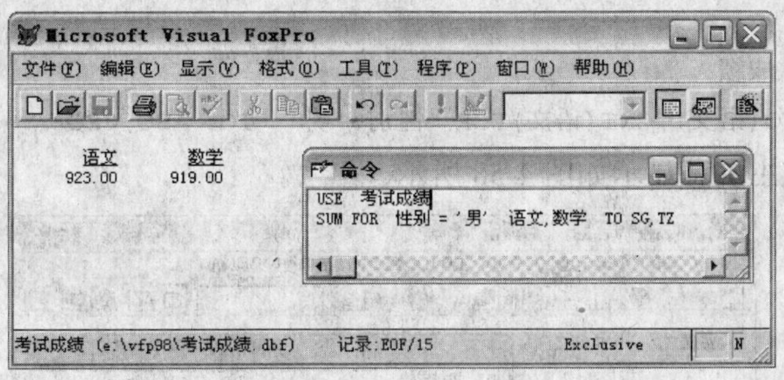

图 4-56　求和函数的结果

4.6.3　求平均值命令

用户可以使用 AVERAGE 函数进行求平均值，函数格式为：

AVERAGE [<数值表达式表>]　[<范围>]　[FOR<条件>]　[WHILE<条件>]　[TO<内存变量表>| ARRAY<数组>]

功能：在打开的表中，对<数值表达式表>中的各个表达式分别求平均值。

说明：<数值表达式表>中各表达式的平均值可依次存入<内存变量表>或数组；若默认该表达式表，则对当前表所有的数值表达式分别求平均值；默认<范围>则指表中所有记录。

例如：

```
USE  考试成绩
AVERAGE 语文,数学  TO ASG,ATZ
```

执行命令后在主屏幕显示如图 4-57 所示。

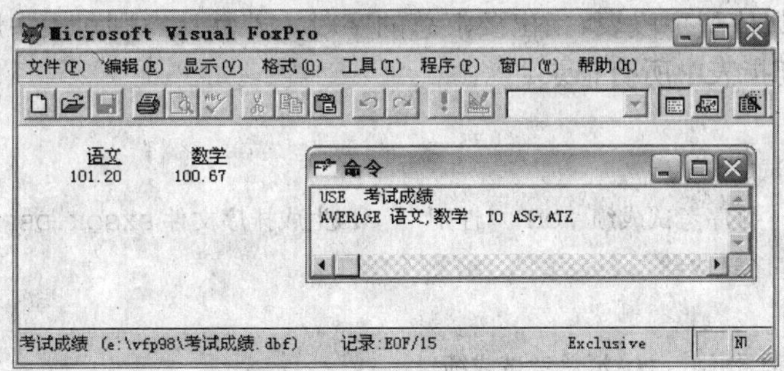

图 4-57　求平均值结果

4.6.4 计算命令

计算命令的函数格式为：

```
CALCULATE <表达式表>[<范围>][FOR<条件>][WHILE<条件>][TO<内存变量表>|
ARRAY<数组>]
```

功能：在打开的表中，分别计算<表达式表>中表达式的值。

注意： 表达式中至少须包含系统规定的 8 个函数之一。这些函数有 AVG（<数值表达式>），CNT()，MAX（<表达式>），MIN（<表达式>），SUM（<数值表达式>）及 NPV，STD 和 VAR。

例如：

```
USE  考试成绩
CALC  AVG(语文),CNT(语文)FOR  性别='男'  TO  ASG,CSG
```

执行命令后在主屏幕显示如图 4-58 所示。

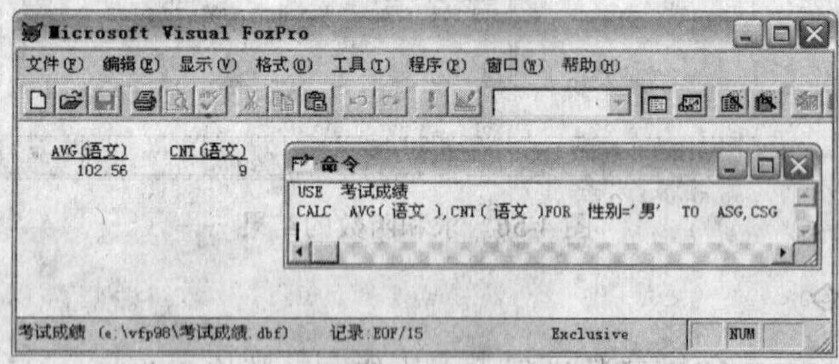

图 4-58 求平均值结果

4.6.5 汇总命令

汇总命令的函数格式为：

```
TOTAL TO <文件名> ON<关键字> [FIELDS<数值型字段表>] [<范围>] [FOR<条
件>] [WHILE<条件>]
```

功能：在当前表中，分别对<关键字>值相同的记录的数值型字段值求和，并将结果存入一个新表。一组关键字值相同的记录在新表中产生一个记录；对于非数值型字段，只将关键字值相同的第一个记录的字段值放入该记录。

说明：<关键字>指排序字段或索引关键字，即当前表必须是有序的，否则不能汇总；FIELDS 子句的<数值型字段表>指出要汇总的字段，若默认，则对表中所有数值型字段汇总；默认<范围>则指表中所有记录。

例如：

```
USE   考试成绩
SORT TO  排序考试成绩  ON   性别    &&生成排序文件 SXSQK.DBF
USE  排序考试成绩
BROWSE
TOTAL  ON 性别  TO 汇总考试成绩
USE  汇总考试成绩
```

```
BROWSE
```

执行命令后排序考试成绩如图 4-59 所示，汇总考试成绩如图 4-60 所示。

排序考试成绩

姓名	性别	语文	数学	外语	总分	平均分
高振杰	男	97	93	90	280	0
马增昭	男	101	106	98	305	102
张帅伟	男	115	105	87	307	102
马晓宇	男	124	113	130	367	122
李国辉	男	95	93	94	282	0
李长青	男	111	122	115	348	116
赵艳辉	男	103	88	86	277	0
孙高阳	男	76	116	91	283	94
刘丹	男	101	83	101	285	0
张建辉	女	94	97	88	279	0
邓飞	女	99	100	108	307	102
黄阵	女	100	106	97	303	101
顾涛	女	100	90	114	304	0
李子龙	女	91	100	107	298	99
许玲玲	女	111	98	112	321	0

图 4-59　排序考试成绩

汇总考试成绩

姓名	性别	语文	数学	外语	总分	平均分
高振杰	男	923	919	892	2734	536
张建辉	女	595	591	626	1812	302

图 4-60　汇总考试成绩

4.7　习　　题

习题 1：

将习题素材 Unit4 文件夹中的文件夹 Y4-01 复制到考生文件夹中，重命名为“X4-01”，然后新建项目管理器，并命名为“项目 4-1”，保存在文件夹 X4-01 中，完成下列操作。

1. **复制自由表结构：**
   - 将 Y4_01A.dbf 的表结构复制为 X4_01A.dbf，保存在文件夹 X4-01 中，并将表 X4_01A.dbf 添加至“项目 4-1”的“自由表”中；
   - 在表中输入一条记录，结果如图 4-61 所示。
2. **修改自由表记录及替换字段**　打开 Y4_01A.dbf，完成以下操作：
   - 按图 4-62 所示，修改 Y4_01A.dbf 中“报名序号”为“10120”和“10247”二条记录的“毕业中学”、“政治面貌”字段的内容；
   - 为“报名序号”为“10120”和“10247”二条记录作删除标记；

- 为表添加一字段“记录顺序”，数据类型为“数值型”，宽度为 3;
- 将每条记录的记录号的值放到字段“记录顺序”中，结果如图 4-63 所示。

3. **在自由表中追加记录**：将表 Y4_01B.dbf 的记录追加到 Y4_01A.dbf 之中。
4. **清除记录中的删除标记，物理删除纪录**：
   - 清除 Y4_01B.dbf 中“报名序号”字段值为“21216”的记录的删除标记;
   - 物理删除 Y4_01B.dbf 中“报名序号”字段值为“21245”的记录。
5. **记录的排序**：将 Y4_01B.dbf 中所有记录按“报名序号”字段升序、“性别”字段降序排序，生成新文件 X4_01B.dbf，保存至考生文件夹 X4-01，并将 X4_01B.dbf 添加至“项目 4-1”的“自由表”中。

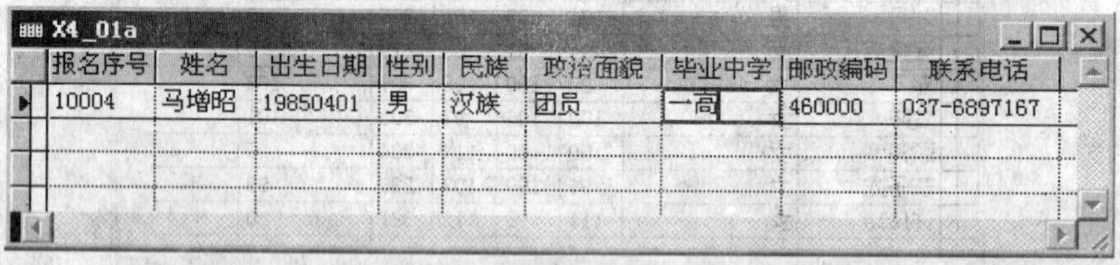

X4_01a

报名序号	姓名	出生日期	性别	民族	政治面貌	毕业中学	邮政编码	联系电话
10004	马增昭	19850401	男	汉族	团员	一高	460000	037-6897167

图 4-61

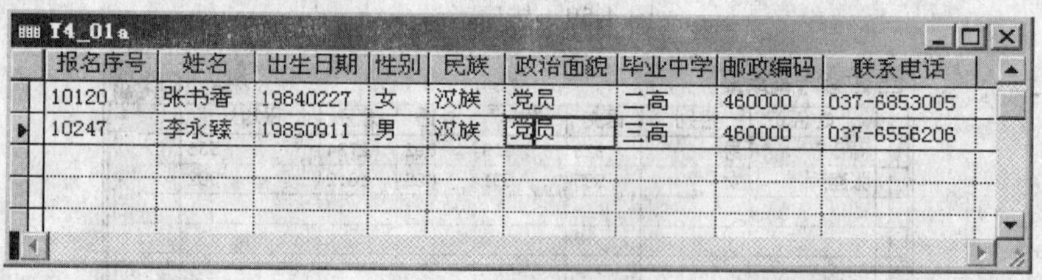

Y4_01a

报名序号	姓名	出生日期	性别	民族	政治面貌	毕业中学	邮政编码	联系电话
10120	张书香	19840227	女	汉族	党员	二高	460000	037-6853005
10247	李永臻	19850911	男	汉族	党员	三高	460000	037-6556206

图 4-62

Y4_01a

记录顺序	报名序号	姓名	出生日期	性别	民族	政治面貌	毕业中学	邮政编码	联系电
1	10004	马增昭	19850401	男	汉族	团员	一高	460000	037-6
2	10027	王新威	19811002	男	汉族	团员	一高	460000	037-6
3	10030	王喜玲	19830120	女	汉族	团员	一高	460000	037-6
4	10031	何慧霞	19841027	女	汉族	团员	一高	460000	037-6
5	10069	张挺	19851017	男	汉族	团员	一高	460000	037-6

图 4-63

习题 2：

将习题素材 Unit4 文件夹中的文件夹 Y4-02 复制到考生文件夹中，重命名为“X4-02”，然后新建项目管理器，并命名为“项目 4-2”，保存在文件夹 X4-02 中，完成下列操作。

1. **复制自由表结构**：
   - 将 Y4_02A.dbf 的表结构复制为 X4_02A.dbf，保存在文件夹 X4-02 中，并将表 X4_02A.dbf 添加至“项目 4-2”的“自由表”中;
   - 在表中输入一条记录，结果如图 4-64 所示。
2. **修改自由表记录及替换字段** 打开 Y4_02A.dbf，完成以下操作：
   - 按图 4-65 所示，修改 Y4_02A.dbf 中“报名序号”为“20090”和“21216”二

条记录的“专业代号 1”、“愿意调剂”字段的内容;

- 为“报名序号”为“20090”和“21216”的二条记录作删除标记;
- 为表添加一字段“性别”，数据类型为“字符型”，宽度为 2;
- 将“性别代码”字段值为“1”的记录的“性别”字段值都设为“男”，“性别代码”字段值为“2”的记录的“性别”字段值都设为“女”，结果如图 4-66 所示。

3．**在自由表中追加记录：**将表 Y4_02B.dbf 的记录追加到 Y4_02A.dbf 之中。

4．**清除记录中的删除标记，物理删除记录：**

- 清除 Y4_02B.dbf 中“考号”字段值为“1185”的记录的删除标记;
- 物理删除 Y4_02B.dbf 中“考号”字段值为“1822”的记录。

5．**记录的排序：**将 Y4_02B.dbf 中所有记录按“性别代码”字段升序、“院校代号”字段降序排序，生成新文件 X4_02B.dbf，保存至考生文件夹 X4-02，并将 X4_02B.dbf 添加至“项目 4-2”的“自由表”中。

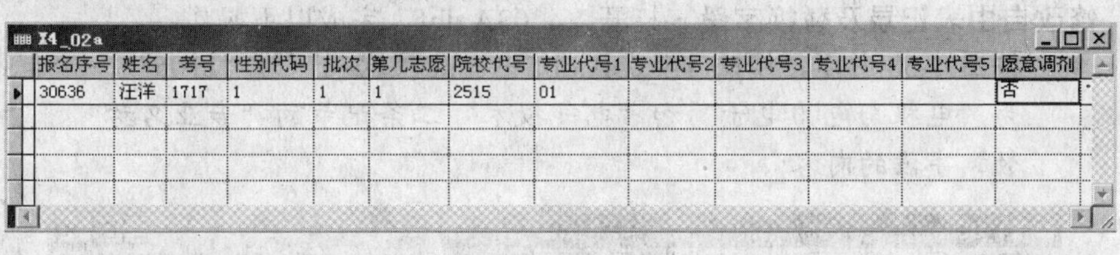

X4_02a

报名序号	姓名	考号	性别代码	批次	第几志愿	院校代号	专业代号1	专业代号2	专业代号3	专业代号4	专业代号5	愿意调剂
30636	汪洋	1717	1	1	1	2515	01					否

图 4-64

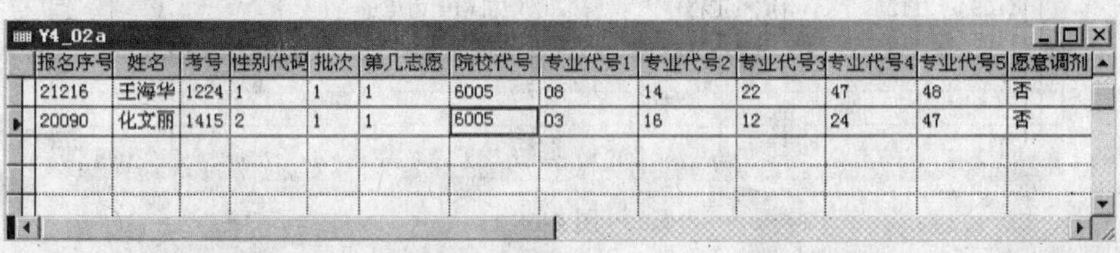

Y4_02a

报名序号	姓名	考号	性别代码	批次	第几志愿	院校代号	专业代号1	专业代号2	专业代号3	专业代号4	专业代号5	愿意调剂
21216	王海华	1224	1	1	1	6005	08	14	22	47	48	否
20090	化文丽	1415	2	1	1	6005	03	16	12	24	47	否

图 4-65

Y4_02a

报名序号	姓名	考号	性别代码	性别	批次	第几志愿	院校代号	专业代号1	专业代号2
31017	李萌	1061	2	女	1	2	1680	04	09
31017	李萌	1061	2	女	1	3	1240	04	13
31022	张娜	1188	2	女	1	1	6000	60	69
31022	张娜	1188	2	女	1	2	1160	14	17
31022	张娜	1188	2	女	1	3	1280	17	16
21173	刘磊	1879	1	男	1	1	6000	52	31
21173	刘磊	1879	1	男	1	2	1500	06	10
21173	刘磊	1879	1	男	1	3	1380	01	02
20804	王娟	1056	2	女	1	1	6000	01	37

图 4-66

习题 3：

将习题素材 Unit4 文件夹中的文件夹 Y4-03 复制到考生文件夹中，重命名为“X4-03”，然后新建项目管理器，并命名为“项目 4-3”，保存在文件夹 X4-03 中，完成下列操作。

1．**复制自由表结构：**

- 将 Y4_03A.dbf 的表结构复制为 X4_3A.dbf，保存在文件夹 X4-03 中，并将表 X4_03A.dbf 添加至“项目 4-3”的“自由表”中；
- 在表中输入一条记录，结果如图 4-67 所示。

X4_03a

院校代码	专业代码	专业名称	专业方向	招生人数	批次
1100	10	俄语	俄语与哈萨克国语	1	1

图 4-67

2．**修改自由表记录及替换字段** 打开 Y4_03A.dbf，完成以下操作：

- 按图 4-68 所示，修改 Y4_03A.dbf 中“院校代码”为“1105”，“专业方向”为“电机与电力电子”和“电气技术”二条记录的“专业名称”、“招生人数”字段的内容；

Y4_03a

院校代码	专业代码	专业名称	专业方向	招生人数	批次
1105	12	电气工程	电机与电力电子	2	1
1105	14	电气工程	电气技术	3	1

图 4-68

- 为“院校代码”为“1105”，“专业方向”为“电机与电力电子”和“电气技术”二条记录作删除标记；
- 为表添加一字段“招生情况”，数据类型为“字符型”，宽度为 8；
- 将“招生人数”字段值为“3”的记录的“招生情况”字段值都设为“已招满”，结果如图 4-69 所示。

Y4_03a

院校代码	专业代码	专业名称	专业方向	招生人数	批次	招生情况
1100	01	哲学		5	1	
1100	02	金融学		2	1	
1100	03	汉语言文学		3	1	已招满
1100	04	新闻学		3	1	已招满
1100	05	历史学基地班		1	1	
1100	06	历史学	历史学与旅游管理双学(	1	1	

图 4-69

3．**在自由表中追加记录：**将表 Y4_03B.dbf 的记录追加到 Y4_03A.dbf 之中。

4．**清除记录中的删除标记，物理删除记录：**

- 清除 Y4_03B.dbf 中“院校代码”为“1725”，“专业名称”为“信息管理与信息系统”的记录的删除标记;
- 物理删除 Y4_03B.dbf 中“院校代码”为“1725”，“专业名称”为“法学”的记录。

5. **记录的排序**：将 Y4_03B.dbf 中所有记录按“专业名称”字段升序、“招生人数”字段降序排序，生成新文件 X4_3B.dbf，保存至考生文件夹 X4-03，并将 X4_03B.dbf 添加至“项目 4-3”的“自由表”中。

习题 4:

将习题素材 Unit4 文件夹中的文件夹 Y4-04 复制到考生文件夹中，重命名为“X4-04”，然后新建项目管理器，并命名为“项目 4-4”，保存在文件夹 X4-04 中，完成下列操作。

1. **复制自由表结构**：
   - 将 Y4_04A.dbf 的表结构复制为 X4_04A.dbf，保存在文件夹 X4-04 中，并将表 X4_04A.dbf 添加至“项目 4-4”的“自由表”中；
   - 在表中输入一条记录，结果如图 4-70 所示。

X4_04a

院校代码	专业代码	专业名称	专业方向	招生人数	批次
1105	12	电气工程及其自动化	电机与电力电子	1	1

图 4-70

2. **修改自由表记录及替换字段**　打开 Y4_04A.dbf，完成以下操作：
   - 按图 4-71 所示，修改 Y4_04A.dbf 中“院校代码”为“1100”，“专业代码”为“07”和“院校代码”为“1125”，“专业代码”为“03”二条记录的“专业名称”、“招生人数”字段的内容；

Y4_04a

院校代码	专业代码	专业名称	专业方向	招生人数	批次
1100	07	生物学		9	1
1125	03	教育学		8	1

图 4-71

   - 为“院校代码”为“1100”，“专业代码”为“07”和“院校代码”为“1125”，“专业代码”为“03”二条记录作删除标记;
   - 为表添加一字段“院校名称”，数据类型为“字符型”，宽度为 12;
   - 将“院校代码”字段值为“1105”的记录的“院校名称”字段值都设为“河南师范大学”，结果如图 4-72 所示。

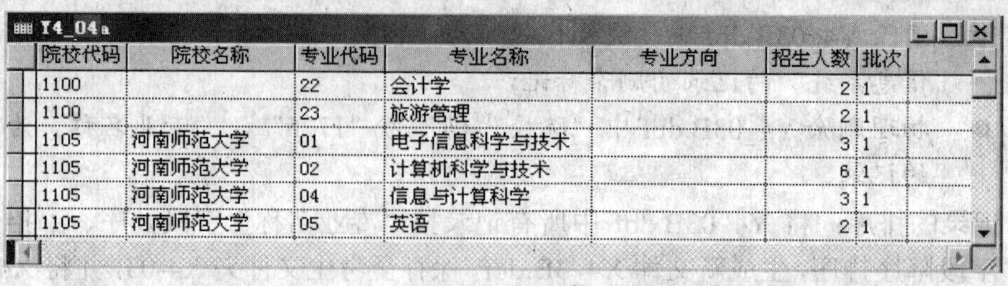

院校代码	院校名称	专业代码	专业名称	专业方向	招生人数	批次
1100		22	会计学		2	1
1100		23	旅游管理		2	1
1105	河南师范大学	01	电子信息科学与技术		3	1
1105	河南师范大学	02	计算机科学与技术		6	1
1105	河南师范大学	04	信息与计算科学		3	1
1105	河南师范大学	05	英语		2	1

图 4-72

3. **在自由表中追加记录**：将表 Y4_04B.dbf 的记录追加到 Y4_04A.dbf 之中。
4. **清除记录中的删除标记，物理删除记录**：
   - 清除 Y4_04B.dbf 中“院校代码”为“2095”，“专业代码”为“22”的记录的删除标记；
   - 物理删除 Y4_04B.dbf 中“院校代码”为“2115”，“专业代码”为“02”的记录。
5. **记录的排序**：将 Y4_04B.dbf 中所有记录按“院校代码”字段降序、“专业名称”字段升序排序，生成新文件 X4_04B.dbf，保存至考生文件夹 X4-04，并将 X4_04B.dbf 添加至“项目 4-4”的“自由表”中。

第 5 章　数据库的管理

在 Visual FoxPro 中，可以使用数据库组织和建立表和视图间的关系。数据库不但提供了存储数据的结构，而且还有很多其他的好处。在使用数据库时，用户可以在表一级进行功能扩展，例如创建字段级规则和记录级规则、设置默认字段值和触发器等，还可以创建存储过程和表之间的永久关系。此外，使用数据库还能访问远程数据源，并可创建本地表和远程表的视图。

本章重点：

- 数据库的基本操作
- 数据库表的基本操作
- 数据表的索引与关系
- 工作区与数据工作期
- 数据库的管理

5.1　设计数据库

在 Visual FoxPro 中数据库用于存储表的属性、有效规则、说明和缺省值，以及视图、到远程数据库的连接和存储过程。

5.1.1　设计数据库的基本步骤

使用一个可靠的数据库设计过程，能迅速、高效地创建一个设计完善的数据库，为访问所需信息提供方便。在设计时打好坚实的基础，设计出结构合理的数据库，会节省日后整理数据库所需的时间，并使用户更快地得到精确结果。

提示： Visual FoxPro 中的术语“数据库”和“表”不是同义词。“数据库”（.dbc 文件）指的是关联的数据库，它是一个或多个表（.dbf 文件）或视图信息的容器。

理解数据库设计过程的关键在于理解关系型数据库管理系统（如 Visual FoxPro）保存数据的方式。为了高效准确地提供信息，Visual FoxPro 将不同主题的信息保存到不同的表中。例如，用一个表保存考生的信息，而用另一个表保存考生成绩的信息。

下面是设计数据库的基本步骤：

（1）首先确定建立数据库的目的。这样有助于确认 Visual FoxPro 保存哪些信息。

（2）确定在数据库中需要哪些表。在明确了建立数据库的目的之后，就可以着手把信息分成各个独立的主题，例如“考生信息”或“考生考试成绩”等。每个主题都可以是数据库中的一个表。

（3）确定各表中所需字段。确定在每个表中要保存哪些信息。在表中，每类信息称作一个字段，浏览表时在表中显示为一列。例如，在考生信息表中，可以有这样几个字段：

考生姓名、性别、年龄、家庭住址等。

（4）确定各表之间的关系。对每一个表进行分析，确定一个表中的数据和其他表中的数据有何关系。必要时，可在表中加入字段或创建一个新表来明确关系。

（5）对设计进行优化。对数据库的设计进一步分析，查找其中的错误。创建表，在表中加入几个示例数据记录，看能否从表中得到想要的结果。需要时可调整设计。

在最初的设计中，不要担心发生错误或遗漏东西。这只是一个初步方案，用户可在以后对设计方案进一步完善。在完成初步设计后，可利用示例数据对表单、报表的原型进行测试。Visual FoxPro 很容易在创建数据库时对原设计方案进行修改。可是在数据库中输入了数据或连编表单和报表之后，再要修改这些表就困难得多。正因如此，在连编应用程序之前，应确保设计方案已经考虑得比较全面。

5.1.2 确认创建数据库的目的

设计 Visual FoxPro 数据库的第一步是明确数据库的目的和如何使用数据库。也就是说首先确认用户需要从数据库中得到哪些信息，明确数据库的使用目的之后，用户就可以确定需要创建哪些表，以及每个表中需要保存哪些信息。

在创建数据库时应该和数据库的使用人员多交换意见，推敲那些需要数据库回答的问题，勾划出要生成的报表，收集当前用来记录数据的表单。所有这些信息在后面的设计步骤中都要用到。

5.1.3 创建数据库表

创建数据库表是数据库设计过程中技巧性最强的一步。因为根据用户想从数据库中得到的结果（包括要打印的报表、要使用的表单、要数据库回答的问题）不一定能得到如何设计表结构的线索，它们只是告诉用户需要从数据库得到的东西，并没有告诉用户如何把这些信息分门别类地加到表中去。

在数据库中把同一个信息只保存一次将减少出错的可能性。例如，在数据库中如果只使用一个表存储所有订单的信息，那么当某位顾客有三个不同的订单时，用户就应该在数据库中加入三次该顾客的地址和电话号码等基本信息（每个订单输入一次），这样无疑会增加数据输入出错的可能性。

如果顾客更换了基本信息，那么用户或者接受矛盾的信息，或者查找并更改表中顾客的每一个销售记录中顾客的基本信息。实际上，更好的解决办法是创建一个顾客表，在顾客表中存放顾客的基本信息。这样顾客的基本信息在数据库中只保存一次。以后如果要更改数据，只要更改一次即可。

假如有一位新顾客发出一个订单后，又取消了这个订单。这样，当从包含顾客信息和订货信息的表中删除这个订单时，同时也删掉了顾客的姓名及地址。可是用户又想把这个新顾客保存在数据库中，以便能把下一个价目表送给他。因此，最好的解决办法仍然是把顾客的基本信息放在单独的顾客表中，这样就可以做到只删除订单信息而不删除顾客信息。

用户应仔细研究需要从数据库中取出的信息，并把这些信息分成各种基本主题（例如考生信息、考生成绩、报名情况等等），每个主题都是一个独立的表。

把信息划分成表的方法之一是研究每种信息，确定每种信息的实际内容。例如，在高考分数数据库中，考生家庭地址不属于考试成绩，而属于考生信息，这表明需要有一个单独的考生信息表。

5.1.4 确定所需字段

为了确定数据库表中的字段，首先决定需要在表中了解有关人、物或事件的哪些信息。可以把字段看作是表的属性。表中每个记录（或每行）包含了同样的字段或属性集合。例如，“考生信息”表中的“联系方式”字段记录了考生的联系方法。表中每个记录项记录了一个考生的信息，而“联系方式”字段记录了该顾客的地址。

1. 确定字段

在为表确定字段时用户应注意以下几点。

- 每个字段都要和表要表述的主题相关。在确定表的字段时必须确保一个表中的每个字段直接描述该表的主题，如果多个表中重复同样的信息，这表明在某些表中有不必要的字段。
- 不要包含可推导得到或需计算的数据。多数情况下，不必把计算结果存储在表中，因为要看结果时可用 Visual FoxPro 进行计算。
- 收集所需的全部信息。在设计时很容易忽略重要的信息，这时应回到设计的第一步——信息收集。检查书面的表单和报表，确保过去所需的信息都已包括在 Visual FoxPro 表中，或者可由这些表计算出来。重新思考需要 Visual FoxPro 回答的问题：Visual FoxPro 能否使用表中的信息找到所有答案？是否有保存惟一数据的标识字段？哪个表包含了组合一份报表或表单所需的信息？
- 以最小的逻辑单位存储信息。如，用户可能会想把考生家庭住址和联系方式的信息存入同一个字段，这样做是不合理的。如果一个字段中结合了多种信息，以后要获取单独的信息就会很困难，应尽量把信息分解成比较小的逻辑单位（例如，为家庭住址、联系方式创建不同的字段）。

2. 使用主关键字段

为使 Visual FoxPro 更有效地工作，数据库的每个表都必须有一个或一组字段可用以惟一确定存储在表中的每个记录，通常使用惟一的标识号作为这样的字段（例如，报名序号）。在数据库术语中，这一信息称作表的主关键字。Visual FoxPro 利用主关键字迅速关联多个表中的数据，并把数据组合在一起。

如果一个表已经有了惟一的标识符（例如，用户自己为库存中的各考生设定的报名序号），那么可以用这个报名序号作为表的主关键字，但必须保证该字段的值对每个记录都是不同的 Visual FoxPro 不允许在主关键字段中有重复的值。例如，一般不使用人名作为主关键字，因为人名并非惟一，在同一个表中，很容易出现两人同名的情况。

在选择主关键字段时，请记住以下几点：

- Visual FoxPro 不允许在主关键字段中有重复值或 null 值。因此，不能选择包含此类值的主关键字。

- 因为要用主关键字段的值来查找记录，所以它不能太长，以方便记忆和键入。主关键字可由一定长度的字母或数字组成，或是某一范围内的值。
- 主关键字的长度直接影响数据库的操作速度，因此在创建主关键字段时，该字段值最好使用能满足存储要求的最小长度。

如为“考生报名”表设置主关键字，“考生报名”表的主关键字是报名序号。因为每个报名序号标识一个考生，所以两个考生不能有同样的报名序号。

在某些情况下，有可能需要把两个或更多的字段连在一起作为表的主关键字。

5.1.5 确定关系

到目前为止，已经把信息分成了各个表。现在还需要有一种方法，可以使 Visual FoxPro 将这些表中的内容重新组合，得到有意义的信息。

Visual FoxPro 是一个关系型数据库管理系统。也就是说，在每个独立的表中存储的数据之间有关系。用户可以在这些表之间定义关系，而 Visual FoxPro 可以利用这些关系来查找数据库中有联系的信息。

例如，假设考试信息中心想给一名考生打电话，告诉他的考试情况。考生的电话号码记录在“考生信息”表中，成绩记录在“考试成绩”表中。用户只需告诉 Visual FoxPro 要了解哪个考生的考试情况，Visual FoxPro 就能根椐两个表间的关系查找到电话号码。这是因为考生信息表的主关键字报名序号也是考试成绩表的一个字段。在数据库术语中，考试成绩表中的报名序号字段称作“外部关键字”，因为它是另外一个表（或称外部表）的主关键字。

因此，要建立两个表（表 A 和表 B）的关系，可以把其中一个表的主关键字添加到另一个表中，使两个表都有该字段。但如何确定该使用哪个表的主关键字呢？要正确地建立关系，首先必须明确关系的实质。表之间有三种关系：

- 一对多关系
- 多对多关系
- 一对一关系

1. 一对多关系

一对多关系是关系型数据库中最普通的关系。在一对多关系中，表 A 的一个记录在表 B 中可以有多个记录与之对应，但表 B 中的一个记录最多只能有一个表 A 的记录与之对应。要建立这样的关系，就要把关系中“一方”的主关键字字段添加到“多方”的表中。在关系中，“一方”用主关键字或候选索引关键字，而“多方”使用普通索引关键字。

2. 多对多关系

在多对多关系中，表 A 的一个记录在表 B 中可以对应多个记录，而表 B 的一个记录在表 A 中也可以对应多个记录。

要确定表间的多对多关系，对构成关系的双方进行了解是非常重要的。例如，某班级的学生和课程科目之间的关系。一个学生可以选择多门课程科目，因此对于学生表中的每个记录，在课程表中可以有多个记录与之对应。同样，每个课程科目也可以出现在多个学生中，因此对于课程表中的每个记录，在学生表中也有多个记录与之对应。学生表和课程表之间的关系是“多对多”关系。这种关系通常通过第三个表来创建。

3. 一对一关系

在一对一关系中，表 A 的一个记录在表 B 中只能对应一个记录，而表 B 中的一个记录在表 A 中也只能有一个记录与之对应。两表间的一对一关系不经常使用。因为在许多情况下，两个表的信息可以简单地合并成一个表。

5.1.6 设计优化

确定了所需要的表、字段和关系之后，应该来研究一下设计方案，并且检查可能存在的缺陷。

设计数据库时可能会遇到一些缺陷。这些常见问题可能会使数据难于使用和维护。

- 用户的表中是否带有大量并不属于某主题的字段？例如，一个表中既包括销售信息字段又包括有关顾客的字段。修改用户的设计，确保每个表包括的数据只与一个主题有关。
- 是否有些字段由于对很多记录不适用，而在那些地方保持空白？这常意味着这些字段属于另一个表。
- 是否有大量表，其中很多包含了同样的字段？例如，同时有一月份销售表和二月份销售表或本地顾客表和外地顾客表。将与同一主题有关的所有信息合并入一个表中，也可能需要增加一额外的字段，如确认销售日期。

先创建表，然后指定表间的关系，在每个表中输入几个数据记录，看看能否利用数据库找到所需的答案。再粗略地创建一些表单和报表，看看能否显示所期望的数据，找出并消除不必要的重复数据。

在试验最初的数据库时，很可能会发现需要改进的地方。下面是需要检查的几个方面：

- 是否遗忘了字段？是否有需要的信息没包括进去？如果是，它们是否属于已创建的表？如果不包含在已创建的表中，那就需要另外创建一个表。
- 是否为每个表选择了合适的主关键字？在使用这个主关键字查找具体记录时，它是否很容易记忆和键入？要确保主关键字段的值不会出现重复。
- 是否在某个表中重复输入了同样的信息？如果是，需要将该表分成两个一对多关系的表。
- 是否有这么一个字段很多而记录项却很少的表，而且许多记录中的字段值为空？如果有，就要考虑重新设计该表，使它的字段减少，记录增多。

确定了要做的修改之后，就可以修改表和字段，来改进设计方案。

5.1.7 示例数据库图解

如图 5-1 所示为一人事管理数据库，它存储了人员信息。其中 Employee 表记录每个雇员自身的详细信息，Job History 表存储了有关每次雇用或晋升的档案信息，Title 表反映了雇员的当前状况，Departments 表存储了有关部门的信息。

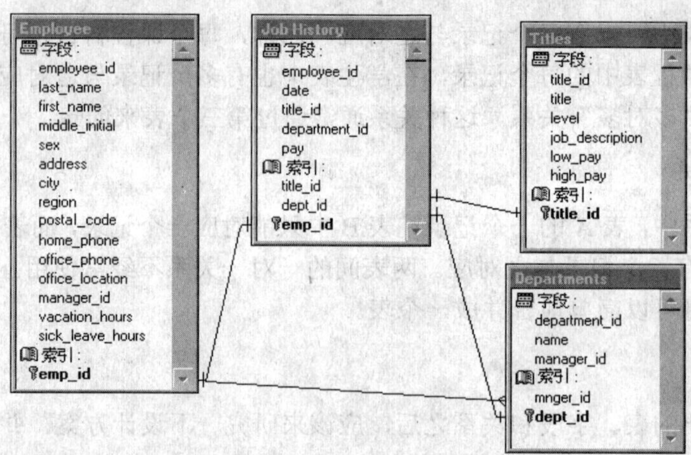

图 5-1 人事管理数据库示例

5.2 数据库的基本操作

数据库设计完成后，就可通过用户界面或编程语言创建数据库。创建数据库实际上就是将多个表收集到一个集合中，在这里，它们可以享受到数据字典的各种功能。

5.2.1 创建新数据库

在创建数据库时可以直接创建一个空白的数据库，也可以使用向导创建数据库。

1. 使用向导创建数据库

Visual FoxPro 提供了强大的向导工具，利用向导可以完成大部分的工作。

用户可以在项目管理器中建立数据库，也可以单独建立数据库。在项目管理器中创建数据库的基本方法如下：

（1）首先打开项目管理器，在“数据”选项卡或“全部”选项卡中选择“数据库”选项，如图 5-2 所示。

（2）单击“新建”按钮，打开“新建数据库”对话框，如图 5-3 所示。

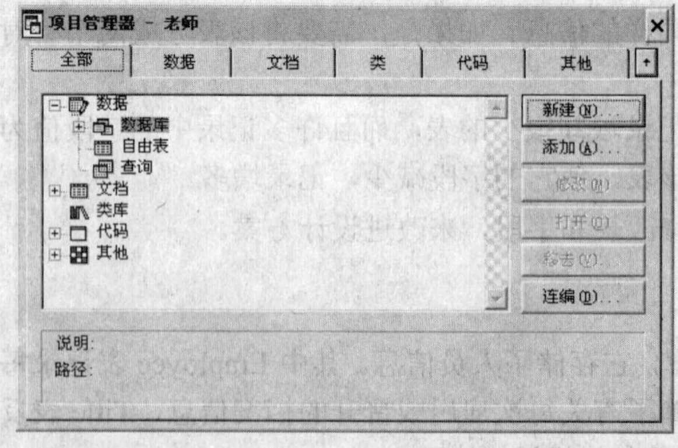

图 5-2 在项目管理器中选中“数据库”选项

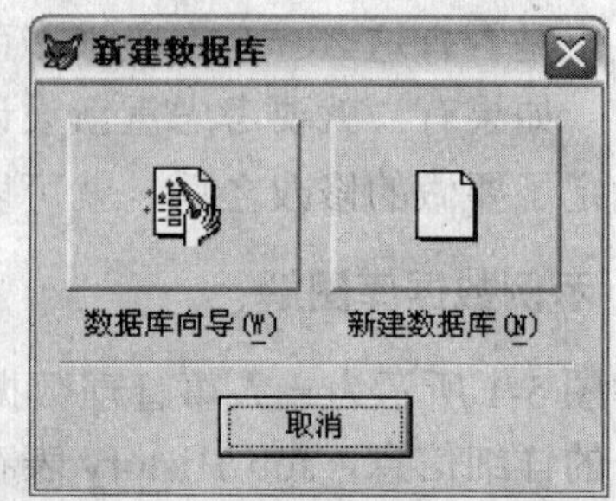

图 5-3 “新建数据库”对话框

（3）在“新建数据库”对话框中单击“数据库向导”按钮，打开数据库向导“选择数据库”对话框，如图 5-4 所示。在“选择数据库”列表中选中需要的数据库，如果列表中没有需要的数据库，可以单击“选择”按钮，打开“打开”对话框，添加需要的数据库。

（4）选中需要的数据库后，单击“下一步”按钮，打开“选择表和视图”对话框，如图 5-5 所示。

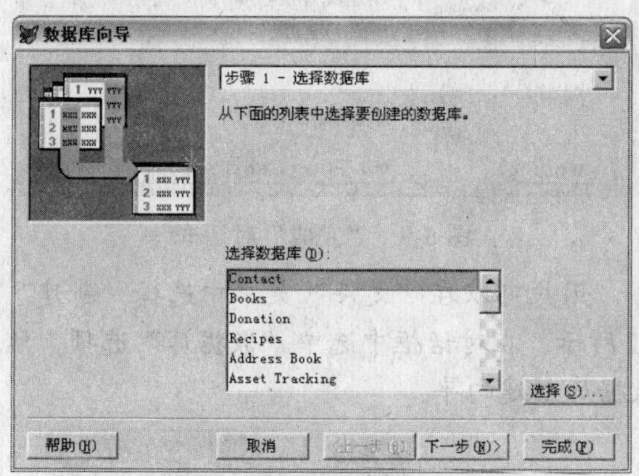

图 5-4 选择数据库

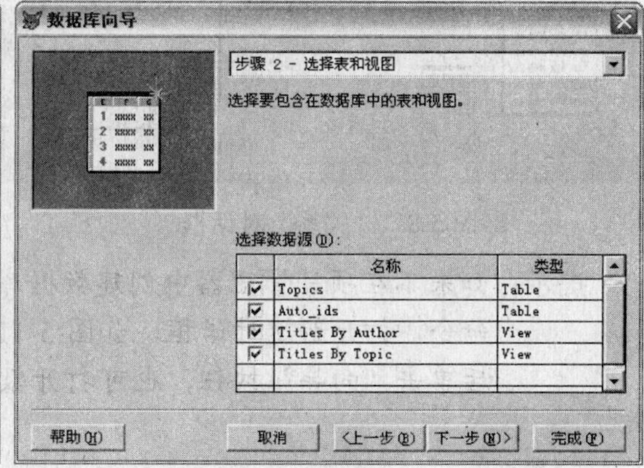

图 5-5 “选择表和视图”对话框

（5）在“选择数据源”列表中选中需要的表和视图，然后单击“下一步”按钮，打开“为表建立索引”对话框，如图 5-6 所示。

（6）在“选择表”列表中选中表，在右侧为表设置关键字。关键字设置完毕，单击“下一步”按钮，打开“建立关系”对话框，如图 5-7 所示。

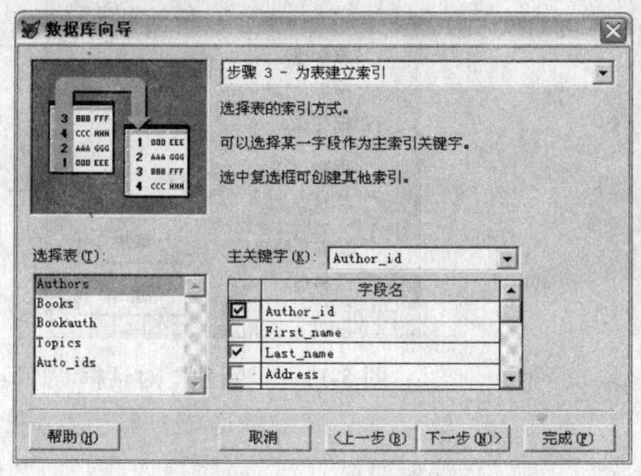

图 5-6 “为表建立索引”对话框

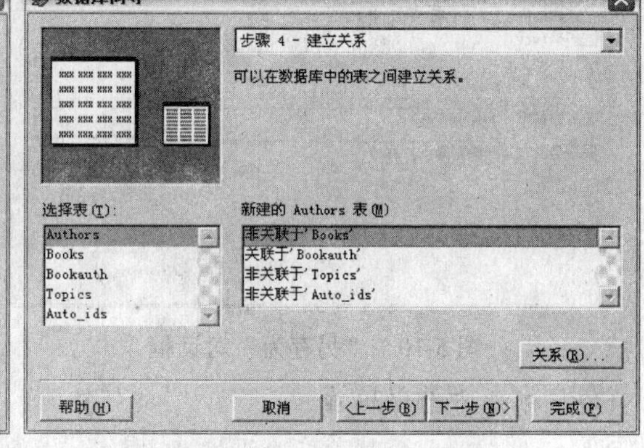

图 5-7 “建立关系”对话框

（7）选中需要建立关系的表，然后单击“关系”按钮，打开“关系”对话框，如图 5-8 所示。在对话框中为表设置关系，单击“确定”按钮。

（8）单击“下一步”按钮，打开“完成”对话框，如图 5-9 所示。在对话框中如果选中“保存数据库以备将来使用”单选按钮，则直接保存数据库。如果选中“保存数据库，然后在数据库设计器中进行修改”单选按钮，则保存数据库同时打开数据库设计器。

（9）单击“完成”按钮，打开“另存为”对话框，如图 5-10 所示。在对话框中设置数据库的保存位置和名称，单击“保存”按钮。

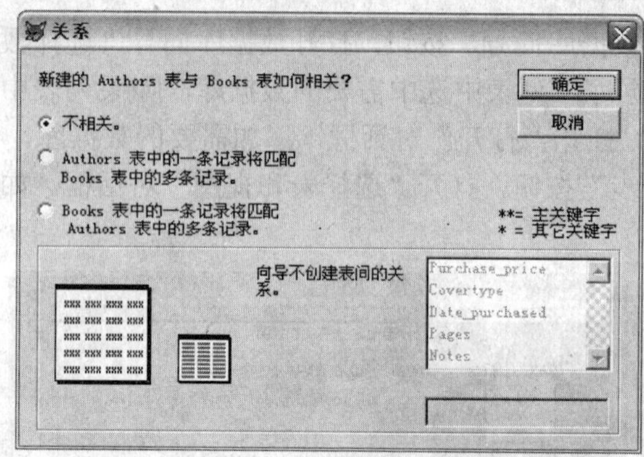

图 5-8 “关系”对话框

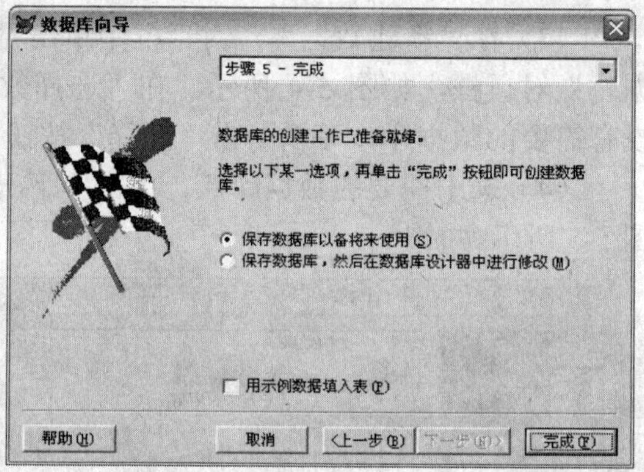

图 5-9 “完成”对话框

提示： 如果不在项目管理器中创建数据库，用户可以在“文件”菜单中选择“新建”命令，打开新建对话框，如图 5-11 所示。在对话框中选中“数据库”选项，然后单击“向导”按钮，也可打开数据库创建向导。

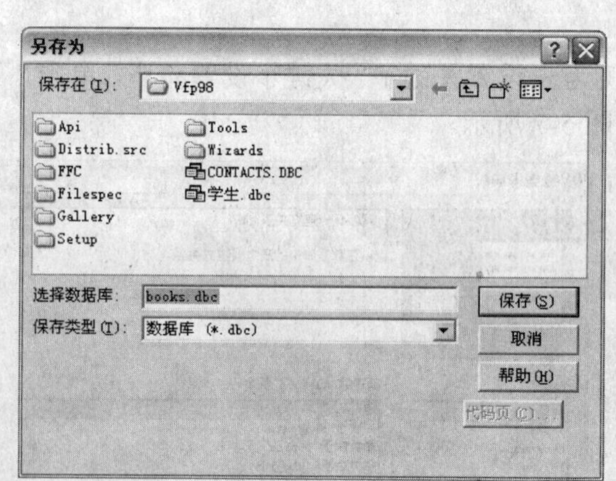

图 5-10 “另存为”对话框

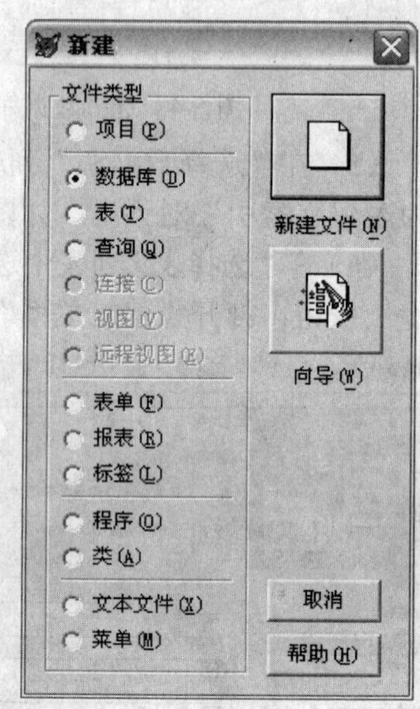

图 5-11 “新建”对话框

2. 创建空白数据库

一般创建数据库通常都是由空白的数据库开始，在项目管理器中首先在“数据”选项卡或“全部”选项卡中选择“数据库”选项，然后单击“新建”按钮，在打开的“新建数据库”对话框中单击“新建数据库”按钮，打开“创建”对话框，如图 5-12 所示。在“数据库名”文本框中输入数据库的名称，在保存在列表中选择数据库的保存位置，单击“保存”按钮，打开“数据库”设计器，如图 5-13 所示。在数据库设计器中用户可以添加数据库中需要的表、视图等内容。

提示： 在建立 Visual FoxPro 数据库时，相应的数据库名称实际是扩展名为.dbc 的文件名，与之相关的还会自动建立一个扩展名为.dct 的数据库备注（memo）文件和一个扩展名为.dcx 的数据库索引文件。也即建立数据库后，用户可以在磁盘上看到文件名相同，但扩展名分别为.dbc、.dct 和.dcx 的 3 个文件，这 3 个文件是供 Visual FoxPro 数据库管理系统管理数据库使用的，用户一般不能直接使用这些文件。

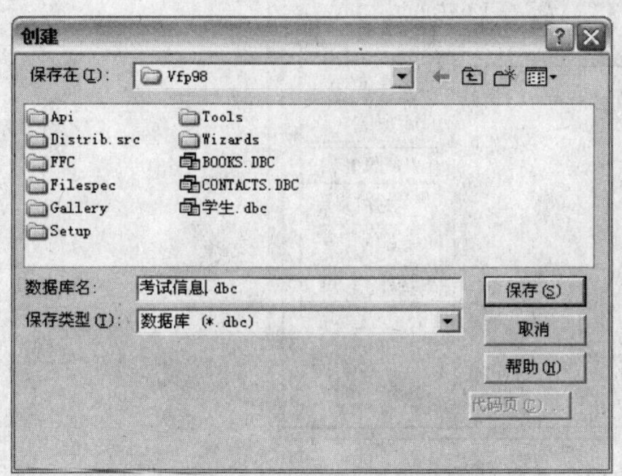

图 5-12　“创建”对话框

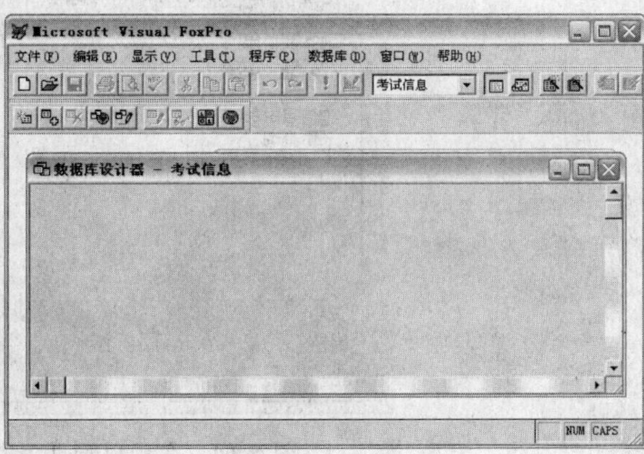

图 5-13　数据库设计器

3. 使用命令创建数据库

用户可以使用 CREATE DATABASE 命令创建一个新数据库，建立数据库的命令是：

```
CREATE  DATABASE  [数据库文件名|?]
```

其中如果指定数据库名称则直接建立数据库；如果不指定数据库名称和使用问号都会弹出“创建”对话框请用户输入数据库名称。

例如要创建一个考试信息的数据库，用户可以在命令窗口输入：

```
CREATE DATABASE  考试信息
```

与前两种建立数据库的方法不同，使用命令建立数据库后不打开数据库设计器，只是数据库处于打开状态。

在创建数据库时如果指定的数据库已经存在，很可能会覆盖掉已经存在的数据库。如果系统环境参数 SAFETY 被设置为 OFF 状态会直接覆盖，否则会出现警告对话框请用户确认。因此，为安全起见可以先执行命令 SET SAFETY ON。

例如：

```
SET SAFETY ON
CREATE DATABASE 考试信息
```

5.2.2　打开数据库

在数据库中建立表或使用数据库中的表时，都必须先打开数据库，与建立数据库类似，常用的打开数据库的方式也有 3 种。

- 在项目管理器中打开数据库。
- 通过“打开”对话框打开数据库。
- 使用命令打开数据库。

通常在交互操作时使用前两种方法，在应用程序中使用命令的方法。

在项目管理器中选中相应的数据库，此时右侧的“打开”按钮变为可用状态，如图 5-14 所示。

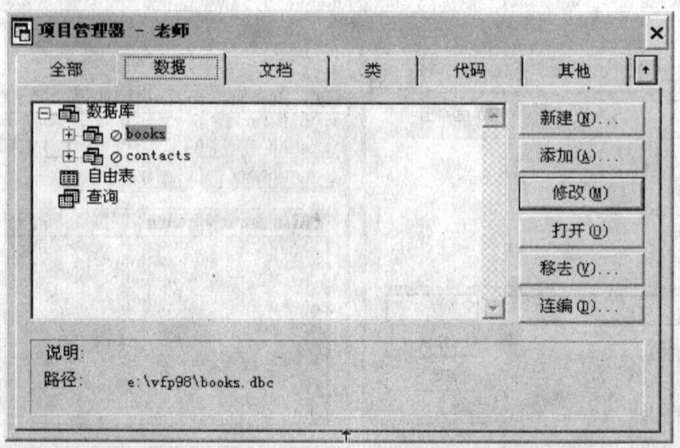

图 5-14　在项目管理器中选中要打开的数据库

单击“确定”按钮，或者直接将数据库展开则数据库将打开，但是此时用户可能没有打开数据库的感觉，不过此时“打开”按钮变为“关闭”如图 5-15 所示。

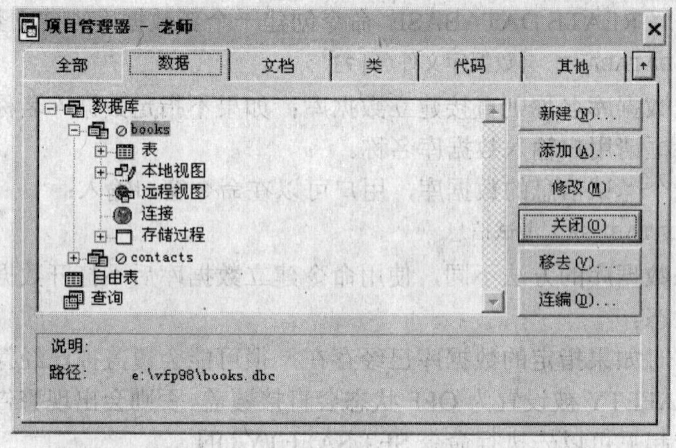

图 5-15　打开数据库

选择“文件”菜单下的“打开”命令或者单击工具栏上的“打开”按钮，打开“打开”对话框，如图 5-16 所示。在“文件类型”下拉列表中选择“数据库（.dbc）”选项，在“文件名”文本框中输入数据库文件名或者在查找范围列表中选择要打开的数据库，单击“确定”按钮，打开数据库。在“打开”对话框中还有“以只读方式打开”和“独占”复选框可供选择，它们的含义在稍后的命令方式中解释。

用户也可以使用 OPEN DATABASE 命令打开数据库，具体语法格式如下：

```
OPEN DATABASE [文件名|?] [EXCLUSIVE | SHARED] [NOUPDATE] [VALIDATE]
```

其中各个参数和选项的含义如下：

- 文件名：要打开的数据库名，可以默认数据库文件扩展名.dbc，如果不指定数据库名或使用问号（？），则显示“打开”对话框。

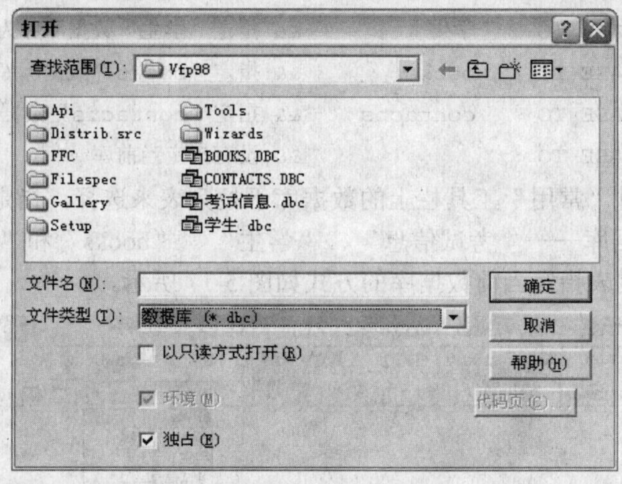

图 5-16　“打开”对话框

- EXCLUSIVE：以独占方式打开数据库，与在“打开”对话框中选择“独占”复选框等效，即不允许其他用户在同一时刻也使用该数据库。
- SHARED：以共享方式打开数据库，等效于在“打开”对话框中不选择“独占”复选框，即允许其他用户在同一时刻使用该数据库。默认的打开方式由 SET EXCLUSIVE ON|OFF 的设置值确定，系统原默认设置 ON。
- NOUPDATE：指定数据库按只读方式打开，等效于在“打开”对话框中选择“以只读方式打开”复选框，即不允许对数据库进行修改，默认的打开方式是读、写方式，即可修改。
- VALIDATE：指定 Visual FoxPro 检查在数据库中引用的对象是否合法，例如检查数据库中的表和索引是否可用，检查表的字段或索引的标志是否存在等。

注意：这里的 NOUPDATE 选项实际并不起作用，为了使数据库中的表是只读的，需要在用 USE 命令打开表时使用 NOUPDATE。当数据库打开时，包含在数据库中所有表都可以使用，但是这些表不会自动打开，使用时需要用 USE 命令或其他方法打开。当用 USE 命令打开一个表时，Visual FoxPro 首先在当前数据库中查找该表，如果找不到，Visual FoxPro 会在数据库外继续查找并打开指定的表（只要该表在指定的目录或路径下存在），事实上要打开一个表并不一定要打开数据库。

Visual FoxPro 可以同时打开多个数据库，但只有一个当前数据库，也就是说所有作用于数据库的命令或函数是对当前数据库而言的，指定当前数据库的命令是：

```
SET DATABASE TO [库文件名]
```

其中参数[库文件名]指定一个已经打开的数据库名称成为当前数据库，如果不指定该参数，即执行命令 SET DATABASE TO 将使得所有打开的数据库都不是当前数据库（注意：所有的数据库都没有关闭，只是都不是当前数据库）。

例如：

```
CREATE DATABASE　　考试信息　　&& 建立“考试信息”数据库，并指定其为当前库
```

```
SET DATABASE TO    学生        && 指定“学生”数据库库为当前库
SET DATABASE TO    books       && 指定“books”数据库库为当前库
SET DATABASE TO    contacts    && 指定“contacts”数据库库为当前库
SET DATABASE TO                && 没有指定当前库
```

用户也可以通过“常用”工具栏上的数据库下拉列表来选择，指定当前数据库，假设当前打开了两个数据库——“考试信息”、“学生”、“books”和“contacts”，用户可以通过数据库下拉列表指定当前数据库的方式如图 5-17 所示。

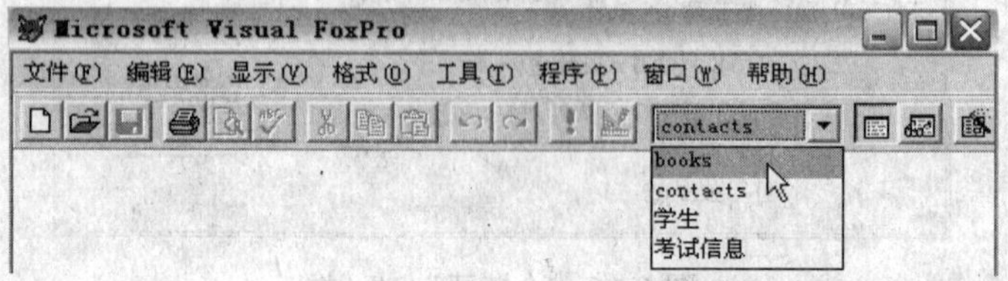

图 5-17　指定当前数据库

5.2.3　关闭数据库

关闭数据库常常使用下面的命令：

```
CLOSE DATABASE
CLOSE DATABASE ALL
```

其中命令 CLOSE DATABASE 只关闭当前数据库，而 CLOSE DATABASE ALL 可以关闭所有数据库。另外，当关闭项目管理器时，项目管理器中的数据库也同时关闭。

5.3　数据库表的基本操作

刚刚建立的数据库只是定义了一个空的数据库，它还没有数据，也不能输入数据，接着还需要建立数据库表和其他数据库对象，然后才能输入数据和实施其他数据库操作。

数据库中的表可以在数据库中直接创建，也可以把自由表添加到数据库中而成为数据库表，但不能把某个数据库中的表直接添加到另外一个数据库中，因为任何一个表只能属于一个数据库。如果想向当前数据库中添加的表已被添加到了别的数据库中，则必须先将它从其他数据库中移去（成为自由表）后才能添加到当前数据库中。

5.3.1　新建数据库表

当数据库打开后，新建的数据表都是数据库表，新建的数据库表都建立在该数据库（当前库）里面，创建数据库表主要有下面一些方法：

- 在“数据库”菜单中选择“新建表”菜单命令。
- 在数据库设计器上右击，在打开的快捷菜单中选择“新建表”命令，如图 5-18 所示。
- 在如图 5-19 所示的数据库工具栏上单击“新建表”按钮。
- 从项目管理器中展开数据库分支，然后选择要添加的数据库，再选择其下面的表，最后单击“新建”按钮。

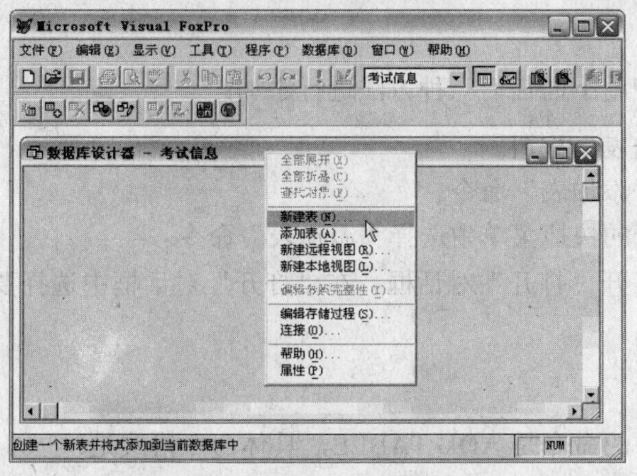

图 5-18　数据库设计器右键菜单

图 5-19　数据库工具栏

提示：使用前 3 种方法必须先打开数据库设计器，使用最后一种方法则可以不打开数据库。

无论是用哪一种方法，都可以打开“新建表”对话框，如图 5-20 所示。在对话框中如果单击“向导”按钮，则可以使用向导创建表。如果单击“新建表”按钮，则可以使用表设计器创建表。

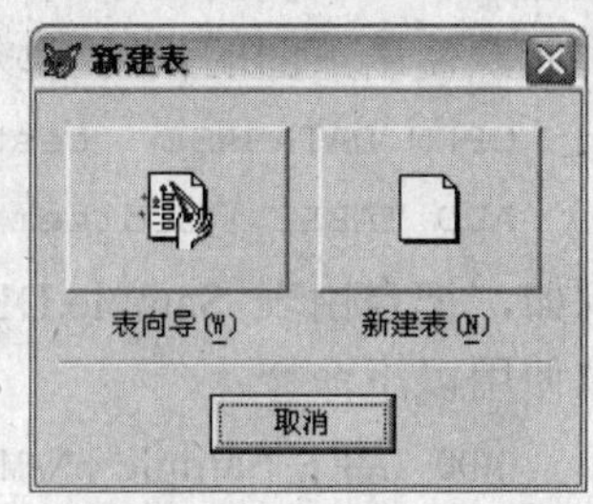

图 5-20　“新建表”对话框

5.3.2　添加自由表

用户还可以向数据库中添加自由表，添加自由表到数据库常常有以下几种方法。

1. 在项目管理器中添加

在项目管理器中展开数据库分支，然后选择要添加的数据库，再选择其下面的“表”选项，单击“添加”按钮，打开“打开”对话框，如图 5-21 所示。在对话框中选中要添加的表，单击“确定”按钮即可。

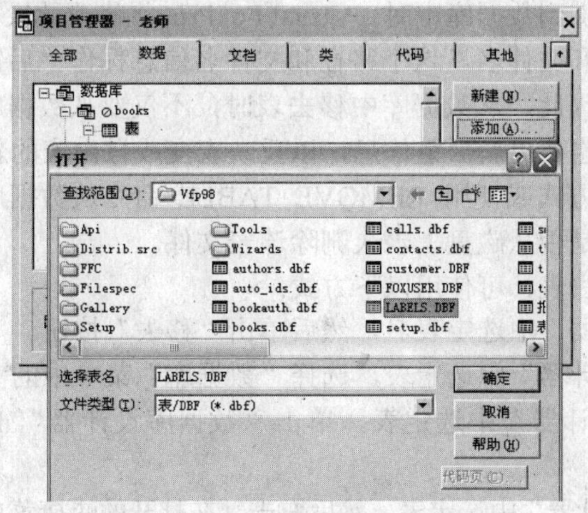

图 5-21　在项目管理器中添加表

2. 在数据库设计器中添加

打开数据库设计器，然后可以使用下面任何一种方法进行添加：

- 单击数据库工具栏的“添加表”按钮。
- 在“数据库”菜单中选择“添加表”命令。
- 右击数据库设计器，在打开的快捷菜单中选择“添加表”命令。

无论是用哪一种方法，都可以打开“打开”对话框。在“打开”对话框中选择要添加的表，单击“确定”按钮即可。

3. 用命令添加

添加一个自由表到当前数据库中的命令是 ADD TABLE，具体命令格式是：

```
ADD TABLE 自由表名|? [NAME LongTableName]
```

如果使用问号（？），则显示“打开”对话框，从中选择要添加到数据库中的表。而可选的参数 NAME LongTableName 则为表指定了一个长名，最多可以有 128 个字符。使用长名在程序中可以提高程序的可读性。

例如，使用下面的代码可以打开 testdata 数据库，并向其中添加 orditems 表：

```
OPEN DATABASE  testdata
ADD TABLE  orditems
```

例如，把自由表 Sample.DBF 添加到当前数据库，并给出具有说明意义的长表名，用户可以使用以下命令：

```
ADD TABLE Sample  NAME  考生信息
```

以后在数据库中使用命令“USE Sample”和使用命令“USE 考生信息”是等价的。

注意：一个表只能属于一个数据库，当一个自由表被添加到某个数据库后就不再是自由表了，所以不能把已经属于某个数据库的表添加到当前数据库，否则会出现出错提示。

5.3.3 从数据库中移出表

当用户把一个表添加到数据库中时，Visual FoxPro 将修改此表文件的头记录，记录拥有此表的数据库的路径和文件名。这个路径和文件名信息称作“后链”，因为它把该表连向拥有该表的数据库。因此，从数据库中移去表时，不仅要从数据库文件中移去表及有关的数据字典信息，同时也要更新后链信息，以反映表变成自由表的新状态。

用户可以通过交互方式或使用 REMOVE TABLE 命令从数据库中移去表。从数据库移去表时，还可以选择是否从磁盘上永久删除该表文件。

若要从数据库中移去表，可使用以下方式：

- 在“项目管理器”中选定表名，然后单击“移去”按钮。
- 在“数据库设计器”中选定表，选择“数据库”菜单中的“移去”命令。
- 在“数据库设计器”中选定表，单击“数据库设计器”工具栏上的“移去表”按钮。
- 在“数据库设计器”中选定表，然后右击，在打开的快捷菜单中选择“删除”命令。

无论是用哪一种方法，都将打开一个提示对话框，如图 5-22 所示。如果在提示对话框中单击“移去”按钮，则将表移出数据库。如果在提示对话框中单击“删除”按钮，则不仅从数据库将表移出，并且还从磁盘上删除该表。

另外用户还可以使用 REMOVE TABLE 命令移去表，命令格式是：

```
REMOVE TABLE 表名|? [DELETE][RECYCLE]
```

其中参数“表名”给出了要从当前数据库中移去的表的表名，如果使用问号（？）则打开“移去”对话框，从中选择要移去的表，如图 5-23 所示。如果使用选项 DELETE，则在把所选表从数据库中移出之外，还将其从磁盘上删除。如果使用选项 RECYCLE，则把所选表从数据库中移出之后，放到 Windows 的回收站中，而并不立即从磁盘上删除。

图 5-22　移去表提示

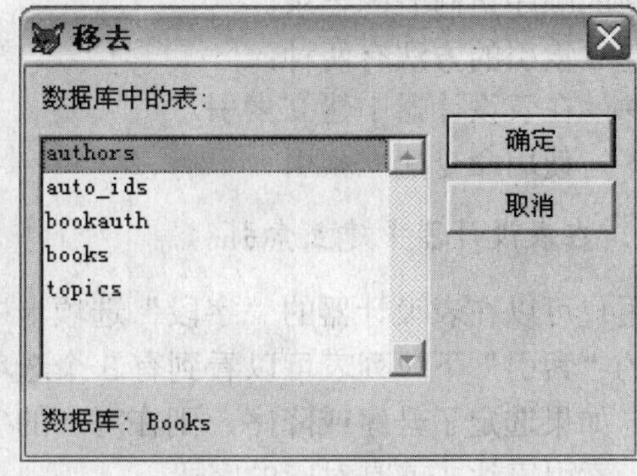

图 5-23　“移去”对话框

例如，下面的代码打开了 testdata 数据库并移去 orditems 表：

```
OPEN DATABASE  testdata
REMOVE TABLE  orditems
```

以下代码打开 testdat 数据库，从磁盘上删除 orditems 表：

```
OPEN DATABASE testdata
REMOVE TABLE orditems DELETE
```

注意：一旦某个表从数据库中移出，那么与之联系的所有主索引、默认值及有关的规则都随之消失，因此，将某个表移出的操作会影响到当前数据库中与该表有联系的其他表。如果移出的表在数据库中使用了长表名，那么表一旦移出了数据库，长表名将不可使用。

5.4　数据表的索引

Visual FoxPro 索引是由指针构成的文件，这些指针逻辑上按照索引关键字的值进行排序。索引文件和表的.dbf 文件分别存储，并且不改变表中记录的物理顺序。实际上，创建索引是创建一个由指向.dbf 文件记录的指针构成的文件。

对于已经建好的表，可以利用索引对其中的数据进行排序，以便加速检索数据的速度。可以用索引快速显示、查询或者打印记录。还可以选择记录、控制重复字段值的输入并支持表间的关系操作。可使用索引加速要排序记录或搜索记录的显示或打印速度。索引对于数据库内表之间创建关系的创建也很重要。

5.4.1 创建索引

当第一次创建表时，Visual FoxPro 先创建表的.dbf 文件，如果表中包含了备注型字段或通用型字段，Visual FoxPro 还要创建与表相关联的.fpt 文件，此时并不产生索引文件。输入到新表的记录按照输入顺序存储，在浏览表时，记录按输入的顺序出现。

通常，要按特定顺序查看和访问新表中的记录。例如，按公司名字的字母顺序查看存储在顾客表中的记录。若要控制记录显示和访问的顺序，可以为表创建第一个排序方案或索引关键字，以此创建表的索引文件。然后可以根据这个索引关键字设置表中记录的顺序，并按新的顺序访问表的记录。

建立索引的方法有两种：

- 在表设计器中建立索引。
- 使用命令建立索引。

1. 在表设计器中建立索引

用户可以在表设计器的“字段”选项卡中为某一个字段直接创建索引，用鼠标单击某字段的“索引”下拉列表可以看到有 3 个选项：无，升序和降序（默认是无），如图 5-24 所示。如果选定了升序或降序，则在对应的字段上建立了一个普通索引，索引名与字段名同名，索引表达式就是对应的字段。

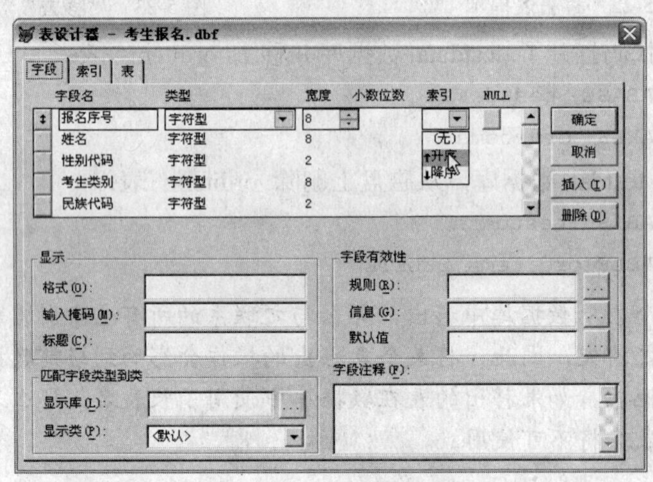

图 5-24　直接为字段创建索引

如果要将索引定义为其他类型的索引，则须将界面切换到“索引”选项卡，然后从“类型”下拉列表中选择索引的类型，如图 5-25 所示。这时可以根据需要选择主索引，候选索引或惟一索引。

用户也可以在“索引”选项卡中创建索引，基本操作方法如下：

（1）在“索引”选项卡上单击“插入”按钮或者在“索引名”下面的空白框上单击，这时会出现一新行。

（2）在“索引名”栏中输入索引名。

（3）在“类型”下拉列表中选择索引类型。

（4）在“表达式”栏输入索引表达式。

（5）单击“排序”栏下面的排序按钮改变排序方式。

（6）在“筛选”栏中输入筛选条件，只有满足筛选条件规定的记录号才能出现在索引文件中。

（7）输入完成后单击“确定”按钮。

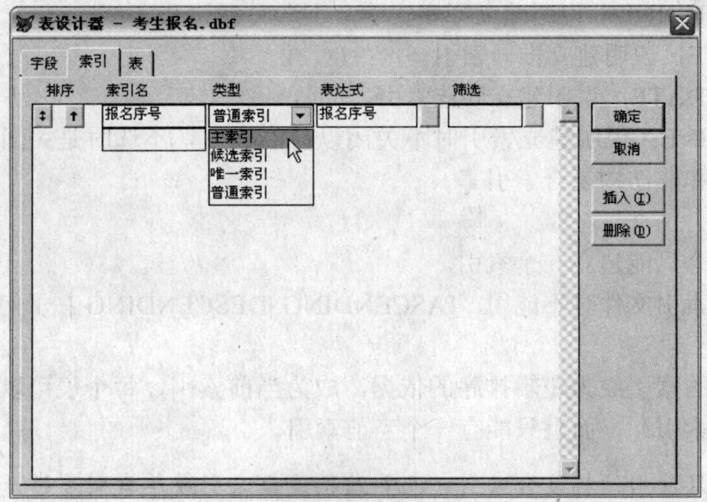

图 5-25　在“索引”选项卡中选择索引类型

2. 用命令建立索引

在 Visual FoxPro 中，一般情况下都可以在表设计器中交互建立索引，特别是主索引和候选索引是在设计数据库时确定好的。但有时需要在程序中临时建立一些普通索引、候选索引或惟一索引，所以仍然需要了解一下索引命令，并且通过索引命令还可以进一步帮助读者理解 Visual FoxPro 的索引和索引文件。

建立索引的命令是 INDEX，具体格式如下：

```
INDEX ON 索引表达式 TO 单索引文件名 | TAG 索引名 [OF 复合索引文件名] [FOR 条件表达式] [COMPACT] [ASCENDING|DESCENDING] [UNIQUE|CANDIDATE][ADDITIVE]
```

其中参数或选项的含义如下：

- 索引表达式：可以是字段名，或包含字段名的表达式，但只能是 N，C，D，L 4 种类型。涉及多个字段时必须统一转换为相同类型，常常为 C 型，并用+/-号连接。如果索引表达式为 C 型，则索引的第一顺序、第二顺序等排序依据由表达式中字段从左到右的物理顺序决定。
- TO 单索引文件名：建立一个扩展名为.idx 的单索引文件，单索引文件中只包含一个单索引。该项是为了与以前版本兼容，现在一般只是在建立一些临时索引时才使用。
- TAG 索引名：建立一个扩展名为.cdx 的复合索引文件。多个索引可以创建在一个复合索引文件中。不选“OF 复合索引文件名”时创建一个结构复合索引文件，索引文件名与相关的表同名，如果结构复合索引文件已经存在，则添加一个索引到结构复合索引文件中；选“OF 复合索引文件名”时可以创建一个非结构复合索引文件。

- FOR 条件表达式：给出索引过滤条件，只索引满足条件的记录。
- COMPACT：当使用“TO 单索引文件名”时才可以选用，说明建立一个压缩的.idx 文件。复合索引总是压缩的。
- ASCENDING：说明建立升序索引。
- DESCENDING：说明建立降序索引，不选时默认升序。
- UNIQUE：说明建立惟一索引。
- CANDIDATE：说明建立候选索引。
- ADDITIVE：说明建立索引时不关闭以前的索引，不选时是关闭以前所有打开的单索引和非结构复合索引。

函数说明：

- 一条命令只能建立一个索引。
- 建立单索引文件时不能用 [ASCENDING |DESCENDING] 子句，单索引都是升序的。
- 新建立的索引成为逻辑排序的依据，成为当前索引，每个表可以有一个当前索引（主控索引），而且只能有一个当前索引。

注意：一般只使用结构复合索引，而非结构复合索引或单索引多半是为了与以前版本兼容，建议在新的应用中不再使用。如果是临时用途，不希望以后系统自动维护索引，或者使用完后就删除索引文件，则可以使用非结构索引或单索引。在表设计器中创建的索引都是结构复合索引。

例如：

```
USE 考试成绩
INDE ON 报名序号 TAG 报名序号
BROWS
```

执行命令后屏幕显示如图 5-26 所示。

考试成绩

报名序号	姓名	准考证号	语文	数学	英语	物理	化学	政治	历史	体育	总分
00564	谭玉坤	3141407181	79	80	93	48	35	79	44	30	488
00566	郑少华	3141407334	79	90	94	45	39	80	50	30	507
00575	卢华	3141407185	82	86	88	53	35	74	50	27	495
00582	夏世杰	3141407171	74	90	85	46	37	81	48	28	489
00600	郭曼丽	3141407332	82	94	95	47	34	76	43	29	500
00604	王飞跃	3141407140	74	91	94	47	36	79	45	26	492
00616	轩秋月	3141407150	76	89	91	46	36	94	43	26	501
00621	王文鹤	3141407277	89	95	93	38	32	80	48	30	505
00626	符燕	3141407153	68	91	91	51	36	76	42	26	481
00631	马志远	3141407268	72	93	88	42	30	84	47	28	484
00639	谢高杰	3141407237	75	88	92	51	34	78	47	28	493
00644	程大朋	3141407348	74	96	95	46	36	83	49	28	507
00645	韩宗岗	3141407246	71	86	84	47	35	88	48	28	487
00647	张玉磊	3141407254	77	91	93	45	31	87	48	28	500
00743	武丹华	3141403220	79	71	94	43	37	82	48	29	483
00757	陶慧娟	3141403228	75	89	92	48	34	88	46	28	500
00780	王德亮	3141403103	79	89	89	45	36	82	43	27	490
00802	冯安强	3141403183	70	87	92	53	35	80	44	25	486
00807	侯静华	3141403226	75	79	94	43	39	81	49	28	488

图 5-26 建立索引的结果

例如：

```
USE 考试成绩
INDE ON 报名序号 TAG 报名序号 FOR 总分>=500
BROWS
```

执行命令后屏幕显示如图 5-27 所示。

考试成绩

报名序号	姓名	准考证号	语文	数学	英语	物理	化学	政治	历史	体育	总分
00566	郑少华	3141407334	79	90	94	45	39	80	50	30	507
00600	郭曼丽	3141407332	82	94	95	47	34	76	43	29	500
00616	轩秋月	3141407150	76	89	91	46	36	94	43	26	501
00621	王文鹤	3141407277	89	95	93	38	32	80	48	30	505
00644	程大朋	3141407348	74	96	95	46	36	83	49	28	507
00647	张玉磊	3141407254	77	91	93	45	31	87	48	28	500
00757	陶慧娟	3141403228	75	89	92	48	34	88	46	28	500
00996	杨春晖	3141403065	89	91	87	51	36	82	48	28	512
01123	李丹霞	3141406905	82	78	92	44	39	89	50	28	502
01146	姚越新	3141407003	87	81	93	51	35	90	48	27	512
01222	张智慧	3141407105	82	90	88	47	36	85	48	30	506
01239	符宇明	3141406878	82	94	90	47	33	87	47	27	507
01262	路文成	3141406880	75	100	91	47	33	82	45	30	503
01324	黄玉娟	3141406177	86	91	93	45	34	81	47	30	507
01382	李文龙	3141406455	84	98	92	45	35	86	50	29	519
01458	王亚伟	3141406232	78	94	91	50	36	87	47	28	511
01498	汪武超	3141406384	80	97	87	47	34	88	45	28	506
01502	张永党	3141406183	78	93	87	50	35	85	47	29	504
01519	张肆中	3141406357	79	85	95	48	36	88	50	22	503

图 5-27　建立带过滤条件的索引

在前面的示例中，创建表的第一个索引关键字时，Visual FoxPro 自动创建一个新文件“考试成绩.cdx”存储新的索引关键字。索引关键字存储在带扩展名.cdx 的文件中。这个.cdx 文件，是结构复合索引文件（.cdx 是指复合索引，它分为结构复合索引与非结构复合索引），它是在 Visual FoxPro 数据库中最普通也最重要的一种索引文件。结构复合索引文件有以下特点：

- 在打开表时自动打开。
- 在同一索引文件中能包含多个排序方案，或索引关键字。
- 在添加、更改或删除记录时自动维护。

一个 Visual FoxPro 表若有与之相关联的索引文件，则它通常是一个结构复合索引文件。结构一词是指：Visual FoxPro 把该文件当作表的固有部分来处理，并在使用表时自动打开。无论使用“表设计器”，还是使用前面示例中出现的 INDEX 命令的最简单形式，Visual FoxPro 都用和当前表相同的基本名创建.cdx 文件，并把新关键字或标识的索引信息存储在其中。可以将经常使用的索引关键字放到结构.cdx 文件中。

另外还提供两种类型的索引文件：非结构的.cdx 文件和单关键字的.idx 文件。

由于特殊的目的，有时想创建多个索引标识，但又不想在运行过程中维护这些索引，因为这样会增加应用程序的负担。此时，非结构.cdx 索引很有用。例如，用户的应用程序中有一组专门的报表，分析一些字段的数据，但这些字段并没有建立正常索引。应用程序就可以创建一个包含所需索引标识的非结构.cdx 索引，然后运行这些专门的报表，最后再删除非结构.cdx 文件。

若要创建非结构.cdx 索引标识，可使用 INDEX 命令的 TAG 和 OF 子句。

使用 INDEX 命令的 OF 子句，可以使 Visual FoxPro 将标识定向到另一文件中，而不保存到表的.cdx 结构索引文件中。例如，使用以下命令，可以创建 employee 表的 title 和 hire_date 标识，并把它们存储在非结构.cdx 文件 QRTLYRPT.cdx 中：

```
USE employee
INDEX ON title TO TAG title OF QRTLYRPT
INDEX ON hire_date TO TAG hiredate OF QRTLYRPT
```

独立索引文件基于单关键字表达式，并保存在.idx 文件中。.cdx 文件可以存储多关键字表达式，.idx 索引只存储单关键字表达式。

通常可以使用独立索引作为临时索引，在需要它们时再创建或重新编排这些索引。例如，有一个只用于每季度或每年度总结报表的索引。如果把这个不经常使用的索引包括到结构.cdx 文件中，便要求在每次使用表时都要维护它，因此最好创建一个独立.idx 索引。对一个特定的表，可创建任意多个.idx 文件。

若要创建独立.idx 索引，可使用 INDEX 命令的 COMPACT 子句或者 COPY TAG 命令。使用带有 COMPACT 子句的 INDEX 命令，可以在一个小的、能快速访问的索引文件中创建一个新的独立索引。如果想创建一个与以前的 FoxBASE+®及 FoxPro® 1.0 版本的索引格式兼容的非压缩独立.idx 文件，则可以省略 COMPACT 子句。

例如，可以使用以下代码，在 orders 表中按 order_date 创建一个独立.idx 文件，根据新索引设置排序，然后打开“浏览”窗口，根据 order_date 的顺序显示排序：

```
USE ORDERS
INDEX ON order_date TO orddate COMPACT
SET ORDER TO orddate
BROWSE
```

可以使用 COPY TAG 命令，从已存在的.cdx 文件的索引标识中复制一个独立索引文件。例如，用户可能会发现目前保存在结构.cdx 中的一个索引只用于季度或年度报表，可以使用以下代码根据 employee 表的 birth_date 标识创建一个独立索引：

```
COPY TAG birth_date to birthdt COMPACT
```

从.cdx 文件的标识创建独立索引之后，通常会从.cdx 文件中删除不再需要的标识。下一节说明如何删除索引。

5.4.2 索引文件的打开与关闭

刚建立的索引是打开的，与表名相同的结构索引在打开表时都能够自动打开，但是对于非结构索引必须在使用之前打开索引文件。打开索引文件可以用下面两种命令：

```
USE 表文件 INDEX 索引文件名表
SET INDEX TO [ 索引文件名表 ] [ADDITIVE]
```

其中索引文件名表用逗号分开，可以包含.idx 索引和.cdx 索引。SET 命令执行前必须先打开索引文件对应的数据表；再次执行 SET 命令将使上次的 SET 命令不起作用。不选 ADDITIVE 时关闭原来打开的非结构索引文件。

执行该命令后，索引文件列表中的第一个索引文件成为主控索引文件。如果主控索引文件是.idx 文件，因为它是单索引文件，表处理的记录次序将按其索引顺序进行。如果主控索引是.cdx 文件，因为它是复合索引文件，则默认索引项是它在创建时的第一索引项。

如果要使用其他索引项还必须具体指定。

索引文件的关闭可用下面 3 种方法：

（1）关闭数据表文件，其索引自动关闭。

格式：USE

（2）关闭当前表的所有索引文件，当前表不关闭。

格式：SET INDEX TO

（3）关闭所有索引文件，当前表不关闭。

格式：CLOSE INDEX

注意：只要相关的表没有关闭，结构复合索引总是打开的。

5.4.3　确定主控索引

结构索引在打开表时都能够自动打开，但刚打开的索引一般对表的逻辑顺序不起控制作用。在使用某个特定索引项进行查询或记录按某个特定索引项的顺序显示时，则必须指定该特定索引项为主控索引（当前索引）。可以用命令指定主控索引，也可以用菜单方法指定主控索引。

1. 用命令指定主控索引

用 SET ORDER 命令可以指定当前索引项，SET ORDER 命令的常用格式是：

```
SET ORDER TO [<数值表达式>|<单索引文件名>|[TAG] 索引名 [ASCENDING|DESCENDING]]
```

其中可以按索引序号<数值表达式>、<单索引文件名>或索引名指定索引项为当前索引项。索引序号是指建立索引的先后顺序号，并且按照在 SET INDEX TO IndexFileList 命令中的总序号排序，特别不容易记清，建议使用索引名。

不管复合索引是按升序还是按降序建立的，在使用时都可以用 ASCENDING 或 DESCENDING 重新指定升序或降序。不加可选项的 SET ORDER TO 命令的功能是取消控制索引。

例如：

```
USE  考试成绩                  && 同时将结构复合索引文件考试成绩.CDX 打开
SET ORDER TO TAG 报名序号      && 将考试成绩.CDX 中的“报名序号”设置为当前索引
LIST
SET ORDER TO 准考证号 DESC     && 将考试成绩.CDX 中的“准考证号”设置为当前索引
LIST
SET ORDER TO                   && 取消控制索引“准考证号”
LIST
```

注意：非结构复合索引文件和单索引文件打开时就指定了主控索引。

2. 用菜单方法指定主控索引

用菜单方法指定主控索引必须先打开表的浏览窗口，然后选择“表”菜单中的“属性”命令，打开“工作区属性”对话框。在对话框中单击“索引顺序”下拉列表，如图 5-28 所示。在下拉列表中选择索引名，例如选择“报名序号”，单击“确定”按钮。

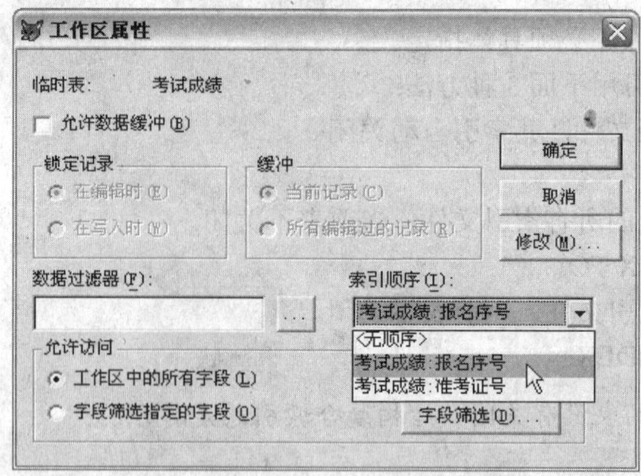

图 5-28 在“工作区属性”对话框中设置索引顺序

要取消控制索引，只需在“工作区属性”对话框中选择“无顺序”选项即可。

注意：指定控制索引后，文件的显示、定位等，都是以控制索引顺序进行，不再按存储顺序。指定控制索引后的表文件，并没有改变其物理存储顺序，记录号将保持不变。

例如：

```
USE 考试成绩
INDE ON 总分 TAG 总分 DESC      && 指针定位到索引文件的最顶一个记录（首记录）
DISP                            && 显示总分最高的记录
GO BOTTOM                       && 指针定位到索引文件的最后一个记录（末记录）
DISP                            && 显示总分最低的记录
GO TOP                          && 指针定位到索引文件的最顶一个记录（首记录）
DISP                            && 显示总分最高的记录
```

5.4.4 使用表达式进行索引

可创建基于表达式的索引，并以此提高应用程序的性能。这些表达式可繁可简，这取决于要实现的功能。

1. 使用简单表达式进行索引

简单索引表达式基于单字段、或者基于两个以上字段组成的多字段关键字。例如，可以根据下面的表达式创建 TasTrade 数据库中 Customer 表的索引：

```
country + region + cust_id
```

当浏览根据这个索引标识排序的 Customer 表时，可以看到顾客已根据国家/地区进行排序，然后是地区，最后根据顾客的 ID 号进行排序。

2. 使用字段组合避免重复值

若要通过多字段避免重复值，可根据组合的多字段表达式创建主索引或候选索引。

例如，有一个表，其中有两个字段存储了电话区号和电话号码，如表 5-1 所示。

表 5-1　电话号码

电话区号	电话号码
206	444-nnnn
206	555-nnnn
313	444-nnnn

电话区号字段和电话号码字段都分别包括和其他行重复的值。当然实际生活中电话号码不可能重复，因为只有两个字段组合在一起才构成实际的电话号码。如果主索引或候选索引在索引表达式中指定了两列，那么在示例中的行就是不可重复的。若输入一个电话区号和电话号码与已存在行完全相同的值，Visual FoxPro 会把这个输入作为重复值而拒绝。

3. 在索引表达式中使用 null 值

可以使用包含 null 值的字段创建索引。等于.NULL.的索引表达式插入到.cdx 文件或.idx 文件的非 null 值之前，所有的 null 值都放在索引的开始部分。

下面的示例演示了索引 null 值的效果。如图 5-29 所示是未使用索引之前表的状态：有两个记录的 SocSec 字段为 null 值。

两个记录中的 null 值表示 Anne Dunn 和 Alan Carter 的社会福利号（SocSec），要么不知道，要么无效。然后可以使用下面语句，根据社会福利号创建索引：

INDEX ON SocSec + LastName + FirstName TAG MyIndex

当根据这个索引查看表时，将看到如图 5-30 所示的排序结果。按 SocSec 索引之后，包含 null 的 SocSec 的记录首先出现。

Example

Record	Lastname	Firstname	Socsec
1	Bennett	Louisa	111-000-2222
2	Carter	Alan	555-22-9999
3	Dunn	Anne	.NULL.
4	Giles	Gregory	222-33-4444
5	Carter	Alan	.NULL.

图 5-29　未用索引前的表

Example

Record	Lastname	Firstname	Socsec
5	Carter	Alan	.NULL.
3	Dunn	Anne	.NULL.
1	Bennett	Louisa	111-000-2222
4	Giles	Gregory	222-33-4444
2	Carter	Alan	555-22-9999

图 5-30　用索引后的表

当索引表达式包括 null 值时，SocSec 值为.NULL.的记录首先排序（根据 LastName），然后排序 SocSec 值不是 null 的记录。请注意 Alan Carter 有两个记录。因为第 5 个记录包含 null 值，所以第 5 个记录在第 2 个记录之前索引。

4. 使用复杂表达式进行索引

也可以根据更复杂的表达式创建索引。Visual FoxPro 索引关键字表达式可以包括 Visual FoxPro 函数、常量或用户自定义函数。

创建的表达式对于独立（.idx）索引标识来说不能超过 100 个字符，对于.cdx 索引标识来说不能超过 240 个字符。在一个标识中，通过把表达式的单个组件转换成字符类型，可以一起使用不同的数据类型。

若要利用 Rushmore™技术进行优化，索引表达式必须符合 Rushmore 的要求。

5. 在索引标识中使用 Visual FoxPro 函数

在索引标识中可以使用 Visual FoxPro 函数。例如，可以使用 STR( )函数把一个数值型值转换成字符串。如果想在 customer 表中创建一个将 cust_id 字段和 maxordamt 字段组合起来的索引标识，可以使用以下代码，将 maxordamt 字段从 8 个字节的货币型字段转换成有两个小数位的 8 字符字段：

```
INDEX ON cust_id + STR(maxordamt, 8, 2) TAG custmaxord
```

若要减小包含整数的字段索引的大小，可用 BINTOC( )函数将整数转换为其对应二进制数所代表的字符。也可用 CTOBIN( )函数作相反的转换。

如果想创建一个根据日期对表进行排序的索引，可以使用 DTOS( )函数把日期字段转换成字符串。若要根据 hire_date 和 emp_id 访问 employee 表，可以使用以下代码创建这个索引关键字表达式：

```
INDEX ON DTOS(hire_date) + emp_id TAG id_hired
```

6. 包括存储过程或用户自定义函数

在索引表达式中，可以引用存储过程或用户自定义函数，以提高索引性能。例如，可以使用存储过程或 UDF（用户自定义函数），从包括街道号和街道名的单个字段中抽取出街道名。如果街道号总是数值型的，存储过程或 UDF 可以返回字段的字符部分，并用所需的空格来填充所得字符串，以创建一个定长的索引关键字。然后就可以使用这个索引关键字按街道名的顺序访问表中记录。

如果表与数据库相关联，则在索引中最好使用存储过程，而不要使用 UDF。因为 UDF 存储在数据库以外的文件中，很有可能在操作中移动或删除 UDF 文件，这将使引用 UDF 的索引标识无效。相反，存储过程代码存储在.dbc 文件中，Visual FoxPro 总能找到它。

在索引标识中，使用存储过程的另外一个优点是：引用存储过程可以保证索引所基于的指定代码是正确的。如果在索引表达式中使用 UDF，那么在索引时，当前作用域内和被引用的 UDF 同名的任何一个 UDF 都可能被使用。

提示：在索引表达式中，引用存储过程或 UDF 时要小心，因为它会增加创建索引所需要的时间。

7. 使用其他表中字段的数据

可以使用在其他工作区中打开的表创建索引标识。对引用多个表的标识，使用独立索引（.idx）是很明智的。这是因为如果在.cdx 结构文件中包括了引用其他表的标识，在索引标识中引用的表没有打开时，Visual FoxPro 则不允许打开建立索引的表。

5.4.5　查看索引信息

可以将 TALK 设置为 ON，在索引过程中查看有多少个记录被编入索引。在索引过程中，显示的记录间隔可用 SET ODOMETER 指定。有关所有打开的索引文件的详细内容，请用 DISPLAY STATUS 命令。该命令列出了所有打开的索引文件、它们的类型（结构、.cdx 或.idx）、它们的索引表达式以及主索引文件或主标识名。

能打开的索引文件（.idx 或.cdx）数目只受内存及系统资源限制。

5.4.6　重建活动索引文件

若打开一个表而不打开其相应的索引文件，并更改表中与索引相关的关键字段内容，则索引文件就会过时。当系统被破坏或者从非 Visual FoxPro 程序中访问和更新表索引文件时，都可能导致索引文件无效。如果索引文件过时，可以使用 REINDEX 命令重建索引，更新它们。

例如，可以使用以下命令更新 customer 表的索引文件：

```
USE customer
REINDEX
```

REINDEX 更新选定工作区中打开的所有索引文件。Visual FoxPro 识别每种索引文件类型（非结构.cdx 文件、结构.cdx 文件和.idx 独立文件），并相应地重建索引。它更新.cdx 文件中的所有标识，并更新与表一起自动打开的.cdx 结构文件。

也可以使用 REINDEX 命令更新过时的索引文件。

5.4.7　删除索引

可通过删除.cdx 文件中的标识来删除不再使用的索引，或者通过删除.idx 文件本身来删除独立索引。删除无用的索引标识可以提高性能，因为 Visual FoxPro 不必再去更新无用标识，来反映表中数据的变化。

1. 从结构.cdx 文件中删除标识

若要删除在结构.cdx 文件中的索引标识，可在“表设计器”中使用“索引”选项卡选择并删除索引。或者使用 DELETE TAG 命令或者 ALTER TABLE 命令中的 DROP PRIMARY KEY 或 DROP UNIQUE TAG 子句。

例如，可以使用以下代码删除 employee 表中包含的 title 标识：

```
USE employee
DELETE TAG title
```

可以使用 ALTER TABLE 命令删除 employee 表的主关键字标识：

```
USE employee
ALTER TABLE DROP PRIMARY KEY
```

2. 从非结构.cdx 文件中删除标识

非结构.cdx 索引和它的标识在“表设计器”中不可见。只能使用语言从非结构 .cdx 文件中删除标识。

若要删除非结构.cdx 文件中的索引，可以使用 DELETE TAG 命令的 OF 子句，指示 Visual FoxPro 从其他不同于结构.cdx 文件的.cdx 文件中删除标识。

例如，可以使用以下命令删除非结构.cdx 文件 QTRLYRPT.cdx 中的标识 title：

```
DELETE TAG title OF qtrlyrpt
```

可以使用 DELETE TAG 命令的 ALL 子句，删除结构或非结构.cdx 文件中的所有标识。

3. 删除独立.idx 索引文件

由于独立索引文件只包含单索引关键字表达式，所以可通过从磁盘上删除.idx 文件来删除表达式。

若要删除独立.idx 文件，可使用 DELETE FILE 命令。

例如，以下代码删除独立.idx 索引文件 Orddate.idx：

```
DELETE FILE orddate.idx
```

也可以使用 Windows 资源管理器等工具删除独立.idx 文件。

5.5 表与表之间的关系

如果数据库中的表是独立、互相没有关系的，数据库表之间的数据就不能同时被引用、处理。建立数据库不仅要在数据库中建立表，而且要建立表之间的联系（关系）。表的关系分为永久关系和临时关系。

5.5.1 永久性关系

在“数据库设计器”中，通过链接不同表的索引可以很方便地建立表之间的关系。这种在数据库中建立的关系被作为数据库的一部分保存了起来，所以称为永久关系。永久关系存储在数据库文件中，并且具有以下特点：

- 在“查询设计器”和“视图设计器”中，自动作为默认联接条件。
- 在“数据库设计器”中，显示为联系表索引的线。
- 作为表单和报表的默认关系，在“数据环境设计器”中显示。
- 用来存储参照完整性信息。

建立数据库文件中的表间关系，一是要保证建立关系的表具有相同属性的字段；二是每个表都要以该字段建立索引，以其中一个表（父表或主表）中的字段（主键）与另一表（子表）中的同名字段（外键）建立关联，两个表间就具有了一定的关系。以父表相关联的字段建立的索引必须是主索引或候选索引。当以子表相关联的字段建立的索引是主索引或候选索引时，父表与子表的关系就是一对一的关系；当以子表相关联的字段建立的索引是普通索引或惟一索引时，父表与子表的关系就是一对多的关系。

在 Visual FoxPro 中，可使用索引在数据库中建立表间的永久关系。之所以在索引间创建永久关系，而不是字段间的永久关系，是因为这样可以根据简单的索引表达式或复杂的索引表达式联系表。

若要创建表间的永久关系，可在“数据库设计器”中，选择想要关联的索引名，然后把它拖到相关表的索引名上。或者在 CREATE TABLE 或 ALTER TABLE 命令中使用 FOREIGN KEY 子句。

例如，下面的命令根据 customer 表的主关键字 cust_id，添加了 customer 和 orders 表之间的一对多关系，并在 orders 表中添加了一个新的外部关键字，cust_id:

```
ALTER TABLE orders;
ADD FOREIGN KEY cust_id TAG ;
cust_id REFERENCES customer
```

然后，如图 5-31 所示，在“数据库设计器”中查看该数据库的分层结构，就会看到 orders 和 customer 之间有一条连线，这表示新的永久关系。

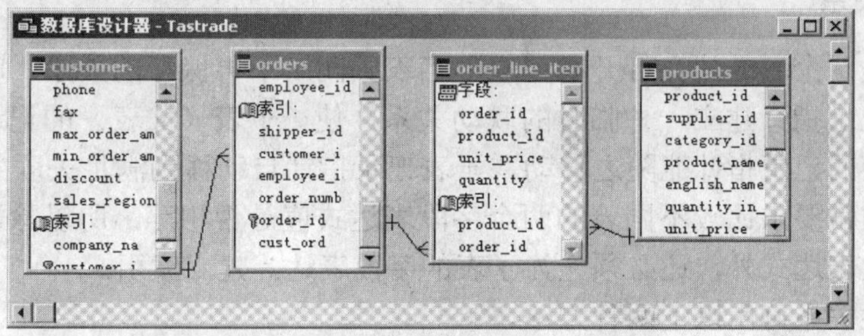

图 5-31　建立关系

提示： 只有在“数据库属性”对话框中的“关系”选项打开时，才能看到这些表示关系的连线。在“数据库”菜单中选择“属性”命令，即可打开“数据库属性”对话框，如图 5-32 所示。

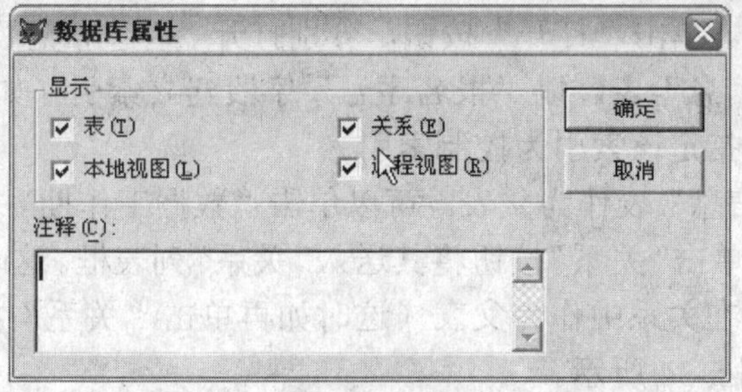

图 5-32　“数据库属性”对话框

索引关键字（或标识）的类型决定了要创建的永久关系类型。在一对多关系中，“一方”必须用主索引关键字（或标识），或者用候选索引关键字（或标识）；在“多方”则使用普通索引关键字（或普通索引标识）。

若要删除表间的永久关系，可在“数据库设计器”中，单击两表间的关系线。关系线变粗，表明已选择了该关系。按下 DELETE 键。或者在 ALTER TABLE 命令中，使用 DROP FOREIGN KEY 子句。

例如，下面的命令删除了表 customer 和表 orders 之间的一个永久关系，这个关系基于 customer 表的主关键字 cust_id 和 orders 表的外部关键字 cust_id:

```
ALTER TABLE orders DROP FOREIGN KEY TAG cust_id SAVE
```

用户也可编辑关系，若要编辑表间的关系，选择表间的关系线，然后从“数据库”菜单里选择“编辑关系”，或者双击表间的关系线，打开“编辑关系”对话框，如图 5-33 所示。在“编辑关系”对话框中对关系进行设置，然后单击“确定”按钮。

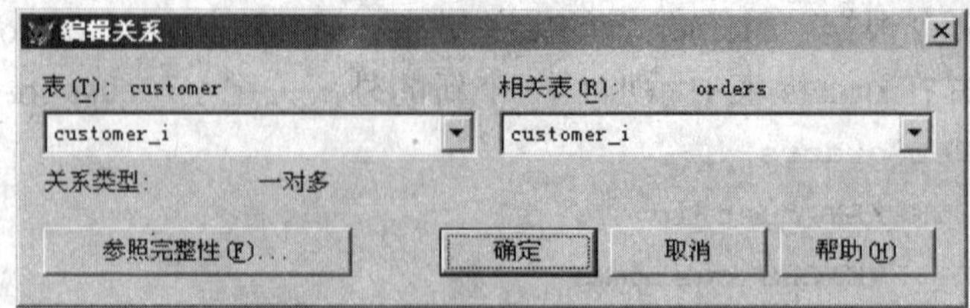

图 5-33 “编辑关系”对话框

5.5.2 临时性关系

临时关系是两个表之间在打开时建立但当表关闭时不再保存的关系。临时关系就是令不同工作区的记录指针建立一种临时的联动关系，使一个表（父表）的记录指针移动时另一个表（子表）的记录指针能随之移动，子表记录指针自动移到满足关联条件的记录上。

关系条件通常要求比较不同表的两个字段表达式值是否相等，所以除了要在关系命令中指明这两字段表达式外，还必须先为子表的字段表达式建立索引。

建立临时性关系可用以下两种方法。

1. 在数据工作期窗口建立关系

下面以考生信息.DBF 为父表，考试成绩.DBF 为子表为例，介绍在“数据工作期”对话框中建立临时关联的操作步骤：

（1）打开考试信息数据库，在“窗口”下拉菜单中，选择“数据工作期”命令，打开“数据工作期”对话框。单击“打开”按钮，分别打开“考生信息”表和“考试成绩”表。

（2）选择“考生信息”表，以“报名序号”字段建立索引（如果表的索引已经建立，就不必重新建立），并指定该索引为控制索引。

（3）选择“考生信息”表作为父表。可以单击“数据工作期”对话框中“别名”列表框中的“考生信息”，再单击“关系”按钮将其送入“关系”列表框。这时可以看到 XSQK.DBF 表下连一折线，表示它在关系中作为父表（这时如再单击“关系”按钮可取消关系框中的 XSQK.DBF 表），如图 5-34 所示。

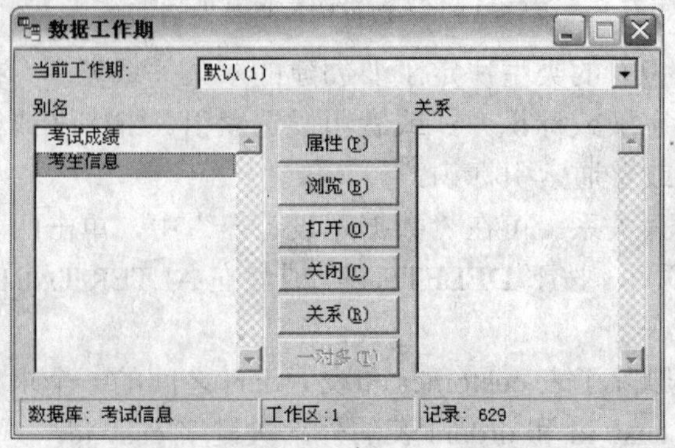

图 5-34 打开创建临时关系的表

（4）选“考试成绩”表作为子表。单击“别名”列表框中的“考试成绩”，出现如图 5-35 所示的“表达式生成器”对话框，单击“确定”按钮完成设置退回数据工作期窗口。这样就为“考生信息”表和“考试成绩表”建立了临时关系，此时“数据工作期”对话框如图 5-36 所示。

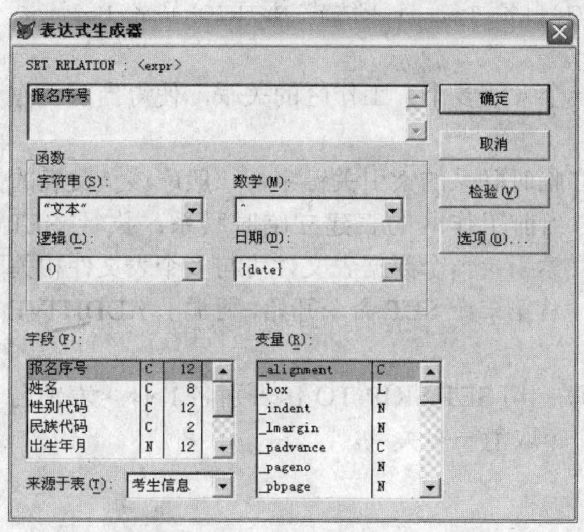

图 5-35　在表达式生成器中设置子表

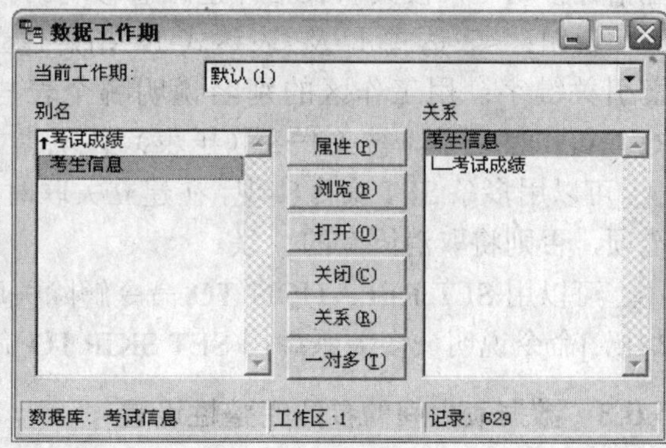

图 5-36　创建的临时关系

提示： 如果没有为表考试成绩制定控制索引，在别名列表框中单击“考试成绩”表时首先会打开“设置索引顺序”对话框，这时要选择控制索引“报名序号”，如图 5-37 所示。

建立临时关联后，可以在“数据工作期”对话框中分别打开两表的浏览窗口，并适当调整尺寸，当单击父表“考生信息”中的某一记录（也就是把指针移动到该记录）时，则在子表中出现与其相对应（报名序号相同）的记录（指针移动到该记录），如图 5-38 所示，说明父表的指针移动时，子表的指针就会自动移到与父表当前学号相同的记录上。

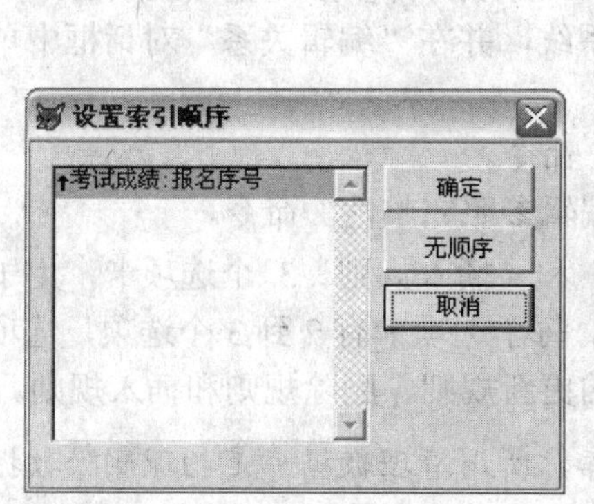

图 5-37　“设置索引顺序”对话框

考生信息

报名序号	姓名	性别代码	民族代码	出生年月	中学代码
00564	谭玉坤	1	01	198802	1801
00566	郑少华	1	01	198802	1801
00575	卢华	1	01	198809	1801
00582	夏世杰	1	01	198607	1801
00600	郭曼丽	2	01	198810	1801
00604	王飞跃	2	01	198802	1801
00616	轩秋月	2	01	198808	1801
00621	王文鹤	2	01	198704	1801
00626	符燕	2	01	198802	1801
00631	马志远	1	01	198806	1801

考试成绩

报名序号	姓名	准考证号	语文	数学	英语	物理	化学	政治	历
00600	郭曼丽	3141407332	82	94	95	47	34	76	43

图 5-38　单击父表移动两张表的指针

要取消关系，可以双击“关系”列表框中的子表，在出现的“表达式生成器”对话框中删除关系条件（如“报名序号”），然后在单击“确定”按钮即可。

2. 用命令来建立关系

建立关联的命令是 SET RELATION，其格式如下：

```
    SET RELATION TO [<表达式 1>INTO<别名 1>,…,<表达式 N>INTO<别名 N>]
[ADDITIVE]
```

功能：按指定方式建立当前工作区与另一个（或多个）工作区的关联，使得当前工作区指针移动时，被关联表指针也跟着移动。

说明：<表达式 1>及<表达式 N>指定建立临时联系的索引关键字，一般应该是父表的索引关键字；用工作区的别名说明哪个表与当前工作区的表建立临时联系；执行 SET RELATION 之前，被关联表（子表）必须建立索引；一个数据表文件可与多个表文件相关联，可以用多条 SET 命令实现，在建立关联时，从第二个 SET 命令开始，要加上 ADDITIVE 选项，否则将取消原有的关联。

可以用 SET RELATION TO 命令解除关联；用 SET SKIP TO [<表别名 1>[，<表别名 2>]…]命令说明一多关系；用 SET SKIP TO 命令取消一多关系。

5.5.3 数据表之间的参照完整性设置

建立永久关系后，便可设置数据库关联记录的规则，即参照完整性。所谓参照完整性，简单地说就是控制数据一致性，尤其是不同表之间关系的规则。“参照完整性生成器”可以帮助建立规则，控制记录如何在相关表中被插入、更新或删除，这些规则将被写到相应的表触发器中。如果实施参照完整性规则，Visual FoxPro 可以确保：

- 当主表中没有关联记录时，记录不得添加到相关表中。
- 主表的值不能改变，若这个改变将导致相关表中出现孤立记录。
- 若某主表记录在相关表中有匹配记录，则该主表记录不能被删除。

用户可以编写自己的触发器和存储过程代码来实施参照完整性。Visual FoxPro 参照完整性生成器（RI）可以帮助用户确定要实施的规则类型、要实施规则的表以及会导致 Visual FoxPro 检查参照完整性规则的系统事件。RI 生成器是可处理级联删除和级联更新的一个工具，建议用户用它建立参照完整性。用户可以使用以下方法打开参照完整性生成器：

- 在“数据库设计器”中双击两个表之间的关系线，并在“编辑关系”对话框中单击“参照完整性”按钮。
- 选择“数据库”菜单中的“编辑参照完整性”命令。
- 从“数据库设计器”右键快捷菜单中选择“编辑参照完整性”命令。

参照完整性生成器有“更新规则”、“删除规则”和“插入规则”3 个选项卡，用于设置进行相应操作所遵循的若干规则，如图 5-39 所示。每个选项卡有 2 到 3 个选项，选项有级联、限制和忽略。下面分别介绍参照完整性规则的更新规则、删除规则和插入规则。

提示： 在建立参照完整性之前首先必须清理数据库，所谓清理数据库是物理删除数据库各个表中所有带有删除标记的记录。打开数据库设计器，然后选择“数据库”菜单中的“清理数据库”命令即可清理数据库。该操作与命令 PACK DATABASE 的功能相同。

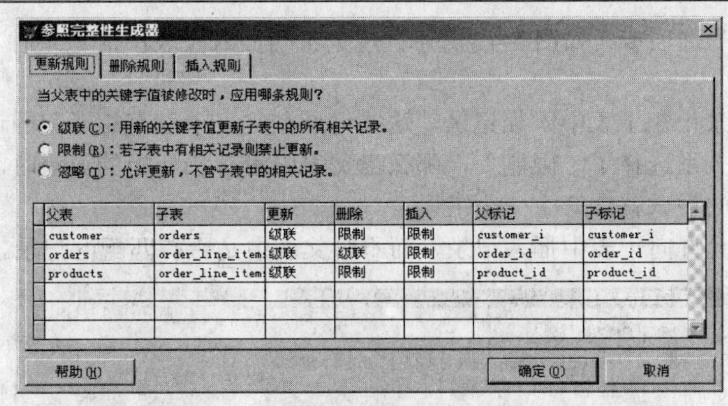

图 5-39 “参照完整性生成器”对话框

“更新规则”选项卡（如图 5-39 所示）中规定了当更新父表中的连接字段（主关键字）值时，如何处理相关的子表中的记录：

- 级联：对父表中的主关键字段或候选关键字段的更改，会在相关的子表中反映出来。如果选择了该选项，不论何时更改父表中的某个字段，Visual FoxPro 会自动更改所有相关子表记录中的对应值。
- 限制：禁止更改父表中的主关键字段或候选关键字段中的值，这样在子表中就不会出现孤立的记录。
- 忽略：不做参照完整性检查，即更新父表的记录时与子表无关，可以随意更新父表记录的连接字段值。

“删除规则”选项卡（如图 5-40 所示）规定了当删除父表中的记录时，如何处理子表中相关的记录：

- 级联：指定在父表中进行的删除在相关的子表中反映出来。如果用户为一个关系选择了“级联”，无论何时删除父表中的记录，相关子表中的记录自动删除。
- 限制：禁止更改父表中的记录，这些记录在子表中有相关的记录。如果用户为一个关系选择了“限制”，那么当在子表中有相关的记录时，则在父表中进行的删除记录的尝试就会产生一个错误。
- 忽略：不做参照完整性检查，即删除父表的记录时与子表无关。插入规则规定了当插入子表中的记录时，是否进行参照完整性检查。

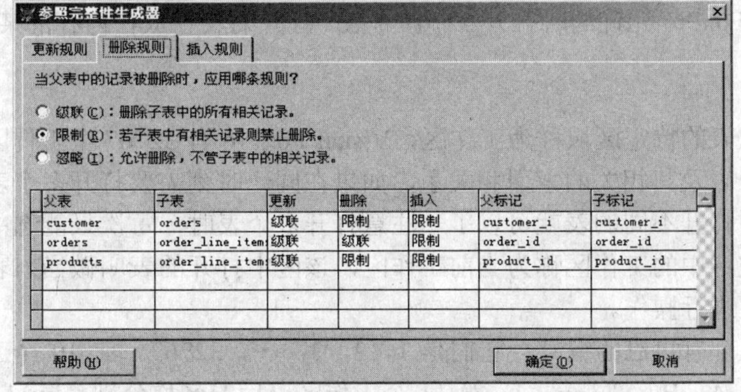

图 5-40 “删除规则”选项卡

“插入规则”选项卡（如图 5-41 所示）规定了当插入子表中的记录时，是否进行参照完整性检查：

- 限制：禁止在子表中添加记录，这些记录在父表中没有相匹配的记录。如果用户为一个关系选择了“限制”，那么当父表中没有相匹配的记录时，则在子表中添加记录的尝试就会产生一个错误。
- 忽略：允许向子表中插入记录，而不管父表中是否有匹配的记录。

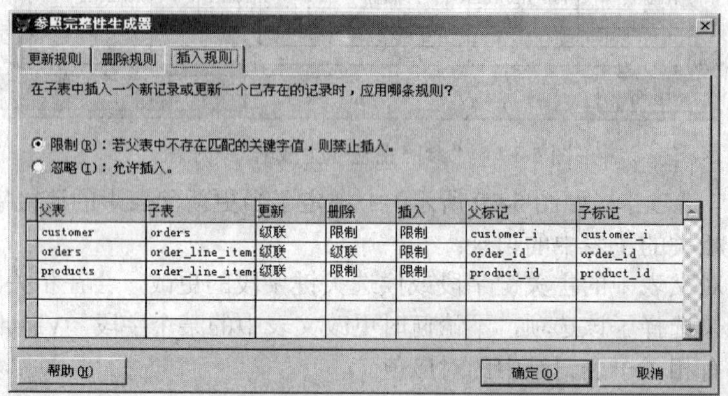

图 5-41 “插入规则”选项卡

当用户使用参照完整性生成器为数据库生成规则时，Visual FoxPro 把生成的代码作为触发器保存在存储过程中。打开存储过程的文本编辑器，可显示这些代码。

注意：当更改数据库的设计之后（例如，修改了数据库表或改变了在永久关系中使用的索引），那么应该在使用数据库之前，重新运行参照完整性生成器，这样将修改存储过程代码和那些实施参照完整性的表触发器，从而反映新设计的变化情况。如果不重新运行参照完整性生成器，用户可能会得到意想不到的结果。因为存储过程和触发器并没有重写，因而不能反映设计上的更改。

5.6 工作区与数据工作期

前面介绍的表操作中，任何时刻只能打开一个表，在实际应用中，经常需要同时打开多个表。Visual FoxPro 允许同时打开 32767 个表，打开的表存放在内存的某些特定区域中。

5.6.1 工作区

内存中存放表的特定区域称为工作区，Visual FoxPro 有 32767 个工作区，在每个工作区只能打开一个表及其相关的索引和关系，如果在同一时刻需要打开多个表，则只需要在不同的工作区中打开不同的表就可以了。注意打开多个表时，每次只能选中一个工作区进行操作，这个被选中的工作区称为当前工作区，该区中打开的表叫做当前表，用户可以随时切换到工作区进行操作。

每个工作区都有自己的编号，它们是 1，2，3，…，32767。前 10 个工作区还有自己的名称，分别是 A，B，C，…，J。第 11 个工作区以后的名称分别是 w11，w12，…。每次启动 Visual FoxPro 以后，系统总是默认 1 号工作区为当前工作区。

数据表文件名是系统在外存储器上存取该数据集合的标识，而数据表的别名是系统在内存中引用、识别数据表的标识。每当数据表打开时（调入内存），系统要求必须为该数据表指定一个（在内存各工作区中）惟一的别名。数据表的别名都是临时性的，关闭数据表时会自动释放。下次打开该数据表时，可以为它指定完全不同的另一个别名。

如果要同时打开多个数据表文件，就要选择多个工作区，选择当前工作区的格式如下：

```
SELECT <工作区号>|<别名>|<区名>
```

说明：<别名>为在工作区打开的表的别名；“SELECT 0”表示选择没有打开表的工作区中区号最小的工作区。

打开数据表的命令格式是：

```
USE <表文件名>[ALIAS<别名>] [IN<工作区号>|<区名>] [NOUPDATE]
[ORDER  [TAG] 索引名 [ASCENDING | DESCENDING]]
[Exclusive] | [Shared] [AGAIN]
```

函数说明：

- ALIAS<别名>是指给打开的表指定别名。若省略，系统以<表文件名>作为别名。
- IN<工作区号> <别名>用于指定<表文件名>在哪个工作区打开；指定的工作区号不大于 10 时，可以用区名（A～J）代替，否则只能以区号指定；不选时，表在当前工作区打开。
- NOUPDATE 表示以只读方式打开。
- ORDER [TAG] 索引名[ASCENDING | DESCENDING] 用于指定主控制索引。
- EXCLUSIVE 表示以独占方式打开，不让网络上的其他用户打开该表。系统默认为独占方式（此时不加 EXCLUSIVE 也是独占方式打开），可以用命令 SET EXCLUSIVE OFF 把系统改为共享方式。
- SHARED 表示以共享方式打开表。
- AGAIN 表示一个表可以同时在多个工作区打开，但当要打开已经在某个工作区打开了的表时，USE 命令必须加 AGAIN 子句。

例如：

```
SELECT  2           && 选择第 2 工作区为当前工作区
USE  考生信息  ORDER 报名序号 && 在第 2 工作区中打开考生信息表，并指定学号为
控制索引
BROWSE              && 浏览考生信息表
GO  1
SELECT  0          && 选择第 1 工作区为当前工作区
USE  考试成绩  ALIAS 成绩 NOUPDATE       && 在第 1 工作区中以只读方式打开考
试成绩表，指定别名
BROWSE              &&浏览考试成绩表
USE  报名乡镇  IN  J  EXCLUSIVE     && 在第 10 工作区中以独占方式打开 XK 表
```

```
?SELECT ()        && 返回当前工作区号 1
BROWSE             && 浏览报名乡镇表
```

5.6.2 数据工作期

数据工作期是 Visual FoxPro 的一个独立工作状态和操作环境。每个工作期都包含了自己的一组工作区，其中还包含了在工作区中打开的数据表、索引及表间的关联；并为表单、表单集、报表等提供了动态的工作环境。Visual FoxPro 有自己的默认数据工作期，同时也允许用户根据特殊的需要设定自己的私有数据工作期。

要设置数据工作环境，可以使用“数据工作期”对话框。在“数据工作期”对话框设置的操作环境，可以作为视图文件保存起来。需要从一个操作环境转换为另一个操作环境时，直接把需要的一个视图文件打开，就可以恢复其中保存的操作环境。

1. 数据工作期窗口的打开和关闭

打开数据工作期窗口的常用方法有以下 3 种：

- 打开数据库设计器，在“窗口”菜单中选择“数据工作期”命令。
- 在常用工具栏中单击“数据工作期窗口”按钮。
- 在命令窗口中执行 SET（或 SET VIEW ON）命令。

上面任何一种方法都可以打开如图 5-42 所示的“数据工作期”对话框。

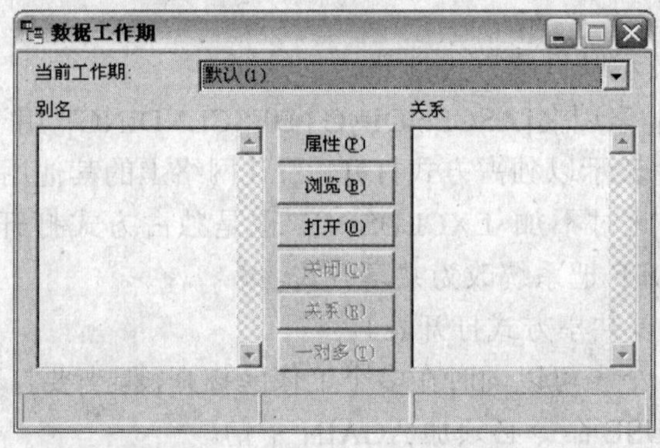

图 5-42 “数据工作期”对话框

关闭“数据工作期”对话框有下面几种方法：

- 在“文件”菜单中选择“关闭”命令。
- 双击“窗口控制”图标。
- 单击“数据工作期”对话框窗口上的关闭按钮关闭窗口。
- 用 SET VIEW OFF 命令。

2. 利用数据工作期窗口打开和关闭表

要打开数据表可以使用菜单和命令方式，也可以利用“数据工作期”的操作工具，后者操作相对方便一些。

在“数据工作期”窗口中，单击“打开”按钮，打开“打开”对话框，如图 5-43 所示。选定要打开的数据表，单击“确定”按钮。重复以上操作，可以打开多个数据表文件。系统会自动为每个数据表选择一个工作区。

在“数据工作期”对话框中显示了当前工作期的名称和已经打开的数据表的别名。在下部的信息栏上还显示了当前工作区的编号，指明了该数据表所在的数据库文件名及其中的记录数，如图 5-44 所示。

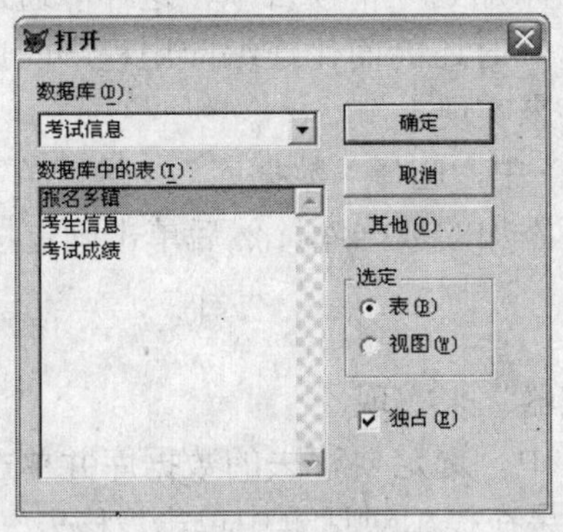

图 5-43　“打开”对话框

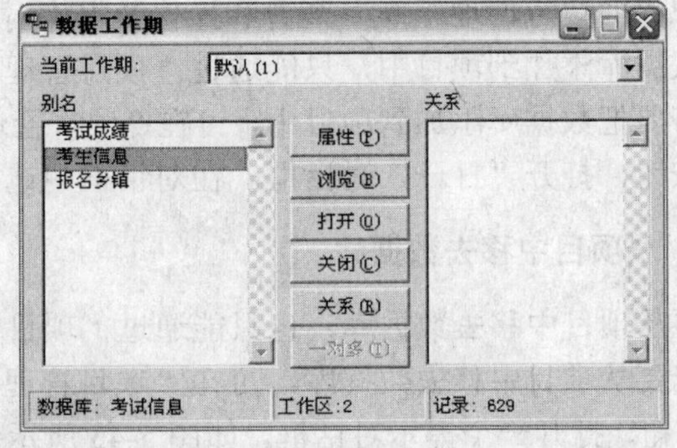

图 5-44　在“数据工作期”对话框中打开数据表

注意：在“数据工作期”对话框中同时多次打开同一个数据表文件时，系统会自动为它们指定不同的别名。

如果要关闭某个数据表，应当先在“别名”列表框中选定数据表别名，然后再单击“关闭”按钮。

3. 建立视图文件

数据工作期设置的环境可以作为视图文件（扩展名为.vue）保存起来，以后可以恢复它所保存的环境。建立视图文件有如下方法：

- 在“数据工作期”对话框打开的情况下，在“文件”菜单中选择“另存为”命令，打开“另存为”对话框。在对话框中输入视图文件名，选择保存为止，单击“保存”按钮，在指定文件夹中将存入当前数据工作期的视图文件。
- 在命令窗口中执行 CREATE VIEW <视图文件名>命令。

4. 打开数据工作期视图文件

如果需要重新恢复以前的系统环境，只要打开原来存放的数据工作期视图文件，系统将会自动使视图文件中记录的数据工作期成为当前操作环境。

打开数据工作期视图文件有如下方法：

- 在“文件”下拉菜单中选择“打开”命令，或直接单击工具栏的“打开”按钮，打开“打开”对话框。在对话框中选定要打开的视图文件，单击“打开”按钮。

直接在命令窗口执行 SET VIEW TO <视图文件名>命令。

5.7　管理数据库

数据库创建后，若还不是项目的一部分，用户可以把它加入到项目中。若该数据库已是项目的一部分，可将它从项目中移走。若不再需要此数据库，也可将它从盘上删除。

5.7.1 在项目中添加数据库

当使用 CREATE DATABASE 命令创建数据库时，即使“项目管理器”是打开的，该数据库也不会自动成为项目的一部分。可以把数据库添加到一个项目中，这样能通过交互式用户界面更方便地组织、查看和操作数据库对象，同时还能简化连编应用程序的过程。要把数据库添加到项目中，只能通过“项目管理器”来实现。

若要把数据库添加到项目中，可在“项目管理器”中，选择“数据库”，然后单击“添加”按钮，打开“打开”对话框。在对话框中选择要添加的数据库，然后单击确定按钮。

5.7.2 从项目中移去数据库

要从项目中移去数据库，也只能通过“项目管理器”来实现。

若要从项目中移去数据库，可在“项目管理器”中，选定要移去的数据库并单击“移去”按钮，打开一个提示对话框，如图 5-45 所示。如果在提示对话框中单击“移去”按钮，则将数据库移出项目。如果在提示对话框中单击“删除”按钮，则不仅从项目将数据库移出，并且还从磁盘上删除该数据库。

图 5-45 移去数据库提示对话框

5.7.3 删除数据库

若要删除数据库，可在“项目管理器”中，选定要删除的数据库，然后单击“移去”按钮，在提示对话框中单击“删除”按钮。

用户也可以使用 DELETE DATABASE 命令删除数据库，例如，下面的代码删除了 sample 数据库：

```
DELETE DATABASE sample
```

使用“项目管理器”或 DELETE DATABASE 命令都能使 Visual FoxPro 从数据库的表中移去指向该数据库的后链，其他文件实用工具（例如 Windows 文件管理器）则不能移去这些后链。

提示： DELETE DATABASE 命令并没有从磁盘上删除和数据库有关联的表，而只是把和数据库有关的表变成自由表。如果想从磁盘上删除数据库及所有关联的表，请在 DELETE DATABASE 命令中使用 DELETE TABLES 子句。

5.7.4 查看数据库分层结构

数据库规划是在数据库中所建立的表结构和永久关系的可视化表示形式，“数据库设计器”窗口可显示已打开数据库的分层结构。

若要显示数据库分层结构，使用 MODIFY DATABASE 命令。

例如，下面的代码打开 testdata 数据库，并在“数据库设计器”中显示其分层结构：

```
MODIFY DATABASE testdata
```

程序运行结果如图 5-46 所示。

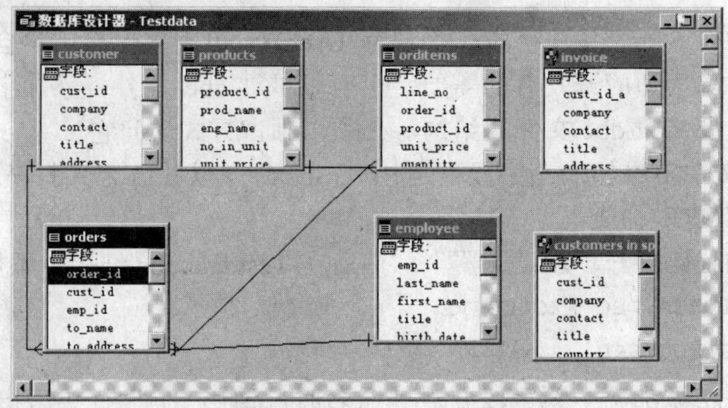

图 5-46　查看数据库分层结构

5.7.5　浏览数据库文件

数据库文件为和数据库关联的每个表、视图、索引、标识、永久关系以及连接保存了一个记录，也保存了每个具有附加属性的表字段或视图字段的记录。此外，它还包含一个单独的记录，保存数据库的所有存储过程。

“数据库设计器”只显示了数据库的规划，有时可能需要浏览数据库文件本身的内容。这时，可对.dbc 文件发出 USE 命令，来浏览一个关闭状态的数据库。下面的示例打开“浏览”窗口，然后以表的形式显示 tastrade 数据库的内容。

```
CLOSE all
use tastrade.dbc EXCLUSIVE
BROWSE
```

程序运行结果如图 5-47 所示。

Tastrade

Objectid	Parentid	Objecttype	Objectname
1	1	Database	Database
2	1	Database	TransactionLog
3	1	Database	StoredProceduresSource
4	1	Database	StoredProceduresObject
5	1	Table	customer
6	5	Index	company_na
7	5	Index	customer_i
8	1	Table	products
9	8	Index	category_i
10	8	Index	supplier_i
11	8	Index	product_na
12	8	Index	product_id
13	1	Table	order_line_items
14	13	Index	product_id
15	13	Index	order_id
16	1	Table	orders

图 5-47　浏览数据库的内容

注意：除非用户对.DBC 文件的结构非常了解，否则不要使用 BROWSE 命令改变数据库文件。如果在改变.dbc 文件时出了错，就会使数据库无效，并可能丢失数据。

5.7.6 扩展数据库文件

每个.dbc 文件包含一个备注字段（命名为 User），可用来保存用户自己的有关数据库中每个记录的信息。为适应开发者的需要，也可以扩展.dbc 文件，添加字段。字段必须加在库结构的末尾。要修改.dbc 文件的结构，必须以独占方式访问它。

若要在.dbc 文件中添加一个字段，可用 USE 命令以独占方式打开.dbc 文件，使用 MODIFY STRUCTURE 命令。

例如，下面的代码打开“表设计器”，然后在 Testdata.dbc 结构中添加字段：

```
USE TESTDATA.DBC EXCLUSIVE
MODIFY STRUCTURE
```

向数据库文件中添加一个新字段并对其命名时，请用“U”打头，指明它是一个用户自定义字段。这样可以防止用户的字段和.dbc 文件将来的任何扩展发生冲突。

注意：不要更改.dbc 文件中任何已存在的 Visual FoxPro 定义字段，对.dbc 文件所做的任何改动都可能影响到数据库的完整性。

5.7.7 检查数据库

检查数据库，以确定数据库每个记录都与它所代表的数据库中表和对象准确对应。用户可以用 VALIDATE DATABASE 命令检查当前数据库的完整性。

例如，下面的代码打开并检查 testdata 数据库的 .dbc 文件：

```
OPEN DATABASE testdata EXCLUSIVE
VALIDATE DATABASE
```

5.7.8 查看和设置数据库属性

每个 Visual FoxPro 数据库都包括了 Comment 和 Version 属性。用 DBGETPROP( )和 DBSETPROP( )函数可查看和设置这些属性。

例如，下面的代码显示 testdata 数据库的版本号：

```
? DBGETPROP('testdata', 'database', 'version')
```

返回值表示 Visual FoxPro.DBC 的版本号，它是只读的。若数据有注释，可用同样的函数查看：

```
? DBGETPROP('testdata', 'database', 'comment')
```

与 Version 属性不同，Comment 属性即可读又可写。用 DBSETPROP( )函数输入描述或其他要存储在数据库中的文本。

若要设置当前数据库的注释属性，可在“数据库设计器”中，从“数据库”菜单中选择“属性”，在“注释”框中输入注释。或者用函数 DBSETPROP( )的 comment 选项。

例如，下面的代码为 testdata 数据库更改注释：

```
? DBSETPROP('testdata', 'database', 'comment', ;
'TestData is included with Visual FoxPro')
```

也可以对其他数据库对象（例如远程数据连接和视图）使用 DBGETPROP()和 DBSETPROP( )函数，来查看属性和设置属性。

5.7.9　创建存储过程

用户可以为数据库中的表创建存储过程。存储过程是存储在.dbc 文件中的 Visual FoxPro 代码，是专门操作数据库中数据的代码过程。存储过程可以提高数据库的性能，因为在打开一个数据库时，它们便加载到了内存中。

若要创建存储过程，可使用以下方式：

- 在“项目管理器”中，选择并展开一个数据库，选定“存储过程”，然后单击“新建”按钮，如图 5-48 所示。
- 在“数据库设计器”中，从“数据库”菜单中选择“编辑存储过程”按钮。
- 在“命令”窗口中，使用 MODIFY PROCEDURE 命令。

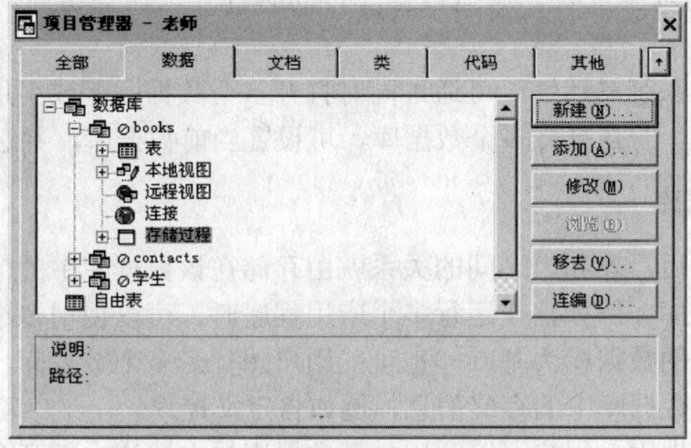

图 5-48　在项目管理器中创建存储过程

这几种方法都将打开 Visual FoxPro 文本编辑器，帮助用户创建或修改当前数据库的存储过程，如图 5-49 所示。

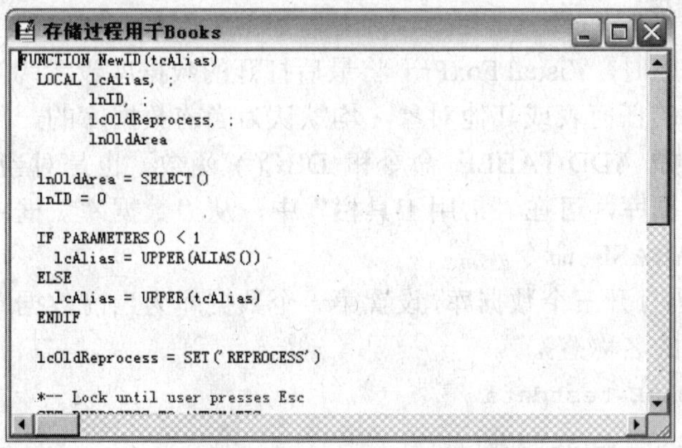

图 5-49　存储过程文本编辑器

使用存储过程主要是为了创建用户自定义函数，字段级规则和记录级规则将引用这些函数。当把一个用户自定义函数作为存储过程保存在数据库中时，函数的代码保存在 .dbc 文件中，并且在移动数据库时，会自动随数据库移动。使用存储过程能使应用程序更容易管理，因为可以不必在数据库文件之外管理用户自定义函数。

5.8 引用多个数据库

为符合多用户环境的数据组织需要，用户可以同时使用多个数据库。同时使用多个数据库有以下优点：

- 控制用户访问整个系统的子系列表。
- 组织数据以有效地符合各组别使用系统时的信息需要。
- 运行时刻允许排它地使用子系列表以创建本地视图或远程视图。

例如，用户有一个包含销售信息的销售数据库，主要用于销售部门处理顾客方面的信息。另一个包含货物信息的数据库，主要用于采购部门处理供应商方面的信息。有时不同部门对信息的需求会重叠。这些数据库可同时打开，随意访问，但它们包含着不同类的信息。

多数据库可增加系统灵活性，可通过同时打开多个数据库，或引用关闭的数据库中的文件，使用多数据库。一旦打开多个数据库，可设置当前数据库，并选择其中的表。

5.8.1 打开多个数据库

打开一个数据库后，表和表之间的关系就由存储在该数据库中的信息来控制。用户可以同时打开多个数据库。例如，在运行多个应用程序时，可以使用多个打开的数据库，每个应用程序都以不同的数据库为基础。也可能用户想打开多个数据库，从而能使用应用程序数据库之外的另一数据库中的存储信息，例如自定义控件。

若要打开多个数据库，用户可以利用打开数据库的方法依次打开多个数据库，打开新的数据库并不关闭其他已经打开的数据库，这些已打开的数据库仍然保持打开状态，而新打开的数据库成为当前数据库。

5.8.2 设置当前数据库

当打开多个数据库时，Visual FoxPro 将最后打开的数据库设置为当前数据库。所创建或添加到该数据库中的任何表或其他对象，均默认为当前数据库的一部分，处理打开数据库的命令和函数（例如 ADD TABLE 命令和 DBC( ) 函数）也是对当前数据库进行操作。

若要设置当前数据库，可在“常用工具栏”中，从“数据库”框中选择一个数据库。或者使用 SET DATABASE 命令。

例如，下面的代码打开三个数据库，设置第一个数据库为当前数据库，然后使用 DBC( ) 函数显示当前数据库的名称：

```
OPEN DATABASE testdata
OPEN DATABASE tastrade
OPEN DATABASE sample
SET DATABASE TO testdata
? DBC( )
```

提示：当执行的查询或表单需要打开一个或多个数据库时，Visual FoxPro 可以自动打开这些数据库。为了保证用户所处理的数据库是正确的数据库，最好在执行任何对当前数据库操作的命令前，明确设置当前数据库。

5.8.3　选择当前数据库中的表

可以使用 USE 命令，在当前数据库的一系列表中选择要用到的表。

若要从当前数据库选择表，请使用带“?”字符的 USE 命令。显示“使用”对话框后，选定并打开一个表。

例如，下面的代码打开了 sales 数据库，并提示用户在数据库的一系列表中选定一个表：

```
OPEN DATABASE SALES
USE ?
```

程序运行结果如图 5-50 所示。

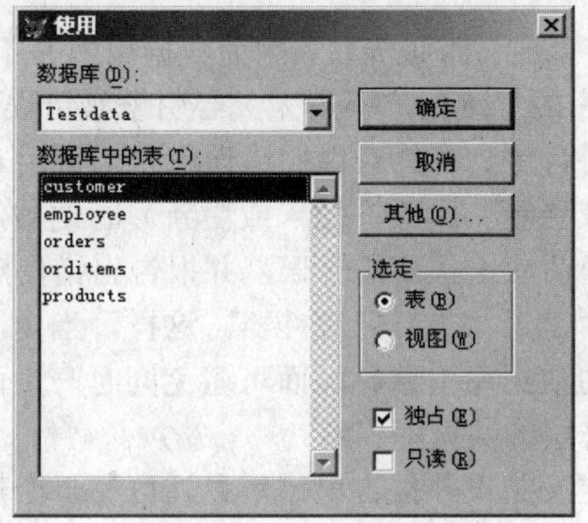

图 5-50　选定数据库中的表

如果用户想选定一个与当前数据库不关联的表，可选择“使用”对话框中的“其他”按钮。

5.8.4　作用域

Visual FoxPro 把当前数据库作为命名对象（例如表）的主作用域。当打开一个数据库时，Visual FoxPro 首先在已打开的数据库中搜索所需的任何对象（例如表、视图、连接等）。只有在当前数据库中没有找到所需对象时，Visual FoxPro 才在默认的搜索路径上查找。

例如，如果 customer 表和 sales 数据库关联，那么当用户执行下面的命令时，Visual FoxPro 总会在此数据库中找到 customer 表：

```
OPEN DATABASE SALES
ADD TABLE F:\SOURCE\CUSTOMER.DBF
USE CUSTOMER
```

如果执行下面的命令，Visual FoxPro 首先在当前数据库中查找 products 表：

```
USE PRODUCTS
```

如果 products 表不在当前数据库中，Visual FoxPro 会使用默认的搜索路径在数据库外查找。

提示：如果用户希望在数据库的内部和外部都能访问一个表（例如，对于表的位置会改变的情况），可以为该表指定完整路径。但是只使用表名，速度会更快，因为 Visual FoxPro 对数据库表名的访问速度比完整路径快。

5.9 数据库错误处理

数据库错误，也称“引擎错误”，当记录级事件代码发生运行时刻错误时。例如，当用户将 null 值存入一个不允许为 null 值的字段时，产生数据库错误。

当对数据库非法操作时，位于底层的数据库引擎会检测到错误并提交一条出错信息。出错信息的具体内容与检测到该错误的数据库管理系统有关，例如，远程数据服务器（比如 Microsoft SQL Server）产生的错误信息可能不同于本地的 Visual FoxPro 所产生的错误信息。

另外，引擎级的错误信息通常都很笼统，因为数据引擎并不知道记录更新的具体环境。所以 Visual FoxPro 应用程序的最终用户不用太关心引擎级错误信息。

若要产生对应用程序而言更具有针对性的错误信息，可用 CREATE TRIGGER 命令创建触发器。触发器每当记录更新（删除，插入或更新）时便被触发。用户在对触发事件进行编程时，可以捕获针对当前应用程序的错误，并报告出错信息。

若用触发器处理数据库错误，需打开缓冲器。这样，当更新记录时，触发器被触发，但记录不立即传送到底层的数据库引擎。因而可避免同时产生两个错误信息的可能：一个来自触发器，另一个来自底层的数据库引擎。

若要用触发器捕获自定义错误并报告出错信息，可在一个用户自定义函数或存储过程中，写入显示自己编写信息的代码。用 CURSORSETPROP( )函数激活缓冲器，这样，出错时就会显示自定义的错误信息。若缓冲器关闭，用户将同时看到自定义的错误信息和来自引擎的错误信息。

5.10 习　　题

习题 1：

将习题素材 Unit5 文件夹中的文件夹 Y5-01 复制到考生文件夹中，重命名为“X5-01”，然后新建项目管理器，命名为“项目 5-1”，保存到文件夹 X5-01 中，完成下列操作。

1．**建立数据库：**

- 在“项目 5-1”中新建数据库“X5-01.dbc”，保存到文件夹 X5-01 中；
- 将表 Y5_01A.dbf、Y5_01B.dbf、Y5_01C.dbf 添加到数据库 X5-01.dbc 中。

2．**设置字段属性：**在数据表 Y5_01A.dbf 中，完成以下操作：

- 设置“中学代码”字段的默认值为“0101”；
- 为“中学代码”字段添加字段注释“0101 代表城关镇一中”。

3．**设置表属性：**对数据表 Y5_01B.dbf 完成以下操作：

- 添加表注释“该表为考生报名表”；
- 设置“性别代码”字段的“记录有效性”，要求为该字段输入的值必须为“1”或者“2”；
- 当输入字段“性别代码”的值不是“1”，也不是“2”时，“信息”则提示“性别代码必须为 1 或者 2，请重新输入”，结果如图 5-51 所示。

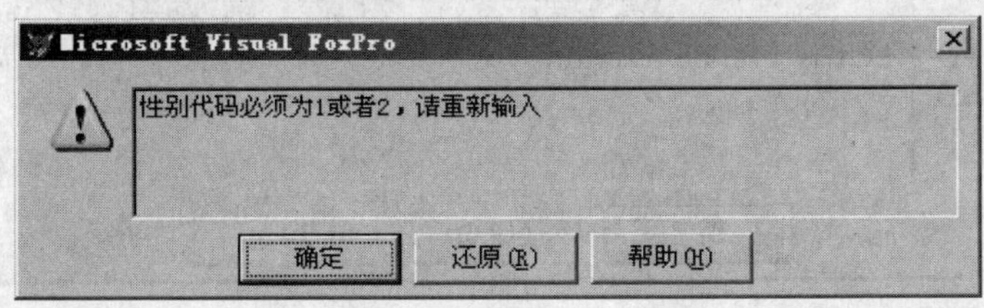

图 5-51

4．**建立字段索引和表之间的关系：**

- 在数据表 Y5_01A.dbf 中设置字段“中学代码”为主索引，Y5_01B.dbf 中设置字段“报名序号”为主索引，设置字段“中学代码”为普通索引，Y5_01C.dbf 中设置字段“报名序号”为主索引；
- 选择正确的关联字段，为表 Y5_01A.dbf 与表 Y5_01B.dbf 建立一对多关系，为表 Y5_01B.dbf 与表 Y5_01C.dbf 建立一对一关系，结果如图 5-52 所示。

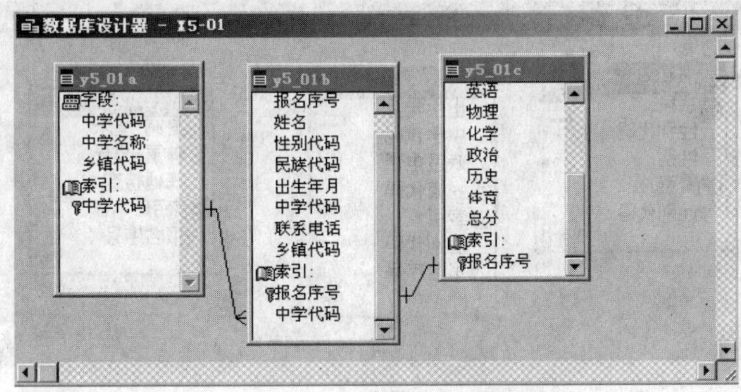

图 5-52

习题 2：

将习题素材 Unit5 文件夹中的文件夹 Y5-02 复制到考生文件夹中，重命名为“X5-02”，然后新建项目管理器，命名为“项目 5-2”，保存到文件夹 X5-02 中，完成下列操作。

1．**建立数据库：**

- 在“项目 5-2”中新建数据库“X5-02.dbc”，保存到文件夹 X5-02 中；
- 将表 Y5_02A.dbf、Y5_02B.dbf、Y5_02C.dbf 添加到数据库 X5-02.dbc 中。

2．**设置字段属性：**在数据表 Y5_02A.dbf 中，完成以下操作：

- 设置“性别代码”字段的默认值为“2”；
- 为“性别代码”字段添加字段注释“2 代表女”。

3．**设置表属性：**对数据表 Y5_02B.dbf 完成以下操作：

- 添加表注释“该表为考生报名表”；
- 设置“性别代码”字段的“记录有效性”，要求为该字段的值不能为空值；
- 当输入字段“性别代码”的值为空值时，“信息”则提示“性别代码不能为空值，请重新输入”，结果如图 5-53 所示。

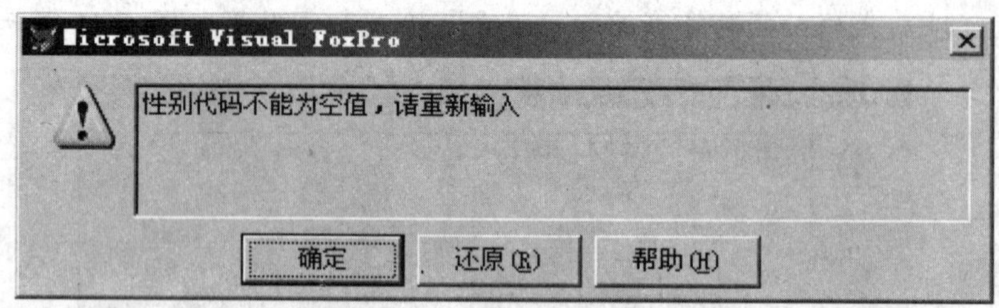

图 5-53

4．**建立字段索引和表之间的关系：**

- 在数据表 Y5_02A.dbf 中设置字段“性别代码”为主索引，Y5_02B.dbf 中设置字段“报名序号”为主索引，设置字段“性别代码”为普通索引，Y5_02C.dbf 中设置字段“报名序号”为主索引；
- 选择正确的关联字段，为表 Y5_02A.dbf 与表 Y5_02B.dbf 建立一对多关系，为表 Y5_02B.dbf 与表 Y5_02C.dbf 建立一对一关系，结果如图 5-54 所示。

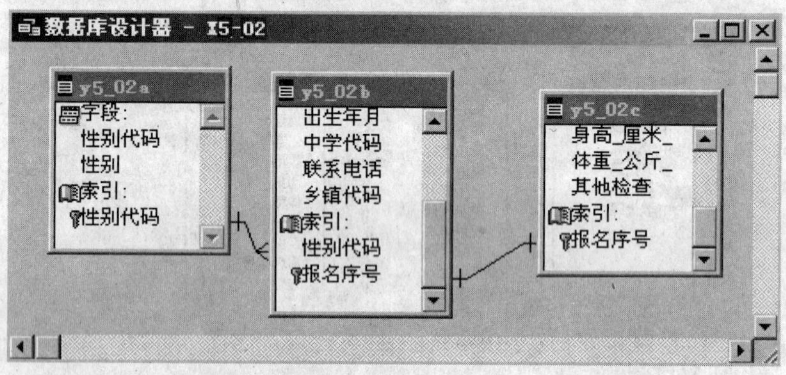

图 5-54

习题 3：

将习题素材 Unit5 文件夹中的文件夹 Y5-03 复制到考生文件夹中，重命名为“X5-03”，然后新建项目管理器，命名为“项目 5-3”，保存到文件夹 X5-03 中，完成下列操作。

1．**建立数据库：**

- 在“项目 5-3”中新建数据库“X5-03.dbc”，保存到文件夹 X5-03 中；
- 将表 Y5_03A.dbf、Y5_03B.dbf、Y5_03C.dbf 添加到数据库 X5-03.dbc 中。

2．**设置字段属性：**在数据表 Y5_03A.dbf 中，完成以下操作：

- 设置“学校代码”字段的默认值为“02”；
- 为“学校代码”字段添加字段注释“02 代表二高”。

3．**设置表属性：**对数据表 Y5_03B.dbf 完成以下操作：

- 添加表注释“该表为高考报名表”；

- 设置“政治面貌”字段的“记录有效性”，要求为该字段输入的值必须为“团员”；
- 当输入字段“政治面貌”的值不是“团员”时，“信息”则提示“考生的政治面貌必须为团员，请重新输入”，结果如图 5-55 所示。

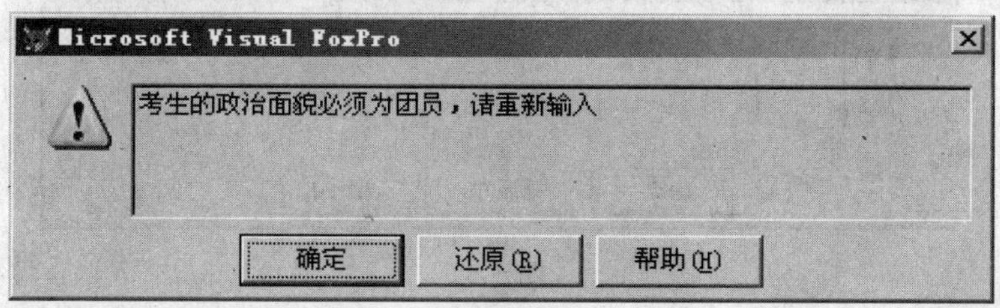

图 5-55

4．建立字段索引和表之间的关系：

- 在数据表 Y5_03A.dbf 中设置字段“学校代码”为主索引，Y5_03B.dbf 中设置字段“报名序号”为主索引，设置字段“学校代码”为普通索引，Y5_3C.dbf 中设置字段“报名序号”为主索引；
- 选择正确的关联字段，为表 Y5_03A.dbf 与表 Y5_03B.dbf 建立一对多关系，为表 Y5_03B.dbf 与表 Y5_03C.dbf 建立一对一关系，结果如图 5-56 所示。

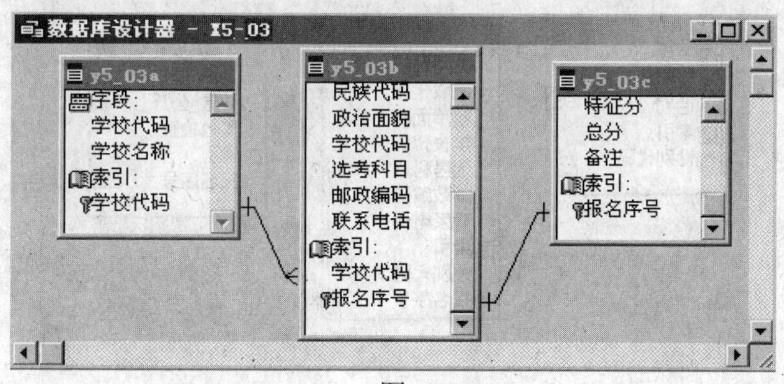

图 5-56

习题 4：

将习题素材 Unit5 文件夹中的文件夹 Y5-04 复制到考生文件夹中，重命名为“X3-04”，然后新建项目管理器，命名为“项目 5-4”，保存到文件夹 X5-04 中，完成下列操作。

1．**建立数据库：**

- 在“项目 5-4”中新建数据库“X5-04.dbc”，保存到文件夹 X5-04 中；
- 将表 Y5_04A.dbf、Y5_04B.dbf、Y5_04C.dbf 添加到数据库 X5-04.dbc 中。

2．**设置字段属性：**在数据表 Y5_04A.dbf 中，完成以下操作：

- 设置“性别代码”字段的默认值为“2”；
- 为“性别代码”字段添加字段注释“2 代表女”。

3．**设置表属性：**对数据表 Y5_04B.dbf 完成以下操作：

- 添加表注释“该表为高招报名表”；

- 设置“民族代码”字段的“记录有效性”，要求为该字段输入的值不能为“1”；
- 当输入字段“民族代码”的值为“1”时，“信息”则提示“民族代码错误，请重新输入”，结果如图 5-57 所示。

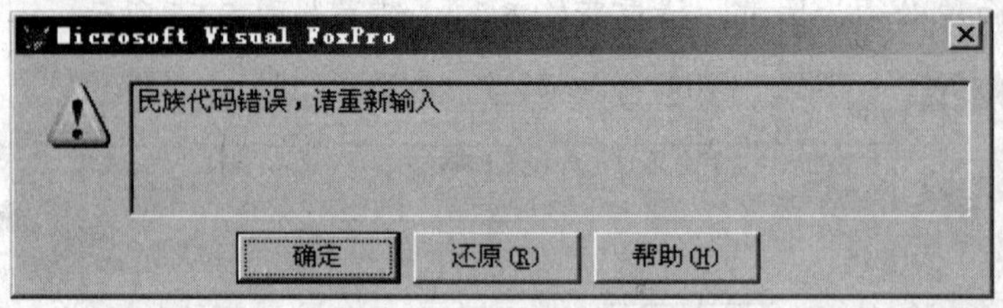

图 5-57

4．建立字段索引和表之间的关系：

- 在数据表 Y5_04A.dbf 中设置字段“性别代码”为主索引，Y5_04B.dbf 中设置字段“报名序号”为主索引，设置字段“性别代码”为普通索引，Y5_04C.dbf 中设置字段“报名序号”为主索引；
- 选择正确的关联字段，为表 Y5_4A.dbf 与表 Y5_4B.dbf 建立一对多关系，为表 Y5_04B.dbf 与表 Y5_04C.dbf 建立一对一关系，结果如图 5-58 所示。

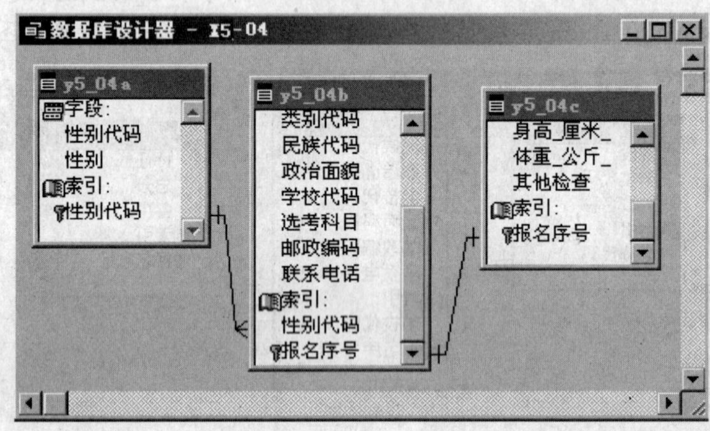

图 5-58

第6章　查　　询

对于关系数据库中数据的操作，可以分为两类功能，一类为对数据表的添加记录、删除记录、编辑字段等的操作，另一类为查询操作。查询操作是数据操作的重要组成部分。在这一章中将学习在 Visual FoxPro 中如何使用查询。

查询是用户向一个数据库发出的检索信息的请求，它使用一些条件提取特定的记录。使用查询就是为了数据的检索，Visual FoxPro 提供了丰富的工具使用户能够较容易地生成查询，下面学习利用查询向导或查询设计器来创建查询。

本章重点：

- 使用查询向导建立查询
- 使用查询设计器建立查询
- SQL 的语言概述
- 查询命令的基本用法
- 查询的结果处理

6.1　使用查询向导创建查询

查询向导按交互式询问用户要从哪些表中搜索信息，并根据用户对一系列问题的回答建立查询，从数据库中将用户需要的记录提取出来。可以通过查询向导，在系统的帮助下快速创建查询，建立查询后，可以在查询设计器中对查询进行调整。

6.1.1　进入“查询向导”的方法

查询向导的最大优点是可以以简捷的方法快速地建立一个查询。进入查询向导的方法有多种，这里为大家介绍一下常用的几种方法。

选择“文件”菜单中的“新建”命令，打开“新建”对话框，如图6-1所示。在文件类型区域选中“查询”选项，然后单击“向导”按钮，打开“向导选取”对话框，如图6-2所示。在“向导选取”对话框中选择“查询向导”选项，单击“确定”按钮。

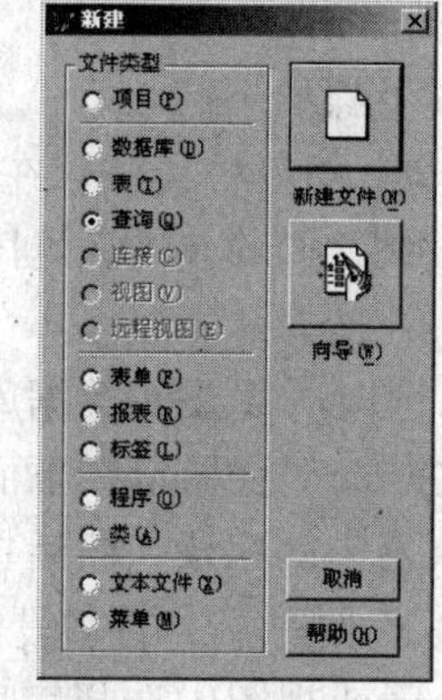

图6-1　“新建”对话框

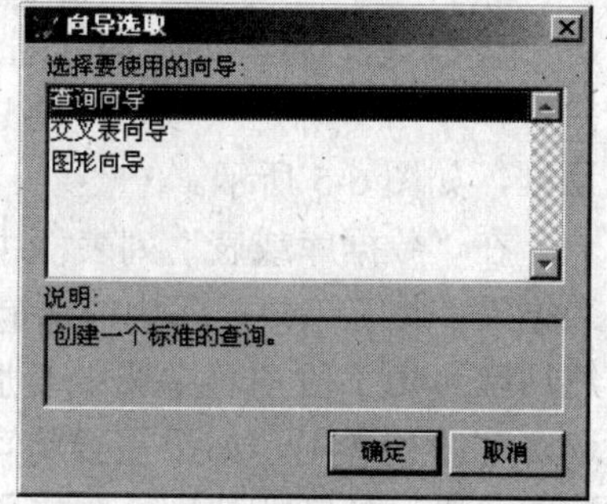

图6-2　“向导选取”对话框

选择“工具”菜单中“向导”子菜单中的“查询”命令，如图6-3所示。选择“查询”命令后将打开“向导选取”对话框。在对话框中选择“查询向导”选项，单击“确定”按钮。

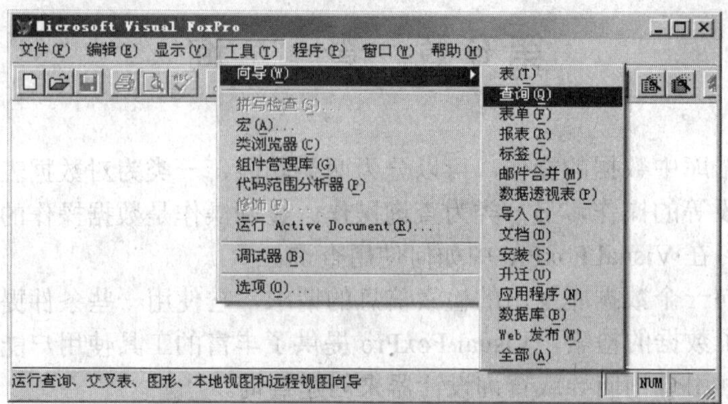

图 6-3 工具菜单

在项目管理器的“数据”选项卡中选中“查询”选项，单击“新建”按钮，打开“新建查询”对话框，如图 6-4 所示。单击“查询向导”按钮，打开“向导选取”对话框。在对话框中选择“查询向导”选项，单击“确定”按钮。

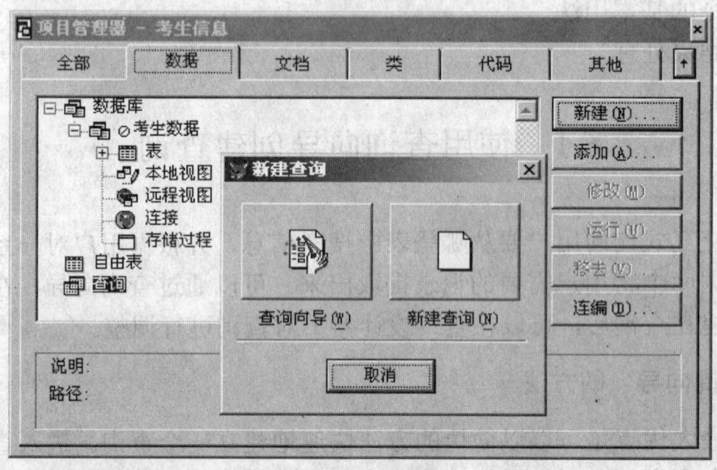

图 6-4 利用项目管理器进入查询向导

6.1.2 使用“查询向导”创建查询

使用查询向导创建查询的基本步骤如下：

（1）选择查询的字段。通过以上任一种方法，在“向导选取”对话框中选择“查询向导”，单击“确定”按钮，将进入到“查询向导”创建查询的第一步——“字段选取”对话框，如图 6-5 所示。

在“数据库或表”列表框中，选取所需要的数据库或自由表。例如，选取“考生数据”数据库，此时该数据库中的所有数据表都会显示在下面的列表框中，在列表中选择一个表，然后在可用字段列表中选中要加入表中的字段，然后单击“添加”按钮 ▸，将字段添加到选定字段列表中，如果需要将可用字段列表中的字段全部添加，则可以单击“全部添加”按钮 ▸▸。用户可以从一个或多个表或视图中选择字段，将它们添加到“选定字段”列表中。在“选定字段”列表中列出的内容，将作为查询结果出现。

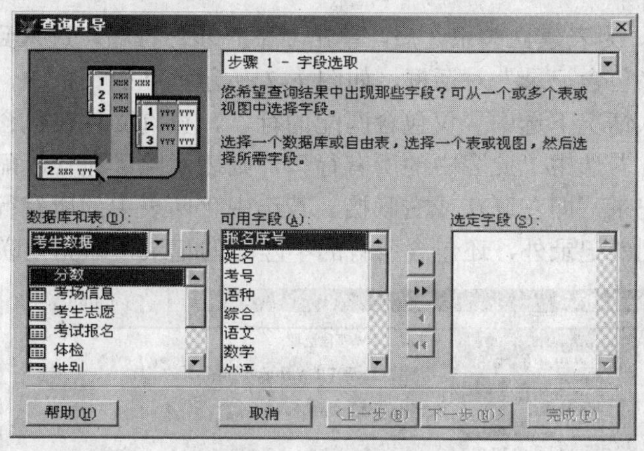

图 6-5 字段选取

提示： 如果在数据库和表下拉列表中没有所需要的数据库或自由表时，用户可以单击右侧的“打开”按钮，打开“打开”对话框，然后选取所需要的数据库或自由表。在添加字段后，如果感觉不合适可以将添加的字段删除，在选定字段列表中选中要删除的字段，然后单击按钮 ◀ 则可将选中的字段删除。用户还可以在选定字段列表中拖动字段前面的按钮 ↕ 上下移动字段。

（2）为表建立关系。选定字段之后，单击“下一步”按钮，进入到“查询向导”创建查询的第二步——“为表建立关系”对话框，如图 6-6 所示。

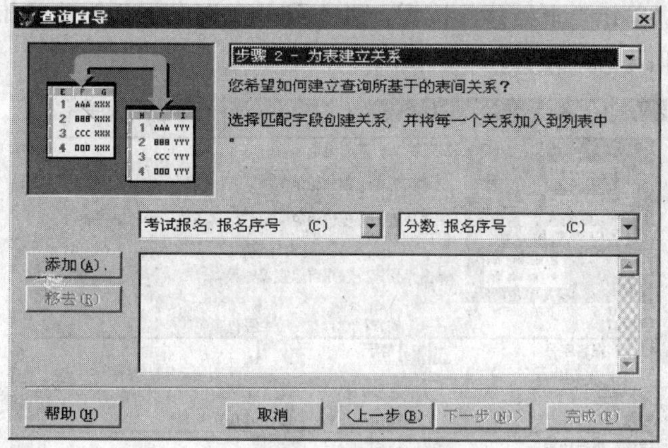

图 6-6 为表建立关系

在这个对话框中，有两个下拉列表框，分别列出了所选表中的字段，在两个列表中分别选取表或视图中的字段，然后单击“添加”按钮，把这一匹配关系加入。被加入的匹配关系会出现在下面的列表框中，用户可以在这里观察这些匹配关系，如果某匹配关系不适合需要，可以选定它，然后单击“移去”按钮。例如，分别选取考试报名表的“报名序号”字段和分数表的“报名序号”字段，然后单击“添加”按钮。

提示： 如果选取的字段来自不同的表或视图，系统将进入到“查询向导”的第二个步骤：为表建立关系，若仅从一个表或视图里选取字段，则不进行第二步的操作，可直接进入到“查询向导”的第四步，即筛选记录。

（3）包含记录。为表建立关系之后，单击“下一步”按钮，进入到“查询向导”创建查询的第三步——“包含记录”对话框，如图 6-7 所示。在对话框中，系统要求用户确定联接的类型。在默认情况下选中“仅包含匹配的行”，查询文件仅包含两个表之间匹配的记录，即内部联接。若选中“此表中的所有行”，则表示除了包含匹配的记录外，还包含此表的其他不匹配记录，即左联接或右联接。若选中“两表中的所有行”，则表示在查询文件中除了包含匹配的记录外，还包含所有的不匹配的记录，即完全联接。

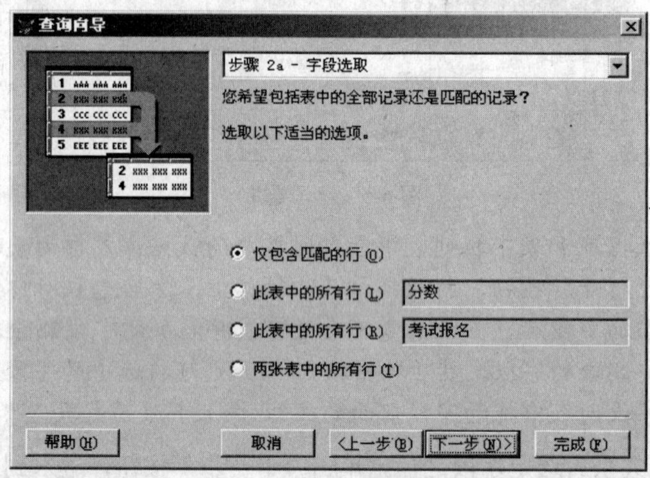

图 6-7 包含记录

（4）筛选记录。单击“下一步”按钮，进入到“查询向导”创建查询的第四步——“筛选记录”对话框，如图 6-8 所示。

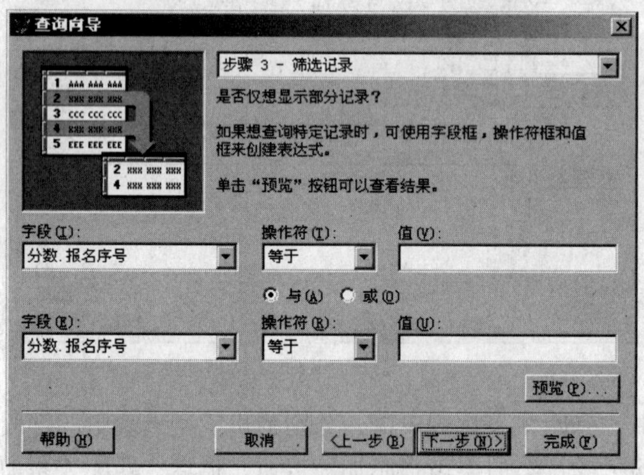

图 6-8 筛选记录

在该对话框中可以确定查询中是否只显示部分记录，默认情况下查询所有的记录，但用户可以筛选出符合条件的记录。在“字段”列表中选择要筛选的字段，在“操作符”下拉列表中选择操作符，在“值”文本框中建立表达式。可以单击“预览”按钮，以查看基于筛选条件返回的记录。例如，在“字段”列表中分数中的总分字段，在“操作符”下拉列表中选择大于，在“值”文本框中输入 510，这样可以筛选总分大于 510 的记录。

（5）排序记录。筛选条件设置完毕，单击“下一步”按钮，进入到“查询向导”创建查询的第五步——“排序记录”对话框，如图 6-9 所示。

在该对话框中用户可以选择查询结果中各个记录之间的排列顺序。从“可用字段”中选取用于进行排序的字段，然后单击“添加”按钮将其添加到“选定字段”列表中。在选定字段列表中选中字段然后选择排序方式（升序或降序）。例如，设置排序字段设为“总分”，“降序”排列。

提示： 用于排序的字段最多不能超过 3 个，排序根据在“选定字段”列表中指定字段的先后顺序定优先级，也就是说，排在最顶部的字段在排序中最先考虑，然后依次类推。

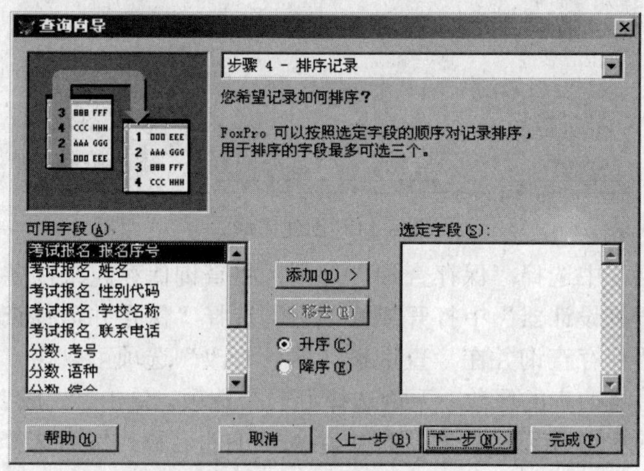

图 6-9　排序记录

（6）限制记录。排序后单击“下一步”按钮，将进入到“查询向导”创建查询的第六步——“限制记录”对话框，如图 6-10 所示。

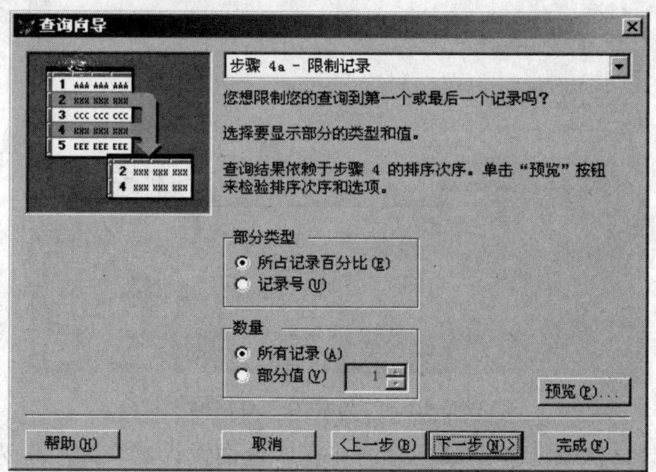

图 6-10　限制记录

对于一个较大的数据库，一次的查询结果可能有成千上万条，在这种情况下，用户可以选择显示其中一部分记录。可以设置查询所占记录百分比或记录号数来限定查询记录，这一步的查询结果依赖于上一步的记录排序设置。

（7）创建完成。单击“下一步”按钮，进入到“查询向导”创建查询的第七步——“完成”对话框，如图 6-11 所示。

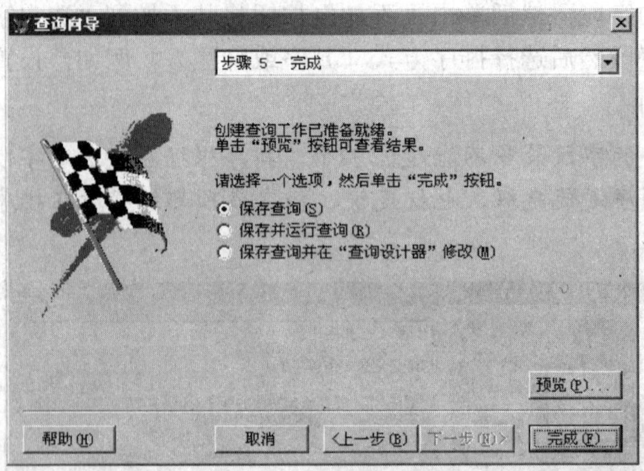

图 6-11 创建完成

在“完成”对话框中选择“保存查询”选项，将查询保存起来以备以后使用。保存之后，仍旧可以在“查询设计器”中打开或修改它。选择“保存并运行查询”选项会导致查询立即执行。选择“保存查询并在‘查询设计器’修改”选项可以在“查询设计器”中重新对所生成的查询做进一步的修改。无论选择哪一个选项，单击“完成”按钮，则打开“另存为”对话框，如图 6-12 所示。在对话框中输入查询的名称，然后选择表的保存位置，单击“保存”按钮，将查询进行保存。

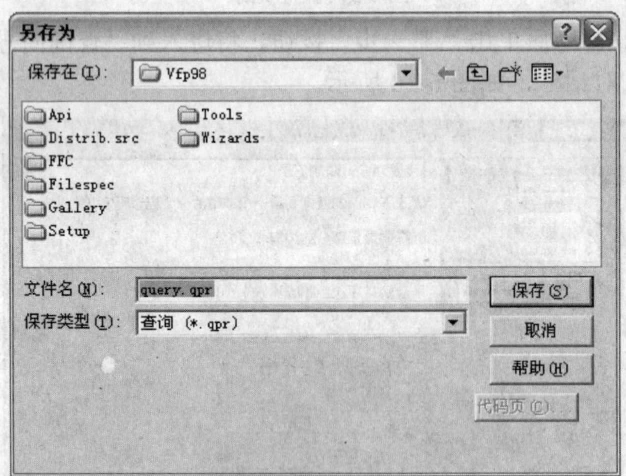

图 6-12 “另存为”对话框

例如，在完成对话框中选择“保存查询并在“查询设计器”修改”选项，单击“完成”按钮，将查询保存后出现如图 6-13 所示的“查询设计器”窗口。用户可以根据需要，在查询设计器中对查询进行修改。修改完毕选择“查询”菜单的“运行查询”命令，即可得到查询结果如图 6-14 所示。

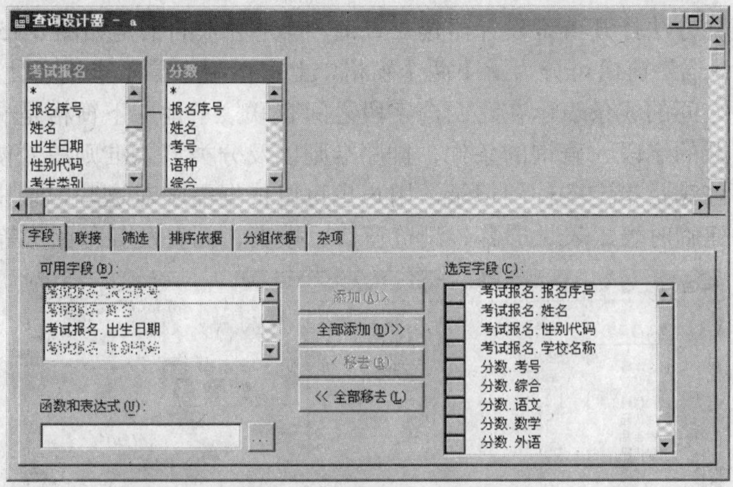

图 6-13　打开查询设计器修改查询

查询

报名序号	姓名	性别代码	学校名称	考号	综合	语文	数学	外语	总分
16012347	张卫彬	1	一高	161913	274	119	108	127	628
16012322	李长青	1	一高	161065	279	111	122	115	627
16010491	陈建立	1	一高	161716	277	117	113	118	625
16012337	刘丽生	1	一高	161650	257	119	122	120	618
16010507	马晓宇	2	一高	161044	250	124	113	130	617
16012335	王东风	1	一高	161403	270	112	126	101	609
16010817	李熙平	1	一高	161133	281	99	111	110	601
16010713	高炜炜	1	一高	161247	266	111	110	108	595
16010513	葛冰洁	2	一高	161824	261	115	101	118	595
16011257	张留威	1	一高	161582	269	107	92	126	594
16010074	孙金辉	1	一高	161521	270	107	104	112	593
16010489	李呈光	1	一高	161858	264	108	121	100	593
16021248	耿春生	1	二高	161277	275	104	93	117	589
16010184	李曼曼	2	一高	161773	268	103	98	120	589
16011210	张国峰	1	一高	161393	265	97	113	112	587

图 6-14　查询的结果

6.2　使用查询设计器创建查询

在很多时候，“查询向导”远远不能满足需要，而查询设计器可以方便灵活地生成各种查询。当然也可以先用“查询向导”生成一个查询，在此基础上用“查询设计器”来打开这个查询，并作进一步的修改去完善它。

若要使用“查询设计器”创建查询，首先需要打开“查询设计器”，打开“查询设计器”一般有以下几种方法：

- 选择“文件”菜单的“新建”命令，打开“新建”对话框。选择“查询”选项，单击“新建文件”按钮。
- 在项目管理器的“数据”选项卡中，选择“查询”选项，单击“新建”按钮，打开“新建查询”对话框，单击“新建查询”按钮。
- 在命令窗口中执行 CREAT QUERY 命令。

不管使用哪种方法打开查询设计器建立查询，首先进入的都是如图 6-15 所示的查询设计器。“查询设计器”窗口可分为上下两个窗格，上窗格用于显示查询所使用的表或视图，设计器用连接表之间的线条表示在这两个字段之间有联接条件。下窗格是一组选项卡，用于设置查询所涉及的字段、查询的条件、排序准则以及分类汇总准则等。使用“查询设计器”可以提取那些满足指定条件的记录，用户也可以依据需求对这些记录排序和分组，并依据查询结果创建临时表、表、屏幕、浏览窗口、报表、标签及各种图形等。

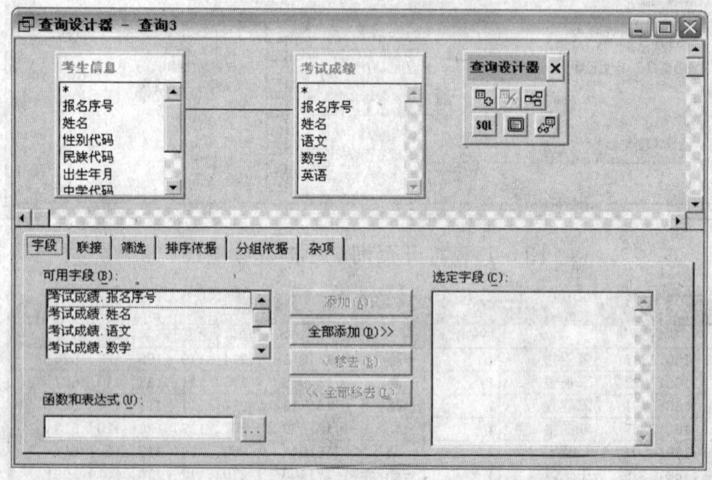

图 6-15　查询设计器以及查询设计器工具栏

6.2.1　添加数据环境

在初次打开“查询设计器”时，会随同打开“添加表或视图”对话框。若当前已有数据库表被打开，“添加表或视图”对话框就会显示当前数据库所包含的表或视图，如图 6-16 所示。否则系统将要求用户在“打开”对话框中先打开一个表文件，打开的表文件立即被添加到“查询设计器”里，并且在“添加表或视图”对话框里显示数据库中的表或视图文件。

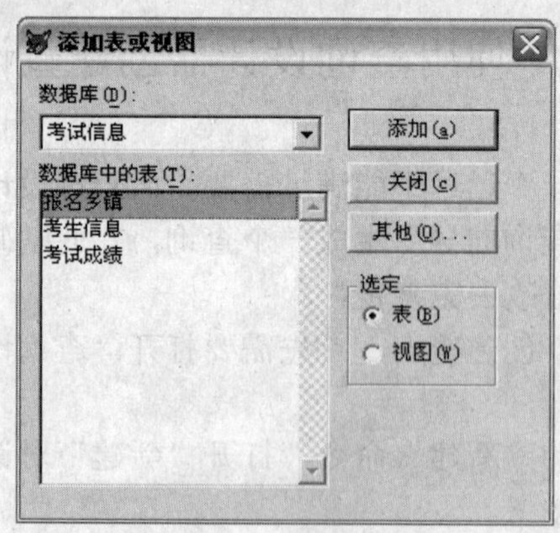

图 6-16　“添加表或视图”对话框

若在“添加表或视图”对话框中列出了当前数据库的表，在对话框中选中需要添加的表，然后单击“添加”按钮可把当前选中的表添加到“查询设计器”中。用户也可在对话框中直接双击表，将其添加到查询设计器中。单击“其他”按钮，可打开“打开”对话框，然后把自由表添加到“查询设计器”中。当加入两个以上数据库表时，查询文件里表之间的关系默认为和原数据库表中的关系相同。当在“选定”区域选择“视图”项时，“数据库中的视图”列表框列出当前数据库的全部视图，与添加表一样也可以将视图添加到“查询设计器”中。

完成选择表或视图后，单击“关闭”按钮。如果在创建查询的过程中还需要继续添加表或视图，用户可以单击“查询设计器”工具栏上的“添加表”按钮，打开“添加表或视图”对话框进行添加。

6.2.2　设计要查询的字段

在某些情况下，用户可能会使用表或视图中的所有字段。但有时用户也会只想使查询与部分选定的字段相关。如果想用某些字段给查询结果排序或者分组，一定要确保在查询输出中包含这些字段。选定这些字段后，可以在输出时为它们设置顺序。

在“查询设计器”窗口的下窗格中，“字段”选项卡用来指定查询结果由哪些字段或表达式组成。在“可用字段”列表中，列出了查询表中所有的字段，可以将它们添加到“选定字段”列表中。在选定字段列表中列出的字段或表达式，将出现在查询结果中。在选定字段列表中，可以拖动字段左边的垂直双向箭头来调整它们的显示顺序。

添加包含在查询结果中的字段的方法有下面几种：

- 在“可用字段”列表框中选定要添加的字段，然后单击“添加”按钮，向“选定字段”列表框中添加字段。
- 在“可用字段”列表框中选中要添加的字段，然后用鼠标直接将它拖到“选定字段”列表框中。
- 如果用户希望一次添加所有的字段，可以单击“全部添加”按钮。或用鼠标将表顶部的“*”拖入“选定字段”列表框中。
- 如果要取消已选择的字段，可以使用“移去”或“全部移去”按钮。

如要将“考试成绩”表中的全部字段和“考生信息”表中“联系电话”字段添加到查询中，如图 6-17 所示。运行查询后结果如图 6-18 所示。

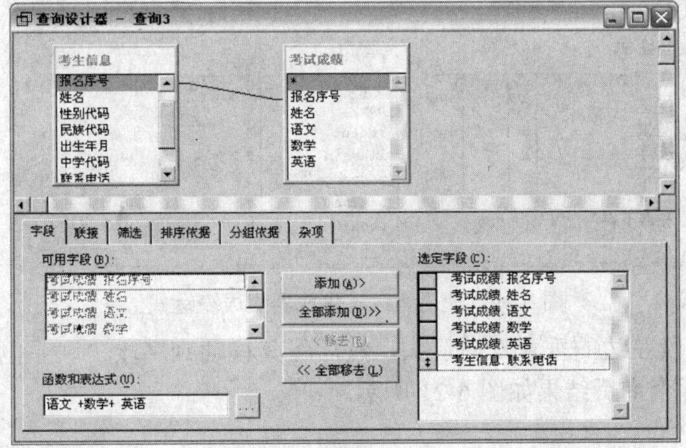

图 6-17　为查询添加字段

查询

报名序号	姓名	语文	数学	英语	联系电话
00564	谭玉坤	79	80	93	6771197
00566	郑少华	79	90	94	6771197
00575	卢华	82	86	88	6771197
00582	夏世杰	74	90	85	6771197
00600	郭曼丽	82	94	95	6771197
00604	王飞跃	74	91	94	6771197
00616	轩秋月	76	89	91	6771197
00621	王文鹤	89	95	93	6771197
00626	符燕	68	91	91	6771197
00631	马志远	72	93	88	6771197
00639	谢高杰	75	88	92	6771197
00644	程大朋	74	96	95	6771197
00645	韩宗岗	71	86	84	6771197
00647	张玉磊	77	91	93	6771197
00743	武丹华	79	71	94	0266575184
00757	陶慧娟	75	89	92	0266575184

图 6-18　选定字段的查询结果

用户可以使用“函数和表达式”文本框设置函数或字段表达式，然后单击“添加”按钮，将其添加到查询中。用户可以在文本框中直接键入函数或表达式，也可以单击其右边的对话按钮打开如图 6-19 所示表达式生成器对话框。在表达式生成器中生成一个函数或表达式，如在表达式生成器中输入“语文 +数学+ 英语”，单击“确定”按钮，返回到查询设计器中。此时在“函数和表达式”文本框将显示表达式“语文 +数学+ 英语”，单击“添加”按钮将表达式添加到“选定字段”列表框中。

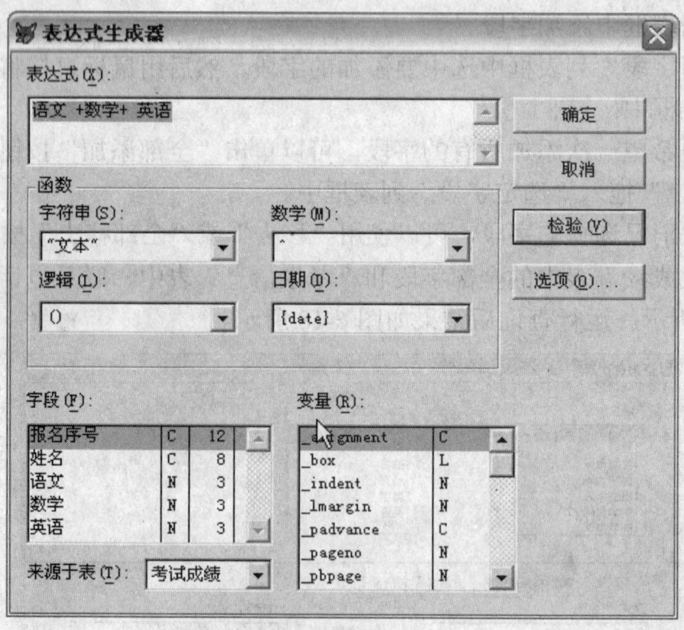

图 6-19　使用表达式生成器生成表达式

拖动表达式字段左边的垂直双向箭头，然后将其移动到字段“联系电话”的上面，如图 6-20 所示。运行查询后结果如图 6-21 所示。

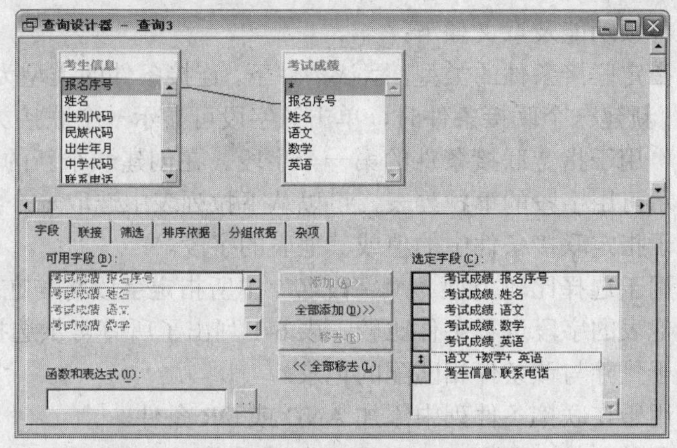

图 6-20　为查询添加表达式字段

查询

报名序号	姓名	语文	数学	英语	Exp_6	联系电话
00564	谭玉坤	79	80	93	252	6771197
00566	郑少华	79	90	94	263	6771197
00575	卢华	82	86	88	256	6771197
00582	夏世杰	74	90	85	249	6771197
00600	郭曼丽	82	94	95	271	6771197
00604	王飞跃	74	91	94	259	6771197
00616	轩秋月	76	89	91	256	6771197
00621	王文鹤	89	95	93	277	6771197
00626	符燕	68	91	91	250	6771197
00631	马志远	72	93	88	253	6771197
00639	谢高杰	75	88	92	255	6771197
00644	程大朋	74	96	95	265	6771197
00645	韩宗岗	71	86	84	241	6771197
00647	张玉磊	77	91	93	261	6771197
00743	武丹华	79	71	94	244	0266575184
00757	陶慧娟	75	89	92	256	0266575184

图 6-21　添加表达式字段的查询结果

6.2.3　确定联接

在查询设计器中选择“联接”选项卡，如图 6-22 所示。在该选项卡中可以用来指定联接表达式。当在多个表或视图间进行查询时，可以用联接选项为一个或多个表或视图中匹配和选择记录指定的联接条件。可以通过建立不同的联接关系生成不同条件的查询。

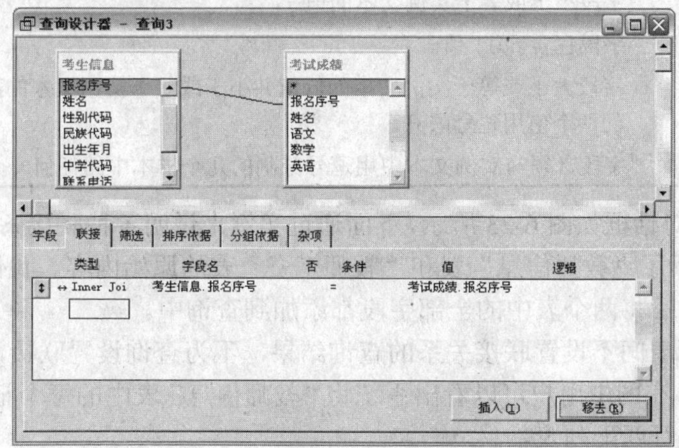

图 6-22　“联接”选项卡

联接选项卡中各项功能及意义如下：

- 类型用于指定联接条件的类型，默认条件下，连接条件的类型为“内部联接（Inner Join）”。新建一个联接条件时，单击该字段可显示一个联接类型的下拉列表。
- “字段名”用于指定联接条件的第一个字段。在创建一个新的联接条件时，单击该字段显示可用字段的下拉列表，可以从下拉列表中选取一个字段。
- “值”用于指定联接条件中的值或其他表的字段。
- “条件”用于选择比较类型。“字段名”中所指定字段将与在“值”一栏中指定的值或其他表的字段进行条件比较。表 6-1 列出了所有可供选择的比较类型。
- “否”用于排除与该条件相匹配的记录。
- “逻辑”用于在联接条件列中添加 AND 或 OR 条件。

联接的类型有四种：内部联接（Inner Join）、右联接（Right Outer Join）、左联接（Left Outer Join）和完全联接（Full Join）。默认情况下新建一个联接条件时，连接条件的类型为“内部联接。用户可以为新建的连接或者原来的连接改变连接类型，用户可以在“类型”下拉列表中选择需要的联接类型，或者在“联接条件”对话框中选择连接类型。在为查询添加表时，如果添加的表原来没有联接则会自动打开“联接”条件对话框，让用户设置联接。用户也可以单击查询设计器中表与表之间的关系线或者单击“联接”选项卡条件左侧的 ↔ 按钮，打开“联接条件”对话框重新编辑联接。

表 6-1　比较类型

比较类型	说明
=	两个字段值相等。
Like	字段包含与实例文本相匹配的字符或字符串。（例如：考试报名.姓名 Like 何，可指表中所有姓何的考生）
==	字段与实例文本必须逐字符完全相同。
>	字段大于实例文本的值。
>=	字段大于或等于实例文本的值。
<	字段小于实例文本的值。
<=	字段小于或等于实例文本的值。
IS NULL	字段包含 null 值。
BETWEEN	字段大于或等于实例文本的低值并小于或等于实例文本的高值。实例文本中的两个值用逗号隔开。
IN	字段必须与实例文本中用逗号分割的几个样本中的任何一个相匹配。

“联接”条件对话框如图 6-23 所示，下面通过实例来说明各种联接条件的意义。图 6-24 和图 6-25 分别显示了“教师信息”表和“教师工资”表的原始内容。我们通过查询设计器创建一个查询，然后将两个表中的全部字段都添加到查询中。

首先来看一下表间不设置联接关系的查询结果，不为查询设置联接，运行查询后的结果如图 6-25 所示。在图中用户可以看出系统将“教师信息”表中的每个记录与“教师工资”表中的全部记录进行匹配列表。

教师信息

编号	姓名	家庭住址	联系电话
1	赵树林	北京市海淀区学院路12号	13526778912
2	王帅	北京市海淀区学院路12号	13526778921
4	李凤	北京市海淀区学院路55号	13669874548
5	王平	北京市海淀区学院路68号	13663957320

图 6-23　“教师信息”表

教师工资

编号	姓名	性别	年龄	职称	基本工资	岗位工资	补助工资
1	赵树林	男	36	高级教师	1600	600	400
2	王帅	女	34	高级教师	1400	400	300
3	赵虎	男	30	高级教师	1300	200	100
6	刘梅	女	40	高级教师	1800	400	200

图 6-24　“教师工资”表

查询

编号_a	姓名_a	家庭住址	联系电话	编号_b	姓名_b	性别	年龄	职称
1	赵树林	北京市海淀区学院路12号	13526778912	1	赵树林	男	36	高级
1	赵树林	北京市海淀区学院路12号	13526778912	2	王帅	女	34	高级
1	赵树林	北京市海淀区学院路12号	13526778912	3	赵虎	男	30	高级
1	赵树林	北京市海淀区学院路12号	13526778912	6	刘梅	女	40	高级
2	王帅	北京市海淀区学院路12号	13526778921	1	赵树林	男	36	高级
2	王帅	北京市海淀区学院路12号	13526778921	2	王帅	女	34	高级
2	王帅	北京市海淀区学院路12号	13526778921	3	赵虎	男	30	高级
2	王帅	北京市海淀区学院路12号	13526778921	6	刘梅	女	40	高级
4	李凤	北京市海淀区学院路55号	13669874548	1	赵树林	男	36	高级
4	李凤	北京市海淀区学院路55号	13669874548	2	王帅	女	34	高级
4	李凤	北京市海淀区学院路55号	13669874548	3	赵虎	男	30	高级
4	李凤	北京市海淀区学院路55号	13669874548	6	刘梅	女	40	高级
5	王平	北京市海淀区学院路68号	13663957320	1	赵树林	男	36	高级
5	王平	北京市海淀区学院路68号	13663957320	2	王帅	女	34	高级
5	王平	北京市海淀区学院路68号	13663957320	3	赵虎	男	30	高级
5	王平	北京市海淀区学院路68号	13663957320	6	刘梅	女	40	高级

图 6-25　不设置表联接关系的查询结果

内部联接（Inner Join），指定只有满足联接条件的记录包含在结果中，也就是根据字段选择关联表中的交集。如为创建的查询设置编号为联接字段，联接类型为内部联接，运行查询后结果如图 6-26 所示。

查询

编号_a	姓名_a	家庭住址	联系电话	编号_b	姓名_b	性别	年龄
1	赵树林	北京市海淀区学院路12号	13526778912	1	赵树林	男	36
2	王帅	北京市海淀区学院路12号	13526778921	2	王帅	女	34

图 6-26　内部联接关系的查询结果

左联接（Left Outer Join），指定只有满足联接条件的记录以及满足联接条件左侧的表中记录（即使不匹配联接条件）都包含在结果中。如为创建的查询设置编号为联接字段，联接类型为右联接，运行查询后结果如图 6-27 所示。

查询

编号_a	姓名_a	家庭住址	联系电话	编号_b	姓名_b	性别	年龄
1	赵树林	北京市海淀区学院路12号	13526778912	1	赵树林	男	36
2	王帅	北京市海淀区学院路12号	13526778921	2	王帅	女	34
4	李凤	北京市海淀区学院路55号	13669874548	.NULL.	.NULL.	.NULL.	.NU
5	王平	北京市海淀区学院路68号	13663957320	.NULL.	.NULL.	.NULL.	.NU

图 6-27　左联接关系的查询结果

右联接（Right Outer Join），指定只有满足联接条件的记录以及满足联接条件右侧的表中记录（即使不匹配联接条件）都包含在结果中。如为创建的查询设置编号为联接字段，联接类型为右联接，运行查询后结果如图 6-28 所示。

查询

编号_a	姓名_a	家庭住址	联系电话	编号_b	姓名_b	性别	年龄
1	赵树林	北京市海淀区学院路12号	13526778912	1	赵树林	男	36
2	王帅	北京市海淀区学院路12号	13526778921	2	王帅	女	34
.NULL.	.NULL.	.NULL.	.NULL.	3	赵虎	男	30
.NULL.	.NULL.	.NULL.	.NULL.	6	刘梅	女	40

图 6-28　右联接关系的查询结果

完全联接（Full Join），指定所有满足和不满足联接条件的记录都包含在结果中。如为创建的查询设置编号为联接字段，联接类型为右联接，运行查询后结果如图 6-29 所示。

查询

编号_a	姓名_a	家庭住址	联系电话	编号_b	姓名_b	性别	年龄
1	赵树林	北京市海淀区学院路12号	13526778912	1	赵树林	男	36
2	王帅	北京市海淀区学院路12号	13526778921	2	王帅	女	34
4	李凤	北京市海淀区学院路55号	13669874548	.NULL.	.NULL.	.NULL.	.NU
5	王平	北京市海淀区学院路68号	13663957320	.NULL.	.NULL.	.NULL.	.NU
.NULL.	.NULL.	.NULL.	.NULL.	3	赵虎	男	30
.NULL.	.NULL.	.NULL.	.NULL.	6	刘梅	女	40

图 6-29　完全联接关系的查询结果

6.2.4　筛选记录

在查询设计器中选择“筛选”选项卡，如图 6-30 所示。用户可以在查询设计器里，为选定的记录进行筛选以达到抽取用户所需要的数据记录。

筛选选项卡中各项功能及意义如下：

- 在“字段名”下拉列表框中选择要建立筛选条件的字段，或者选择“表达式”选项，系统弹出“表达式生成器”对话框通过它来建立字段表达式。注意 Visual FoxPro 6.0 不允许使用备注型和通用型字段作为筛选字段。
- 在“条件”列表框中选择比较运算符号。各运算符号的具体含义参见表 6-1。

- 在“实例”文本框中输入实例数据。如果是一个字符串，可以不用引号。
- “大小写”选项，如果匹配的字符或字符串忽略大小写，则选中此项，按钮上显示一对钩。否则，不选中此按钮。
- 在“逻辑”列表框中，用来确定多项条件的逻辑关系。如果两个条件必须同时满足，则选择“AND”，如果两个条件当中只要一个满足即可，则选择“OR”。

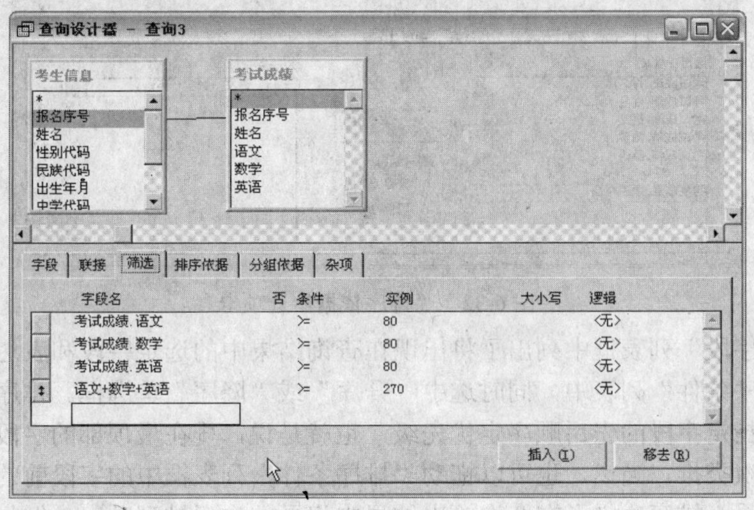

图 6-30　“筛选”选项卡

例如为前面创建的考试成绩查询设置筛选条件，设置语文、数学、英语的分数均大于等于 80，然后再使用表达式生成器创建一个表达式“语文 +数学+ 英语”，并且设置它的筛选条件为大于等于 270，如图 6-30 所示。运行查询后结果如图 6-31 所示。

查询

报名序号	姓名	语文	数学	英语	Exp_6	联系电话
00600	郭曼丽	82	94	95	271	6771197
00621	王文鹤	89	95	93	277	6771197
01324	黄玉娟	86	91	93	270	0266875136
01382	李文龙	84	98	92	274	0266871319
02232	梁文静	86	93	92	271	0266971102
04151	张淑静	92	95	98	285	0266913233
04175	李倩	87	98	90	275	
04943	窦改琴	82	97	94	273	0266822381
05027	骆璐	82	97	92	271	0266822381
05398	田盼	89	91	95	275	0266822381
05477	王景华	85	97	88	270	0266822381
06316	姜春丽	87	89	94	270	0266511023
06543	尚伟龙	90	89	91	270	0266511022
06544	王松林	82	95	95	272	0266511022
08243	刘战胜	82	98	91	271	6891206
09676	赵赞美	86	95	90	271	0266531369
09832	李金艳	87	88	96	271	6731176
10150	李猜	81	98	93	272	0266731190

图 6-31　设置筛选条件的查询结果

6.2.5　排序依据

在查询设计器中选择“排序依据”选项卡，如图 6-32 所示。

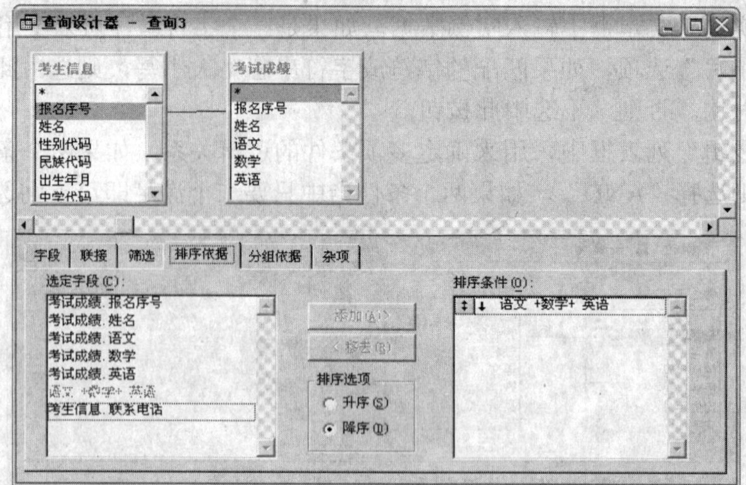

图 6-32 “排序依据”选项卡

在“选定字段”列表框中列出了将出现在查询结果中的选定字段和表达式，可以将它们添加到“排序条件”列表中，同时选中“升序”或“降序”单选框。排序根据在“排序条件”列表中指定字段的先后顺序定优先级，也就是说，排在最顶部的字段在排序中最先考虑，然后依次类推，当然，也可以拖动“排序条件”列表框中的字段前的移动框来改变排序的主次关系。排序决定了在查询输出结果中记录的先后排列顺序。例如，为考试成绩查询设置字段“语文 +数学+ 英语”为降序，如图 6-32 所示。运行查询后结果如图 6-33 所示。

查询

报名序号	姓名	语文	数学	英语	Exp_6	联系电话
04151	张淑静	92	95	98	285	0266913233
00621	王文鹤	89	95	93	277	6771197
04175	李倩	87	98	90	275	
05398	田盼	89	91	95	275	0266822381
01382	李文龙	84	98	92	274	0266871319
04943	窦改琴	82	97	94	273	0266822381
06544	王松林	82	95	95	272	0266511022
10150	李猜	81	98	93	272	0266731190
00600	郭曼丽	82	94	95	271	6771197
02232	梁文静	86	93	92	271	0266971102
05027	骆璐	82	97	92	271	0266822381
08243	刘战胜	82	98	91	271	6891206
09676	赵赞美	86	95	90	271	0266531369
09832	李金艳	87	88	96	271	6731176
01324	黄玉娟	86	91	93	270	0266875136
05477	王景华	85	97	88	270	0266822381
06316	姜春丽	87	89	94	270	0266511023
06543	尚伟龙	90	89	91	270	0266511022

图 6-33 设置排序后的查询结果

6.2.6 分组依据

在查询设计器中选择“分组依据”选项卡，如图 6-34 所示。分组查询是根据所选定的字段或字段表达式的值进行分组汇总，将一组字段或字段表达式的值进行汇总构成一个结果记录。

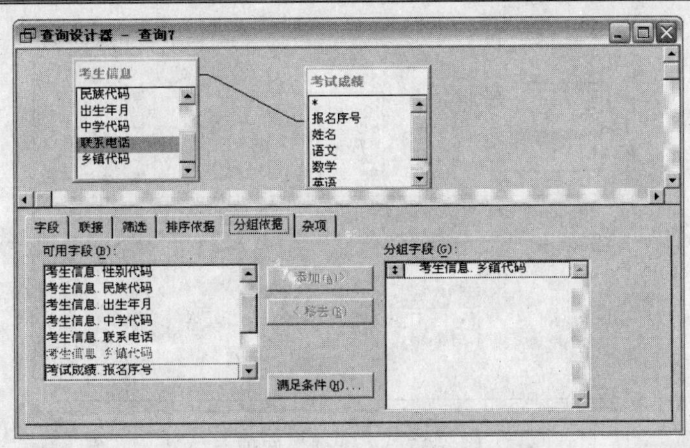

图 6-34　“分组依据”选项卡

同前面的操作一样，用户可以在“可用字段”列表框中选中要分组的字段，然后单击“添加”按钮，向“分组字段”框中添加字段。

例如，为考试成绩查询设置分组字段为考生信息中的乡镇代码，如图 6-34 所示。单击“满足条件”按钮，打开“满足条件”对话框，如图 6-35 所示。在对话框中设置满足的条件为乡镇代码为“01”的学生纪录，运行查询后结果如图 6-36 所示。

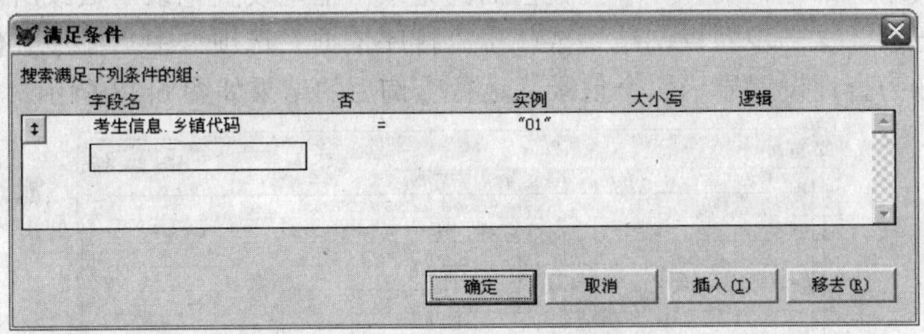

图 6-35　“满足条件”对话框

查询

报名序号	姓名	语文	数学	英语	Exp_6	联系电话
05398	田盼	89	91	95	275	0266822381
04943	窦改琴	82	97	94	273	0266822381
05027	骆璐	82	97	92	271	0266822381
05477	王景华	85	97	88	270	0266822381

图 6-36　分组后的查询效果

6.2.7　杂项操作

在查询设计器中选择“杂项”选项卡，如图 6-37 所示。该选项卡指定了是否要对重复记录进行检索，同时是否对记录（返回记录数目或最大百分比）做限制等。

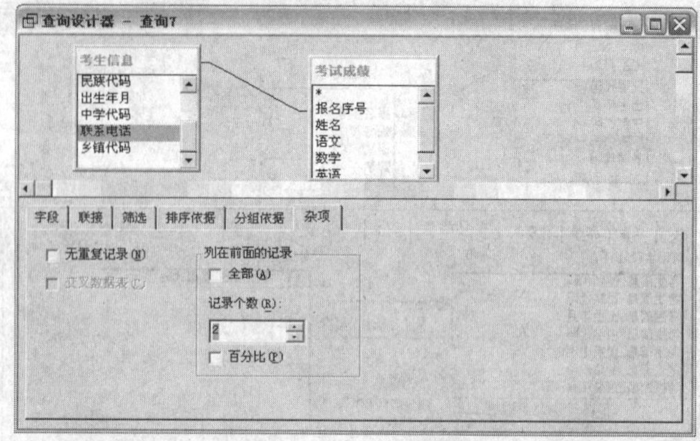

图 6-37 “杂项”选项卡

选中“无重复记录”复选框表示对于查询的结果如果存在有重复记录，则只显示一条记录。当选定的查询字段只有三项时，“交叉数据表”复选框为可选状态，否则为不可选状态。因交叉数据表有三项内容组成，其中一项为 X 轴数据，一项为 Y 轴数据，最后一项为在 X 轴、Y 轴的交汇点的单元中的值。

对于一个较大的数据库，一次的查询结果可能有成千上万条，在这种情况下，用户可以选择显示其中一部分记录。在“列在前面的记录”框里设置记录个数或所占记录百分比来限定查询记录。这一步的查询结果依赖于“排序依据”选项卡中“排序条件”列表框中的内容。例如为查询设置显示两个记录，运行查询后的结果如图 6-38 所示。

查询

报名序号	姓名	语文	数学	英语	Exp_6	联系电话
05398	田盼	89	91	95	275	0266822381
04943	窦改琴	82	97	94	273	0266822381

图 6-38 设置记录个数后的查询结果

6.2.8 设计输出方式

如果未指定查询输出的目的地，则查询结果默认地在“浏览”窗口中显示。用户也可以选择其他的目的地，从而可将查询结果送往指定地点。

在“查询”工具栏中单击“查询去向”按钮，打开“查询去向”对话框，如图 6-39 所示。在对话框中选择需要输出的地方，并输入必要的选项。

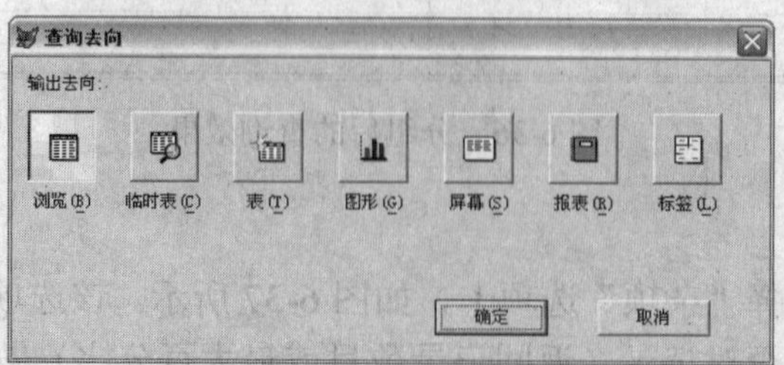

图 6-39 查询去向

1. 输出到临时表

如果单击“临时表”按钮，则对话框如图 6-40 所示。在“临时表名”文本框中用户需要输入一个临时的表名。

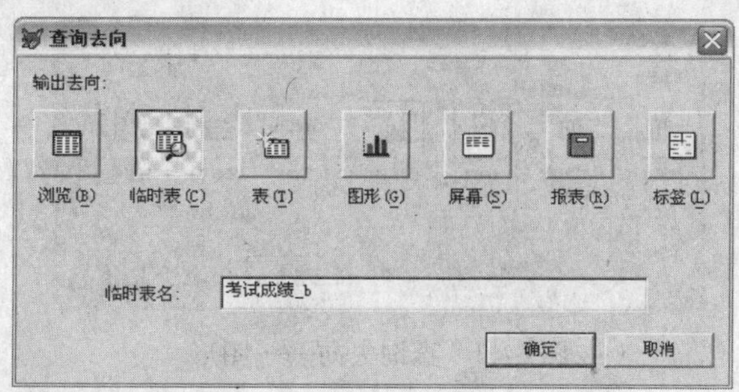

图 6-40　查询去向——临时表

运行查询后，查询结果存放在临时表中。临时表是用于暂时存放查询结果的只读表，它在最小的可用工作区中打开。临时表可用于浏览、生成报表或其他目的，直到将其关闭。在浏览临时表时，表的标题将显示为设置的临时表名，如图 6-41 所示。

考试成绩_b

报名序号	姓名	语文	数学	英语	Exp_6
04151	张淑静	92	95	98	285
00621	王文鹤	89	95	93	277
04175	李倩	87	98	90	275
05398	田盼	89	91	95	275
01382	李文龙	84	98	92	274
04943	窦改琴	82	97	94	273
06544	王松林	82	95	95	272
10150	李猜	81	98	93	272
00600	郭曼丽	82	94	95	271
02232	梁文静	86	93	92	271
05027	骆璐	82	97	92	271
08243	刘战胜	82	98	91	271
09676	赵赞美	86	95	90	271
09832	李金艳	87	88	96	271
01324	黄玉娟	86	91	93	270

图 6-41　浏览临时表

2. 输出到表

如果单击“表”按钮，则对话框如图 6-42 所示。在“表名”文本框中用户需要输入一个表名。这样运行查询后，查询结果存放在表中，即产生一个新表，可供用户使用。

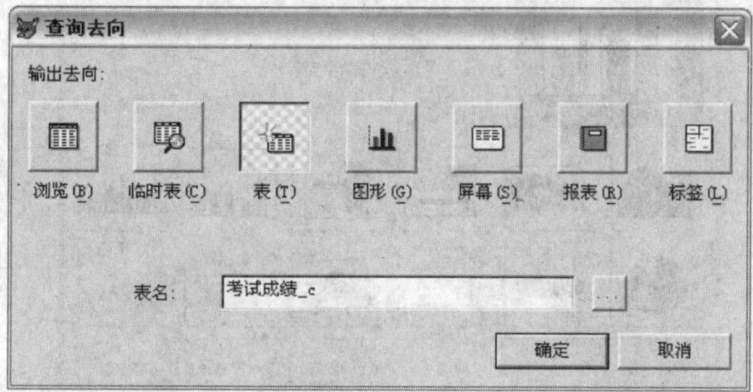

图 6-42　查询去向——表

3. 输出到图形

如果单击“图形”按钮，则对话框如图 6-43 所示。在该对话框中没有任何设置选项，用户可以直接单击“确定”按钮。

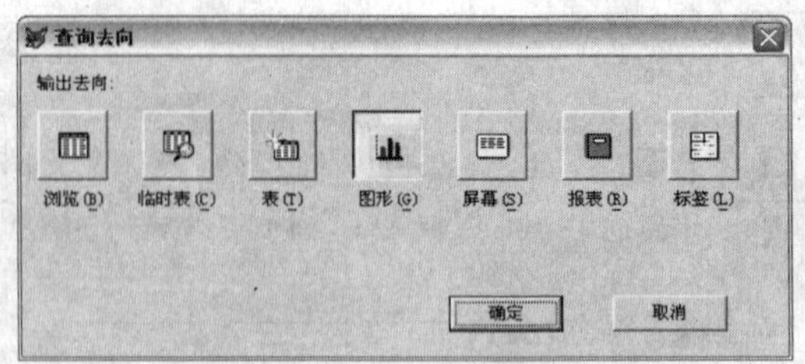

图 6-43 查询去向——图形

当用户运行查询，系统将出现图形向导对话框。图形向导的第一步是定义布局，如图 6-44 所示。用户可以从“可用字段”列表框中将一个或多个数值字段拖到“数据系列”框中，将一个字符字段拖到“坐标轴”框中。如将使用表达式生成的字段拖到“数据系列”框中，将姓名拖到“坐标轴”框中。

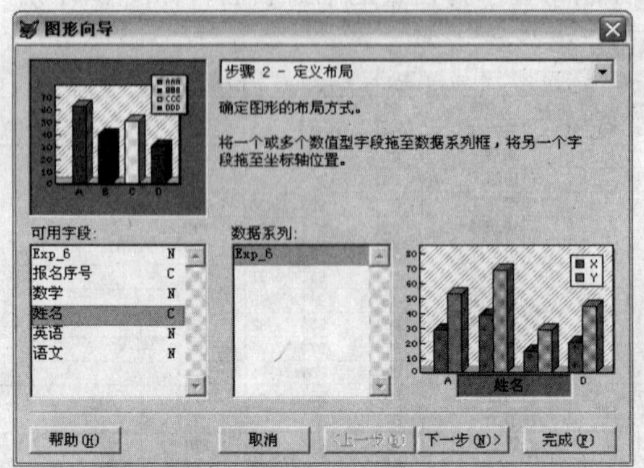

图 6-44 定义布局

单击“下一步”按钮，出现选择图形样式对话框，如图 6-45 所示。在对话框中用户可以选择需要的图形样式，如选择“柱形图”。

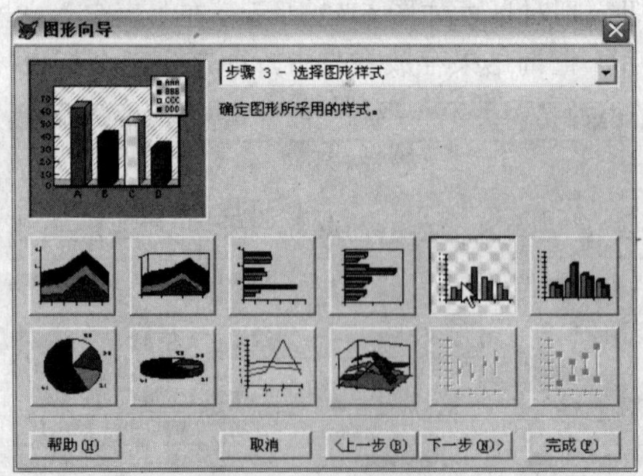

图 6-45 选择图形样式

单击“下一步”按钮，出现完成对话框，如图 6-46 所示。在“输入图形的标题”文本框中输入图形的标题，如输入考试成绩。

单击“完成”按钮，打开“另存为”对话框。在对话框中选择文件要保存的路径并且输入要保存的文件名。单击“保存”按钮，将生成图表，如图 6-47 所示。

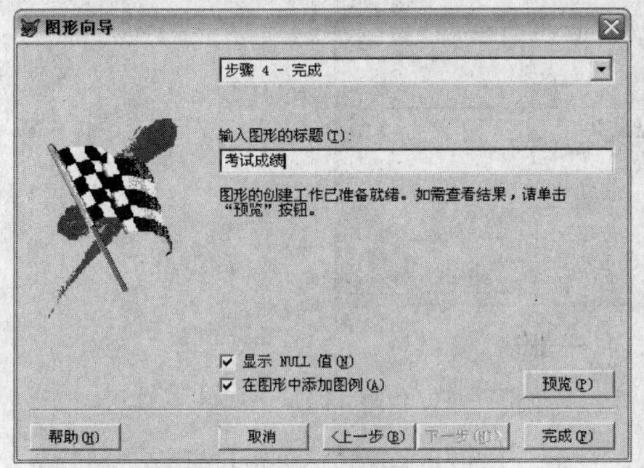

图 6-46　输入图形标题

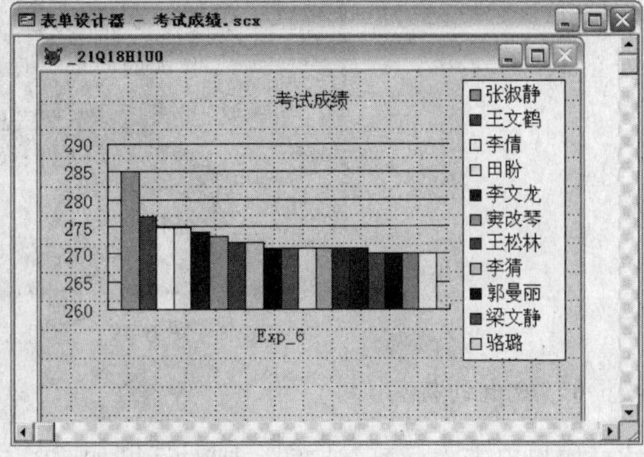

图 6-47　生成的图表

4. 输出到屏幕

如果单击“屏幕”按钮，则对话框如图 6-48 所示。在对话框中如果在“次级输出”区域选择“无”，则运行查询后，查询结果将在 Visual FoxPro 主窗口或活动窗口显示。用户也可以进一步确定是将查询结果送到打印机或者是保存到文本文件中。若选中“到打印机”单选按钮，则查询结果将送到打印机，若选中“到文本文件”单选按钮且输入文件名，则查询结果将保存到文本文件中。

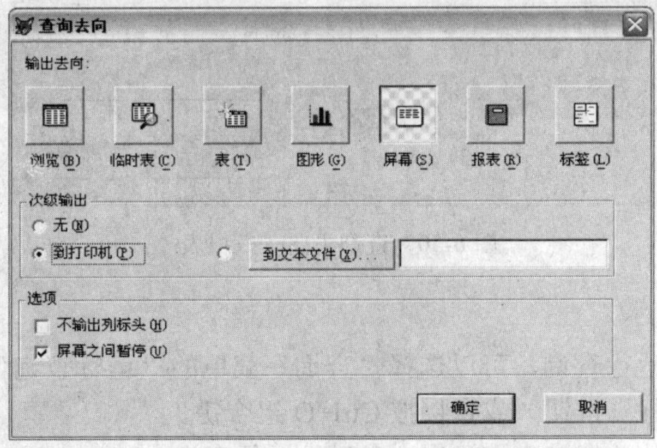

图 6-48　查询去向——屏幕

5. 输出到报表

如果单击“报表”按钮，则对话框如图 6-49 所示。如果报表文件还没有建立，则需要新建报表。如果报表文件已经存在，单击“打开报表”按钮来指定报表文件。

指定报表文件后，单击“确定”按钮。运行查询后，查询结果输出到报表中。

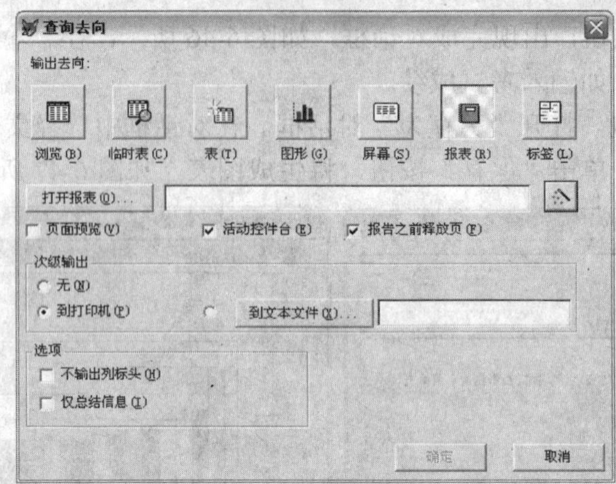

图 6-49　查询去向——报表

6. 输出到标签

如果单击“标签”按钮，则对话框如图 6-50 所示。如果标签文件还没有建立，则需要新建标签。如果标签文件已经存在，单击“打开标签”按钮来指定标签文件。

指定标签文件后，单击“确定”按钮。运行查询后，查询结果输出到标签中。

图 6-50　查询去向——报表

6.2.9　运行查询

设计完成后，要运行查询，可以选择“查询”菜单的“运行查询”命令，或单击“常用”工具栏上的“运行”按钮，或直接按 Ctrl+Q 组合键。

当完成查询的设计并指定查询输出去向后，运行查询。Visual FoxPro 将执行由“查询设计器”自动生成的 SQL 语句，并把结果送到指定的目的地。

6.2.10　保存查询

使用查询设计器创建好查询后还要将其保存起来，选择“文件”菜单中的“保存”命令，打开“另存为”对话框。在对话框中输入查询的名称，然后选择报表的保存位置，单击“保存”按钮，将查询进行保存。

6.3　SQL 的语言概述

用户可以发现在“查询”菜单或者“查询设计器”工具栏中都有一个“查看 SQL”选项，那么什么是 SQL 呢？

SQL 是结构化查询语言 Structured Query Language 的缩写，目前 SQL 已经成为关系数据库的标准语言，现在所有的关系数据库管理系统都支持 SQL。一条 SQL 语句就可以替代多条 FoxPro 命令，FoxPro 从 2.5 版就开始支持 SQL，并根据自己的特点对 SELECT 命令作了适当修改，FoxPro 6.0 的 SQL 命令还充分利用了 Rushmore 技术来优化其执行性能。正是由于引入了 SQL 语言，才使得 FoxPro 查询功能更强大、灵活、快速。

要想查看查询所生成的 SQL 语句，可以选择“查询”菜单的“查看 SQL”命令或单击“查询”工具上栏的“SQL”按钮，就打开一个显示 SQL 语句的只读窗口。如图 6-51 所示。尽管我们在查询设计器中作了那么多工作，实际上只生成了这么一句 SELECT 命令。用户对 SQL 命令熟悉之后，就不必借助查询设计器了，可以直接在程序中输入 SELECT 命令，这样会方便一些。

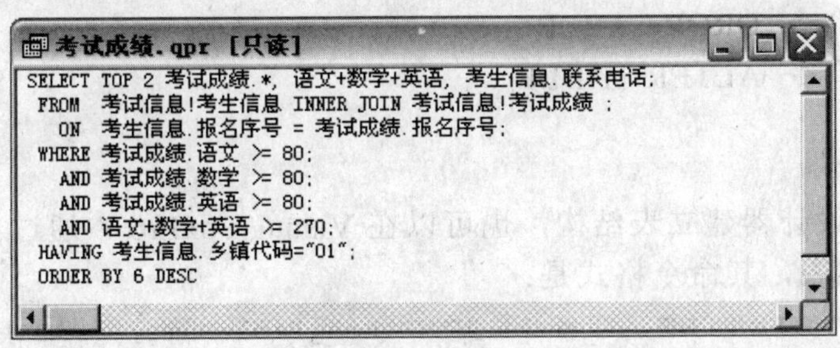

图 6-51　SQL 语句窗口

6.3.1　SQL 语言的特点

SQL 语言之所以成为数据库的标准语言，主要具有如下特点：

- 综合统一：SQL 是一种一体化的语言，它包括了数据定义语言（DDL）、数据操纵语言（DML，数据操纵包括数据查询）和数据控制语言（DCL）等方面的功能。它可以独立完成数据库生命周期中的全部活动，包括定义关系模式、录入数据及建立数据库、查询、更新、维护、数据库安全性控制等一系列操作要求，这就为数据库应用系统的开发提供了良好的环境。如其中查询是 SQL 语言最重要的组成部分。
- 高度非过程化：SQL 语言是一种高度非过程化的语言，它没有必要一步步地告诉计算机“如何”去做，用户只需要描述清楚要“做什么”，SQL 语言就可以将要求交给系统，自动完成全部工作。
- SQL 语言简洁易学：虽然 SQL 语言功能很强，但它只有为数不多的几条命令。完成数据定义、数据操纵、数据控制和数据查询的核心功能只用了 9 个动词：SELECT、CREATE、DROP、ALTER、INSERT、UPDATE、DELETE、GRANT、REVOKE。另外 SQL 的语法也非常简单，它很接近英语自然语言，因此容易学习、掌握。

- 以同一种语法结构提供两种使用方式：SQL 语言可以直接以命令方式交互使用，也可以嵌入到程序设计语言当中以程序方式使用。现在很多数据库应用开发工具都将 SQL 语言直接融入到自身的语言之中，使用起来更方便，Visual FoxPro 就是如此。
- 面向集合的操作方式：SQL 语言采用集合操作方式，不仅查找结果可以是元组的集合，而且一次插入、删除、更新操作的对象也可以是元组的集合。（元组（Tuple）：二维表中的行（记录的值）称为一个元组。）

6.3.2 数据定义语言

数据定义语言由 CREATE，DROP，ALTER 命令组成，完成对数据库对象的建立（CREATE）、删除（DROP）和修改（ALTER）。也就是说，数据定义语言使用 CREATE，DROP，ALTER 这三个命令关键字针对不同的数据库对象分别由三个命令，如针对表对象的三个命令：

- 建表命令 CREATE TABLE
- 修改表命令 DROP TABLE
- 删除表命令 ALTER TABLE

1. 建立表

可以通过表设计器建立表结构，也可以在 Visual FoxPro 中通过 SQL 的 CREATE TABLE 命令建立表，其命令格式是：

```
CREATE TABLE |DBF <表名1> [NAME LongTableName] [FREE]
(<字段名1> 类型[(长度[,小数位数])[NULL|NOT NULL] ]
[CHECK 逻辑表达式1 [ERROR 字符表达式1]] [DEFAULT 表达式1]
[PRIMARY KEY|UNIQUE]
[REFERENCES 表名2 [TAG 索引名1]]
[NOCPTRANS]
[,<字段名2>…]
[,PRIMARY KEY 表达式2 TAG 索引名2|,UNIQUE 表达式3 TAG 索引名3]
[,FOREIGN KEY 表达式4 TAG 索引名4 REFERENCES 表名3 [TAG 索引名5]]
[,CHECK 逻辑表达式2 [ERROR 字符表达式2]]) | FROM ARRAY ArrayName
```

其中：

NAME LongTableName 指定表的长名，最多可包含 128 个字符，可代替数据库的短文件名。FREE 指定不将表添加到打开的数据库中，如果没有打开的数据库，则不需要 FREE 选项。

数据类型可以用全称（例如 Date）或代表类型的字母（例如 D）表示，表 6-2 列出了在 CREATE TABLE 命令中可以使用的数据类型及说明。对于 D，T，I，Y，L，M，G 和 P 数据类型，不需指定字段宽度和小数位。对于 N 或 F 数据类型，如果未指定小数位，则小数位默认设置为 0（无小数位）。对于 B 数据类型，如果未指定小数位，则小数位默认设置为 SET DECIMAL 设置的小数位。

NULL 允许字段为空。如果一个或多个字段允许空值，则最大字段数从 255 个减为 254 个。NOT NULL 禁止字段值为空。如果省略了 NULL 和 NOT NULL，则字段是否允许为空取决于当前 SET NULL 的设置。如果在省略 NULL 和 NOT NULL 的同时包含了 PRIMARY KEY 或者 UNIQUE 子句，将忽略 SET NULL 的设置，默认设置为 NOT NULL。

CHECK 指定字段的验证规则。逻辑表达式可以是自定义函数。当追加空记录时，进行数据有效性验证。如果验证规则不允许空字段值，会显示错误信息。ERROR 指定当字段验证规则出现错误时显示的错误信息。该信息仅当在浏览窗口或编辑窗口中修改数据时才显示。DEFAULT 指定字段的默认值。

PRIMARY KEY 为字段创建主索引。主索引标志与字段同名。UNIQUE 为字段创建候补索引。候补索引标志与字段同名。

REFERENCES 表名 2 [TAG 索引名 l]指定与其建立永久关系的父表。如果省略了 TAG 子句，永久关系依据父表的主索引关键字建立。如果父表没有主索引，Visual FoxPro 将产生错误。包含 TAG 则可以基于父表的现有的索引标识建立永久关系，索引标识名称最多可以包含 10 个字符。父表不能是自由表。

NOCPTRANS 禁止将字符型字段或备注型字段转换到其他代码页。即使将表转换到其他代码页，指定 NOCPTRANS 关键字的字段也不会转换。NOCPTRANS 仅能用于字符型和备注型字段。

PRIMARY KEY　表达式 2 TAG 索引名 2 指定要创建的主索引。表达式 2 指定表中的字段和字段组合。TAG 索引名 2 指定创建的主索引标识的名称，最多可包含 10 个字符。由于一个表只能有一个主索引，因此如果该字段的主索引已经创建，可以省略该子句。

UNIQUE 表达式 3　TAG 索引名 3 指定要创建的候补索引。表达式 3 指定表中的字段和字段组合。但如果已经用 PRIMARY KEY 选项建立了主索引，则此处不能包含主索引已经使用的字段。TAG 索引名 3 指定创建的候补索引标识的名称，最多可包含 10 个字符。一般一个表中可以有多个候补索引。

FOREIGN KEY 表达式 4 TAG 索引名 4 [NODUP]创建外部（非主索引）索引，并建立与父表的关系。表达式 4 指定外部索引关键字表达式，索引名 4 指定外部要创建的外部索引关键字标识的名称，最多可包含 10 个字符。包含 NODUP 关键字可以创建一个候补外部索引。一个表可以创建多个外部索引，　但各外部索引表达式必须使用不同的字段。

REFERENCES 表名 3 [TAG 索引名 5]指定与其建立永久关系的父表。TAG 索引名 5 子句的作用是基于父表索引标识建立关系，标识名称最多可以包含 10 个字符。如果省略了 TAG 索引名，则默认基于父表主索引标识建立关系。

CHECK 逻辑表达式 2 [ERROR 字符表达式 2]指定验证规则。ERROR cMessageText2 指定当验证规则出现错误时显示的错误信息。该信息仅当在浏览窗口或在编辑窗口中修改数据时才显示。

FROM ARRAY ArrayName 指定包含表中各字段名称、类型、宽度以及小数位等信息的数组的名称，数组内容可用 AFIELDS（）函数定义。

表 6-2 数据类型说明

字母类型	字段宽度	小数位	说明
C	n	-	宽度为 n 的字符型字段
D	-	-	日期型
T	-	-	日期时间型
N	n	d	宽度为 n 小数位为 d 的数值型字段
F	n	d	宽度为 n 小数位为 d 的浮点型数值数据
I	-	-	整型
B	-	d	双精度型
Y	-	-	货币型
L	-	-	逻辑型
M	-	-	备注型
G	-	-	通用型

例如，创建名称为 Mydata1 的新数据库。用 CREATE TABLE 命令创建三个表（Salesman，Customer，Orders）。第二个 CREATE TABLE 命令中的 FOREIGN KEY 和 REFERENCES 子句在 Salesman 表和 Customer 表之间建立一对多的关系。第三个 CREATE TABLE 命令中的 DEFAULT 子句设置默认值；CHECK 和 FROM 子句指定特定字段输入数据的验证规则。用 MODIFY DATABASE 显示三个表之间的关系。

```
CLOSE DATABASES
CLEAR
* 创建 mydata1 数据库
CREATE DATABASE mydata1
* 创建带主索引的 salesman 表
CREATE TABLE salesman ;
  (SalesID c(6) PRIMARY KEY, ;
  SaleName C(20))
* 创建 customer 表，并建立与 salesman 表的关系
CREATE TABLE customer ;
  (SalesID c(6), ;
  CustId i PRIMARY KEY, ;
  CustName c(20) UNIQUE, ;
  SalesBranch c(3), ;
  FOREIGN KEY SalesId TAG SalesId REFERENCES salesman)
* 创建 orders 表，基于主索引关键字建立与 customer 表的关系
CREATE TABLE orders ;
  (OrderId i PRIMARY KEY, ;
    CustId i REFERENCES customer TAG CustId, ;
```

```
        OrderAmt y(4), ;
        OrderQty i ;
        DEFAULT 10 ;
        CHECK (OrderQty > 9) ;
        ERROR "Order Quantity must be at least 10", ;
          DiscPercent n(6,2) NULL ;
        DEFAULT .NULL., ;
        CHECK (OrderAmt > 0) ERROR "Order Amount Must be > 0" )
* 显示新数据库、表以及表之间的关系
MODIFY DATABASE
* 删除示例文件
SET SAFETY OFF       && 抑制验证信息
CLOSE DATABASES      && 删除前关闭数据库
DELETE DATABASE mydata1 DELETETABLES
```

2. *表结构的修改*

修改表结构的命令是 ALTER TABLE，该命令有 3 种格式。

格式 1：

```
ALTER TABLE 表名1 ADD | ALTER [COLUMN] 字段名1
字段类型 [(字段宽度 [,小数位数])] [NULL | NOT NULL]
[CHECK 逻辑表达式1 [ERROR 字符表达式1]] [DEFAULT 表达式1]
[PRIMARY KEY | UNIQUE]
[REFERENCES 表名2 [TAG 索引名1]]
```

该命令可以修改字段的类型、宽度、有效性规则、错误信息、默认值，定义主关键字和联系等；但是不能修改字段名，不能删除字段，也不能删除已经定义的规则等。它的子句基本可以与 CREATE TABLE 的子句相对应。

如，把“教师信息”表的“家庭”字段的宽度改为 30。

```
ALTER TABlE 教师信息 ALTER 家庭住址 c(30)
```

如，给“教师信息”表增加字段邮政编码 c（6）。

```
ALTER TAB1 教师信息 ADD 邮政编码 c(6)
```

格式 2：

```
ALTER TABLE 表名1 ALTER [COLUMN] 字段名2 [NULL | NOT NULL]
[SET DEFAULT 表达式2]
[SET CHECK 逻辑表达式2 [ERROR 字符表达式2]]
[DROP DEFAULT] [DROP CHECK]
```

从命令格式可以看出，该格式主要用于定义、修改和删除有效性规则和默认值定义。

如，把“教师信息”表的“年龄”字段的有效性规则修改为“年龄>1”。

```
ALTER TABLE 教师信息 ALTER 年龄 SET CHECK 年龄>1
```

如，删除“教师信息”表的“年龄”字段的有效性规则。

```
ALTER TABLE 教师信息 ALTER 年龄 DROP CHECK
```

格式 3：

```
ALTER TABLE 表名1 [DROP [COLUMN] 字段名3]
[SET CHECK 逻辑表达式3 [ERROR 字符表达式3]]
[DROP CHECK]
[ADD PRIMARY KEY 表达式3 TAG 索引名2 [FOR 逻辑表达式4]]
[DROP PRIMARY KEY]
[ADD UNIQUE 表达式4 [TAG 索引名3 [FOR 逻辑表达式5]]]
[DROP UNIQUE TAG 索引名4]
[ADD FOREIGN KEY [表达式5] TAG TagName4 [FOR 逻辑表达式6]
REFERENCES 表名2 [TAG 索引名5]]
[DROP FOREIGN KEY TAG TagName6 ]
[RENAME COLUMN 字段名4 TO 字段名5]
```

该格式可以删除字段（DROP [COLUMN]）、修改字段名（RENAME COLUMN）、定义、修改和删除表一级的有效性规则等。

如，将“教师信息”表的“年龄”字段名改为“工龄”。

```
ALTER TABLE 教师信息 RENAME COLUMN 年龄 TO 工龄
```

3. 表的删除

删除表的 SQL 命令是：

```
DROP TABLE 表名
```

DROP TABLE 直接从磁盘上删除“表名”所对应的 DBF 文件。如果“表名”是数据库中的表并且相应的数据库是当前数据库，则从数据库中删除了表；否则虽然从磁盘上删除了 DBF 文件，但是记录在数据库 DBF 文件中的信息却没有删除，此后会出现错误提示。所以要删除数据库中的表时，最好应使数据库是当前打开的数据库。例如：

```
OPEN DATA 教师档案
DROP TABLE 教师信息
```

6.3.3 数据操纵语言

数据操纵语言是完成数据操作的命令，它由 INSERT（插入），DELETE（删除），UPDATE（更新），SELECT（查询）等组成。查询也规划为数据操纵范畴，因为它比较特殊，所以又以查询语言单独出现。

1. 插入记录命令

插入记录的 SQL 命令有两种格式。

格式 1：

```
INSERT INTO <数据库文件名> [ (<字段名1> [,<字段名2>...]) ]
Values (<表达式1> [,<表达式2>...])
```

其中“INSERT INTO <表名>”说明向由<表名>指定的表中插入记录，当插入的不是完整的记录时（有些字段的值没有填入），必须用“<字段名 1>　[,<字段名 2>…]”指定字段；当插入的是完整的记录时，“<字段名 1>　[,<字段名 2>…]”可以不出现；“Values（<表达式 1>　[,<表达式 2>…]）”给出具体的记录值。

例如，建立“学生信息”表，然后给表增加姓名为“王帅”的一条记录，命令如下：

```
CREATE TABLE 学生信息 （编号 c（7）PRIMARY KEY,姓名 c（8）,身高 n（4,2））
INSERT INTO 学生信息 （姓名,编号）VALUES（'王帅','1005'）
```

上面的命令插入的不是完整的记录，所以要指定字段。如果是插入一条完整的记录则不需要指明字段，例如，给“学生信息”表增加姓名为“王凤”的一条完整记录，命令如下：

```
INSERT INTO 学生信息 VALUES（'1006','王凤',1.6）
```

格式 2：

```
INSERT INTO <表名> FROM ARRAY 数组名|FROM MEMVAR
```

其中的“FROM　ARRAY 数组名”说明从指定的数组中插入记录值；“FROM MEMVAR ”说明根据同名的内存变量来插入记录值，如果同名的变量不存在，那么相应的字段为默认值或空。

2. 删除记录命令

SQL 从表中删除记录的命令格式如下：

```
DELETE FROM [数据库名！] 表名
[WHERE 条件 1] [AND|OR 条件 2]
```

这里 FROM 指定从哪个表中删除，WHERE 指定被删除的记录所满足的条件，如果不使用 WHERE 子句，则删除该表中的全部记录。

例如，删除“学生信息”表中姓名为“王帅”的记录。

```
DELETE FROM 学生信息 WHERE 姓名='王帅'
```

3. 更新记录命令

SQL 的数据更新记录命令格式如下：

```
UPDATE [数据库名！] 表名
SET <字段名 1>=<表达式 1> [,<字段名 2>=<表达式 2>…]
[WHERE <条件 1>] [AND|OR 条件 2]
```

一般使用 WHERE 子句指定条件，以更新满足条件的一些记录的字段值，并且一次可以更新多个字段；如果不使用 WHERE 子句，则更新全部记录。

例如，把“学生信息”表中姓名为“王帅”的记录改名为“赵龙”，其身高改为 1.7 米。

```
UPDATE 学生信息 SET 姓名='赵龙',身高=1.7 WHERE 姓名='王帅'
```

6.3.4 数据控制语言

数据控制语言是用来控制用户对数据库的访问权限的。由 GRANT（授权）和 REVOTE（回收）命令组成。由于 Visual FoxPro 6 没有权限管理，所以就没有数据控制语言命令。

6.4 查询命令（SELECT）基本用法

SQL 的核心是查询。SQL 的查询命令也称作 SELECT 命令，Visual FoxPro 的 SQL SELECT 命令的语法格式如下：

```
SELECT [ALL | DISTINCT] [TOP 数值表达式 [PERCENT]]
[表的别名.] <字段名 1> [AS 列名称]
[,[表的别名.] <字段名 2> [AS 列名称...]]
FROM [数据库名称!]<表 1 或视图 1>
[INNER | LEFT [OUTER] | RIGHT [OUTER] | FULL [OUTER]]
JOIN [数据库名称!] <表 2 或视图 2> [ON 连接条件...]
[[INTO 目标] | [TO FILE 文件名 [ADDITIVE]] | TO PRINTER [PROMPT] | TO
SCREEN]
[PREFERENCE 参照名]
[NOCONSOLE]
[PLAIN]
[NOWAIT]
[WHERE <连接条件> [AND <连接条件> ...] [AND|OR <过滤条件>] [AND|OR <
过滤条件> ...]]]
[GROUP BY <分组列名> [,<分组列名> ...]]
[HAVING <过滤条件>]
[UNION [ALL] SELECT 命令]
[ORDER BY <排序项> [ASC | DESC] [,<排序项> [ASC | DESC] ...]]
```

SELECT 命令格式看起来似乎非常复杂，实际上它的基本形式是“SELECT-FROM-WHERE”，多个查询可以嵌套执行。只要理解了命令中各个短语的含义，SQL SELECT 还是很容易掌握的，其中主要短语的含义如下。

SELECT：说明要查询的数据。

FROM：说明要查询的数据来自哪个或哪些表，可以对单个表或多个表进行查询。

WHERE：说明查询条件，即选择记录的条件。

ALL：所有记录，默认为 ALL。

DISTINCT：只选择不重复记录。

AS 列名称：给输出的列另取一个列名。

JOIN ... ON...：说明表的连接条件。

INTO 目标：查询结果的输出去向，可以是数组、表和临时表。

GROUP BY：用于对查询结果进行分组，可以利用它进行分组汇总。

HAVING：必须跟随 GROUP BY 使用，它用来限定分组必须满足的条件。

ORDER BY：用来对查询的结果进行排序。

TOP 数值型表达式 [PERCENT]：“数值型表达式”的值规定只输出查询结果的前面多少个记录，加上 PERCENT 时“数值型表达式”表示百分比。

UNION [ALL] SELECT 命令：与 SELECT 命令合并输出。

从 SELECT 查询命令的语法格式可以看出 SELECT 命令的基本结构是 SELECT…FORM…WHERE，它的含义是输入字段…数据来源…查询条件。在这种固定模式中可以不要 WHERE，但是 SELECT 和 FORM 是必须的。

6.4.1　基本查询

所谓基本查询就是无条件查询，其格式如下：

```
SELECT [ALL | DISTINCT]
[表的别名.] <字段名 1> [AS 列名称][,[表的别名.] <字段名 2> AS 列名称...]]
FROM <表名 1>[<表的别名>] [,<表名 2> [<表的别名>]..]
```

例如，从“考试成绩”表中检索所有同学的记录，命令如下：

```
SELECT * FROM 考试成绩
```

其中“*”是通配符，表示所有属性，即字段。运行后的结果如图 6-52 所示。

查询

报名序号	姓名	语文	数学	英语
00564	谭玉坤	79	80	93
00566	郑少华	79	90	94
00575	卢华	82	86	88
00582	夏世杰	74	90	85
00600	郭曼丽	82	94	95
00604	王飞跃	74	91	94
00616	轩秋月	76	89	91
00621	王文鹤	89	95	93
00626	符燕	68	91	91
00631	马志远	72	93	88
00639	谢高杰	75	88	92
00644	程大朋	74	96	95

图 6-52　检索“考试成绩”表中所有记录

例如，列出所有考生姓名和语文、数学、英语成绩的记录，命令如下：

```
SELECT 姓名 AS 考生姓名,语文,数学,英语 FROM 考试成绩
```

其中“姓名 AS 考生姓名”，表示将“姓名”字段显示为“考生姓名”，运行后的结果如图 6-53 所示。

查询

考生姓名	语文	数学	英语
谭玉坤	79	80	93
郑少华	79	90	94
卢华	82	86	88
夏世杰	74	90	85
郭曼丽	82	94	95
王飞跃	74	91	94
轩秋月	76	89	91
王文鹤	89	95	93
符燕	68	91	91
马志远	72	93	88
谢高杰	75	88	92
程大朋	74	96	95

图 6-53　检索“考试成绩”表中部分记录

6.4.2 带条件查询

WHERE 是条件语句的关键字，是可选项，其格式如下：

```
WHERE <条件表达式> [AND|OR <条件表达式>...]
```

其中条件表达式可以是单表的条件表达式，也可以是多个表之间的条件表达式。

例如，检索语文成绩大于或等于 90 分的所有记录，命令如下：

```
SELECT * FROM 考试成绩 WHERE 语文>=90
```

其中“语文>=90”表示检索出语文大于等于 90 分的记录，运行后的结果如图 6-54 所示。

查询

报名序号	姓名	语文	数学	英语
02556	杨永强	90	83	85
04151	张淑静	92	95	98
06168	郑宽	91	85	91
06543	尚伟龙	90	89	91

图 6-54　检索出“考试成绩”表中语文大于等于 90 分的记录

例如，检索语文、数学和英语的成绩都高于 90 分的所有记录，命令如下：

```
SELECT * FROM 考试成绩 WHERE 语文>90 AND 数学>90 AND 英语>90
```

其中“语文>90 AND 数学>90 AND 英语>90”表示检索出语文、数学和英语的成绩都高于 90 分的记录，运行后的结果如图 6-55 所示。

查询

报名序号	姓名	语文	数学	英语
04151	张淑静	92	95	98

图 6-55　检索出语文、数学和英语的成绩都高于 90 分的记录

前面的几个例子在 FROM 之后只指定了一个表，也就是说这些检索只基于一个表。SQL 命令检索时，如果有 WHERE 子句，系统首先根据指定的条件依次检验表中的每个记录，然后选出满足条件的记录（相当关系的选择操作），并显示 SELECT 子句中指定属性的值（相当于关系的投影操作）。

在进行更复杂，涉及更多表的检索之前，先介绍一下可以在 SQL SELECT 中使用的几个特殊运算符，它们是 BETWEEN…AND…和 NOT 等。下面通过例子来解释这些运算符的含义和用途。

例如，检索出“考试成绩”表中语文成绩在 80~90 分范围内的学生。这个查询的条件是值在什么范围之内，显然可以使用 BETWEEN…AND…，命令如下：

```
SELECT * FROM 考试成绩 WHERE 语文 BETWEEN 80 AND 90
```

其中 BETWEEN…AND…意思是在“…和…之间”，这个查询的条件等价于：

```
SELECT * FROM 考试成绩 WHERE  语文>=80  AND  语文<=90
```

显然使用 BETWEEN…AND…表达条件更清晰，更简洁，运行后的结果如图 6-56 所示。

查询

报名序号	姓名	语文	数学	英语
00575	卢华	82	86	88
00600	郭曼丽	82	94	95
00621	王文鹤	89	95	93
00825	徐云峰	82	86	91
00898	张明振	80	86	89
00960	侯翠菊	81	79	88
00979	王明明	80	83	93
00996	杨春晖	89	91	87
01091	刘艳艳	80	82	90

图 6-56　检索出语文成绩在 80 分到 90 分之间的记录

例如，找出“考生信息”表中乡镇代码不是“20”的全部学生信息。

比较运算符“!=”和“<>”都表示不等于，但要注意系统是否处于模糊查询状态。这个查询的条件可以使用如下查询语句：

```
SELECT * FROM 考生信息 WHERE 乡镇代码!='20'
SELECT * FROM 考生信息 WHERE 乡镇代码<>'20'
SELECT * FROM 考生信息 WHERE NOT （乡镇代码=='20'）
```

NOT 的应用范围很广，比如，可以有 NOT IN，NOT BETWEEN 等。例如，要求检索出“考试成绩”表中语文成绩不在 80~90 分范围内的学生，可以用命令：

```
SELECT * FROM 考试成绩 WHERE 语文  NOT  BETWEEN 80 AND 90
```

6.4.3　内部连接查询

在一个表中进行查询，一般来说是比较简单的，而在多个表之间查询就比较复杂，必须处理表和表之间的关系。

例如，检索考试成绩表中语文成绩大于等于 90 分的所有学生的报名序号、姓名、各科成绩以及联系方式。这样的检索是基于考试成绩和考生信息两个表的，此类查询一般用连接查询来实现，命令如下：

```
SELECT 考试成绩.*, 考生信息.联系电话;
FROM  考生信息,考试成绩;
WHERE 考试成绩.语文 >= 90 AND 考生信息.报名序号 = 考试成绩.报名序号
```

如果是内部连接该命令还等同于：

```
SELECT 考试成绩.*, 考生信息.联系电话;
FROM  考试信息!考生信息 INNER JOIN 考试信息!考试成绩 ;
ON  考生信息.报名序号 = 考试成绩.报名序号;
WHERE 考试成绩.语文 >= 90
```

运行该命令后的结果，如图 6-57 所示。

报名序号	姓名	语文	数学	英语	联系电话
02556	杨永强	90	83	85	0266552365
04151	张淑静	92	95	98	0266913233
06168	郑宽	91	85	91	0266511023
06543	尚伟龙	90	89	91	0266511022

图 6-57　连接查询的结果

6.4.4 嵌套查询

有时候一个 SELECT 命令无法完成查询任务，需要一个 SELECT 的结果作为条件语句的条件。

例如，输出郑少华那个中学的学生清单，这个问题要分两步，首先找到郑少华同学所在的中学，然后再去查询这个中学的学生。在这个查询结果中虽然不要中学代码，但是在查询过程中却要用到中学代码，命令如下：

```
SELECT  报名序号,姓名 FROM 考生信息 WHERE 中学代码 IN;
(SELECT 中学代码 FROM 考生信息 WHERE 姓名 = "郑少华")
```

该命令还等同于：

```
SELECT  报名序号,姓名 FROM 考生信息 WHERE 中学代码=;
(SELECT 中学代码 FROM 考生信息 WHERE 姓名 = "郑少华")
```

命令中(SELECT 中学代码 FROM 考生信息 WHERE 姓名 = "郑少华")是查询姓名 = "郑少华"学生的中学，运行后查询结果如图 6-58 所示。

报名序号	姓名
00564	谭玉坤
00566	郑少华
00575	卢华
00582	夏世杰
00600	郭曼丽
00604	王飞跃
00616	轩秋月
00621	王文鹤
00626	符燕
00631	马志远

图 6-58　嵌套查询的结果

例如，输出不是郑少华那个中学的学生清单，命令如下：

```
SELECT  报名序号,姓名 FROM 考生信息 WHERE 中学代码 NOT IN;
(SELECT 中学代码 FROM 考生信息 WHERE 姓名 = "郑少华")
```

或者命令为：

```
SELECT  报名序号,姓名 FROM 考生信息 WHERE 中学代码<>;
(SELECT 中学代码 FROM 考生信息 WHERE 姓名 = "郑少华")
```

运行后查询结果如图 6-59 所示。

查询

报名序号	姓名
00743	武丹华
00757	陶慧娟
00780	庄德亮
00802	冯安强
00807	侯静华
00825	徐云峰
00841	李雪芬
00845	张春光
00862	江宝生
00898	张明振
00960	侯翠菊

图 6-59　嵌套查询的另外一种结果

6.4.5　简单的计算查询

SQL 不仅具有一般的检索能力，而且还有计算方式的检索，比如检索的平均成绩、检索最高身高等。用于计算检索的函数如下。

- COUNT(*)：计算记录个数。
- SUM(字段名)：求字段名所指定字段值的总和。
- AVG(字段名)：求字段名所指定字段的平均值。
- MAX(字段名)：求字段名所指定字段的最大值。
- MIN(字段名)：求字段名所指定字段的最小值。

这些函数可以在 SELECT 中对查询结果进行计算。

例如，找出“考生信息”表中中学代码的个数，命令为：

```
SELECT COUNT(DISTINCT 中学代码) FROM 考生信息
```

运行命令后，结果如图 6-60 所示。

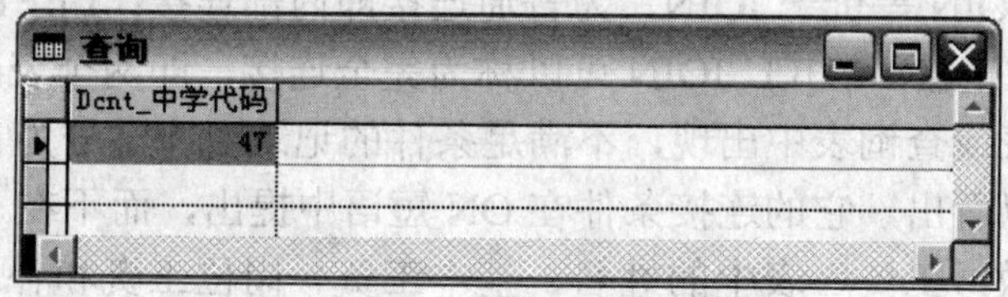

查询

Dcnt_中学代码
47

图 6-60　计数查询的结果

例如，检索出“考试成绩”表中语文的平均值，命令为：

```
SELECT avg (语文) FROM 考试成绩
```

运行命令后，结果如图 6-61 所示。

查询

Avg_语文
76.97

图 6-61　平均值查询的结果

例如，找出“考试成绩”表中语文的最高分，命令为：

```
SELECT MAX （语文） FROM 考试成绩
```

运行命令后，结果如图 6-62 所示。

图 6-62 最高分查询的结果

例如，找出“考试成绩”表中语文的最低分，命令为：

```
SELECT MIN （语文） FROM 考试成绩
```

运行命令后，结果如图 6-63 所示。

图 6-63 最低分查询的结果

6.4.6 外部连接查询

默认情况下两个表之间的连接是内部连接，用户还可以外部连接建立查询，外部连接的语法为：

```
SELECT FROM 表1 INNER |LEFT| RIGHT |FULL  JOIN  表2
ON 连接条件 WHERE……
```

其中，INNER JOIN 等价于 JOIN，为普通连接即内部连接；LEFT JOIN 称为左连接；RIGHT JOIN 称为右连接；FULL JOIN 可以称为完全连接，即两个表的记录不管是否满足连接条件都在目标表或查询表中出现，不满足条件的记录对应部分为 NULL。

从以上格式可以看出，它的连接条件在 ON 短语中提出，而不在 WHERE 短语中。

例如，输出“教师工资”表中的姓名、基本工资、岗位工资和补助工资字段以及“教师信息”表中的“联系电话”字段，如果使用内部连接命令如下：

```
SELECT 教师工资.姓名，教师工资.基本工资，教师工资.岗位工资，;
教师工资.补助工资，教师信息.联系电话;
FROM  考试信息!教师信息 INNER JOIN 考试信息!教师工资 ;
ON  教师信息.编号 = 教师工资.编号
```

以上查询如果使用左连接，命令如下：

```
SELECT 教师工资.姓名，教师工资.基本工资，教师工资.岗位工资，;
教师工资.补助工资，教师信息.联系电话;
FROM  考试信息!教师信息 LEFT JOIN 考试信息!教师工资 ;
```

```
ON  教师信息.编号 = 教师工资.编号
```

以上查询如果使用右连接，命令如下：

```
SELECT 教师工资.姓名, 教师工资.基本工资, 教师工资.岗位工资,;
教师工资.补助工资, 教师信息.联系电话;
FROM  考试信息!教师信息 RIGHT JOIN 考试信息!教师工资 ;
ON  教师信息.编号 = 教师工资.编号
```

以上查询如果使用完全连接，命令如下：

```
SELECT 教师工资.姓名, 教师工资.基本工资, 教师工资.岗位工资,;
教师工资.补助工资, 教师信息.联系电话;
FROM  考试信息!教师信息 FULL JOIN 考试信息!教师工资 ;
ON  教师信息.编号 = 教师工资.编号
```

图 6-64 显示了内部连接的查询结果，图 6-65 显示了左连接的查询结果，图 6-66 显示了右连接的查询结果，图 6-67 显示了完全连接的查询结果，用户可以观察一下四条语句的输出结果有何不同。

查询

姓名	基本工资	岗位工资	补助工资	联系电话
赵树林	1600	600	400	13526778912
王帅	1400	400	300	13526778921

图 6-64　SQL 语句普通连接的查询结果

查询

姓名	基本工资	岗位工资	补助工资	联系电话
赵树林	1600	600	400	13526778912
王帅	1400	400	300	13526778921
.NULL.	.NULL.	.NULL.	.NULL.	13669874548
.NULL.	.NULL.	.NULL.	.NULL.	13663957320

图 6-65　SQL 语句左连接的查询结果

查询

姓名	基本工资	岗位工资	补助工资	联系电话
赵树林	1600	600	400	13526778912
王帅	1400	400	300	13526778921
赵虎	1300	200	100	.NULL.
刘梅	1800	400	200	.NULL.

图 6-66　SQL 语句右连接的查询结果

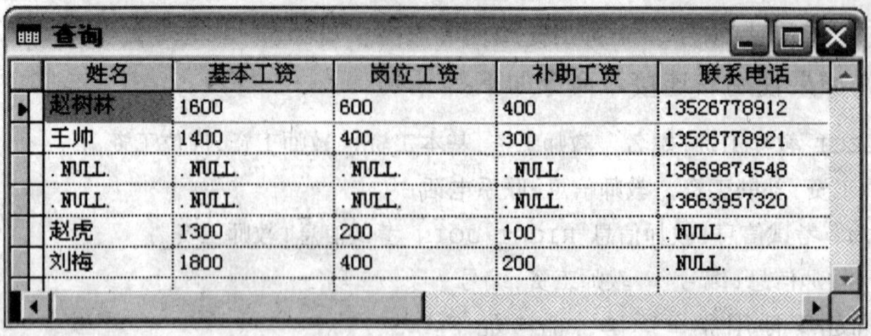

查询

姓名	基本工资	岗位工资	补助工资	联系电话
赵树林	1600	600	400	13526778912
王帅	1400	400	300	13526778921
.NULL.	.NULL.	.NULL.	.NULL.	13669874548
.NULL.	.NULL.	.NULL.	.NULL.	13663957320
赵虎	1300	200	100	.NULL.
刘梅	1800	400	200	.NULL.

图 6-67　SQL 语句完全连接的查询结果

6.5　查询结果处理

使用 SELECT…FROM…WHERE 命令可以完成基本的查询工作，如果要对这些查询结果进行处理，则需要 SELECT 的其他子句配合操作。

6.5.1　输出排序

使用 SELECT 可以将查询结果排序，排序的短语是 ORDER BY，可以按升序（ASC）或降序（DESC）排序，允许按一列或多列排序。下面是两个使查询结果排序的例子。

例如，在考生信息表中按学生的出生年月升序检索出全部学生信息，命令如下：

```
SELECT  *  FROM 考生信息  ORDER BY 出生年月
```

这里 ORDER BY 是排序子句，运行命令后的效果如图 6-68 所示。

查询

报名序号	姓名	性别代码	民族代码	出生年月	中学代码
01571	李凤娜	2	01	198508	1503
01597	李潮	1	01	198601	1503
06819	王静霞	2	01	198601	0501
08339	吴建磊	1	01	198601	1401
01299	李保全	1	01	198602	1701
02735	张林林	2	01	198602	0701
06760	邵华威	1	01	198602	0501
07299	王威	1	01	198602	0401
02635	聂盘龙	1	01	198603	0701
06620	高大福	1	01	198603	0902
06896	杨彩丽	2	01	198603	0501

图 6-68　升序查询的结果

如果需要将结果按降序排列，只有加上 DESC 即可：

```
SELECT  *  FROM 考生信息  ORDER BY 出生年月  DESC
```

运行命令后的效果如图 6-69 所示。

查询

报名序号	姓名	性别代码	民族代码	出生年月	中学代码
09341	杨争光	1	01	199109	1002
02645	耿天天	2	01	199008	0701
05303	张杰	2	01	199006	0101
09336	袁冰静	2	01	199006	1002
01879	王敏	2	01	199003	1201
02653	丁静	2	01	199003	0701
06529	陈慧杰	2	01	199002	0902
04958	刘亚彬	1	01	199001	0101
05729	张旭东	1	01	199001	0102
05749	张刘正	1	01	199001	0102
07253	罗双霞	2	01	199001	0401

图 6-69　降序查询的结果

例如，按考生的出生年月升序，出生年月相同的按报名序号降序检索出全部学生信息。这是一个按多列排序的例子，可以由如下语句完成：

```
SELECT  *  FROM 考生信息 ORDER BY 出生年月,报名序号 DESC
```

运行命令后的效果如图 6-70 所示。

查询

报名序号	姓名	性别代码	民族代码	出生年月	中学代码
01571	李凤娜	2	01	198508	1503
08339	吴建磊	1	01	198601	1401
06819	王静霞	2	01	198601	0501
01597	李潮	1	01	198601	1503
07299	王威	1	01	198602	0401
06760	邵华威	1	01	198602	0501
02735	张林林	2	01	198602	0701
01299	李保全	1	01	198602	1701
07978	王威	1	01	198603	1903
07341	耿盼盼	2	01	198603	0401
06896	杨彩丽	2	01	198603	0501

图 6-70　按多列排序查询的结果

提示：ORDER BY 是对最终的查询结果进行排序，不可以在子查询中使用该短语。

6.5.2　分组与筛选查询

利用 GROUP BY 子句可以进行分组计算查询，可以按一列或多列分组，还可以用 HAVING 进一步限定分组的条件。

例如，检索某个中学学生的各科平均成绩。

```
SELECT 中学代码,avg (语文),avg ( 数学 ) ,avg (英语) FROM 考生成绩;
GROUP BY 中学代码
```

运行命令后的效果如图 6-71 所示。

例如，检索中学代码为“0101”的学生的各科平均成绩。

```
SELECT 中学代码, avg (语文),avg ( 数学 ) ,avg (英语) FROM 考生成绩;
```

```
WHERE 中学代码 ="0101"  GROUP BY 中学代码
```

运行命令后的效果如图 6-72 所示。

中学代码	Avg_语文	Avg_数学	Avg_英语
0101	79.17	87.22	90.06
0102	79.50	84.17	89.83
0103	73.00	88.00	87.00
0201	77.43	87.95	89.95
0301	75.46	85.77	89.62
0303	83.00	91.00	88.00
0401	77.05	85.00	91.16
0402	77.80	84.50	90.90
0501	74.45	89.86	91.93
0502	73.67	89.20	90.93
0503	77.00	72.00	93.00
0701	75.89	88.06	91.33
0702	76.75	87.25	90.50

图 6-71　分组查询的结果

中学代码	Avg_语文	Avg_数学	Avg_英语
0101	79.17	87.22	90.06

图 6-72　带条件分组查询的结果

GROUP BY 子句一般跟在 WHERE 子句之后，没有 WHERE 子句时，跟在 FROM 子句之后。另外，还可以根据多个属性进行分组。在分组查询时，有时要求分组满足某个条件时才检索，这时可以用 HAVING 子句来限定分组。

HAVING 子句总是跟在 GROUP BY 子句之后，不可以单独使用。HAVING 子句和 WHERE 子句不矛盾，在查询中先用 WHERE 子句限定记录，然后进行分组，最后再用 HAVING 子句限定分组。

6.5.3　集合的并运算

SQL 支持集合的并（UNION）运算，即可以将两个 SELECT 语句的查询结果通过并运算合成一个查询结果。为了进行并运算，要求这样的两个查询结果具有相同的字段个数，并且对应字段的值要出自同一个值域，即具有相同的数据类型和取值范围。

例如，在考试成绩表中输出语文成绩大于 90 分和小于 60 分的记录。

此例就是把分别找到成绩大于 90 分和小于 60 分的记录用并运算合并输出，命令如下

```
SELECT 姓名,语文,数学,英语 FROM 考试成绩 WHERE 语文>90   UNION;
SELECT 姓名,语文,数学,英语 FROM 考试成绩 WHERE 数学<60
```

运行命令后的效果如图 6-73 所示。

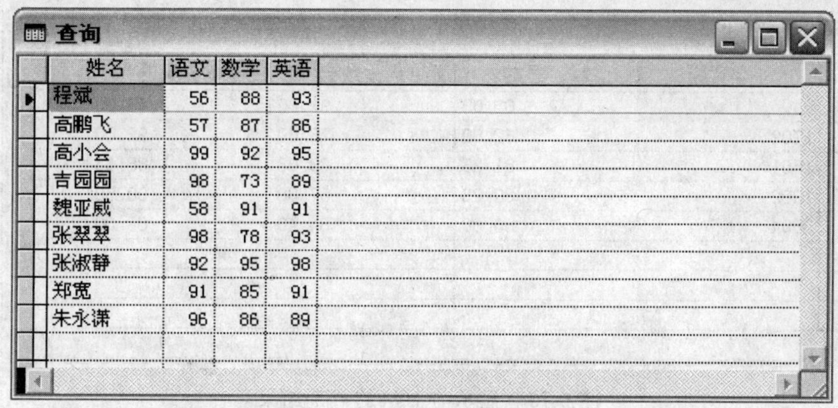

姓名	语文	数学	英语
程斌	56	88	93
高鹏飞	57	87	86
高小会	99	92	95
吉园园	98	73	89
魏亚威	58	91	91
张翠翠	98	78	93
张淑静	92	95	98
郑宽	91	85	91
朱永谦	96	86	89

图 6-73　合并输出的查询结果

6.5.4　显示部分结果

有时只需要满足条件的前几个记录，这时使用“TOP　数值表达式 [PERCENT]”短语非常有用，当不使用 PERCENT 时，“数值表达式”是 1~32767 的整数，说明显示前几个记录；当使用 PERCENT 时，“数值表达式”是 0.01~99.99 的实数，说明显示结果中前百分之几的记录。需要注意的是，TOP 短语要与 ORDER BY 短语同时使用才有效。

例如，在考生成绩表中按学生的语文平均成绩检索出语文平均成绩最高的 10 个中学的信息。

```
SELECT  *  TOP 10  FROM  考生成绩  ORDER BY avg_语文 DESC
```

运行命令后的效果如图 6-74 所示。

中学代码	Avg_语文	Avg_数学	Avg_英语
0303	83.00	91.00	88.00
1702	82.00	78.00	92.00
1501	81.25	88.88	88.13
1202	80.25	87.00	90.50
0804	80.00	84.40	89.80
0102	79.50	84.17	89.83
1502	79.50	86.75	89.00
1102	79.40	88.20	91.40
0101	79.17	87.22	90.06
0901	78.54	87.16	90.70

图 6-74　显示前 10 个的查询结果

例如，在考生成绩表中按学生的语文平均成绩检索出语文平均成绩最高的占中学总数 20%的中学信息。

```
SELECT  *  TOP 20 PERCENT FROM  考生成绩  ORDER BY avg_语文 DESC
```

运行命令后的效果如图 6-75 所示。

中学代码	Avg_语文	Avg_数学	Avg_英语
0303	83.00	91.00	88.00
1702	82.00	78.00	92.00
1501	81.25	88.88	88.13
1202	80.25	87.00	90.50
0804	80.00	84.40	89.80

图 6-75 显示前 10%的查询结果

6.5.5 输出重定向

INTO 是一个可选项，表示查询结果可以重定方向，其命令格式如下

[INTO 目标] | [TO FILE 文件名 [ADDITIVE]] | TO PRINTER [PROMPT] | TO SCREEN]

1. 将查询结果存放到永久表中

使用短语“INTO DBF | TABLE 表名”可以将查询结果存放到永久表中（DBF 文件）。例如要将查询结果存放到永久表“成绩”中可以使用如下语句：

```
SELECT 中学代码,avg_语文,avg_数学,avg_英语 FROM 考生成绩;
GROUP BY 中学代码 INTO TABLE 成绩
```

2. 将查询结果存放在临时文件中

使用短语“INTO CURSOR 临时文件名”可以将查询结果存放到临时数据表文件中。该短语产生的临时文件是一个只读的 dbf 文件，当查询结果结束后该临时文件是当前文件，可以像一般的 dbf 文件一样使用，但仅是只读。当关闭时该临时文件将自动删除。

如下语句将查询到的学生信息存放在临时文件“成绩.dbf”中，命令如下：

```
SELECT 中学代码,avg_语文,avg_数学,avg_英语 FROM 考生成绩;
GROUP BY 中学代码  INTO CURSOR  成绩
```

一般利用 INTO CURSOR 短语存放一些临时结果。

3. 将查询结果存放到文本文件中

使用短语“TO FILE 文本文件名 [ADDITIVE]”可以将查询结果存放到文本文件（默认扩展名是.txt）中，如果使用 ADDITIVE 结果将追加在原文件的尾部，否则将覆盖原有文件。如将查询结果以文本的形式存储在文本文件“成绩.txt”中，命令如下：

```
SELECT 中学代码,avg_语文,avg_数学,avg_英语 FROM 考生成绩;
GROUP BY 中学代码  TO FILE  成绩
```

提示：如果 TO 短语和 INTO 短语同时使用，则 TO 短语将会被忽略。

4. 查询结果存到数组中

可以使用“INTO ARRAY 数组变量名”短语将查询结果存放到数组中。一般将存放

查询结果的数组作为二维数组来使用，每行一条记录，每列对应于查询结果的一列。查询结果存放在数组中，可以非常方便地在程序中使用。

以下语句将查询到的学生成绩存放在数组 tmp 中：

```
SELECT * FROM 考生成绩  INTO ARRAY tmp
```

tmp（1,1）存放的是第一条记录的学号字段值，tmp（1,2）存放的是第一条记录的数学字段值等。

5. 将查询结果直接输出到打印机

使用短语 “TO PRINTER [PROMPT]”可以直接将查询结果输出到打印机，如果使用了 PROMPT 选项，在开始打印之前会打开打印机设置对话框。例如，将查询结果输出到打印机打印，命令如下：

```
SELECT 中学代码,avg_语文,avg_数学,avg_英语 FROM 考生成绩;
GROUP BY 中学代码  TO printer
```

6.6 习　　题

习题 1：

将习题素材 Unit6 文件夹中的文件夹 Y6-01 复制到考生文件夹中，重命名为“X6-01”，然后新建项目管理器，命名为“项目 6-1”，保存到文件夹 X6-01 中，完成下列操作。

1. **确定查询的数据源：** 新建一个查询，将 Y6_01A.dbf、Y6_01B.dbf 作为查询的数据源。
2. **建立数据源之间的关系：** 用 Y6_01A.dbf 中的“报名序号”字段与 Y6_01B.dbf 中的“报名序号”字段建立内部联接。
3. **设置查询字段及表达式：**
   - 选择 Y6_01A.dbf 中的字段“报名序号”、“姓名”、“总分”；
   - 选择 Y6_01B.dbf 中的字段“批次”、“第几志愿”、“院校代号”、“专业代号 1”；
   - 参照图 6-76 所示，编辑显示统计“Y6_01b.院校代号”记录数目的表达式，并添加到选定字段中。
4. **指定查询的条件：**
   - 选择字段“Y6_01a.报名序号”为分组依据；
   - 筛选出“Y6_01a.总分”大于 550 的记录；
   - 选择字段“Y6_01b.院校代号”为排序依据，并要求降序排列。
5. **设置查询去向：**
   - 将查询结果以“表”的方式保存至考生文件夹中，文件名为 X6_01A.dbf;
   - 运行查询，结果如图 6-77 所示；
   - 将 X6_01A.dbf 添加到“项目 6-1”的“自由表”中。

6. **保存查询**：将查询命名为“查询 6-01.qpr”，保存在考生文件夹 X6-01 中，并添加到“项目 6-1”中。

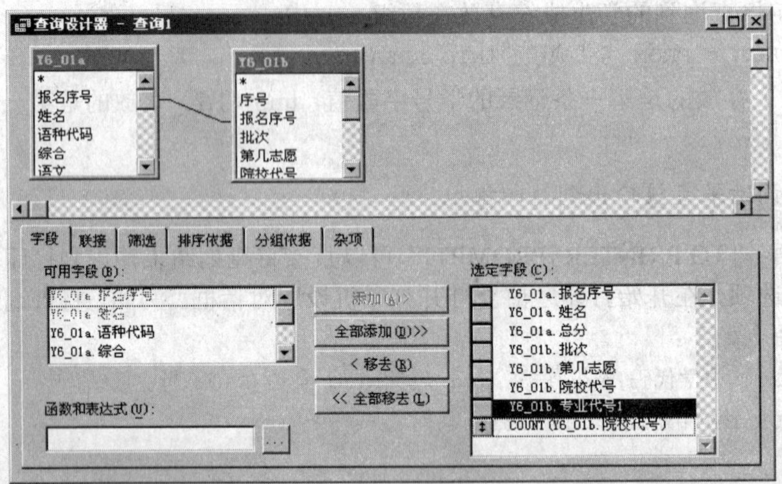

图 6-76

X6_01a

报名序号	姓名	总分	批次	第几志愿	院校代号	专业代号1	Cnt_院校代
10073	王春亢	555	1	2	6005	01	2
10150	李永伟	559	1	3	6005	01	3
10811	许雪刚	560	1	3	6005	01	3
10878	仝位杰	561	1	2	6005	01	2
11179	邓飞	552	1	3	6005	01	3
11701	李雪丽	582	1	3	6005	45	3
11837	司艳华	561	1	2	6005	14	2
11869	程令志	564	1	3	6005	01	3
12344	邢树亮	563	1	3	6005	33	3
12409	王向阳	574	1	3	6005	01	3

图 6-77

习题 2：

将习题素材 Unit6 文件夹中的文件夹 Y6-02 复制到考生文件夹中，重命名为“X6-02”，然后新建项目管理器，命名为“项目 6-2”，保存到文件夹 X6-02 中，完成下列操作。

1. **确定查询的数据源**：新建一个查询，将 Y6_02A.dbf、Y6_02B.dbf 作为查询的数据源。
2. **建立数据源之间的关系**：用 Y6_02A.dbf 中的“中学代码”字段与 Y6_02B.dbf 中的“中学代码”字段建立内部联接。
3. **设置查询字段及表达式**：
   - 选择 Y6_02A.dbf 中的字段“中学名称”；
   - 选择 Y6_02B.dbf 中的字段“报名序号”、“姓名”、“准考证号”、“总分”；
   - 参照图 6-78 所示，编辑显示当前记录号的表达式，并添加到选定字段中。
4. **指定查询的条件**：
   - 选择字段“Y6_02a.中学名称”为分组依据；

- 筛选出“Y6_02b.总分”小于 500 的记录；
- 选择字段“Y6_02b.报名序号”为排序依据，并要求升序排列。

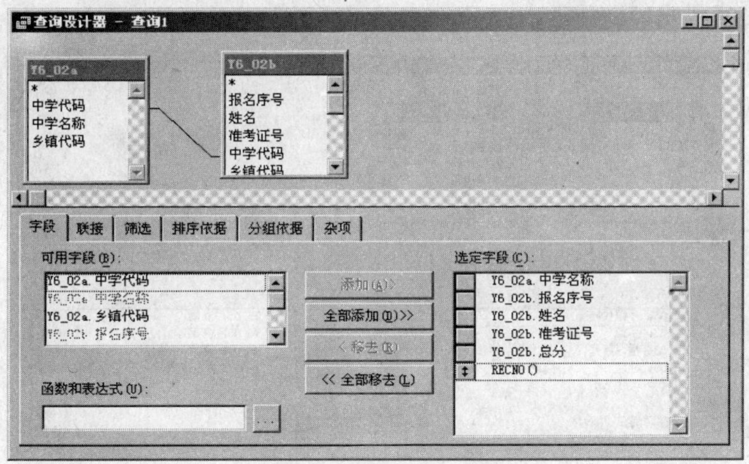

图 6-78

5. **设置查询去向**：
   - 将查询结果以“表”的方式保存至考生文件夹中，文件名为 X6_02A.dbf。
   - 运行查询，结果如图 6-79 所示。
   - 将 X6_02A.dbf 添加到“项目 6-2”的“自由表”中。
6. **保存查询**：将“查询”命名为“查询 6-02.qpr”，保存在考生文件夹 X6-02 中，并添加到“项目 6-2”中。

X6_02a

中学名称	报名序号	姓名	准考证号	总分	Exp_6
张集乡二中	00490	高现伟	3141407160	481	6
张集乡一中	00645	韩宗岗	3141407246	487	6
河口乡一中	00807	侯静华	3141403226	488	6
河口乡二中	00898	张明振	3141402984	481	6
河口乡四中	00994	刘红要	3141403175	483	6
草楼镇三中	01091	刘艳艳	3141406894	490	6
草楼镇一中	01306	李志广	3141407099	496	6
营口乡一中	01360	王卫敏	3141406373	490	6

图 6-79

习题 3：

将习题素材 Unit6 文件夹中的文件夹 Y6-03 复制到考生文件夹中，重命名为“X6-03”，然后新建项目管理器，命名为“项目 6-3”，保存到文件夹 X6-03 中，完成下列操作。

1. **确定查询的数据源**：新建一个查询，将 Y6_03A.dbf、Y6_03B.dbf 作为查询的数据源。
2. **建立数据源之间的关系**：用 Y6_03A.dbf 中的“乡镇代码”字段与 Y6_03B.dbf 中的“乡镇代码”字段建立右联接。
3. **设置查询字段及表达式**：
   - 选择 Y6_03A.dbf 中的字段“乡镇”；

- 选择 Y6_03B.dbf 中的字段“身高”、“体重”；
- 参照图 6-80 所示，编辑显示“Y6_3b.体重”的平均值的表达式，并添加到选定字段中。

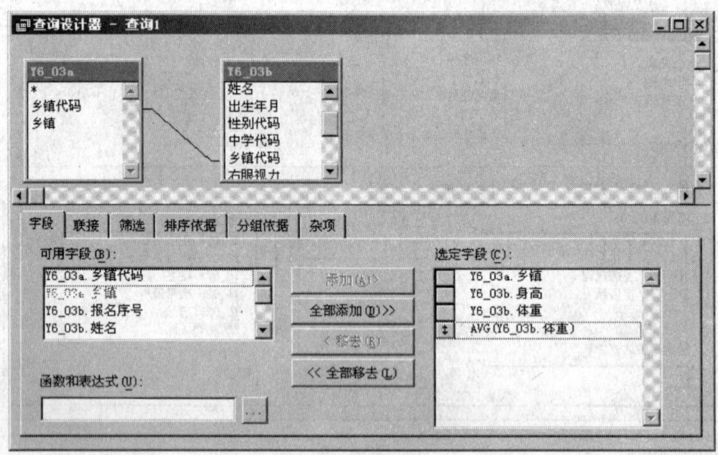

图 6-80

4．**指定查询的条件**：
- 选择字段“Y6_03a.乡镇”为分组依据；
- 筛选出“Y6_03b.身高”大于“172”的记录；
- 选择字段“Y6_3b.身高”为排序依据，并要求降序排列。

5．**设置查询去向**：
- 将查询结果以“表”的方式保存至考生文件夹中，文件名为 X6_03A.dbf;
- 运行查询，结果如图 6-81 所示；
- 将 X6_03A.dbf 添加到“项目 6-3”的“自由表”中。

6．**保存查询**：将“查询”命名为“查询 6-03.qpr”，保存在考生文件夹 X6-3 中，并添加到“项目 6-3”中。

X6_03a

乡镇	身高	体重	Avg_体重
高集乡	179	63	65.89
城郊乡	178	72	68.17
叶寨镇	178	58	63.10
北门乡	176	65	65.00
草楼镇	176	67	64.25
许楼镇	176	65	65.00

图 6-81

习题 4：

将习题素材 Unit6 文件夹中的文件夹 Y6-04 复制到考生文件夹中，重命名为“X6-04”，然后新建项目管理器，命名为“项目 6-4”，保存到文件夹 X6-04 中，完成下列操作。

1．**确定查询的数据源**：新建一个查询，将 Y6_04A.dbf、Y6_04B.dbf 作为查询的数据源。

2．**建立数据源之间的关系**：用 Y6_04A.dbf 中的“产品 id”字段与 Y6_04B.dbf 中的“产品 id”字段建立左联接。

3．**设置查询字段及表达式：**

- 选择 Y6_04A.dbf 中的字段“产品名称”、“单价”；
- 选择 Y6_04B.dbf 中的字段“销售员工 id”、“数量”；
- 参照图 6-82 所示，编辑显示“Y6_04a.单价* Y6_04b.数量”的表达式，并添加到选定字段中。

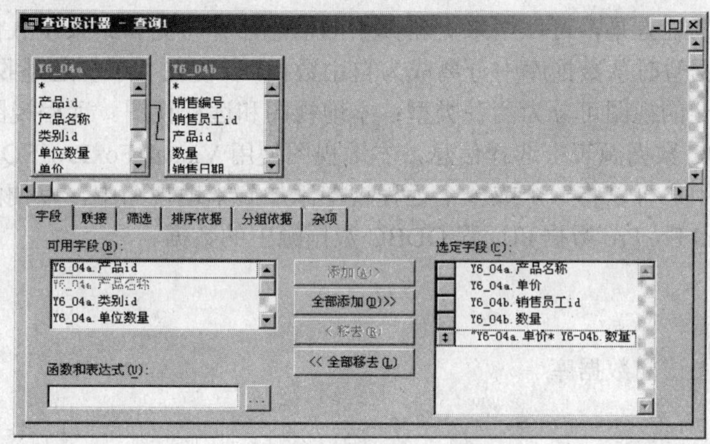

图 6-82

4．**指定查询的条件：**

- 选择字段“Y6_04b.销售员工 id”为分组依据；
- 筛选出“Y6_04b.数量”大于“1”的记录；
- 选择字段“Y6_04a.单价* Y6_04b.数量”为排序依据，并要求降序排列。

5．**设置查询去向：**

- 将查询结果以“表”的方式保存至考生文件夹中，文件名为 X6_04A.dbf;
- 运行查询，结果如图 6-83 所示；

X6_04a

产品名称	单价	销售员工id	数量	Exp_5
绿茶	263.50	03	5	1317.50
山渣片	49.30	01	3	147.90
玉米片	12.75	04	5	63.75
海鲜酱	28.50	05	2	57.00
海参	13.25	02	3	39.75
三合一麦片	7.00	06	2	14.00

图 6-83

- 将 X6_04A.dbf 添加到“项目 6-4”的“自由表”中。

6．**保存查询**：将“查询”命名为“查询 6-04.qpr”，保存在考生文件夹 X6-04 中，并添加到“项目 6-4”中。

第 7 章　视　　图

在应用程序中，若要创建自定义并且可更新的数据集合，可以使用视图。视图兼有表和查询的特点：与查询相类似的地方是，可以用来从一个或多个相关联的表中提取有用信息；与表相类似的地方是，可以用来更新其中的信息，并将更新结果永久保存在磁盘上。可以用视图使数据暂时从数据库中分离成为自由数据，以便在主系统之外收集和修改数据。

Visual FoxPro 的视图可分为两种类型：本地视图和远程视图。远程视图使用远程 SQL 语法从远程 ODBC 数据源表中选择信息，本地视图使用 Visual FoxPro SQL 语法从视图或表中选择信息。用户可以将一个或多个远程视图添加到本地视图中，以便能在同一个视图中同时访问 Visual FoxPro 数据和远程 ODBC 数据源中的数据。

本章重点：

- 创建视图
- 利用视图访问数据库

7.1　创建视图

可以使用视图向导或视图设计器建立视图。利用视图向导可以快速创建视图，创建视图的操作过程与使用向导建立查询的操作过程类似；使用视图设计器比使用视图向导可以更方便灵活地生成各种视图。

7.1.1　使用向导创建视图

用户可以使用向导创建本地视图或远程视图，和其他向导类似，用户只要在一系列屏幕上回答问题和选项，向导就能根据回答生成相应的文件和执行想要的任务。

1. 使用向导创建本地视图

使用视图创建本地向导必须首先进入视图向导。用户可以使用下列几种方法之一进入视图向导。

在“工具”菜单中选择“向导”子菜单，单击“全部”，打开“向导选取”对话框，如图 7-1 所示。在对话框中选择“本地视图向导”，单击“确定”按钮。

选择“文件”菜单中的“新建”命令，打开“新建”对话框。在对话框中选择“视图”选项，单击“向导”按钮。

在项目管理器中选定数据库，选定本地视图，单击“新建”按钮，打开“新建本地视图”对话框，如图 7-2 所示。在对话框中单击“视图向导”按钮，进入本地视图向导。

打开数据库设计器，在“数据库”菜单中选择“新建本地视图”，打开“新建本地视图”对话框。在对话框中单击“视图向导”按钮，进入本地视图向导。

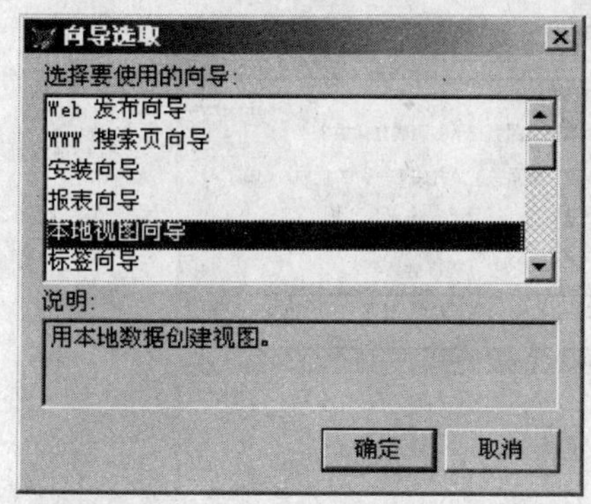

图 7-1　“向导选取”对话框

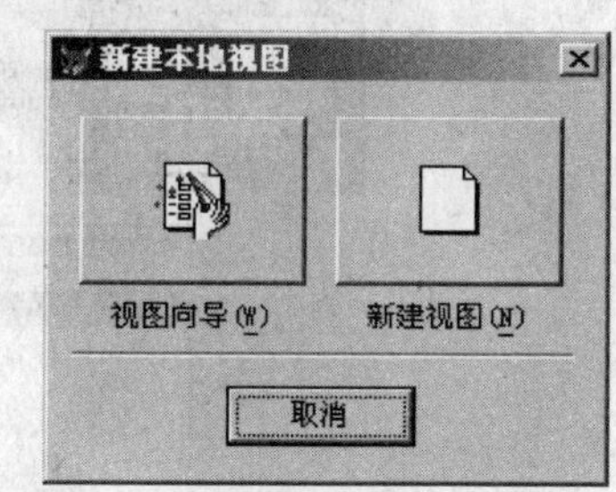

图 7-2　“新建本地视图”对话框

提示：视图是数据库中一个特有功能，只有在包含视图的数据库打开时，才能使用视图。在项目管理器中创建或使用视图时，项目管理器会自动打开数据库。如果要使用项目以外的视图，则必须先打开数据库或事先确认数据库在作用范围内。

用本地视图向导快速建立本地视图的基本步骤如下：

（1）字段选取。进入到本地视图向导后，第一个对话框是字段选区对话框，如图 7-3 所示。首先在数据库和表列表中选择一个表或视图，然后在“可用字段”列表中将需要的字段添加到“选定字段”列表中。用户可以从几个表或视图中选取字段。

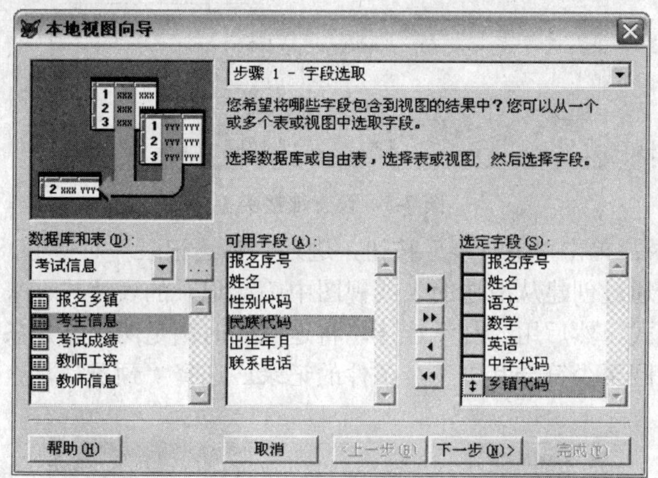

图 7-3　选取字段

（2）为表建立关系。选择好需要的字段后，单击“下一步”按钮，进入到“为表建立关系”对话框，如图 7-4 所示。从两个下拉式列表中选择字段，然后单击“添加”按钮。如果在视图中使用多个表，必须通过指明每个表中哪个字段包含匹配数据来联系这些表。

（3）包含记录。为表之间建立关系后，单击“下一步”按钮，进入到“包含记录”对话框，如图 7-5 所示。该对话框其实是为连接设置连接类型，如果用户想创建一个内部联接，可选择“仅包含匹配的行”。如果用户想创建一个外部联接，可从一个表中选择所有行。

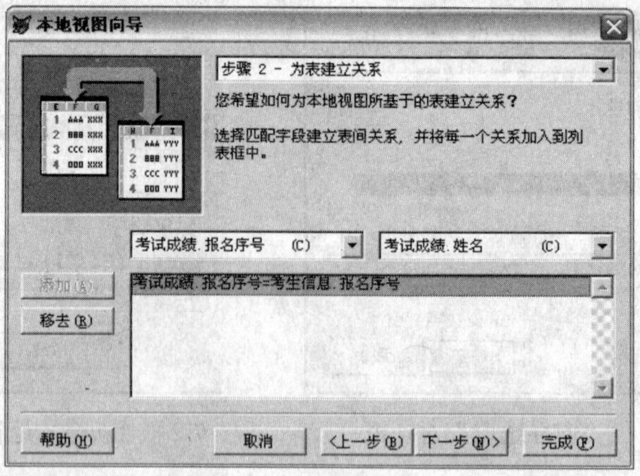

图 7-4　为表建立关系

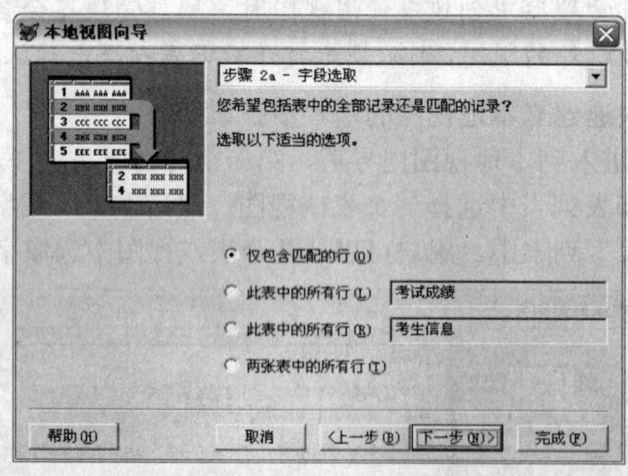

图 7-5　设置连接类型

（4）筛选记录：单击“下一步”按钮，进入“筛选记录”对话框，如图 7-6 所示。在对话框中用户可以通过创建从所选的表或视图中筛选记录的表达式，来减少记录的数目。可以创建两个表达式，然后用“与”连接，将返回同时满足两个指定条件的记录，如果用“或”连接，则返回至少符合其中一个条件的记录。选择“预览”，查看基于的筛选条件返回的记录。

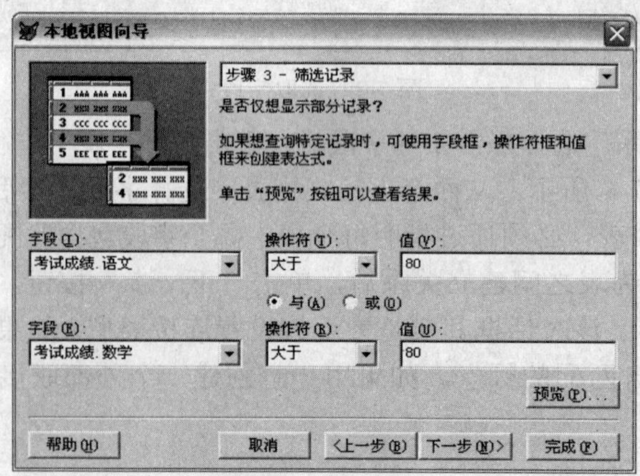

图 7-6　筛选记录

（5）排序记录。设置完筛选条件后，单击“下一步”按钮，进入“排序记录”对话框，如图 7-7 所示。在对话框中最多选择三个字段或一个索引标识以确定视图结果的排序顺序。选择“升序”视图将按升序排序，选择“降序”视图按降序排序。

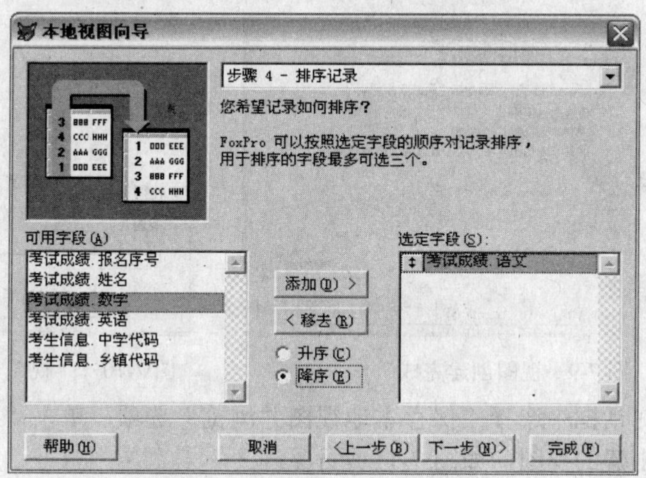

图 7-7 排序记录

（6）限制记录。设置完排序条件后，单击“下一步”按钮，进入“限制记录”对话框，如图 7-8 所示。在对话框中用户可以通过指定一定百分比的记录，或者选择一定数量的记录，来进一步限制视图中的记录数目。例如，要查看前 10 条记录，可选择“数量”区域的“部分值”，然后在文本框中输入 10。

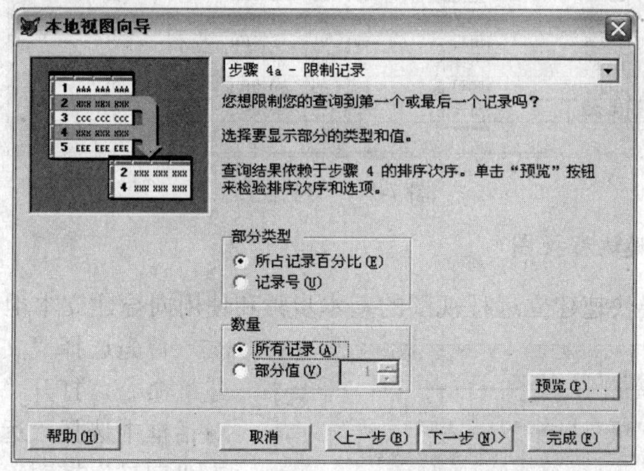

图 7-8 限制记录

（7）视图创建完成。单击“下一步”按钮，进入到 “完成”对话框，如图 7-9 所示。

在“完成”对话框中选择“保存本地视图”选项，将查询保存起来以备以后使用。保存之后，仍旧可以在“查询设计器”中打开或修改它。选择“保存本地视图并浏览”选项会立刻浏览视图。选择“保存本地视图并在‘视图设计器’中修改”选项可以在“查询设计器”中重新对所生成的查询做进一步的修改。无论选择哪一个选项，单击“完成”按钮，则打开“视图名”对话框，如图 7-10 所示。在对话框中输入视图的名称，然后单击“确认”

按钮，将视图保存在当前数据库中。

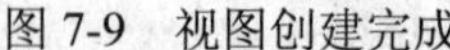
图 7-9　视图创建完成

图 7-10　“视图名”对话框

例如，在完成对话框中选择“保存本地视图并浏览”选项，单击“完成”按钮，为视图命名后即可浏览创建的视图，如图 7-11 所示。

考生成绩

报名序号	姓名	语文	数学	英语	中学代码	乡镇代码
08461	高小会	99	92	95	1401	14
09463	朱永谍	96	86	89	1001	10
04151	张淑静	92	95	98	0201	02
06168	郑宽	91	85	91	0901	09
02556	杨永强	90	83	85	1102	11
06543	尚伟龙	90	89	91	0902	09
00621	王文鹤	89	95	93	1801	18
00996	杨春晖	89	91	87	0804	08
05398	田盼	89	91	95	0101	01
07362	卢坤鹏	89	88	91	0402	04
04942	韩阳靖	88	89	90	0101	01
06273	姚天佑	88	85	90	0901	09

图 7-11　浏览视图

2. 使用向导创建远程视图

用远程视图向导快速建立远程视图的基本步骤和使用向导建立本地视图的步骤相似。

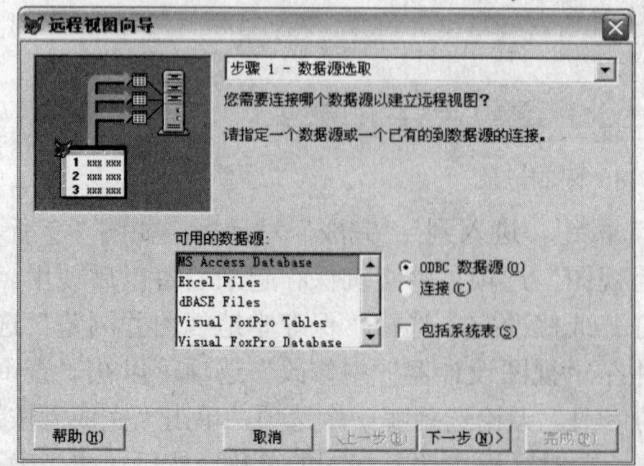

图 7-12　远程向导数据源选取

首先选择“文件”菜单中的“新建”命令，打开“新建”对话框。在对话框中选择“远程视图”选项，单击“向导”按钮，进入到远程向导的数据源选取对话框，如图 7-12 所示。在该对话框中用户可以指定一个数据源来创建远程视图。如选择“ODBC 数据源”选项，则在“可用的数据源”列表中列出了可以使用的数据源，如选择“MS Access Database”。

单击“下一步”按钮，打开“选

择数据库”对话框，如图 7-13 所示。在对话框中选择需要的数据库，单击“确定”按钮，进入“字段选取”对话框。此后向导的设置与本地视图向导类似，这里就不再重复介绍。

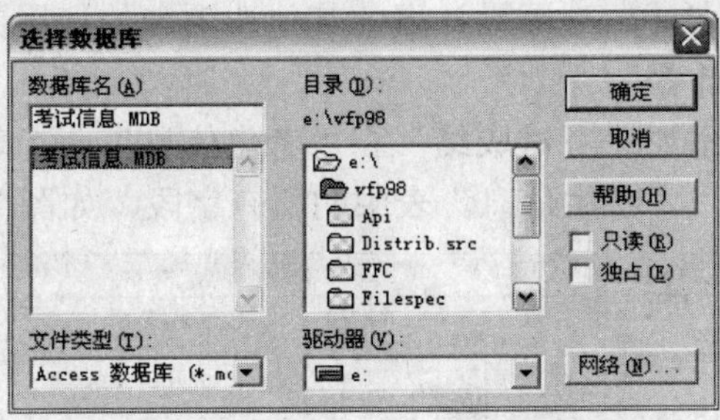

图 7-13　“字段选取”对话框

7.1.2 用视图设计器创建视图

通过视图向导创建视图虽然方便、快捷，但最终还要依赖视图设计器。因此，倾向独立进行开发的程序员，还是喜欢用自由的方式，利用视图设计器来建立视图，这样更能发挥视图设计器潜在的设计能力。

1. 创建本地视图

利用视图设计器建立视图需要先打开视图设计器，打开视图设计器最常用的有下面两种方法：

- 选择“文件”菜单中的“新建”命令，或单击“常用”工具栏上的“新建”按钮，打开“新建”对话框。在对话框中选择“视图”选项，单击“新建文件”按钮，打开视图设计器建立视图。
- 在项目管理器中选定数据库，选定本地视图，单击“新建”按钮，打开“新建本地视图”对话框。在对话框中单击“新建视图”按钮，打开视图设计器建立视图。

不管使用哪种方法打开视图设计器建立视图，首先都要进入如图 7-14 所示“视图设计器”及“添加表或视图”对话框。利用“添加表或视图”对话框将多个表添加到视图设计器中后，单击“关闭”按钮进入“视图设计器”对话框。此后还可以从“查询”菜单或工具栏中选择“添加表”或“移去表”选项以重新指定设计查询的表。

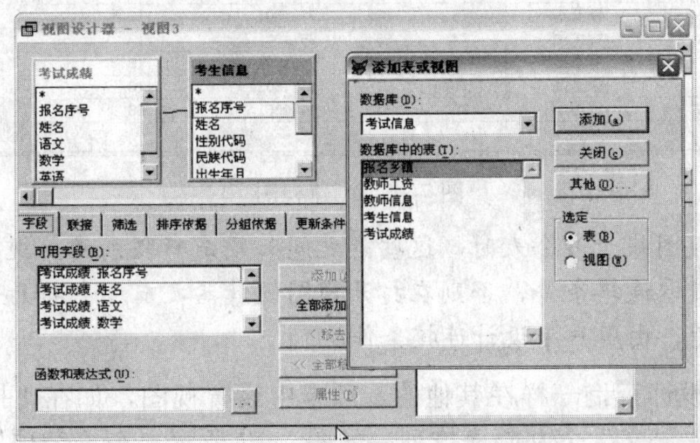

图 7-14　视图设计器

用户可以把“视图设计器”对话框与“查询设计器”对话框对照一下，“视图设计器”对话框多了“更新条件”选项卡，而在工具栏中，查询设计器则多了一项“查询去向”按钮。除“更新条件”选项卡外，视图设计器的其他选项卡的使用方式与查询设计器类似，有关操作请参考“查询设计器”。

例如在视图设计器中添加“考试成绩”和“考生信息”两个表，然后为视图添加“考试成绩”表中的所有字段，“考生信息”表中的所有字段，如图 7-15 所示。

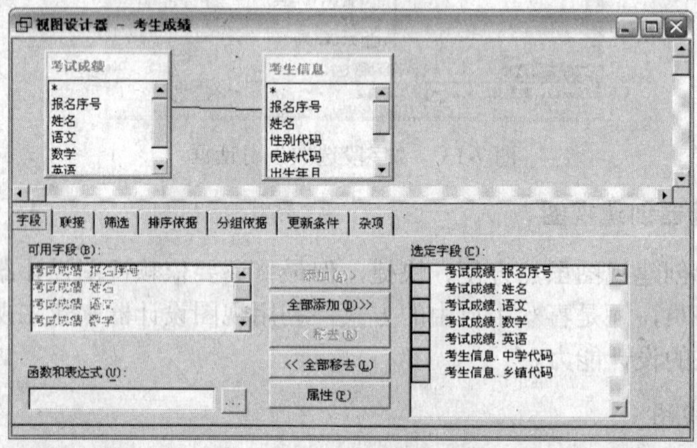

图 7-15　为视图添加字段

视图设计完成后，要查看查询，可以选择“查询”菜单的“运行查询”命令，或单击“常用”工具栏上的“运行”按钮，或直接按 Ctrl+Q 组合键，即可查看视图，如图 7-16 所示。

考生成绩

报名序号	姓名	语文	数学	英语	中学代码	乡镇代码
00564	谭玉坤	79	80	93	1801	18
00566	郑少华	79	90	94	1801	18
00575	卢华	82	86	88	1801	18
00582	夏世杰	74	90	85	1801	18
00600	郭曼丽	82	94	95	1801	18
00604	王飞跃	74	91	94	1801	18
00616	轩秋月	76	89	91	1801	18
00621	王文鹤	89	95	93	1801	18
00626	符燕	68	91	91	1801	18
00631	马志远	72	93	88	1801	18
00639	谢高杰	75	88	92	1801	18
00644	程大朋	74	96	95	1801	18
00645	韩宗岗	71	86	84	1801	18
00647	张玉磊	77	91	93	1801	18
00743	武丹华	79	71	94	0801	08

图 7-16　浏览视图

提示： 当一个视图基于多个表时，这些表之间必须是有联系的。视图设计器会自动根据联系提取连接条件，否则在打开视图设计器之前还会打开一个指定连接条件的对话框，由用户来设计连接条件。

用户还可以像设计查询一样在其他的选项卡中设置视图，如在“排序依据”选项卡中设置排序字段为“语文”，并降序排列，如图 7-17 所示。在“杂项”选项卡中设置记录个数为 10，如图 7-18 所示。单击“常用”工具栏上的“运行”按钮，则视图如图 7-19 所示。

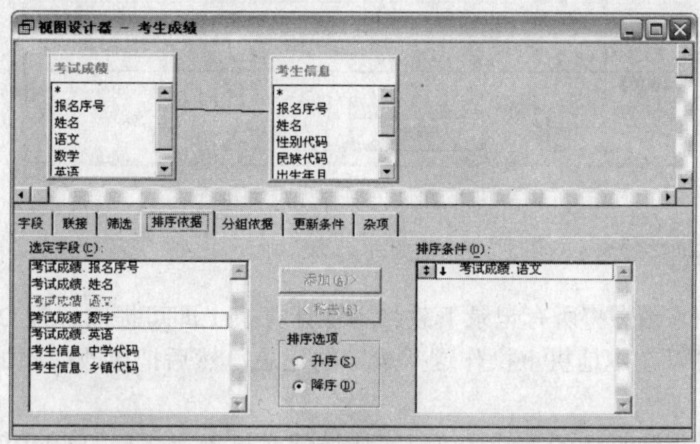

图 7-17　为视图设置排序依据

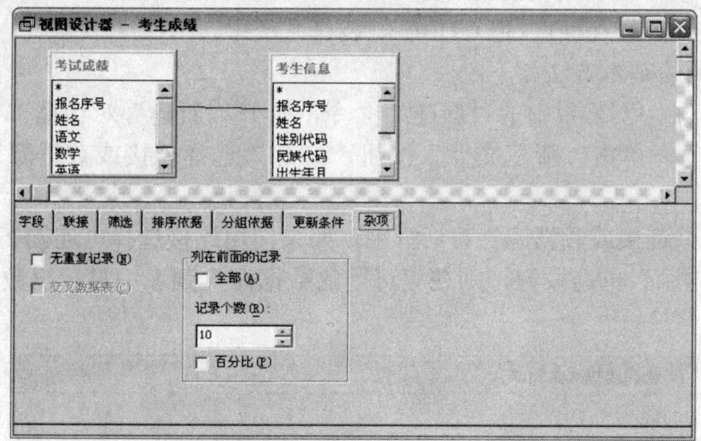

图 7-18　为视图设置显示记录个数

考生成绩

报名序号	姓名	语文	数学	英语	中学代码	乡镇代码
08461	高小会	99	92	95	1401	14
09499	张翠翠	98	78	93	1001	10
09683	吉园园	98	73	89	1001	10
09463	朱永谋	96	86	89	1001	10
04151	张淑静	92	95	98	0201	02
06168	郑宽	91	85	91	0901	09
02556	杨永强	90	83	85	1102	11
06543	尚伟龙	90	89	91	0902	09
00621	王文鹤	89	95	93	1801	18
00996	杨春晖	89	91	87	0804	08
05398	田盼	89	91	95	0101	01
07362	卢坤鹏	89	88	91	0402	04

图 7-19　设置了排序依据和显示个数的视图

使用视图设计器创建好视图后还要将其保存起来，选择“文件”菜单中的“保存”命令，打开“保存”对话框，如图 7-20 所示。在对话框中输入视图的名称，然后单击“确定”

按钮，将视图保存在当前数据库中。

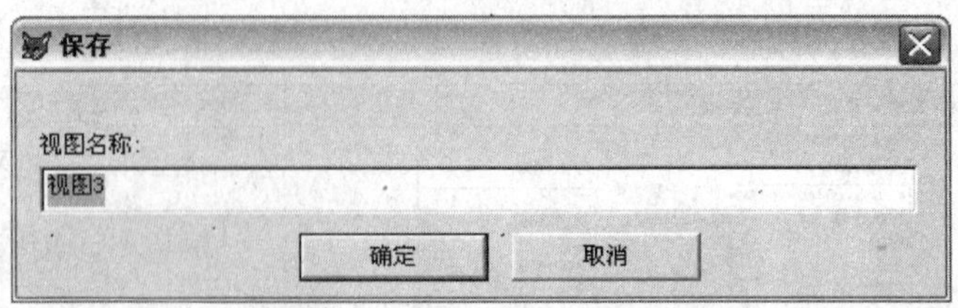

图 7-20 “保存”对话框

2. 创建远程视图

使用远程视图，无需将所有记录下载到本地计算机上即可提取远程 ODBC 服务器上的数据子集。用户可以在本地机上操作这些选定的记录，然后把更改或添加的值返回到远程数据源中。

有两种连接远程数据源的方法，可以直接访问在机器上注册的 ODBC 数据源，也可以用“连接设计器”设计自定义连接。在安装 Visual FoxPro 时，选择 Visual FoxPro 的“完全”或“自定义”安装选项，就可以把 ODBC 安装在系统中。

创建远程视图的基本方法如下：

（1）选择“文件”菜单中的“新建”命令，打开“新建”对话框。在对话框中选择“远程视图”选项，单击“新建文件”按钮，打开“选择连接或数据源”对话框，如图 7-21 所示。

（2）在“选择连接或数据源”对话框中，如果使用连接选择“连接”单选按钮，如果选择“可用的数据源”单选按钮，则在“可用的数据源”列表中显示出数据源列表，如图 7-21 所示。

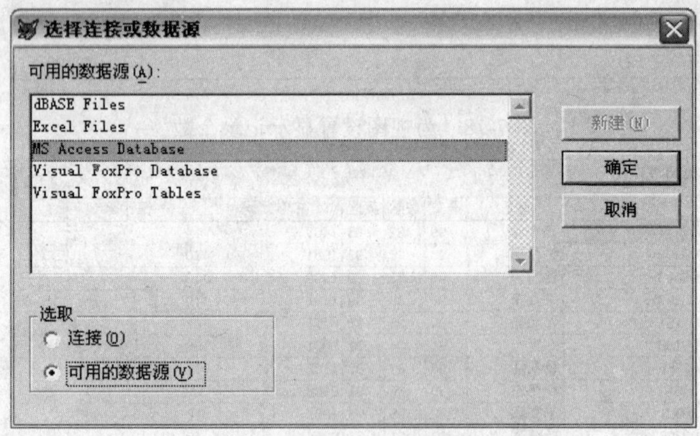

图 7-21 “选择连接或数据源”对话框

（3）在“可用的数据源”列表中选择一种数据源，如选择“Excel Files”选项，单击“确定”按钮，打开“选择工作簿”对话框，如图 7-22 所示。

（4）在“选择工作簿”对话框中选择一个工作簿文件，单击“确定”按钮，打开“视图设计器”同时打开“打开”对话框，如图 7-23 所示。

图 7-22　“选择工作簿”对话框

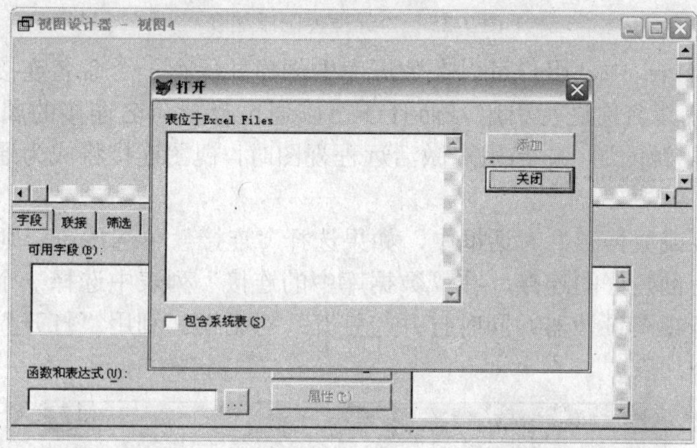

图 7-23　“视图设计器”和“打开”对话框

（5）用户可以发现，此时的“打开”对话框中没有任何文件，原因是工作簿的工作表是系统表，如果选中“包含系统表”复选框，则会显示出工作簿中的表，如图 7-24 所示。

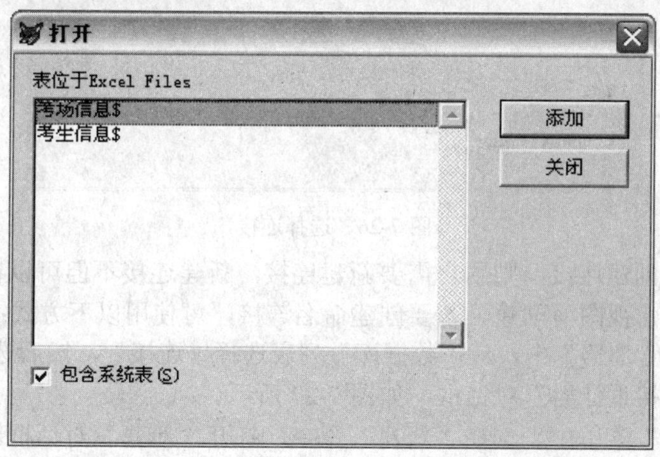

图 7-24　选择包含系统表的“打开”对话框

（6）在工作表中选择需要的工作表，然后单击“添加”按钮，将其添加到视图设计器中。添加完毕，单击“关闭”按钮，则在视图设计器中将显示出添加的表，如图 7-25 所示。

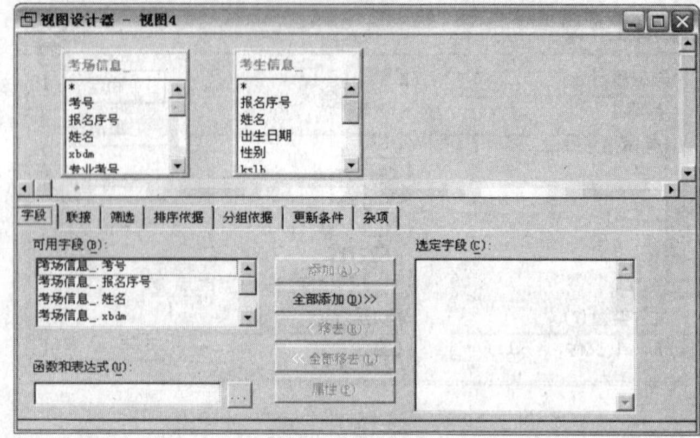

图 7-25　为远程视图添加表

在 Visual FoxPro 中，用户可以在数据库中创建并保存一个命名连接的定义，以便在创建远程视图时按其名称进行引用，而且还可以通过设置命名连接的属性来优化 Visual FoxPro 与远程数据源的通讯。当用户激活远程视图时，视图连接将成为通向远程数据源的管道。

在“选择连接或数据源”对话框中，如果选择“连接”单选按钮，则对话框如图 7-26 所示。如果原来有创建好的连接，在“数据库中的连接”列表中选择一个连接，单击“确定”按钮，则打开视图设计器并同时打开“打开”对话框。利用“打开”对话框用户可以向视图设计器中添加表。

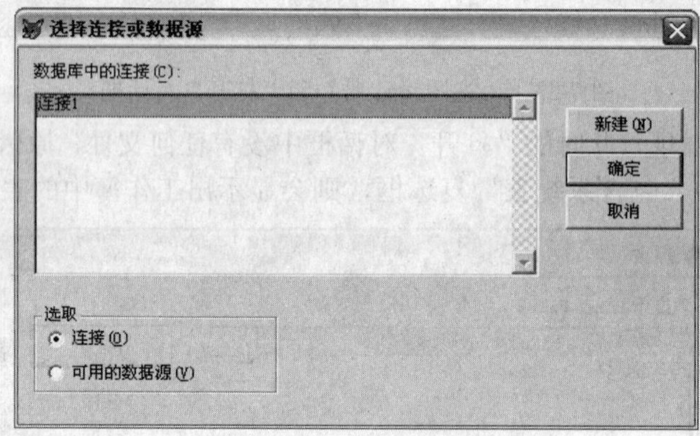

图 7-26　选择连接

如果原来没有创建连接，则用户需要新建连接，新建连接不但可以在创建远程视图时创建，还可以在创建视图前创建。若要创建命名连接，可使用以下方式：

- 在“项目管理器”中，从“数据库”列表选择“连接”，然后选择“新建”按钮，打开“连接设计器”对话框，如图 7-27 所示。
- 在“文件”菜单中，选择“新建”命令，打开“新建”对话框。在对话框中选择“连接”选项，然后单击“新建文件”按钮，打开“连接设计器”对话框。
- 在“选择连接或数据源”对话框中在“选取”区域选择“连接”，然后单击“新建”按钮，打开“连接设计器”对话框。
- 先打开数据库，使用 CREATE CONNECTION 命令打开“连接设计器”对话框。

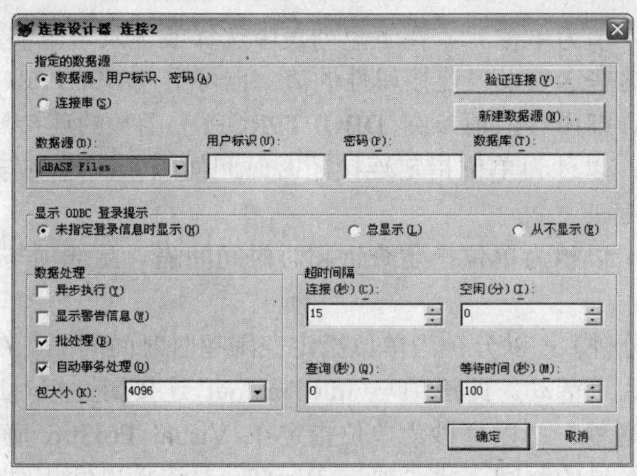

图 7-27 “连接设计器”对话框

使用“连接设计器”能够创建并修改命名连接。因为连接是作为数据库的一部分存储的，所以仅在有打开的数据库时才能使用“连接设计器”。

连接设计器窗口各选项功能如下：

- 数据源：允许从已安装的 ODBC 数据源列表中选择一个数据源。
- 用户标识：如果数据源需要用户名称或标识，允许键入。
- 密码：如果数据源需要密码，允许键入密码。
- 数据库：用户可以选择一个数据库，作为所选数据源连接的目标。
- 连接串：如果在“指定的数据源”区域，选择“连接串”则显示“连接串”文本框，可在其中键入连接串。用户还可以单击后面的按钮，打开“选择连接或数据源”对话框，选择现有文件或机器数据源。
- 验证连接：用户可以对那些刚输入了内容的连接进行检查。如果连接成功，则显示对话框提示此信息；如果连接失败，则出现错误信息。如果没有对连接指定内容，则显示“选择数据库”对话框，使用户可以选择数据源。
- 新建数据源：单击该按钮，打开“Data Sources”对话框，用户可以添加、删除或配置数据源。
- 未指定登录信息时显示：如果在命名连接定义中未存储用户标识和密码，则 Visual FoxPro 用“ODBC 数据源注册”对话框提示用户。
- 每次都显示：指定 Visual FoxPro 总是使用“ODBC 数据源注册”对话框提示用户，该框允许用户使用与存储在命名连接中不同的注册 ID 和密码。
- 从不显示：指定 Visual FoxPro 从不提示用户。此选项确保更高的安全性。
- 数据处理：此选项与用户用 DBSETPROP( ) 函数设置的连接属性相对应。
- 异步执行：指定异步连接。此选项与 Asynchronous 连接属性相对应。
- 显示警告信息：指定显示不可捕获警告。此选项与 DispWarning 连接属性相对应。
- 批处理：指定以批处理方式进行连接操作。此选项与 BatchMode 连接属性相对应。
- 自动事务处理：指定自动执行事务处理。此选项与 Transactions 连接属性相对应。
- 数据包大小：当和远程数据位置之间传送信息时，用户可以指定传送信息网络包的大小（以字节为单位）。在下拉列表中选择或键入一个值。

- 超时间隔：这些选项设置连接属性的值，也可用 DBSETPROP() 函数设置。有关这些属性的详细内容，请参阅 DBGETPROP( ) 函数的连接属性。
- 连接（秒）：以秒为单位指定连接超时时间间隔。此选项与 ConnectTimeout 连接属性相对应。
- 查询（秒）：以秒为单位指定查询超时时间间隔。此选项与 QueryTimeout 连接属性相对应。
- 空闲时间（分钟）：以分钟为单位指定空闲超时时间间隔。在指定的时间间隔后，活动连接变为不活动。此选项与 IdleTimeout 连接属性相对应。
- 等待时间（毫秒）：以毫秒为单位指定在 Visual FoxPro 确定 SQL 语句是否执行完毕之前经过的时间。此选项与 WaitTime 连接属性相对应。

在“连接设计器”对话框中选定适当的数据类型、用户标识、口令等信息后，单击“确定”按钮，打开“保存”对话框，如图 7-28 所示。在对话框中输入连接的名称，单击“确定”按钮。

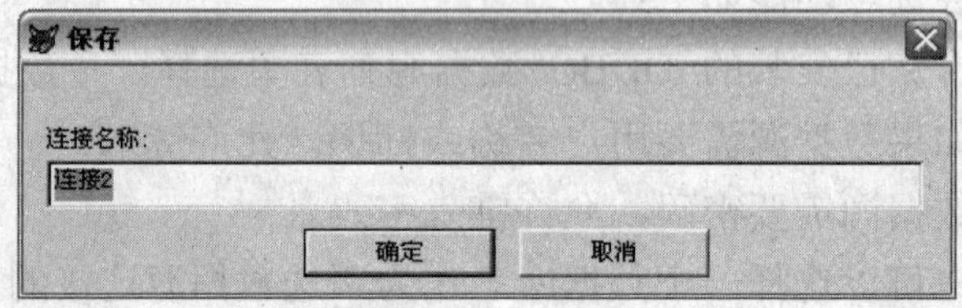

图 7-28 保存连接

7.1.3 使用命令创建视图

用户还可以使用 CREATE 命令创建视图。

1. 创建本地视图

用户可以使用 CREATE SQL VIEW 命令创建本地视图。在数据库已打开时，使用 CREATE SQL VIEW 命令显示“视图设计器”，然后使用带有 AS 子句的 CREATE SQL VIEW 命令。

例如，可以使用以下代码创建包含“考生信息”表中所有字段的视图：

```
CREATE SQL VIEW 考生基本信息 AS SELECT * ;
FROM 考试信息!考生信息
```

2. 创建本地视图

如果要完全用 Visual FoxPro 语言创建多表视图，可以使用 CREATE SQL VIEW 命令和带有多个表名的 FORM 子句。

如果只使用 CREAT SQL VIEW 命令将表加入视图，而不定义相应的联接条件，会得到表之间的“叉乘”，即表中记录的任意可能组合。所以需要在语句的 FROM 或 WHERE 子句指定联接条件，这样只有符合联接条件的不同表中的记录才被组合在一起。如果表间存在永久关系，将自动用作联接条件。

例如，以下代码创建一个如图 7-29 所示的新视图，用 FROM 子句指定视图的联接条件。

```
OPEN DATABASE testdata
CREATE SQL VIEW cust_orders_view AS ;
SELECT * FROM testdata!customer ;
INNER JOIN testdata!orders ;
ON customer.cust_id = orders.cust_id
```

联接条件有以下几个要素：联接类型，建立联接的字段和用于联接字段的比较操作符。在上面的例子中，联接的类型为内部联接，customer 表的记录只有与 orders 表的一个或多个记录相匹配，才会被包含在结果中。

若要改变视图的结果以满足特定需求，可指定：

- 建立联接的字段
- 字段间的比较操作符
- 联接的顺序，如果视图中有两个表
- 联接的类型

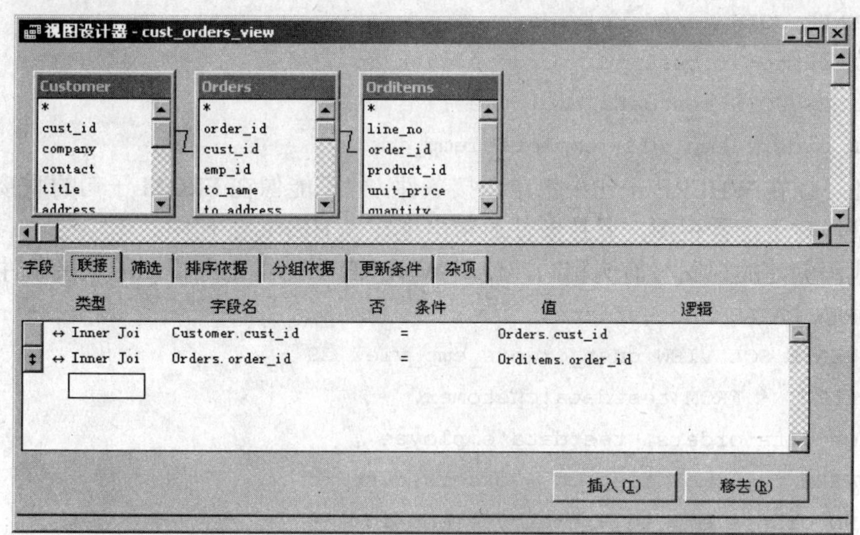

图 7-29　“联接”选项卡

选择不同的联接类型，可以扩展查询结果，使结果中既包括与联接条件匹配的记录也包含与联接条件不匹配的记录。如果视图中不止两个表，还可通过改变 FROM 子句中的联接顺序改变结果。

若要修改联接类型，可使用以下方式：

- 选择“联接”选项卡。
- 双击联接线。
- 打开数据库，用 CREATE SQL VIEW 命令将表名和联接条件加入 FROM 子句。

如果要在结果中包含不匹配的行，可用外部联接。例如，需要一个所有客户的清单，而不管客户是否有订单。另外，对有订单的客户，需要在视图中包括订单数。当使用外部联接，不匹配行的空字段将返回 NULL 值。

通过以下代码，可用编程语言创建这个视图：

```
OPEN DATABASE testdata
CREATE SQL VIEW cust_orders_view AS ;
SELECT * FROM testdata!customer ;
LEFT OUTER JOIN testdata!orders ;
ON customer.cust_id = orders.cust_id
```

如果创建包含两个以上表的视图或查询，可通过改变联接条件的顺序，改变结果。例如，要查找有关订单的信息，其中包括完成订单的雇员，以及下订单的客户。可创建一个基于 customer 表、orders 表和 employee 表的视图，在它们公有的字段间建立内部联接：customer 表和 orders 表都有 customer ID 字段，orders 表和 employee 表都有 employee ID 字段。

此视图基于如下的 SQL 语句：

```
OPEN DATABASE testdata
CREATE SQL VIEW cust_orders_emp_view AS ;
SELECT * FROM testdata!customer ;
INNER JOIN testdata!orders ;
ON customer.cust_id = orders.cust_id ;
INNER JOIN testdata!employee ;
ON orders.emp_id = employee.emp_id
```

用户还可以在 WHERE 子句中指定联接条件，但不能像在 FROM 子句的联接中那样指定联接类型。对于远程视图，联接条件通常出现在 WHERE 子句中。

以下代码创建的视图与前例相同，使用 WHERE 子句指定此视图的联接条件：

```
OPEN DATABASE testdata
CREATE SQL VIEW cust_orders_emp_view AS ;
SELECT * FROM testdata!customer, ;
testdata!orders, testdata!employee ;
WHERE customer.cust_id = orders.cust_id ;
AND orders.emp_id = employee.emp_id
```

3. 创建连接

在数据库中，创建命名连接并不会用到任何网络或远程资源，因为 Visual FoxPro 只有要使用视图时才激活连接。在激活连接之前，命名连接只作为一条连接的定义，在数据库的.dbc 文件中占据一行。当用户使用远程视图时，Visual FoxPro 根据视图中引用的命名连接，创建一个活动连接与远程数据源相连，然后将此活动连接作为管道向远程数据源发送数据请求。

用户可以创建一个仅指定数据源名称而无连接名称的视图。当用户使用此视图时，Visual FoxPro 将使用有关该数据源的 ODBC 信息来创建并激活一个通向此数据源的连接。当用户关闭此视图时，连接也相应关闭。

例如，为了从 ODBC 数据源 sqlremote 获取所需的有关信息，可以用以下代码在 testdata 数据库中创建连接：

```
OPEN DATABASE testdata
CREATE CONNECTION remote DATASOURCE sqlremote userid password
```

这时，“项目管理器”的“连接”中将出现 remote。

4. 创建远程视图

用户可以使用带有 REMOTE 和(或)CONNECTION 子句的 CREATE SQL VIEW 命令来创建远程连接。如果使用了带有 CONNECTION 子句的 CREATE SQL VIEW 命令，就可以不加入 REMOTE 关键字。Visual FoxPro 根据 CONNECTION 关键字是否存在来判断视图是否为远程。

例如，如果将 Testdata 数据库中的 products 表放到远程服务器上，则可用下面的代码创建此表的远程视图：

```
OPEN DATABASE testdata
CREATE SQL VIEW product_remote_view ;
CONNECTION remote ;
AS SELECT * FROM products
```

在创建远程视图时，可以使用数据源而不使用命名连接。在使用带有 REMOTE 子句的 CREATE SQL VIEW 命令时，也可以忽略连接名或数据源名，这时 Visual FoxPro 将显示“选择连接或数据源”对话框，用户可以在这个对话框中选择一个有效的连接或数据源。

创建了视图后，打开“数据库设计器”，可看到视图在分层结构中与表具有相同的显示方式，只不过是视图的名称和图标代替了表的名称和图标。

7.2　利用视图访问数据库

使用视图，可以从表中将需要的一组记录提取出来组成一个虚拟表，而不管数据源中的其他信息，并可以改变这些记录的值，把更新结果送回到源表中。这样，就不必面对数据源中所有的（用到的或用不到的）信息，加快了操作效率；而且，由于视图不涉及数据源中的其他数据，加强了操作的安全性。

7.2.1　利用视图更新数据

视图的最大特色在于能用视图更新数据，这也是建立视图和建立查询的主要区别。

在视图中更新数据与在表中更新数据类似。不过，使用视图还可以对其基表进行更新。视图在默认情况下使用开放式行缓冲。也可以将其改为表缓冲。

可以通过交互方式更新视图中的数据，也可以使用语言进行更新。更新视图数据的第一步就是设置该视图为可更新。在多数情况下，属性的默认设置将自动使视图可更新，但只有将 SendUpdates 属性设置为 On 来通知 Visual FoxPro 进行更新时，更新信息才被发送到数据源。

视图使用五个属性控制更新。这些属性及其默认设置在表 7-1 中列出。

表 7-1　视图更新属性及其默认设置

视图属性	默认设置
Tables	具有可更新字段和至少一个主关键字段的全部表
KeyField	数据库关键字段和表的远程主关键字
UpdateName	所有字段，形式为 Table_name.column_name
Updatable	除主关键字段的所有字段
SendUpdates	默认设置只在工作期内有效，初始值为“假”（.F.），若将其改为“真”（.T.），则成为在工作期内所创建的全部视图的默认值

在更新数据时，虽然以上五个属性都需要，但 SendUpdates 属性是其中的“主开关”，它控制了是否发送更新信息。在应用程序的开发阶段，用户可以先关闭 SendUpdates 属性，设置其他属性使希望更新的字段可以被更新。在测试应用程序时，可以打开 SendUpdates 属性允许发送更新数据流。

在一些复杂情况下，默认的更新设置可能不支持用语言创建的视图进行更新。若要使其能够更新数据，请检查每个更新属性的默认设置，并根据需要调整它们。也可以根据需要，指定附加的属性，如 UpdateType，WhereType 等。

“视图设计器”中的“更新条件”选项卡可以设置允许视图更新表字段的条件，视图设计器的“更新条件”选项卡如图 7-30 所示。“更新条件”选项卡可以控制把对远程数据的修改（更新、删除、插入）回送到远程数据源中的方式，也可以打开和关闭对表中指定字段的更新，并设置适合服务器的 SQL 更新方法。

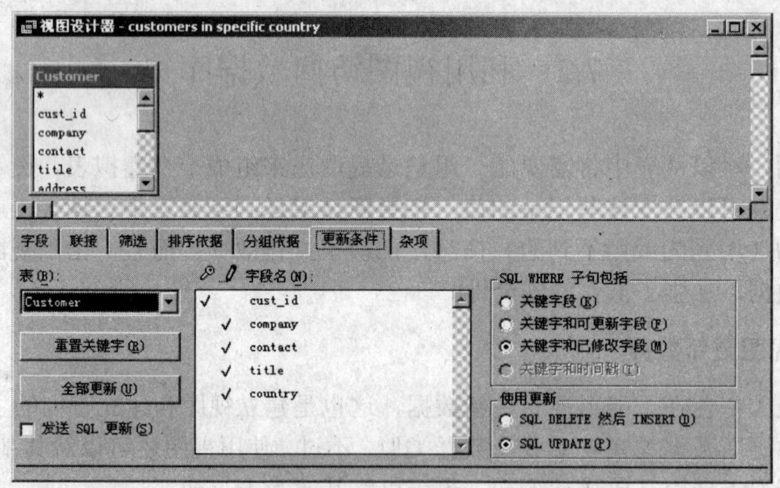

图 7-30　视图设计器“更新条件”选项卡

“更新条件”选项卡中各选项功能如下：

- 表：指定视图所使用的哪些表可以修改。此列表中所显示的表都包含了“字段”选项卡“选定字段”列表中的字段。
- 重置关键字：从每个表中选择主关键字字段作为视图的关键字字段，对于“字段名”列表中的每个主关键字字段，在钥匙符号下面打一个“对号”。关键字字段可用来使视图中的修改与表中的原始记录相匹配。

- 全部更新：选择除了关键字字段以外的所有字段来进行更新，并在“字段名”列表的铅笔符号下打一个“对号”。
- 发送 SQL 更新：指定是否将视图记录中的修改传送给原始表。如果选择了这个复选框，将把在视图中对记录字段的修改返回到源表中。
- 关键字段（使用钥匙符号作标记）：指定该字段是否为关键字段。
- 可更新字段（使用铅笔符号作标记）：指定该字段是否为可更新字段。
- 字段名：显示可标志为关键字字段或可更新字段的输出字段名。
- SQL WHERE 子句包括：控制将哪些字段添加到 WHERE 子句中，这样，在将视图修改传送到原始表时，就可以检测服务器上的更新冲突。冲突是由视图中的旧值和原始表的当前值之间的比较结果决定的（OLDVAL( )和 CURVAL( ) 之间比较）。如果两个值相等，则认为原始值未做修改，不存在冲突；如果它们不相等，则存在冲突，数据源返回一条错误信息。旧值和当前值之间的冲突所返回的错误为“错误 1585：记录已被其他人修改”，或者是“错误 1494：更新冲突。请使用 TABLEUPDATE() 进行强制更新或使用 TABLEREVERT() 回滚”。
- 使用更新：指定字段如何在后端服务器上更新。
- SQL DELETE 然后 INSERT：指定删除原始表记录，并创建一个新的在视图中被修改的记录。
- SQL UPDATE：用视图字段中的变化来修改原始表的字段。

1．使表可更新

如果希望在表的本地版本上所作的修改能回送到源表中，需要设置“发送 SQL 更新”选项，必须至少设置一个关键字段来使用这个选项。如果选择的表中有一个主关键字段并且已在字段选项卡中，则“视图设计器”自动使用表中的该主关键字段作为视图的关键字段。

若要允许源表的更新，在“更新条件”选项卡中，设置“发送 SQL 更新”选项。

2．设置关键字段

当在“视图设计器”中首次打开一个表时，“更新条件”选项卡会显示表中哪些字段被定义为关键字段。Visual FoxPro 用这些关键字段来惟一地标识那些已在本地修改过的远程表中的更新记录。

若要设置关键字段，在“更新条件”选项卡中，单击字段名旁边的“关键列”。

如果已经改变了关键字段，而又想把它们恢复到源表中的初始设置，可以单击“重置关键字”按钮，Visual FoxPro 会检查远程表并利用这些表中的关键字段。

3．更新指定字段

可以指定任一给定表中仅有某些字段允许更新。若使表中的任何字段是可更新的，在表中必须有已定义的关键字段。如果字段未标注为可更新的，用户可以在表单中或浏览窗口中修改这些字段，但修改的值不会返回到远程表中。

若要使字段为可更新的，在“更新条件”选项卡中，单击字段名旁边的“可更新列”

（笔形）来改变相关的状态，默认可以更新所有非关键字字段。

4. 更新所有字段

若要使所有字段可更新，在“更新条件”选项卡中，单击“全部更新”按钮。

注释：若要使用“全部更新”，在表中必须有已定义的关键字段。“全部更新”不影响关键字段。

5. 控制如何检查更新冲突

如果在一个多用户环境中工作，服务器上的数据也可以被别的用户访问，也许别的用户也在试图更新远程服务器上的记录，为了让 Visual FoxPro 检查用视图操作的数据在更新之前是否被别的用户修改过，可使用“更新条件”选项卡上的“SQL WHERE 子句包括”选项，这些选项可以帮助管理遇到多用户访问同一数据时应如何更新记录。在允许更新之前，Visual FoxPro 先检查远程数据源表中的指定字段，看看它们在记录被提取到视图中后有没有改变，如果数据源中的这些记录被修改，就不允许更新操作。

这些选项决定哪些字段包含在 UPDATE 或 DELETE 语句的 WHERE 子句中，Visual FoxPro 正是利用这些语句将在视图中修改或删除的记录发送到远程数据源或源表中，WHERE 子句就是用来检查自从提取记录用于视图中后，服务器上的数据是否已改变。

“SQL WHERE 子句包括”选项中各选项的含义如下：

- 关键字段：如果在原始表中有一个关键字字段被改变，设置 WHERE 子句来检测冲突。对于由另一用户对表中原始记录的其他字段所做修改，不进行比较。
- 关键字和可更新字段：如果另一用户修改了任何可更新的字段，设置 WHERE 子句来检测冲突。
- 关键字和已修改字段：如果从视图首次检索（默认）以后，关键字字段或原始表记录的已修改字段中，某个字段做过修改，设置 WHERE 子句来检测冲突。
- 关键字段和时间戳：如果自原始表记录的时间戳首次检索以后，它被修改过，设置 WHERE 子句来检测冲突。只有当远程表有时间戳列时，此选项才有效。

7.2.2 视图的操作

试图的操作与表类似，下面介绍一下视图的基本操作方法。

1. 使用视图

视图建立之后，不但可以用它来显示和更新数据，而且还可以通过调整它的属性来提高性能。处理视图类似于处理表：

- 使用 USE 命令并指定视图名来打开一个视图。
- 使用 USE 命令关闭视图。
- 在“浏览”窗口中，显示视图记录。
- 在“数据工作期”窗口中显示打开的视图。
- 在文本框、表格控件、表单或报表中使用视图作为数据源。

既可以通过“项目管理器”，也可以借助 Visual FoxPro 语言来使用视图。

若要使用一个视图，可使用如下方式：

- 可在“项目管理器”中先选择一个数据库，再选择视图名，然后选择“浏览”按钮，在“浏览”窗口中显示视图。
- 使用 USE 命令以编程方式访问视图。

下面的代码在浏览窗口中显示视图考生成绩：

```
OPEN DATABASE 考试信息
USE 考生成绩
BROWSE
```

一个视图在使用时，将作为临时表在自己的工作区中打开。如果此视图基于本地表，则在 Visual FoxPro 的另一个工作区中同时打开基表。视图的基表是指由 SELECT - SQL 语句访问的表，此语句在创建视图时包含在 CREATE SQL VIEW 命令中。在前面的示例中，使用“考生成绩”视图的同时，考生信息和考试成绩两个表也自动打开。

在“数据工作期”对话框中的“别名”列表框中，product_view 在工作区 1 打开，而其基表则在工作区 2 中打开，如图 7-31 所示。但是，如果此视图基于远程表，则基表将不在工作区中打开，而只在数据工作期窗口中显示远程视图的名称。

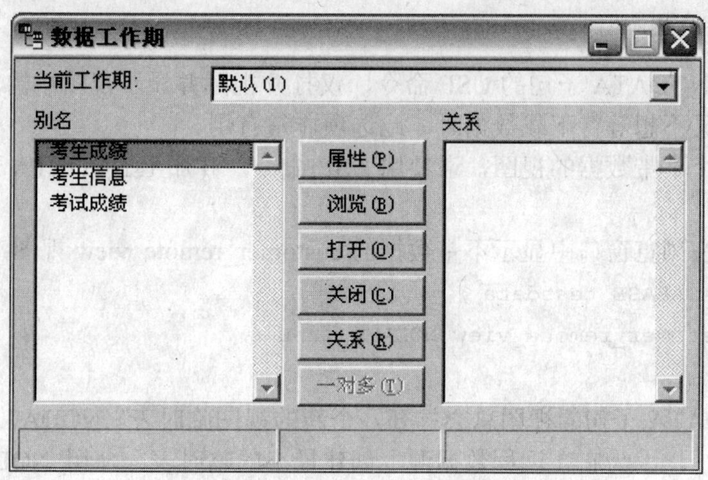

图 7-31　显示视图及其基表

2. 在视图中添加表达式

与查询一样，用户可以在视图中加入函数和表达式作为输出。如果在视图中添加表达式，可在“字段”选项卡中输入该“表达式”并将其添加至选定字段列表中。

3. 设置视图字段属性

由于视图具有表的属性，因此用户可以像设置数据库表中字段一样设置视图字段的显示格式、有效规则等属性。如果要设置视图字段的属性，可在视图设计器的“字段”选项卡中的“选定字段”列表中选中需要设置属性的字段，然后单击“属性”按钮，打开“视图字段属性”对话框，如图 7-32 所示。在对话框中用户可以根据需要对视图中各字段的属性进行设置。

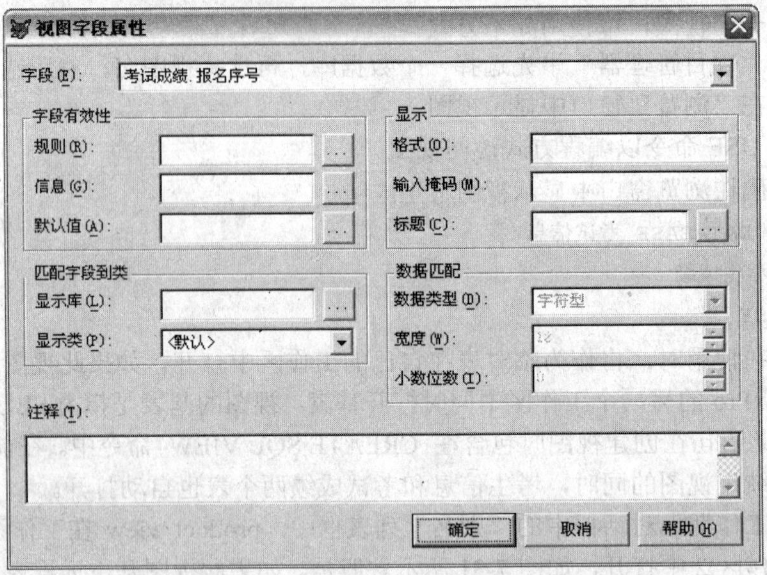

图 7-32 “视图字段属性”对话框

4. 显示视图结构

可以使用带 NODATA 子句的 USE 命令，仅打开视图并显示视图结构。当想要看到远程视图的结构而又不想等待下载数据时，此选项非常有用。

若要打开一个不带数据的视图，请使用 USE 命令，并加上 NODATA 子句以编程方式访问视图。

下面的代码在浏览窗口中显示不带数据的 customer_remote_view 视图：

```
OPEN DATABASE testdata
USE customer_remote_view NODATA in 0
BROWSE
```

使用带 NODATA 子句的视图总会打开一个新的视图临时表。NODATA 子句是获取视图结构最快的方法，因为它在远程数据源上创建最小的临时表。使用 NODATA 子句时，Visual FoxPro 为视图创建一个永远返回“假”值的 WHERE 子句。因为数据源上没有记录能够匹配 WHERE 子句的条件，所以没有记录被选择进入远程数据源的临时表。这样，该视图可被快速检索，因为不必等待远程数据源去建立一个可能很大的临时表。

提示： 使用 NODATA 子句比设置视图或临时表的 MaxRecords 属性为 0 更为有效。当使用 MaxRecords 属性时，必须等待远程数据源建立起一个视图临时表，而此视图临时表包含全部符合正常 WHERE 子句条件的数据行。建立视图临时表之后，再根据 MaxRecords 的属性设置情况，下载这个远程视图临时表中的数据行。

5. 重新命名视图

建立一个视图之后，还可以为其重新命名。若要更改视图的名称，可使用如下方式：

- 在“项目管理器”中先选择一个数据库，再选择要重命名的视图，然后从“项目”菜单中选择“重命名文件”。

● 使用 RENAME VIEW 命令。

例如，下面代码将视图 product_view 重命名为 products_all_view：

```
RENAME VIEW product_view TO products_all_view
```

在重命名视图之前，包含此视图的数据库必须打开。

6. 删除视图

可以使用“项目管理器”或 DELETE VIEW 命令从数据库中删除视图定义。删除视图前，包含此视图的数据库必须已打开并已设置为当前数据库。

若要删除视图，可使用如下方式：

● 在“项目管理器”中先选择一个数据库，再选定要删除的视图，然后选择“移去”。
● 使用 DELETE VIEW 或 DROP VIEW 命令。

例如，下面的代码从数据库中删除 product_view 视图和 customwe_view 视图：

```
DELETE VIEW product_view
DROP VIEW customer_view
```

提示：这两个命令是等价的，DROP VIEW 是删除 SQL 视图的 ANSI SQL 标准语法。

7. 创建视图索引

可以使用 INDEX ON 命令，为视图创建本地索引，创建过程与表一样。与表的索引不同的是，在视图上创建的本地索引非永久保存，它们随着视图的关闭而消失。

提示：在决定是否要在视图上创建本地索引时，请考虑视图结果集合的大小。对一个大的结果集合建立索引，要花费很长的时间并降低视图的性能。

8. 限制视图的取值范围

在访问远程数据源时，很可能会访问大量数据。这时可以在视图中限定被选数据的范围，以便在某一时刻只出现所需的记录，从而降低网络通信量，改善视图性能。例如，如果想要浏览某地区的客户及其订单时，可以仅下载该地区而非全部客户的记录来提高性能。

一种限定视图作用范围的方法是在视图的 SQL 语句中加入 WHERE 子句。若要查询瑞典客户的记录，可以创建如下 SQL WHERE 子句：

```
SELECT * FROM customer ;
WHERE customer.country = 'Sweden'
```

上面的代码仅下载瑞典客户的记录，因而有效限定了视图的作用范围。但是如果要了解其他国家/地区的情况，就不得不为每个国家/地区单独创建一个视图，因为每个国家/地区的 customer.country 值在视图的 SELECT 语句中是固定的。

9. 创建参数化视图

参数化视图也可以用来限定视图的作用范围，而使用参数化视图可以避免每取一部分记录就需要单独创建一个视图的情况。参数化视图在视图的 SQL SELECT 语句中加一条 WHERE 子句，从而仅下载那些符合 WHERE 子句条件的记录，其中的子句是根据所提供的参数值建立的，参数值可以在运行时传递，也可通过编程方式传递。

对于前面的示例，可以创建一个通用视图，在需要得到某一国家/地区的记录时，只需键入相应国家/地区的名称即可。

若要创建参数化视图，可使用如下方式：

- 在视图设计器中创建。
- 使用 CREATE SQL VIEW 命令并带上“?”符号和一个参数。

这个参数可以是一个 Visual FoxPro 表达式，计算出来的值将作为视图 SQL 语句的组成部分。若计算无效，Visual FoxPro 将提示输入该参数值。

例如，如果将 Testdata 数据库中的 customer 表放在远程服务器上，则可用下面的代码创建一个远程参数化视图。这个视图将对客户记录进行筛选，如果客户的国家/地区与提供给 ?cCountry 的参数值相匹配，则该客户记录在视图中出现；否则不出现。

```
OPEN DATABASE testdata
CREATE SQL VIEW customer_remote_view ;
CONNECTION remote ;
AS SELECT * FROM customer ;
WHERE customer.country = ?cCountry
```

在使用这个视图时，也可以通过编程方式来提供 ?cCountry 参数值。

例如，可以键入如下代码：

```
cCountry = 'Sweden'
USE Testdata!customer_remote_view IN 0
BROWSE
```

如图 7-33 所示，这时，在 Customer_remote_view 视图的浏览窗口中，Visual FoxPro 显示瑞典客户的记录。

提示： 如果参数是表达式，请用圆括号将该表达式括起来，这将使整个表达式被作为参数的一部分进行计算。

Customer_remote_view

Cust_id	Company	Address	City	Country
BERGS	Berglunds snabbkiop	Berguvsvagen	Lulea	Sweden
FOLKO	Folkochfa HB	Akergatan 24	Bracke	Sweden

图 7-33 显示瑞典客户的记录

如果要求输入的参数不是一个变量或表达式，那么用户也许会希望给用户一个提示。这时，可以将字符串用引号括起来并以此作为视图参数。如果在创建视图参数时使用“?”符号，后面加上一个用单引号括起的字符串，Visual FoxPro 就不把该字符串看作一个表达式，而是在运行时刻将其作为提示，提示用户输入参数值。例如，下面的代码创建了一个远程参数化视图，提示用户为 ?'my customer id' 参数提供一个值。

```
OPEN DATABASE testdata
CREATE SQL VIEW customer_remote_view ;
```

```
CONNECTION remote ;
AS SELECT * FROM customer ;
WHERE customer.cust_id = ?'my customer id'
USE customer_remote_view
```

在使用上例的视图时，显示如图 7-34 所示的“视图参数”对话框。在输入有效的客户 ID 值之后，Visual FoxPro 将检索与此 ID 值相匹配的记录。若在上例中输入‘ALFKI’，然后浏览 Customer_remote_view 视图，如图 7-35 所示用户将在浏览窗口中看到相应的客户记录。使用加引号的字符串作为视图参数，可以确保 Visual FoxPro 在要求得到参数值时，总是对用户作出提示。

图 7-34　输入客户 ID 的值

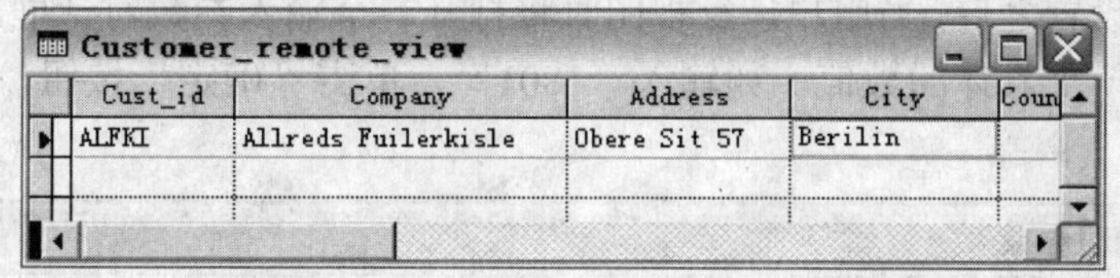

图 7-35　显示客户 ID 值为 ALFKI 的记录

用户还可以在视图设计器中创建参数化视图，如在“考生成绩”视图中创建参数化视图，基本方法如下：

（1）首先打开“视图设计器”，然后从“查询”命令中选择“视图参数”命令，打开“视图参数”对话框，如图 7-36 所示。

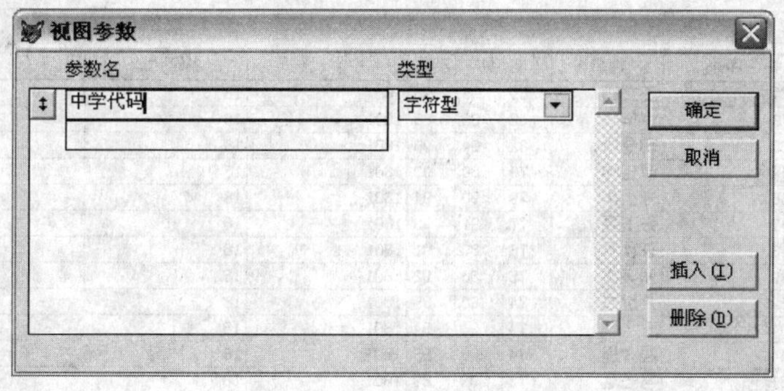

图 7-36　输入参数名称

（2）在“视图参数”对话框中，输入参数名及其数据类型，其中参数名可以是字母、字符、数字和单引号的任意组合。如设置参数名称为“中学代码”，类型为“字符型”。

（3）单击“确定”按钮，然后在视图设计器中选定“筛选”选项卡，如图 7-37 所示。

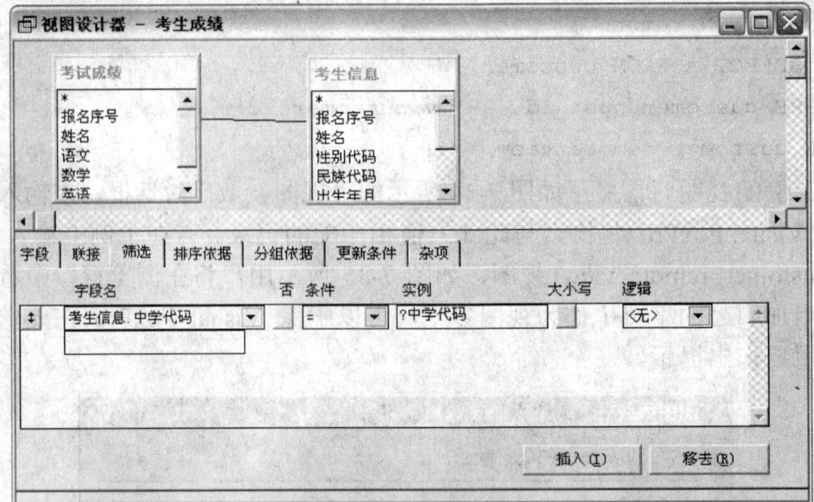

图 7-37　设置视图参数

（4）选定筛选的字段名为“考生信息”表中的“中学代码”，筛选条件为“等于”，在实例文本框中输入“?中学代码”。

进行了上述设置之后，当用户运行视图时将打开一个输入参数对话框，如图 7-38 所示。在对话框中输入一个具体的数值，如输入“1801”，单击“确定”按钮，显示出如图 7-39 所示的结果。

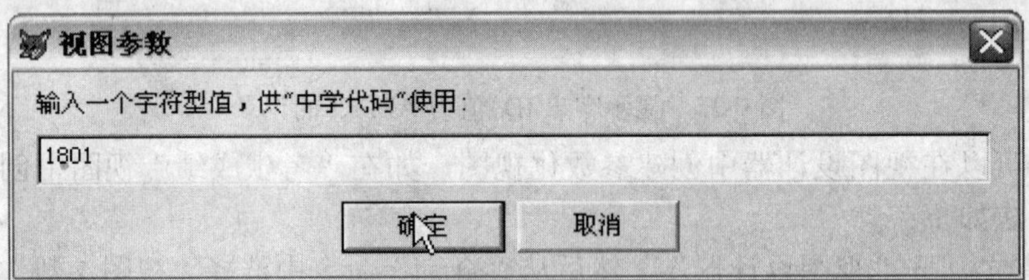

图 7-38　输入中学代码参数

考生成绩

报名序号	姓名	语文	数学	英语	中学代码	乡镇代码
00621	王文鹤	89	95	93	1801	18
00575	卢华	82	86	88	1801	18
00600	郭曼丽	82	94	95	1801	18
00564	谭玉坤	79	80	93	1801	18
00566	郑少华	79	90	94	1801	18
00647	张玉磊	77	91	93	1801	18
00616	轩秋月	76	89	91	1801	18
00639	谢高杰	75	88	92	1801	18
00582	夏世杰	74	90	85	1801	18
00604	王飞跃	74	91	94	1801	18
00644	程大朋	74	96	95	1801	18
00631	马志远	72	93	88	1801	18
00645	韩宗岗	71	86	84	1801	18
00626	符燕	68	91	91	1801	18

图 7-39　显示中学代码为 1801 的记录

7.3　习　　题

习题 1：

将习题素材 Unit7 文件夹中的文件夹 Y7-01 复制到考生文件夹中，重命名为“X7-01”，然后新建项目管理器，命名为“项目 7-1”，保存到文件夹 X7-01 中，完成下列操作。

1．**新建数据库：**

- 在“项目 7-1”中新建数据库，命名为“X7-01.dbc”，并保存到文件夹 X7-01。
- 将 Y7_01A.dbf、Y7_01B.dbf 添加到数据库 X7-01.dbc 中。

2．**确定视图的数据源：**打开数据库 X7-01.dbc，新建一本地视图，选择数据库 X7-01.dbc 中的 Y7_01A.dbf、Y7_01B.dbf 作为该视图的数据源。

3．**建立数据源之间的关系：**用 Y7_01A.dbf 中的“报名序号”字段与 Y7_01B.dbf 中的“报名序号”字段建立内部联接。

4．**设置视图字段及表达式：**

- 选择 Y7_01A.dbf 中的字段“报名序号”、“姓名”、“语种代码”、“综合”；
- 选择 Y7_01B.dbf 中的字段“序号”、“专业代号 1”、“专业代号 2”；
- 参照图 7-40 所示，编辑显示“Y7_01a.综合”的平均值的表达式，并添加到选定字段中。

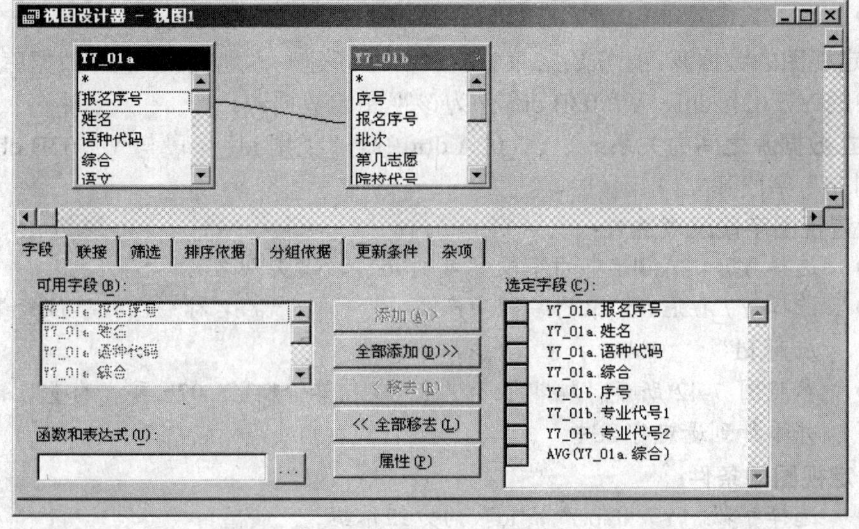

图 7-40

5．**指定视图的条件：**

- 选择字段“Y7_01a.语种代码”为分组依据；
- 筛选出“Y7_01a.综合”大于“200”的记录；
- 选择字段“Y7_01b.报名序号”为排序依据，并要求升序排列。

6．**设置视图更新条件：**

- 将“Y7_01a. 报名序号”、“Y7_01b.序号”设置为关键字段；

- 将“Y7_01b.专业代码 1”、“Y7_01b.专业代码 2”设置为可更新字段;
- 将表设置为可更新。

7．**保存视图和更新数据：**

- 将“视图”命名为“视图 7_01”；
- 按图 7-41 所示修改视图中“序号”为“524”的记录的“专业代号 1”、“专业代号 2”字段的内容。

视图7_01

报名序号	姓名	语种代码	综合	序号	专业代号1	专业代号2	Avg_综合
10321	李金英	1	272	524	05	09	251.49

图 7-41

习题 2:

将习题素材 Unit7 文件夹中的文件夹 Y7-02 复制到考生文件夹中，重命名为“X7-02”，然后新建项目管理器，命名为“项目 7-2”，保存到文件夹 X7-02 中，完成下列操作。

1．**新建数据库：**

- 在“项目 7-2”中新建数据库，命名为“X7-02.dbc”，并保存到文件夹 X7-02。
- 将 Y7_02A.dbf、Y7_02B.dbf 添加到数据库 X7-02.dbc 中。

2．**确定视图的数据源：**打开数据库 X7-02.dbc，新建一本地视图，选择数据库 X7-02.dbc 中的 Y7_02A.dbf、Y7_02B.dbf 作为该视图的数据源。

3．**建立数据源之间的关系：**用 Y7_02A.dbf 中的“类别 id”字段与 Y7_02B.dbf 中的“类别 id”字段建立内部联接。

4．**设置视图字段及表达式：**

- 选择 Y7_02A.dbf 中的字段“类别 id”、“类别名称”；
- 选择 Y7_02B.dbf 中的字段“产品 id”、“产品名称”、“单位数量”、“供应商 id”；
- 参照图 7-42 所示，编辑显示“Y7_02b.单价* Y7_02b.再订购量”的表达式，并添加到选定字段中。

5．**指定视图的条件：**

- 选择字段“Y7_02b.产品 id”为分组依据;
- 筛选出“Y7_02a.类别 id”为“1”的记录;
- 选择字段“Y7_02b.产品名称”为排序依据，并要求升序排列。

6．**设置视图更新条件：**

- 将“Y7_02a.类别 id”、“Y7_02b.产品 id”设置为关键字段;
- 将“Y7_02b.单位数量”、“Y7_02b.供应商 id”设置为可更新字段;
- 将表设置为可更新。

7．**保存视图和更新数据：**

- 将“视图”命名为“视图 7_02”；
- 按图 7-43 所示修改视图中“产品 id”为“76”的记录的“单位数量”、“供应商 id”字段的内容。

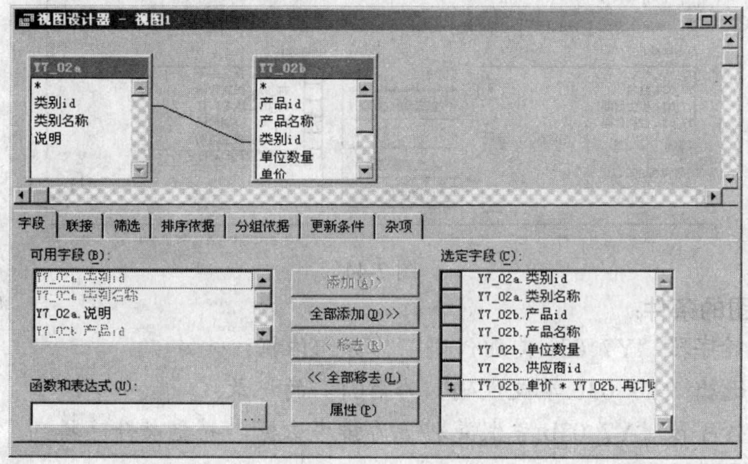

图 7-42

视图7_02

类别id	类别名称	产品id	产品名称	单位数量	供应商id	Exp_7
1	饮料	76	柠檬汁	每箱20瓶	21	360.00

图 7-43

习题 3：

将习题素材 Unit7 文件夹中的文件夹 Y7-03 复制到考生文件夹中，重命名为“X7-03”，然后新建项目管理器，命名为“项目 7-3”，保存到文件夹 X7-03 中，完成下列操作。

1．**新建数据库：**

- 在“项目 7-3”中新建数据库，命名为“X7-03.dbc”，并保存到文件夹 X7-03。
- 将 Y7_03A.dbf、Y7_03B.dbf 添加到数据库 X7-03.dbc 中。

2．**确定视图的数据源：**打开数据库 X7-03.dbc，新建一本地视图，选择数据库 X7-03.dbc 中的 Y7_03A.dbf、Y7_03B.dbf 作为该视图的数据源。

3．**建立数据源之间的关系：**用 Y7_03A.dbf 中的“类别代码”字段与 Y7_03B.dbf 中的“类别代码”字段建立右联接。

4．**设置视图字段及表达式：**

- 选择 Y7_03A.dbf 中的字段“报名序号”、“民族代码”、“选考科目”；
- 选择 Y7_03B.dbf 中的字段“类别代码”、“考生类别”；
- 参照图 7-44 所示，编辑显示统计“Y7_03a.姓名”记录数目的表达式，并添加到选定字段中。

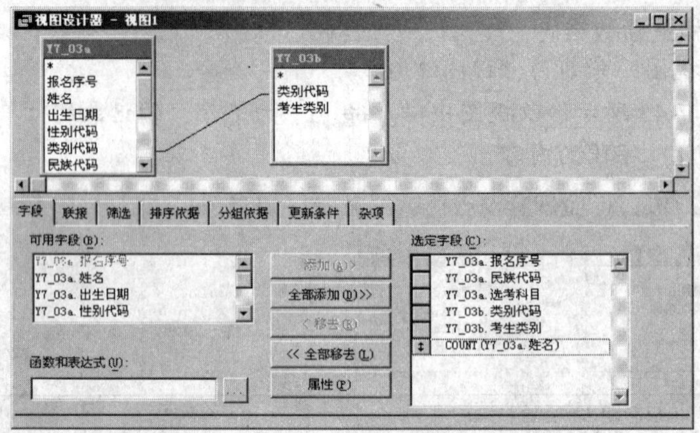

图 7-44

5．**指定视图的条件：**

- 选择字段“Y7_03a.类别代码”为分组依据；
- 筛选出“Y7_03b.学校代码”为“01”的记录；
- 选择字段“Y7_03b.考生类别”为排序依据，并要求升序排列。

6．**设置视图更新条件：**

- 将“Y7_03a.报名序号”、“Y7_03b.类别代码”设置为关键字段；
- 将“Y7_03a.民族代码”、“Y7_03a.选考科目”设置为可更新字段；
- 将表设置为可更新。

7．**保存视图和更新数据：**

- 将“视图”命名为“视图 7_03”；
- 按图 7-45 所示修改视图中“报名序号”为“12453”的记录的“民族代码”、“选考科目”字段的内容。

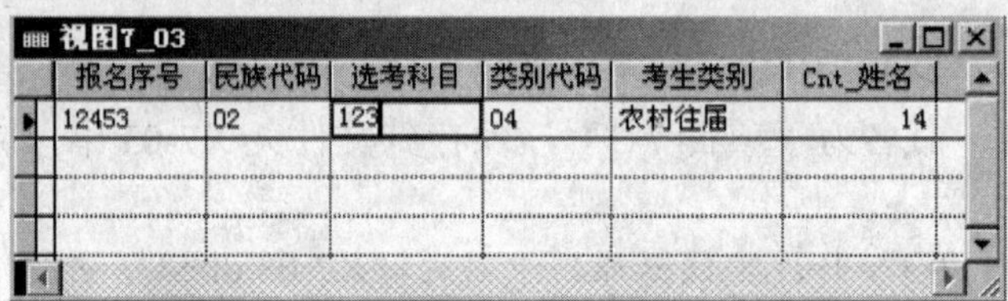

图 7-45

习题 4：

将习题素材 Unit7 文件夹中的文件夹 Y7-04 复制到考生文件夹中，重命名为“X7-04”，然后新建项目管理器，命名为“项目 7-4”，保存到文件夹 X7-04 中，完成下列操作。

1．**新建数据库：**

- 在“项目 7-4”中新建数据库，命名为“X7-04.dbc”，并保存到文件夹 X7-04。
- 将 Y7_04A.dbf、Y7_04B.dbf 添加到数据库 X7-04.dbc 中。

2．**确定视图的数据源：**打开数据库 X7-04.dbc，新建一本地视图，选择数据库 X7-04.dbc 中的 Y7_04A.dbf、Y7_04B.dbf 作为该视图的数据源。

3．**建立数据源之间的关系：**用 Y7_04A.dbf 中的“乡镇代码”字段与 Y7_04B.dbf 中的

"乡镇代码"字段建立完全联接。

4. **设置视图字段及表达式：**

- 选择 Y7_04A.dbf 中的字段"乡镇代码"、"乡镇"；
- 选择 Y7_04B.dbf 中的字段"报名序号"、"姓名"、"右眼视力"、"身高_厘米"；
- 参照图 7-46 所示，编辑显示"Y7_04b.左眼视力"的平均值的表达式，并添加到选定字段中。

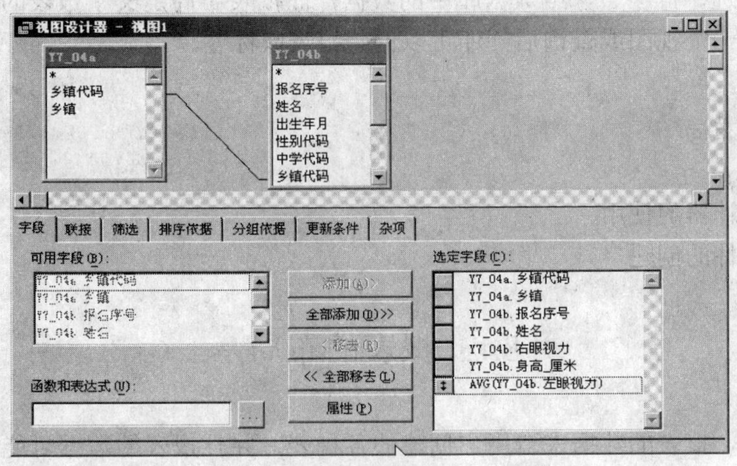

图 7-46

5. **指定视图的条件：**

- 选择字段"Y7_04a.乡镇"为分组依据；
- 筛选出"Y7_04b.体重_公斤"超过"50"的记录；
- 选择字段"Y7_04a.乡镇代码"为排序依据，并要求升序排列。

6. **设置视图更新条件：**

- 将"Y7_04a.乡镇代码"、"Y7_04b.报名序号"设置为关键字段；
- 将"Y7_04b.右眼视力"、"Y7_04b.身高_厘米"设置为可更新字段；
- 将表设置为可更新。

7. **保存视图和更新数据：**

- 将"视图"命名为"视图 7_04"；
- 按图 7-47 所示修改视图中"报名序号"为"02588"的记录的"右眼视力"、"身高_厘米"字段的内容。

视图7_04

乡镇代码	乡镇	报名序号	姓名	右眼视力	身高_厘米	Avg_左眼视力
11	高塘乡	02588	任宏博	5.1	176	4.97

图 7-47

第 8 章　报表和标签

报表和标签为在打印文档中显示并总结数据提供了灵活的途径。报表包括两个基本组成部分：数据源和布局。数据源通常是数据库中的表，但也可以是视图、查询或临时表。视图和查询将筛选、排序、分组数据库中的数据，而报表布局定义了报表的打印格式。在定义了一个表、一个视图或查询后，便可以创建报表或标签。

本章重点：

- 报表的布局
- 创建报表
- 报表设计器的使用
- 标签文件的创建

8.1　报表的布局

通常情况下，报表的数据来自用户创建的各种表，并且报表的数据可能来自一个表，也可能来自多个表。另外报表的数据还可能是表中某些数据的运算结果。

通过设计报表，可以用各种方式在打印页面上显示数据。使用“报表设计器”可以设计复杂的列表、总结摘要或数据的特定子集，比如发票。设计报表有四个主要步骤：

（1）决定要创建的报表类型。

（2）创建报表布局文件。

（3）修改和定制布局文件。

（4）预览和打印报表。

创建报表之前，应该确定所需报表的常规格式。报表可能同基于单表的电话号码列表一样简单，也可能复杂得像基于多表的发票那样。另外用户还可以创建特殊种类的报表。例如，邮件标签便是一种特殊的报表，其布局必须满足专用纸张的要求。

为帮助选择布局，在表 8-1 中给出常规布局的一些说明，以及它们的一般用途及示例。

表 8-1　常规布局的用处及示例

布局类型	说明	示例
列布局	每行一条记录，每条记录的字段在页面上按水平方向放置	分组/总计报表*、财政报表、存货清单、销售总结
行布局	一列的记录，每条记录的字段在一侧竖直放置	列表
一对多布局	一条记录或一对多关系	发票、会计报表
多列布局	多列的记录，每条记录的字段沿左边缘竖直放置	电话号码薄、名片
标签布局	多列记录，每条记录的字段沿左边缘竖直放置，打印在特殊纸上	邮件标签、名字标签

选定满足需求的常规报表布局后，便可以用“报表设计器”创建报表布局文件。报表布局文件具有 .frx 文件扩展名，它存储报表的详细说明。每个报表文件还有带 .frt 文件扩展名的相关文件。报表文件指定了想要的域控件、要打印的文本以及信息在页面上的位置。若要在页面上打印数据库中的一些信息，可通过打印报表文件达到目的。报表文件不存储每个数据字段的值，只存储一个特定报表的位置和格式信息。每次运行报表，值都可能不同，这取决于报表文件所用数据源的字段内容是否更改。

8.2　创建报表

在 Visual FoxPro 中，有三种创建报表布局的方法：

- 用“报表向导”创建简单的单表或多表报表。
- 用“快速报表”从单表中创建一个简单报表。
- 用“报表设计器”修改已有的报表或创建自己的报表。

以上每种方法创建的报表布局文件都可以用“报表设计器”进行修改。“报表向导”是创建报表的最简单途径，它自动提供很多“报表设计器”的定制功能。“快速报表”是创建简单布局的最迅速途径。如果直接在“报表设计器”内创建报表，“报表设计器”将提供一个空白布局。

8.2.1　使用报表向导

无论何时想创建报表，都可以使用报表向导。向导将提出一系列问题并根据回答创建报表布局。要使用“报表向导”必须首先启动向导，启动报表向导可以通过项目管理器，也可以使用“文件”菜单或者“工具”菜单。

在“项目管理器”窗口中，选择“文档”选项卡，如图 8-1 所示。

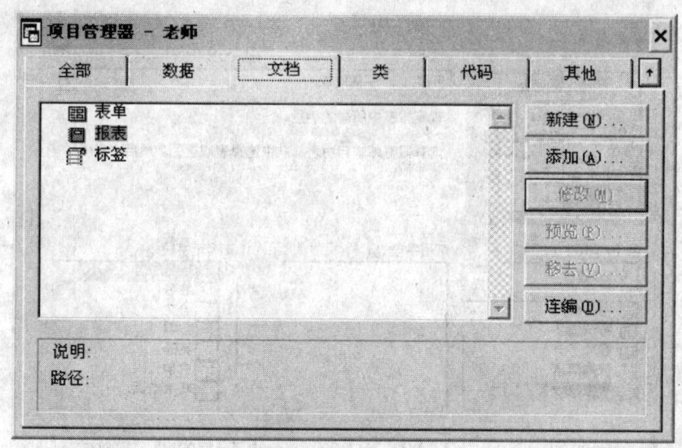

图 8-1　项目管理器“文档”选项卡

在对话框中选择“报表”，然后单击“新建”按钮，打开“新建报表”对话框，如图 8-2 所示。在对话框中单击“报表向导”按钮，打开“向导选取”对话框，如图 8-3 所示。在对话框中选定想创建的报表类型，然后按照向导屏幕上的指令操作。

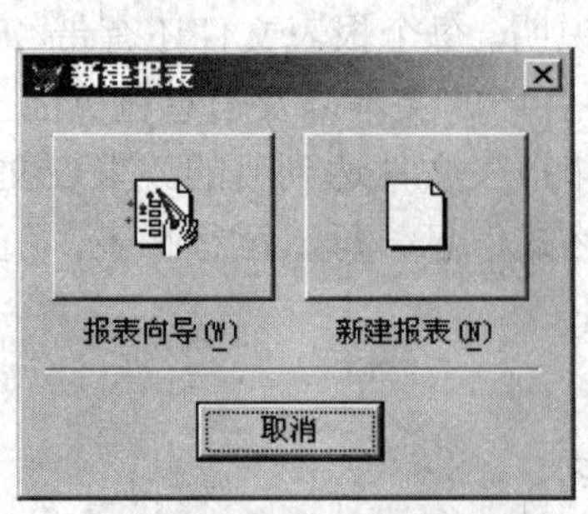

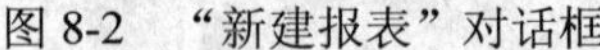

图 8-2 “新建报表”对话框

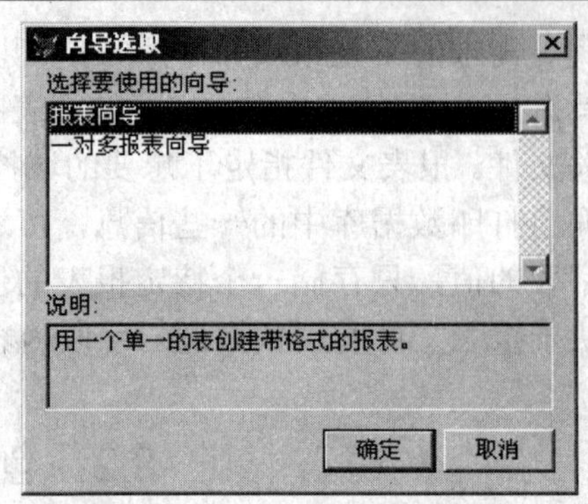

图 8-3 “向导选取”对话框

在“文件”菜单中选择“新建”命令，打开“新建”对话框。在对话框中选择“报表”选项，单击“向导”按钮，打开“向导选取”对话框，在对话框中选定想创建的报表类型，然后按照向导屏幕上的指令操作。

在“工具”菜单中选择“向导”子菜单，单击“报表”，打开“向导选取”对话框，在对话框中选定想创建的报表类型，然后按照向导屏幕上的指令操作。

在“向导选取”对话框中为用户提供了创建报表的两个向导，其中，“报表向导”用于为一个单表创建报表，“一对多报表向导”用于为具有“父子”关系的表创建报表。

1. 使用向导创建单一表报表

使用向导创建单一表报表的基本方法如下：

（1）报表字段的选取。在“向导选取”对话框中选择“报表向导”，单击“确定”按钮，打开“字段选取”对话框，如图 8-4 所示。首先在数据库和表列表中选择一个表或视图，然后在“可用字段”列表中将需要的字段添加到“选定字段”列表中。用户只能从一个表或视图中选取字段，例如这里将“考生成绩”表中的所有字段都添加到报表中。

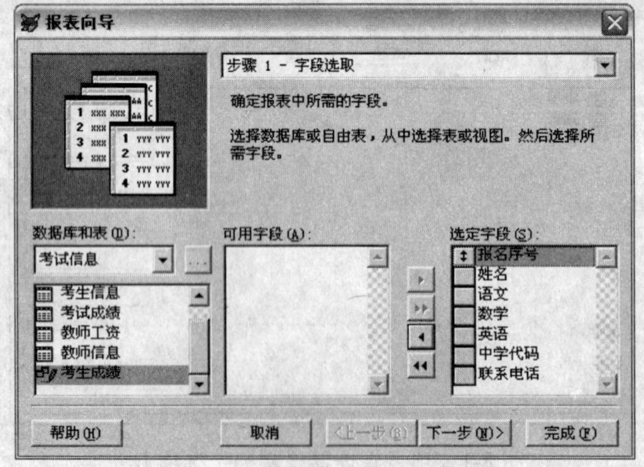

图 8-4 “字段选取”对话框

（2）分组记录。选取字段后单击“下一步”按钮，进入“分组记录”对话框，如图 8-5 所示。在该对话框中用户可以为报表设置分组记录，最多可分三层。可以使用数据分组来分类并排序字段，这样能够方便读取。例如，在这里选择按“中学代码”分组。

选择了一个或多个分组字段之后，用户可以单击“分组选项”按钮打开“分组间隔”对话框，在对话框中用户可以进一步完善用户的分组设置，如图 8-6 所示。

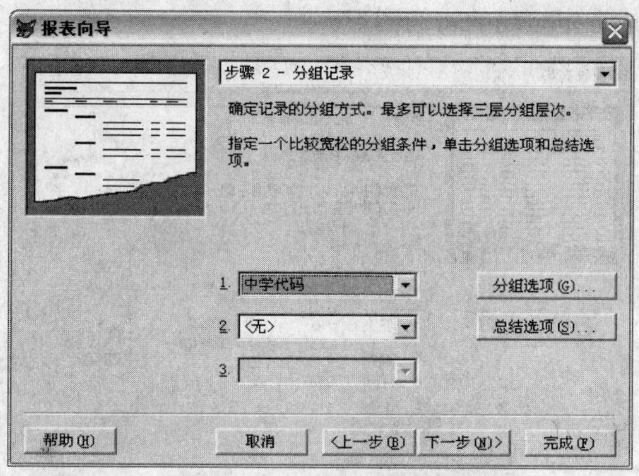

图 8-5　“分组记录”对话框

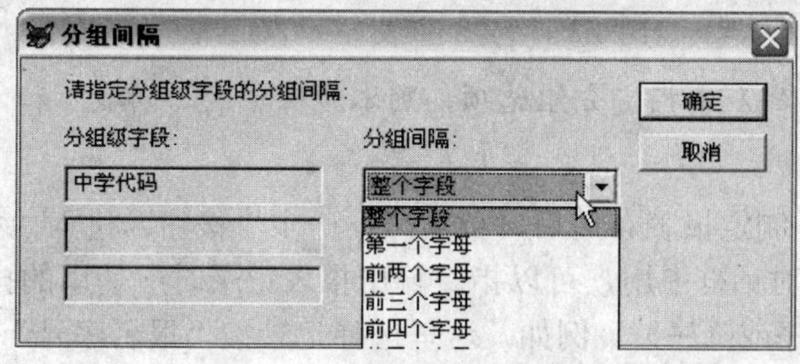

图 8-6　“分组间隔”对话框

提示：在此处用来分组的字段，在“步骤 5-排序记录”中不可用。

（3）选择报表样式。设置分组记录后，单击“下一步”按钮，进入“选择报表样式”对话框，如图 8-7 所示。在该对话框中用户确定报表样式，当单击任何一种样式时，向导都在放大镜中更新成该样式的示例图片，在这里选择“经营式”报表。

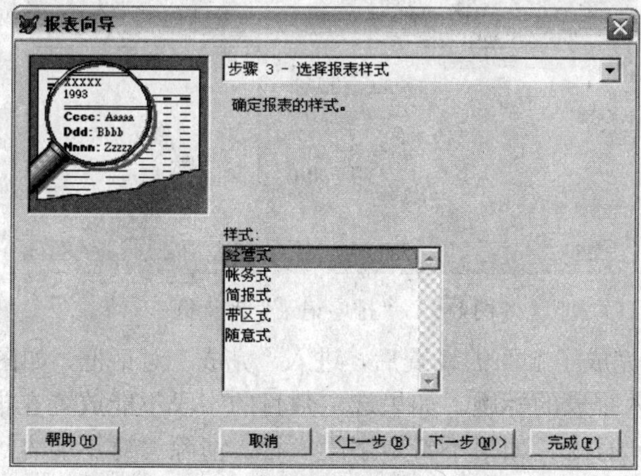

图 8-7　“选择报表样式”对话框

（4）定义报表布局。选择报表样式后，单击“下一步”按钮，进入“定义报表布局”对话框，如图 8-8 所示。在该对话框中用户可以定义报表布局，当指定列数或布局时，向导即在放大镜中更新成选定布局的实例图形。

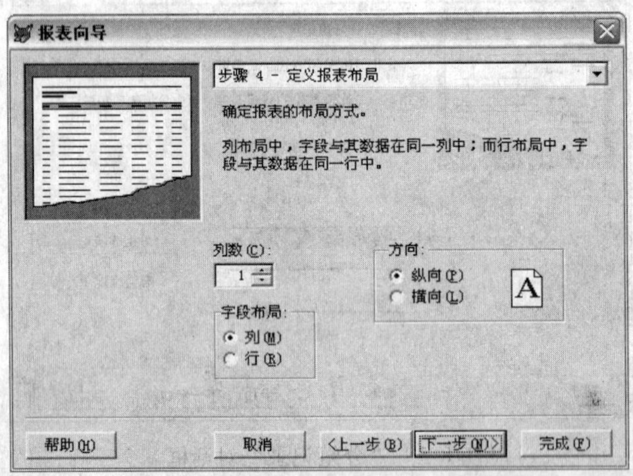

图 8-8 “定义报表布局”对话框

提示： 如果在步骤 2 中指定分组选项，则本步骤中的“列数”和“字段布局”选项不可用。

（5）排序记录。制定报表布局后，单击“下一步”按钮，进入“排序记录”对话框，如图 8-9 所示。在该对话框中用户可以指定输出报表记录时所使用的排序字段，以及这些字段的排列顺序（升序或降序）。例如，这里选择记录按“报名序号”排序，且使用升序。如果选择多个排序字段，则用户必须注意选择排序字段的顺序。

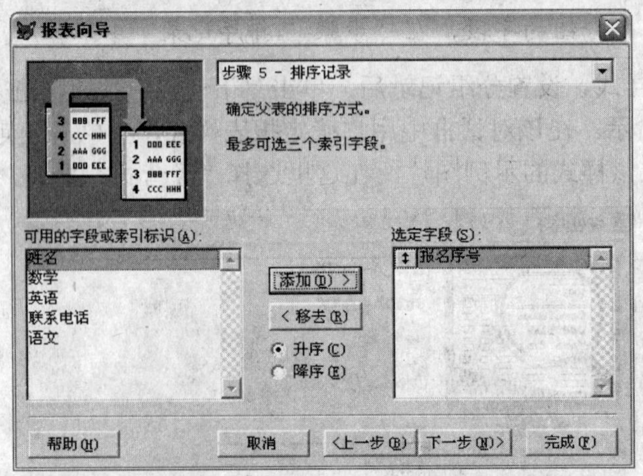

图 8-9 “排序记录”对话框

（6）完成设计。完成了上面的设置后，进入“完成”对话框，如图 8-10 所示。在“报表标题”文本框中输入报表的标题。如果选定数目的字段不能放置在报表中单行指定宽度之内，字段将换到下一行上。如果不希望字段换行，清除“对不能容纳的字段进行折行处理”复选框的选中状态。单击“预览”按钮，可以在离开向导前浏览报表，如图 8-11 所示。

如果不满意可以单击“上一步”按钮，重新设置。如果选定的表来自数据库，则本步骤可以使用数据库中的显示设置。

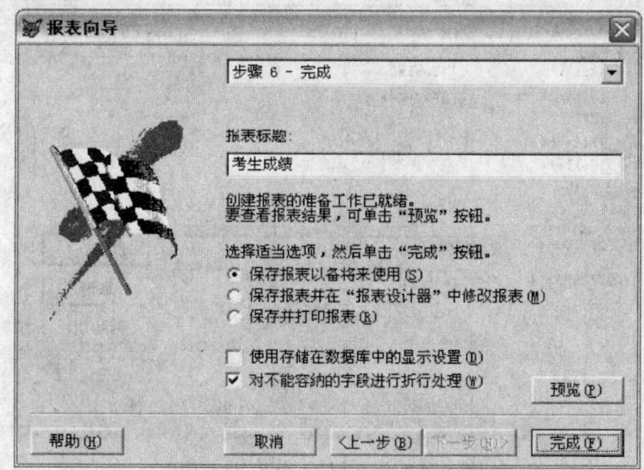

图 8-10　“完成”对话框

报表设计器 - 报表2 - 页面 1

考生成绩

03/30/07

中学代码	报名序号	姓名	语文	数学	英语	联系电话
1801						
	00564	谭玉坤	79	80	93	6771197
	00566	郑少华	79	90	94	6771197
	00575	卢华	82	86	88	6771197
	00582	夏世杰	74	90	85	6771197
	00600	郭曼丽	82	94	95	6771197
	00604	王飞跃	74	91	94	6771197
	00616	轩秋月	76	89	91	6771197

图 8-11　预览报表

在“完成”对话框中选择“保存报表以备将来使用”选项，将报表保存起来以备以后使用。保存之后，仍旧可以在“报表设计器”中打开或修改它。选择“保存报表并在“报表设计器”中修改”选项可以在“报表设计器”中重新对所生成的报表做进一步的修改。选择“保存并打印报表”则可以在保存完报表后对其进行打印。无论选择哪一个选项，单击“完成”按钮，则打开“另存为”对话框，如图 8-12 所示。在对话框中输入报表的名称，选择报表的保存位置，然后单击“保存”按钮，将报表保存。

在“步骤 2 分组记录”对话框中用户还可以对分组的记录进行总结，单击“总结选项”按钮，打开“总结选项”对话框，如图 8-13 所示。

在对话框中用户可以利用下面的计算类型来处理数值型字段：

- 求和：指定的数值型字段值的总和。
- 平均值：指定的数值型字段值的平均值。
- 计数：在指定的字段中，包含非零值的记录的个数。
- 最小值：指定的数值型字段中的最小值。

最大值：指定的数值型字段中的最大值。

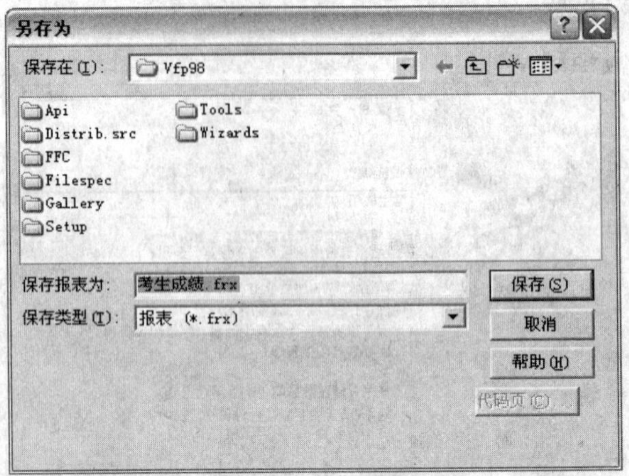

图 8-12 “另存为”对话框

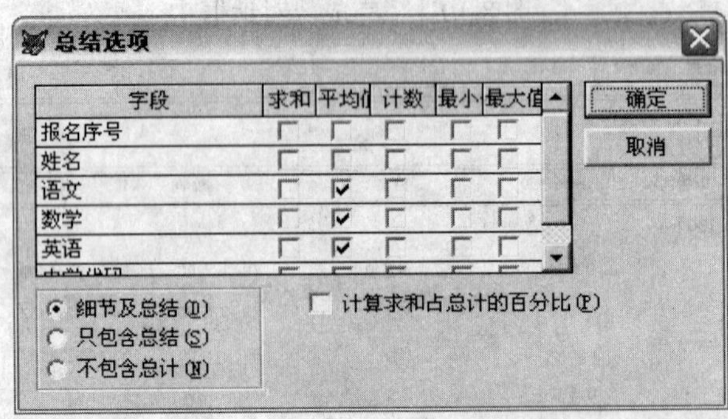

图 8-13 “总结选项”对话框

例如在“总结选项”对话框中选择了为“语文”、“数学”、“英语”计算平均值，则报表的预览结果如图 8-14 所示。

报表设计器 - 报表2 - 页面 1

	00621	王文鹤	89	95	93	6771197
	00626	符燕	68	91	91	6771197
	00631	马志远	72	93	88	6771197
	00639	谢高杰	75	88	92	6771197
	00644	程大朋	74	96	95	6771197
	00645	薛宗岗	71	86	84	6771197
	00647	张玉磊	77	91	93	6771197
	计算平均数1801:		76	90	91	
0801						
	00743	武丹华	79	71	94	0266575184
	00757	陶慧娟	75	89	92	0266575184
	00780	王德亮	79	89	89	0266575184

图 8-14 对分组进行总结的报表

2. 使用向导创建一对多报表

使用向导创建一对多报表的基本方法如下：

（1）父表字段的选取。在“向导选取”对话框中选择“一对多报表向导”，单击“确定”按钮，打开“父表字段选取”对话框，如图 8-15 所示。首先在数据库和表列表中选择一个表或视图，然后在“可用字段”列表中将需要的字段添加到“选定字段”列表中。在这里用户只能从一个表或视图中选取字段，例如这里选择“考生信息”表中的“报名序号”、“姓名”、“中学代码”和“联系电话”。

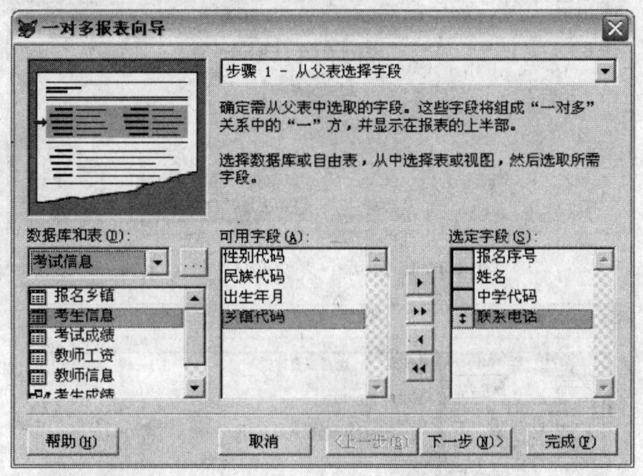

图 8-15　从父表中选择字段

（2）子表字段的选取。选择了父表中的字段后，单击“下一步”按钮，进入“从子表中选择字段”对话框，如图 8-16 所示。在该对话框中用户可以选择子表中的字段，如这里选择“考试成绩”表中的“语文”、“数学”和“英语”。

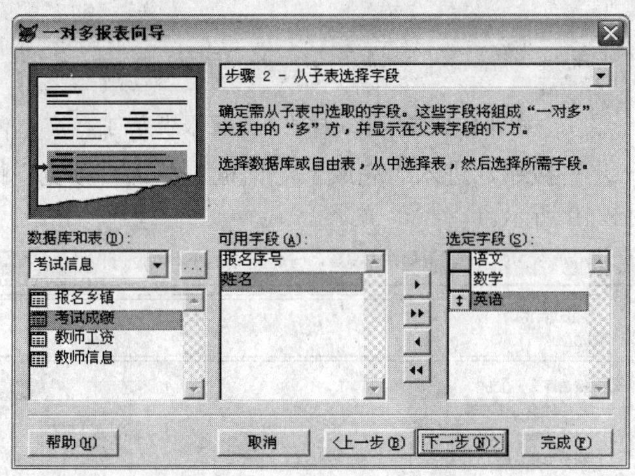

图 8-16　选择子表中的字段

（3）为表建立联系。选择了子表中的字段后，单击“下一步”按钮，进入“为表建立关系”对话框，如图 8-17 所示。在对话框中，为两个表之间建立关系后单击“下一步”按钮，进入“排序记录”对话框，在对话框中用户可以选择排序记录字段，并设置排序的方式。

（4）选择报表样式。选择排序字段后，单击“确定”按钮，进入“选择报表样式”对话框，如图 8-18 所示。在该对话框中，用户可以选择报表的样式，报表的方向，单击“总结选项”按钮，还可以在“总结选项”对话框中设置汇总方式。

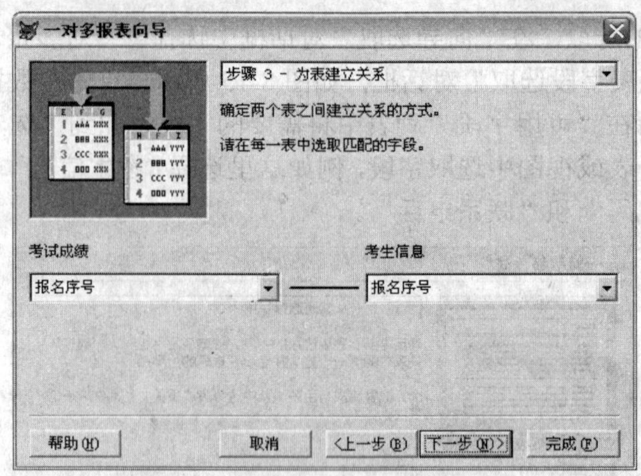

图 8-17　为两个表之间建立关系

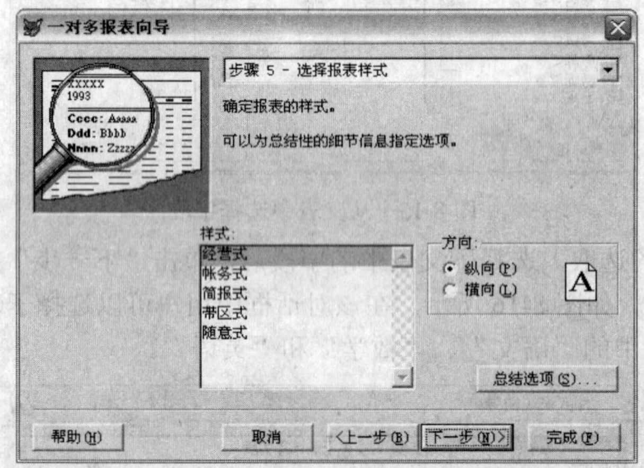

图 8-18　选择报表样式并选择报表方向

（5）单击“下一步”按钮，进入“完成”对话框。单击“预览”按钮，可以预览创建的一对多报表，如图 8-19 所示。

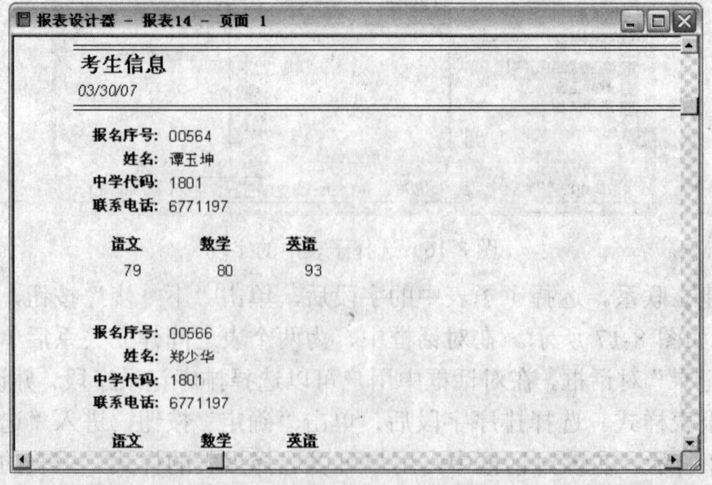

图 8-19　一对多报表

8.2.2 使用报表设计器创建报表

Visual FoxPro 提供的报表设计器允许用户通过直观的操作来直接设计报表，或者修改报表。直接调用报表设计器所创建的报表是一个空白报表。

利用报表设计器创建报表需要先打开报表设计器，可以使用下面 3 种方法之一可以打开报表设计器：

- 在“项目管理器”窗口中选择“文档”选项卡，选中“报表”，然后单击“新建”按钮，打开“新建报表”对话框。在对话框中单击“新建报表”按钮，打开报表设计器，如图 8-20 所示。
- 在“文件”菜单中选择“新建”命令，或者单击工具栏上的“新建”按钮，打开“新建”对话框。在对话框中选择“报表”选项，然后单击“新建文件”按钮，打开报表设计器。
- 使用如下命令：

```
CREATE  REPORT  [<报表文件名>]
```

如果默认报表文件名，系统将自动赋予一个如“报表 1”等的暂定名称，报表文件的扩展名是.frx，对应的报表备注文件的扩展名是.frt。

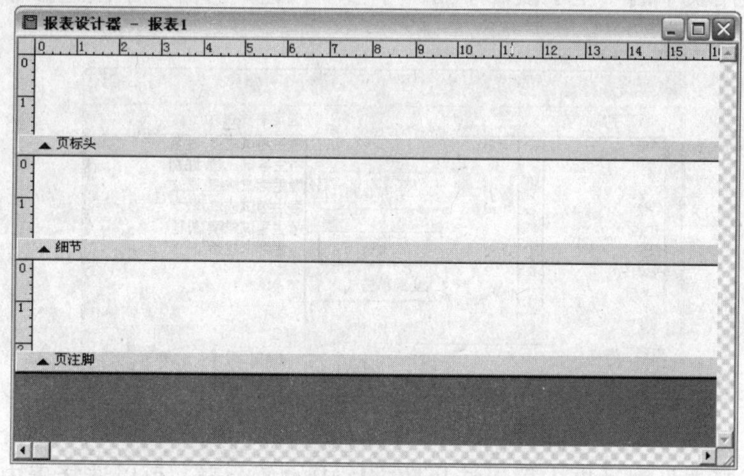

图 8-20　空白的报表设计器

打开报表设计器后，还要进行如下操作：

（1）利用数据环境确定数据来源（表、视图或查询）。

（2）在报表设计器中设计报表布局、页面大小及数据排列顺序等。

（3）预览报表和打印报表。

（4）保存报表。

8.2.3 使用“快速报表”

“快速报表”是一项省时的功能，它自动创建简单报表布局。可以选择基本的报表组件，然后 Visual FoxPro 根据选择创建布局。

要创建一个“快速报表”首先应该打开报表设计器，然后在“报表”菜单中选择“快速报表”命令，打开“快速报表”对话框，如图 8-21 所示。在“快速报表”对话框中，字段布局分为横排格式和竖排格式，这两种格式是以按钮方式设计的，单击某一个按钮，就可以选择一种格式，在这里使用横排式。

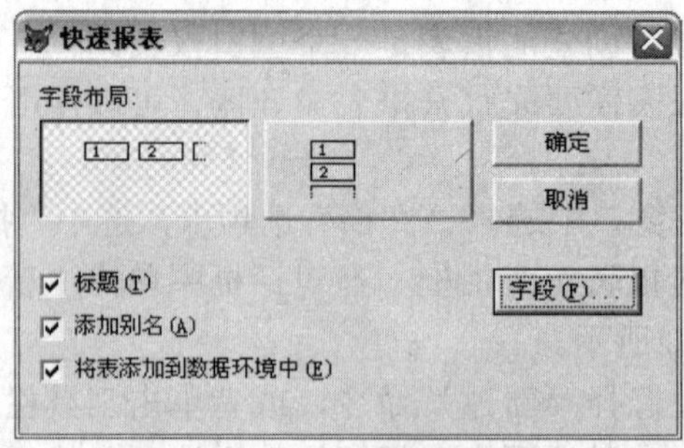

图 8-21 “快速报表”对话框

在“快速报表”对话框的下面有三个复选框：

- 标题：将字段标题取来放置到报表中。
- 添加别名：在使用每个字段时自动使用别名。
- 将表添加到数据环境中：一旦使用了该表，就自动创建该报表的数据环境对象。

如果希望使用表中的一些字段，单击“字段”按钮，打开“字段选择器”对话框，如图 8-22 所示。

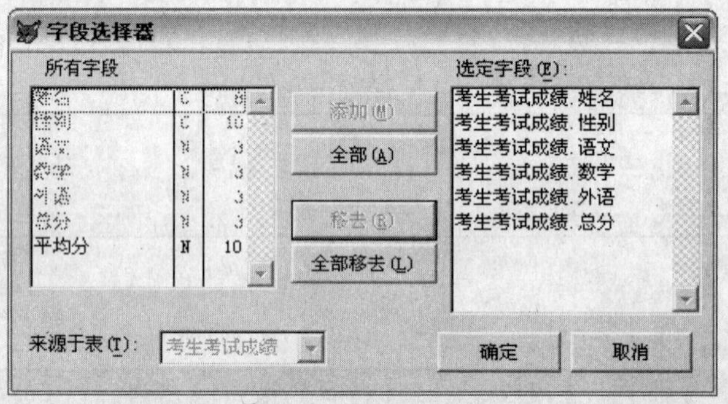

图 8-22 “字段选择器”对话框

在“字段选择器”对话框中可以选择数据库中的各个表，可以选择表中某些字段或者全部字段，单击“确定”按钮，得到初始的报表格式。在初始的报表中将字段名放在“页标头”中，将各字段变量名放在“细节”中，如图 8-23 所示。

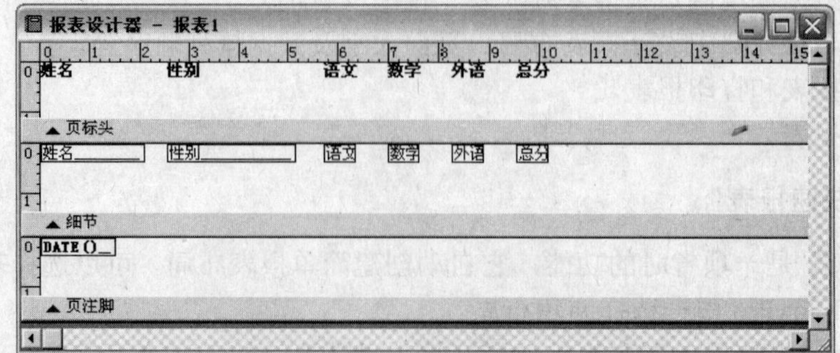

图 8-23 快速报表

提示：在使用“快速报表”时，如果当前没有表打开，则会首先打开“打开”对话框，在对话框中用户可以选择要打开的表。“快速报表”不能向报表布局中添加通用字段。如果“页标头”带区已包含控件，“快速报表”将保留它们。

8.3　报表设计器的使用

从图 8-22 中可以看到，报表设计器被多条带状分隔栏分成了若干部分，每一部分被称为一个报表带区。每个带状的边界或分隔栏都直接位于他所指的布局区域的下面。有时两个分隔栏可能互相挨着，在这种情况下，下面的分隔栏所指的报表区在这个报表中没有使用。

每个报表区的大小都是可以调整的，这样一个区域就可以容纳多行。在报表区中可含有各种不同类型的报表对象：字段、正文、框、线条和图形。每个对象都是一个独立的单位，用户可以编辑或者改变它。

8.3.1　报表工具栏

与报表设计有关的工具栏主要包括“报表设计器”工具栏和“报表控件”工具栏。

1．“报表设计器”工具栏

当第一次打开“报表设计器”时，主窗口中会自动出现“报表设计器”工具栏，如图 8-24 所示。

在设计报表时，利用“报表设计器”工具栏中的按钮可以方便地进行操作。如果在打开报表设计器时没有打开“报表设计器”工具栏，用户可以在任意的工具栏上单击鼠标右键，在快捷菜单中选择“报表设计器”，打开“报表设计器”工具栏，该工具栏中各按钮的基本功能如下：

图 8-24　报表设计工具栏

- “数据分组”按钮：打开“数据分组”对话框，用于创建数据分组表达式及指定其他属性。
- “数据环境”按钮：显示报表的“数据环境设计器”窗口。
- “报表控件工具栏”按钮：显示或隐藏“报表控件”工具栏。
- “调色板工具栏”按钮：显示或隐藏“调色板”工具栏面板。
- “布局工具栏”按钮：显示或隐藏“布局”工具栏面板。

2．“报表控件”工具栏

当第一次打开“报表设计器”时也会打开“报表控件”工具栏，如图 8-25 所示。单击“报表设计器”工具栏上的“报表控件工具栏”按钮可以随时显示或关闭“报表控件”工具栏。该工具栏各按钮的基本功能如下：

图 8-25　报表控件工具栏

- “选定对象”按钮：用于选定、移动或更改控件的大小。在创建某个控件后，系统将自动选定该按钮，除非选中“按钮锁定”按钮。
- “标签”按钮 A：在报表上创建一个标签，用于输入并显示与记录无关的、不变的数据。

- “域控件”按钮 abl：在报表上创建一个字段控件，用于显示字段、内存变量或其他表达式的内容。
- “线条”按钮、“矩形”按钮 和“圆角矩形”按钮：分别用于绘制相应的图形。
- “图片 / ActiveX 绑定控件”按钮：显示图片或通用型字段的内容。
- “按钮锁定”按钮：允许添加多个相同类型的控件而不需要多次选中该控件按钮。

8.3.2 设置报表数据源

在用户使用报表设计器设计报表时可以设置报表的数据环境，即设置报表所引用的表或视图。用户可以在数据环境中简单地定义报表的数据源，用它们来填充报表中的控件。可以添加表或视图并使用一个表或视图的索引来排序数据。

向数据环境中添加表或视图的基本方法如下：

（1）在报表设计器的“显示”菜单中选择“数据环境”命令，在报表设计器中将显示“数据环境设计器”窗口，如图 8-26 所示。

图 8-26 “数据环境设计器”窗口

（2）在“数据环境”菜单中选择“添加”命令，打开“添加表或视图”对话框。

（3）在“添加表或视图”对话框中选择需要的表或视图，单击“添加”按钮，将表或视图添加到“数据环境设计器”窗口中，如图 8-27 所示。

图 8-27 添加表的“数据环境设计器”窗口

8.3.3　规划报表布局

报表布局就是报表的输出格式。创建报表，就是设计报表的输出格式，实际上就是设计报表布局，即设置报表的页面大小，报表的报表标题、页标题、列标题、组标题以及数据的显示位置、尺寸及大小等。

一个设计良好的报表必须符合使用的需求而且把数据放在报表合适的位置上。在报表设计器中，一个新的报表默认的组成包括页标头、细节和页注脚 3 部分。每一部分称为一个带区，在带区下面的标识栏上显示其名称。在“报表设计器”的带区中，可以插入各种控件，它们包含打印的报表中所需的标签、字段、变量和表达式。例如，在电话号码列表布局中，应把字段控件设置成人名和电话号码，同时应设置标签控件和列表顶端的列标题。要增强报表的视觉效果和可读性，还可以添加直线、矩形以及圆角矩形等控件，也可以包含图片/OLE 绑定型控件。

表 8-2 列出了报表设计器中可以使用的带区以及创建方法，如果用户要这些带区，可以自己设置。

表 8-2　报表带区的名称、打印结果和创建方法

带区名称	打印数	创建方法
标题	每报表一次	从“报表”菜单中选择“标题/总结”带区
页标头	每页一次	默认可用
列标头	每列一次	从“文件”菜单中选择“页面设置”，设置“列数”>1
组标头	每组一次	从“报表”菜单中选择“数据分组”
细节带区	每记录一次	默认可用
组注脚	每组一次	从“报表”菜单中选择“数据分组”
列注脚	每列一次	从“文件”菜单中选择“页面设置”，设置“列数”>1
页注脚	每页一次	默认可用
总结	每报表一次	从“报表”菜单中选择“标题/总结”带区

例如要为报表添加标题和总结带区，在“报表”菜单中选择“标题 / 总结”命令，打开“标题 / 总结”对话框，如图 8-28 所示。

在该对话框中选择“标题带区”复选框，则在报表中添加一个“标题”带区。系统会自动把“标题”带区放在报表的顶部，若希望把标题内容单独打印一页，应选择“新页”复选框。选择“总结带区”复选框，则在报表中添加一个“总结”带区。系统将自动把“总结”带区放在报表的尾部。若想把总结内容单独打印一页，应选择“新页”复选框。添加了标题的报表设计器如图 8-29 所示。

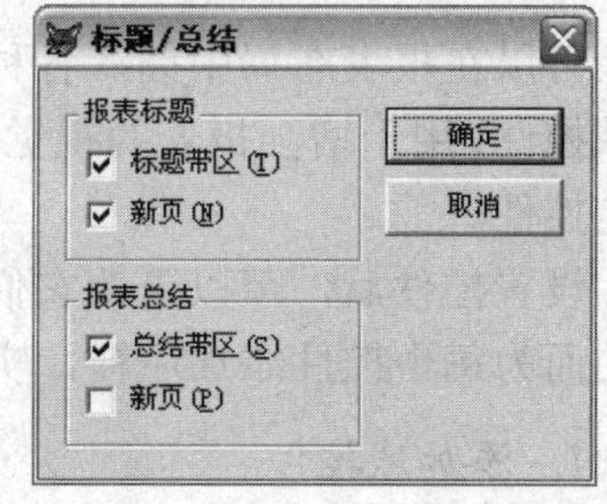

图 8-28　“标题 / 总结”对话框

在报表中添加了所需的带区以后，就可以在带区中添加需要的控件。如果新添加的带区高度不够，可以在“报表设计器”中调整带区的高度以放置需要的控件。可以使用左侧标尺作为指导，标尺量度仅指带区高度，不包含页边距。

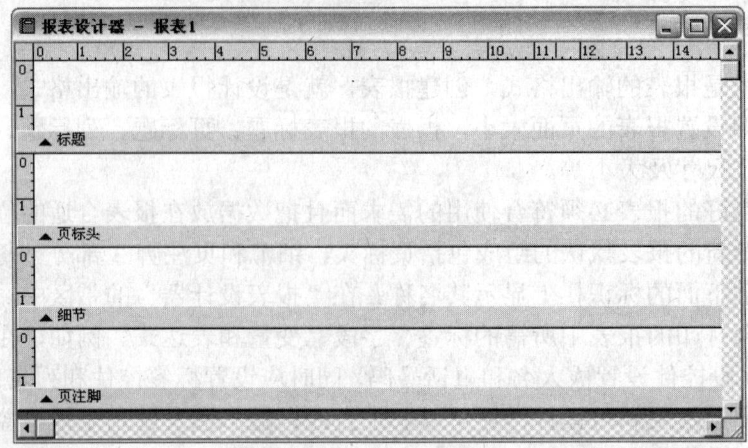

图 8-29 添加了标题带区的报表设计器

调整带区高度的一种比较直观快捷的方法是用鼠标选中某一带区标识栏，然后上下拖曳该带区，直至得到满意的高度为止。另一种方法是双击需要调整高度的带区的标识栏，系统将打开一个对话框。例如，双击“页标头”带区的标识栏，系统将显示相应的对话框，如图 8-30 所示。

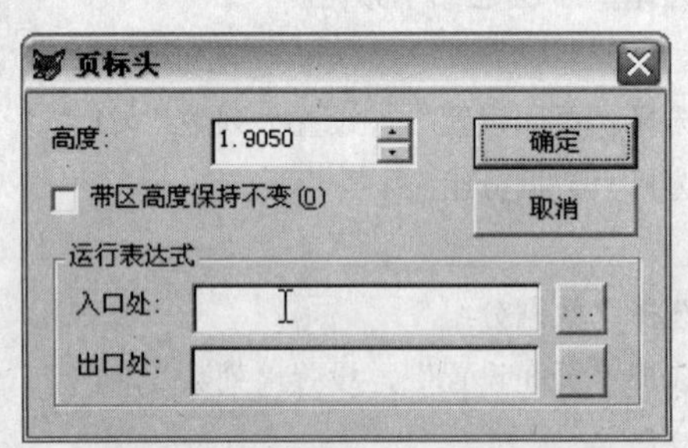

图 8-30 页标头带区高度调整

在该对话框中，直接输入所需高度的数值，或者调整“高度”微调器中的数值均可。微调器下面有“带区高度保持不变”复选框，选中该复选框可以防止报表带区因为容纳过长的数据或从其中移去数据而移动。

在各个带区对话框中还可以设置两个表达式：入口处运行表达式和出口处运行表达式。若设置入口处表达式，系统将在打印该带区内容之前计算表达式；若设置出口处表达式，系统将在打印该带区内容之后计算表达式。

8.3.4 增添报表控件

可以在报表布局中插入各种类型报表控件，如用于显示表的字段、变量和其它表达式的域控件，用于增强报表的视觉效果和可读性的直线、矩形以及圆角矩形等，还有图片/OLE 绑定控件。

设置控件后，可以更改它们的格式、大小、颜色、位置和打印选项。也可仅出于参考目的而为每个控件添加注释，实际上在报表内并不打印。

1. 添加域控件

报表或标签可以包含域控件，它们表示表的字段、变量和计算结果。

若要从数据环境中添加表中字段，用户可以打开报表的数据环境，选择表或视图，然后直接将需要的字段拖放到布局上。如将考生成绩表中的“报名序号”、“姓名”、“语文”、“数学”、“英语”字段使用鼠标直接拖到细节带区中，如图 8-31 所示。

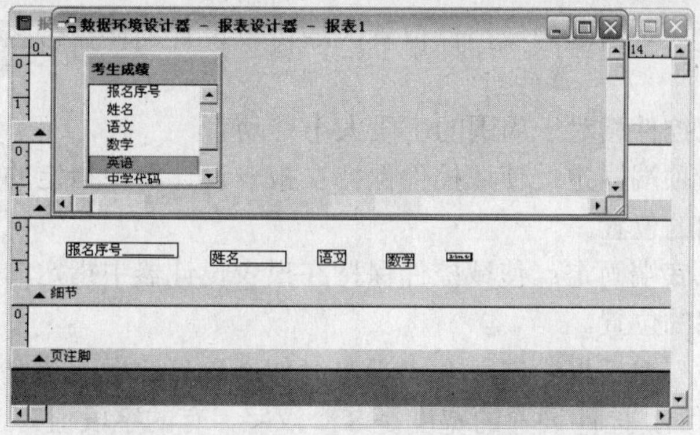

图 8-31　利用鼠标直接拖动字段生成域控件

用户还可以从工具栏添加表中字段，在“报表控件”工具栏中单击“域控件”按钮，然后在相应带区单击，打开“报表表达式”对话框，如图 8-32 所示。

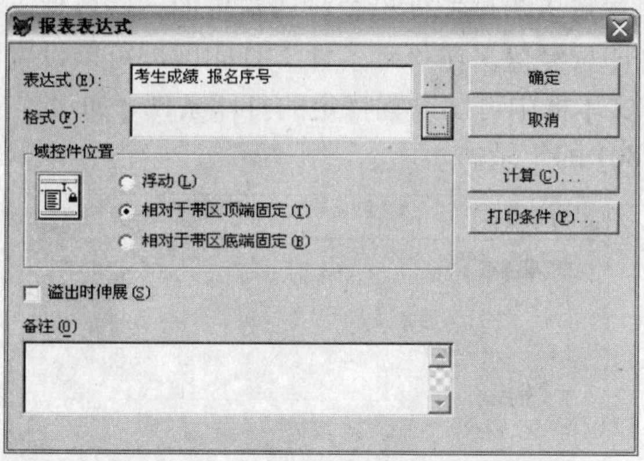

图 8-32　“报表表达式”对话框

用户可以在对话框的“表达式”文本框中直接输入表达式，如输入“考生成绩.报名序号”，如果不能准确地写出字段名，也可以单击文本框后的按钮，打开“表达式生成器”对话框。在“表达式生成器”对话框中，准确地选择字段变量名称。

用户可以在“报表表达式”对话框中设置控件的输出格式，单击格式文本框后面的按钮，打开“格式”对话框，如图 8-33 所示。在对话框中用户可以根据不同的数据类型，在“编辑选项”区域设置不同的选项来控制输出格式。

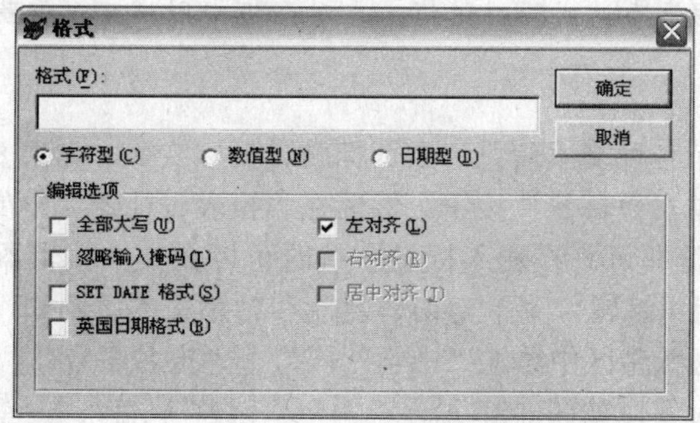

图 8-33　“格式”对话框

在“报表表达式”对话框的域控件位置区域可以设置控件在带区中输出的高度位置，共有三个选择：

- 浮动：指域控件相对于周围的字段大小移动。
- 相对于带区顶端固定：使域控件保持在报表设计器中指定的位置，并保持其相对于带区顶端的位置。
- 相对于带区底端固定：使域控件保持在报表设计器中指定的位置，并保持其相对于带区底端的位置。

在“报表表达式”对话框中有一个“溢出时伸展”复选框，该复选框可以控制控件在输出时是否伸展。例如，控件设置的宽度是 8 个汉字，有的字段值为 10 个汉字。如果选中了该复选框，在输出时将自动伸展该列，即在两行内输出内容，如果没有选中该复选框，则输出时将被截掉两个汉字。

在“报表表达式”对话框中单击“打印”条件按钮，打开“打印条件”对话框，如图 8-34 所示。在该对话框中可以为域控件设置打印输出的一些条件。在“打印重复值”区域中用户可以设置是否打印重复值。在“有条件”打印区域可以设置相应条件。在“仅当下列表达式为真时打印”文本框中可以设置特定的打印条件，如设置报名序号=“1801”，表示只打印报名序号为 1801 的记录。

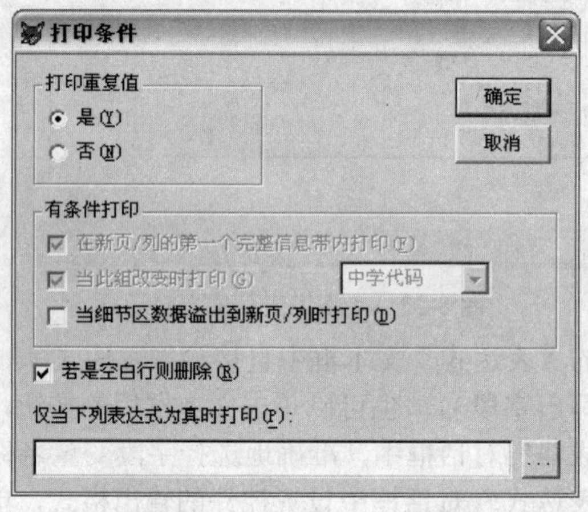

图 8-34 “打印条件”对话框

提示： 在与空间设置完成之后，如果希望修改它的属性，用户可以双击指定控件就可以打开“报表表达式”对话框，在对话框中用户可以重新进行设置。

2. 添加标签控件

标签控件用来显示各种文本信息，如页标题、页标头等。如果要添加标签控件，首先在报表控件工具栏中单击“标签”按钮。然后在“报表设计器”中的指定带区单击，然后直接键入该标签的字符即可。在输入标签字符时可以在文本编辑器内随意编辑，如使用 ENTER 键换行或使用“编辑”菜单剪切、复制和粘贴文本。例如，在标题带区添加“考生成绩”标签，在页标头带区中添加“中学代码”、“报名序号”、“姓名”、“语文”、“数学”、“英语”标签，如图 8-35 所示。

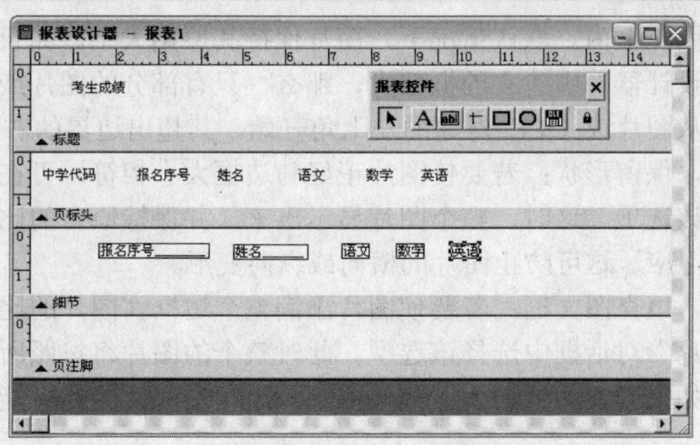

图 8-35　添加标签控件

用户可以为添加的标签控件设置属性，双击标签控件，打开“文本”对话框，如图 8-36 所示。在对话框中用户可以为标签控件设置对象位置，还可以为标签控件添加注释。

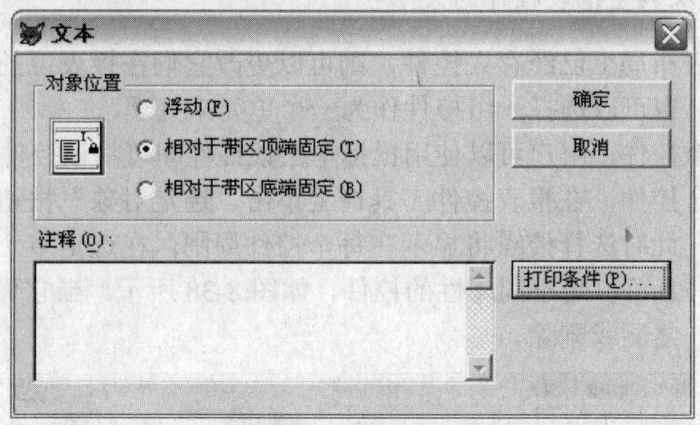

图 8-36　“文本”对话框

提示： 如果要重新编辑标签控件中的文本，在报表控件工具栏中，单击“标签”按钮，然后单击需编辑的标签，键入修改内容。

3. 添加通用字段

可以在报表中插入包含 OLE 对象的通用型字段。如果要插入通用型字段，在报表控件工具栏中单击“图片/ ActiveX 绑定控件”按钮，然后在指定的带区上单击鼠标，打开“报表图片”对话框，如图 8-37 所示。

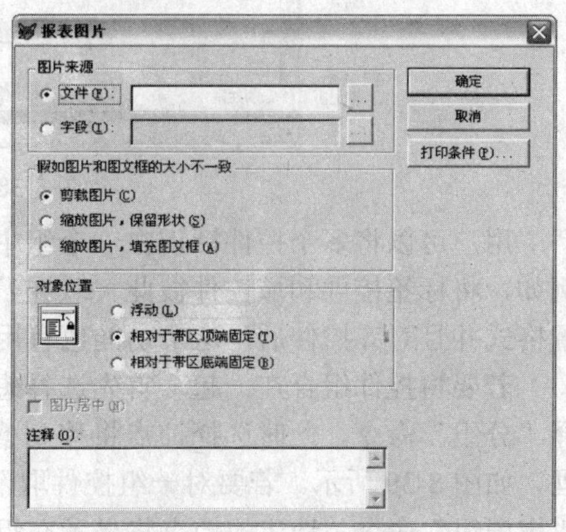

图 8-37　“报表图片”对话框

在“图片来源”选项区域用户可以选择图片的来源，它既可以来自位图或图标文件，也可以来自表中的通用字段。

在“假如图片和图文框的大小一致”选项区域设置图片的放置方法：

- 剪裁图片：通用字段的占位符将出现

在定义的图文框内。默认情况下，图片保持其原始大小。如果图片或 OLE 对象比“报表设计器”中建立的框架大，那么，只有部分的图片或 OLE 对象显示出来。显示从图片或 OLE 对象的左上角开始，其超出边界的右下部分将看不到。

- 缩放图片，保留形状：若要使图片正好与边框大小相符，可在“报表图片”对话框中选择该选项。这时，整个图片显示出来，并保持原有的比例，尽可能的和控件框架相适应。这可防止图片的横向或纵向变形。
- 缩放图片，填充图文框：若要使图片添满整个边框（图片的比例可能改变），在“报表图片”对话框中选择该选型。此时整个的图片将按照所定义的边框大小进行填充。如果必要的话，为了和边框的大小相适应，图片可能会在横向或者纵向发生变形。

图片居中复选框可以确保比图文框小的通用字段图片放在报表的中央。如果为选中该选项，当图片尺寸比图文框尺寸小时，图片将显示在框的左上角。

4. 选择、移动及调整报表控件的大小

如果创建的报表布局上已经存在控件，则可以更改它们在报表上的位置和尺寸。可以单独更改每个控件，也可以选择一组控件作为一个单元来处理。

如果要选择一个控件，用户可以使用鼠标单击该控件即可将该控件选定。

如果要选择多个控件，在报表控件工具栏上单击“选定对象”按钮，然后在控件周围拖动以画出选择框。此时选择控点将显示在每个控件周围，在选定多个控件时，控件可以在不同的带区中，并且可以是不同属性的控件，如图 8-38 所示。当它们被选中后，可以作为一组内容来移动、复制或删除。

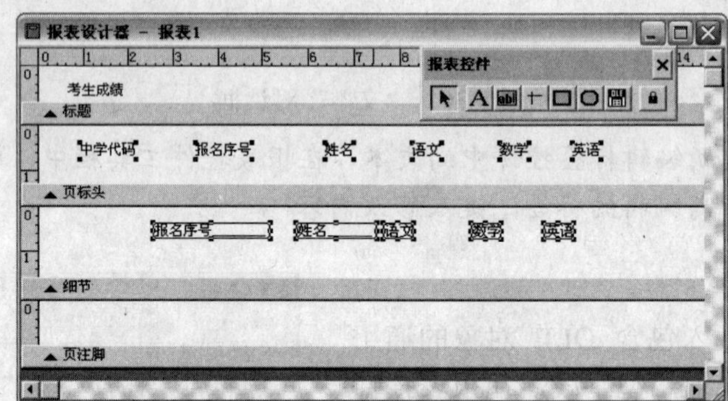

图 8-38　选定多个控件

用户可以将多个控件标识在一个组中，这样可以为多个任务将一组控件关联在一起。例如，将标签控件和域控件彼此关联在一起，这样不用分别选择便可移动它们。当已经设置格式并且对齐控件后，这个功能也有用，因为它保存了控件彼此间的位置。

若要将控件组合在一起，首先选择想作为一组处理的控件，然后在“格式”菜单中选择“分组”命令，此时选择控点将移到整个组之外，这时可以把该组控件作为一个单元处理，如图 8-39 所示。若要对一组控件取消组定义，选择该组控件，在“格式”菜单中选择“取消组”命令，选定的控点将显示在组内每一控件周围。

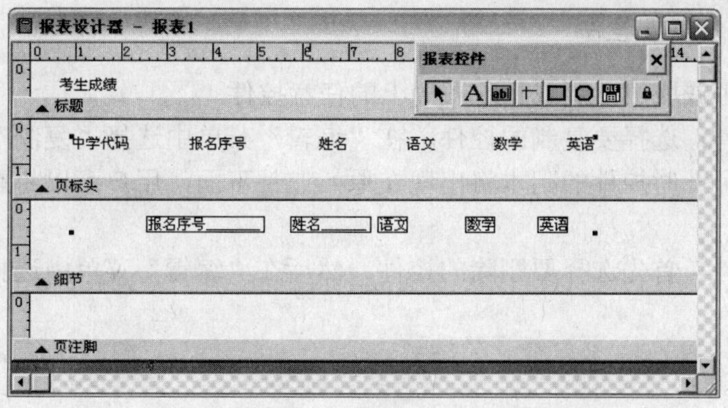

图 8-39　将多个控件定义在一个组中

如果要移动控件，用户可以使用鼠标直接拖动控件将其移动到合适的位置。

若要调整控件的大小，首先选择要调整的控件，然后使用鼠标拖动选定的控点直到所需的大小，如图 8-40 所示。

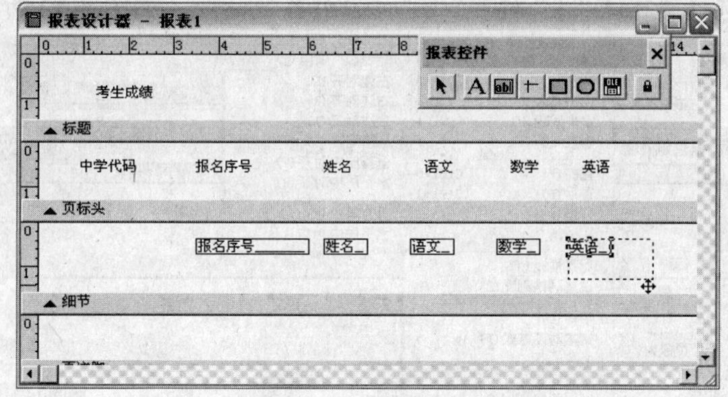

图 8-40　调整控件大小

若要匹配多个控件的大小，选择想使其具有同样大小的一些控件，在“格式”菜单中选择“大小”，打开一个子菜单，如图 8-41 所示。在子菜单中用户可以选择适当选项来匹配宽度、高度或大小，控件将按照需要进行调整。

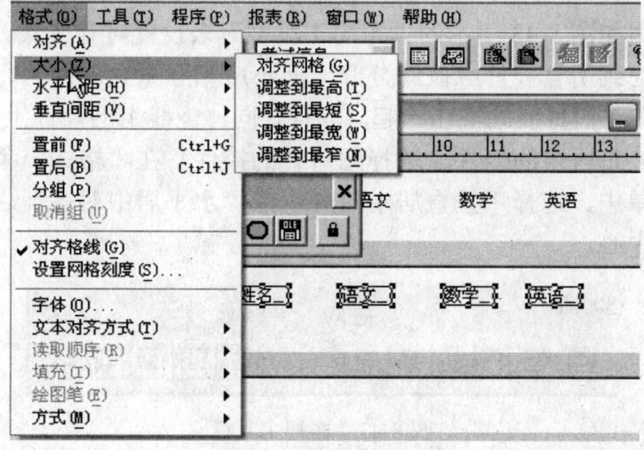

图 8-41　调整控件大小菜单

5. 复制和删除报表控件

用户可以单独或成组复制或删除布局上的任意控件。

若要复制控件，选择要复制的控件，在“编辑”菜单中选择“复制”命令，然后再选择“粘贴”命令，此时控件的副本将出现在原始控件下面，用户可以将副本拖动到布局上的正确位置。

若要删除控件，首先选择要删除的控件，然后在“编辑”菜单中选择“剪切”或按键盘上的 Delete 键。

6. 对齐控件

可以根据彼此间关系对齐控件，或者根据“报表设计器”提供的网格放置它们。可以沿某一侧或居中对齐控件。

若要对齐控件，选择想对齐的控件，然后在“格式”菜单中选择“对齐”命令，从子菜单中，选择适当对齐选项。如要使页标头带区中控件的底部对齐，首先选中页标头带区中的控件，然后选择“格式”|“对齐”|“底边对齐”命令，如图 8-42 所示。

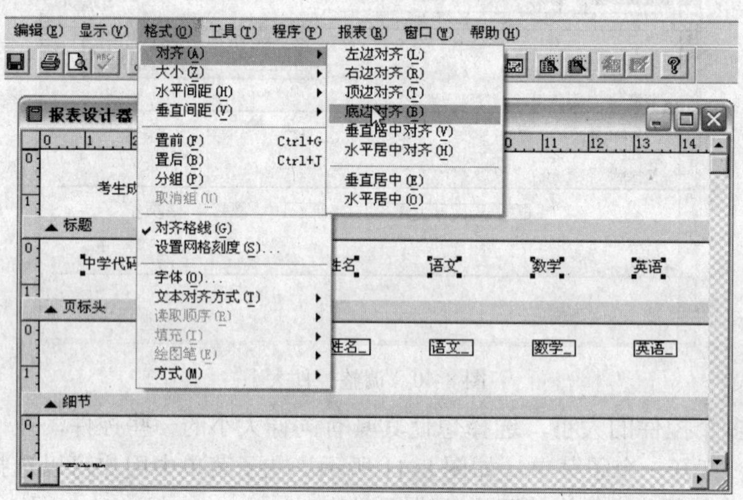

图 8-42 调整控件的对齐方式

用户也可以使用如图 8-43 所示的“布局工具栏”来设置对齐方式。选择对齐所有控件的边缘线时，应考虑到所有控件应彼此分开，而不应相互重叠。同一行上的控件如果沿它们右侧或左侧对齐，它们将彼此堆在一起。同样，同一竖线上的控件上、下对齐也会重叠。

若果要居中对齐带区内的控件，选择想对齐的控件，在“格式”菜单中选择“对齐”命令，然后在子菜单中，选择“垂直居中对齐”或“水平居中对齐”。控件将移动到各自带区的垂直或水平中心。

图 8-43 布局工具栏

7. 调整控件间的水平、垂直间距

用户可以使用“格式”菜单“垂直对齐”或“水平对齐”子菜单中的命令设置控件之间的水平或垂直间距。如要使页标头带区中控件之间的水平间距相等，首先选中页标头带区中的控件，然后选择“格式”|“水平对齐”|“间距相等”命令，如图 8-44 所示。

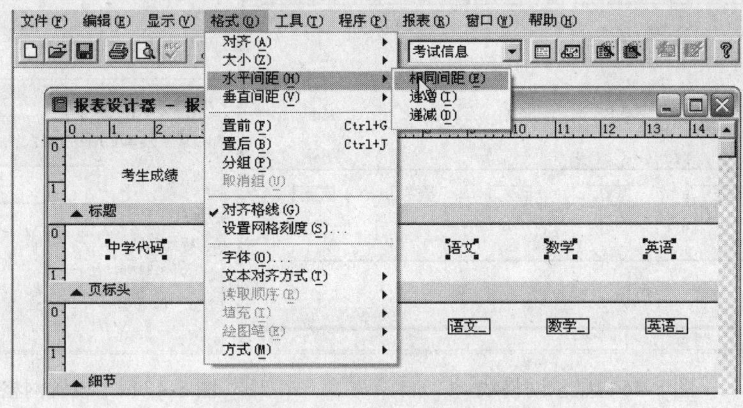

图 8-44　设置控件的水平间距

8. 调整控件的位置

使用状态条或表格，可以将控件放置在报表页面上的特定位置。默认情况下，控件根据网格对齐其位置。可以选择显示或隐藏网格线。网格线可以帮助用户按所需布局放置控件。

若要将控件放置在特定的位置，在“显示”菜单中选择“显示位置”命令，此时在状态栏上将显示鼠标的位置，如果选择了一个控件，此时在状态栏上将显示该控件的位置信息，如图 8-45 所示。用户可以参考位置信息将控件移动到特定位置。

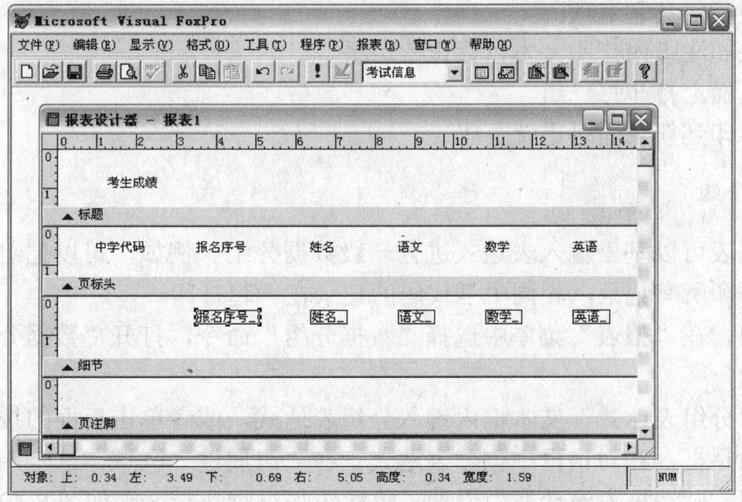

图 8-45　状态栏上显示控件的位置信息

用户还可以以网格线为参考，适当调整控件位置。在“格式”菜单中选中“网格线”命令，则网格线将在报表带区中显示，如图 8-46 所示。

若要更改网格的度量单位，在“格式”菜单中选择“设置网格刻度”命令，打开“设置网格刻度”对话框，如图 8-47 所示。在“水平”或“垂直”文本框内，分别输入代表网格每一方块水平宽度和垂直高度的像素数目。

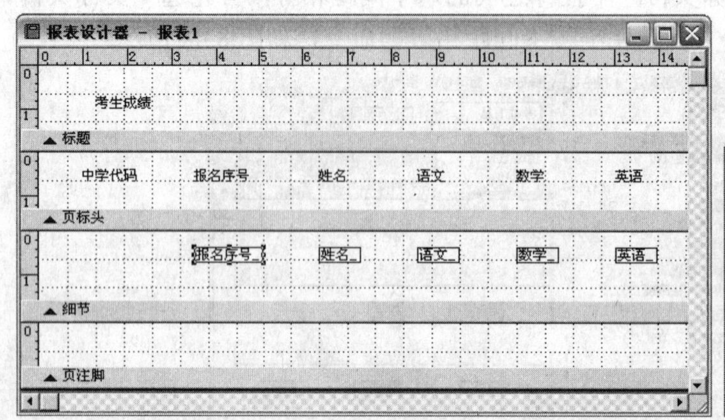

图 8-46　显示网格线

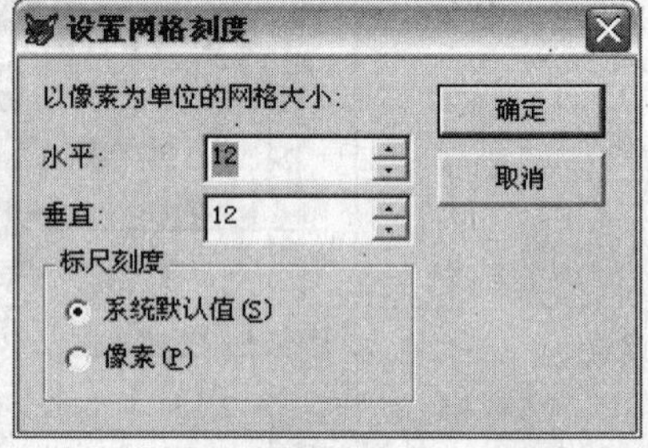

图 8-47　“设置网格刻度”对话框

8.3.5　按布局分组数据

设计基本布局后，如果要根据给定字段或其它条件对记录分组，会使报表更易于阅读。可以添加一个或多个组，更改组的顺序，重复组标头或者更改或删除组带区。分组允许明显地分隔每组记录和为组显示介绍和总结性数据。组的分隔基于分组表达式，这个表达式通常由一个以上的表字段生成，但也可以相当复杂。

分组之后，报表布局就有了组标头和组注脚带区，可以向其中添加控件。一般地，组标头带区中包含组所用字段的“域控件”，可以添加线条、矩形、圆角矩形或希望出现在组内第一条记录之前的任何标签。组注脚通常包含组总计和其它组总结性信息。

也可以为组指定其它选项：

- 在标头和注脚内打印文本以标识特定组。
- 在新页面上打印每一组。
- 当组打印到新页面时重置页码。

1. 添加单个组

一个单组报表可以基于输入表达式进行一级数据分组。例如，可以把组设在“中学代码”字段上来打印所有记录，相同中学代码的记录在一起打印。

若要添加组，在“报表”菜单中选择“数据分组”命令，打开“数据分组”对话框，如图 8-48 所示。

在第一个“分组表达式”文本框内键入分组表达式，或者单击后面的按钮，打开“表达式生成器”对话框，在对话框中创建表达式。在“组属性”区域，选定想要的属性，单击“确定”按钮，则在报表设计器中添加了组标头和组脚注带区，如图 8-49 所示。

添加表达式后，可以在带区内放置任意需要的控件。例如，在组标头中添加域控件“考生成绩.中学代码”，在组脚注带区添加标签控件“平均分数”和域控件“语文”、“数学”和“英语”，如图 8-50 所示。

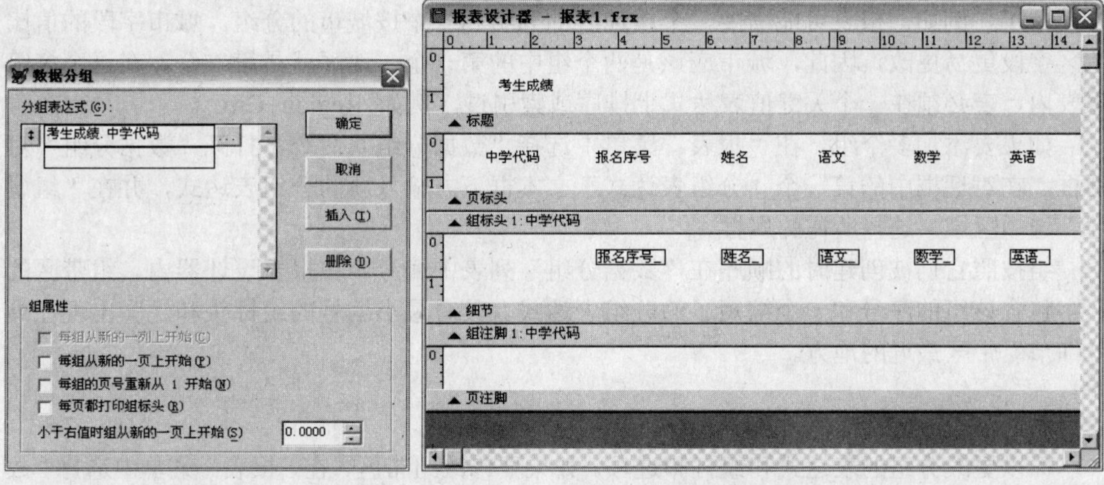

图 8-48　“数据分组”对话框　　　　图 8-49　添加组标头和组脚注带区

用户在组脚注区域添加的域控件“语文”、“数学”和“英语”目的是为了求各中学的平均分数，因此用户还应对这三个域控件进行设置。双击“语文”域控件，打开“报表表达式”对话框，在对话框中单击“计算”按钮，打开“计算字段”对话框，如图 8-51 所示。在对话框的“计算”区域选择“平均值”选项，单击“确定”按钮，返回“报表表达式”对话框。

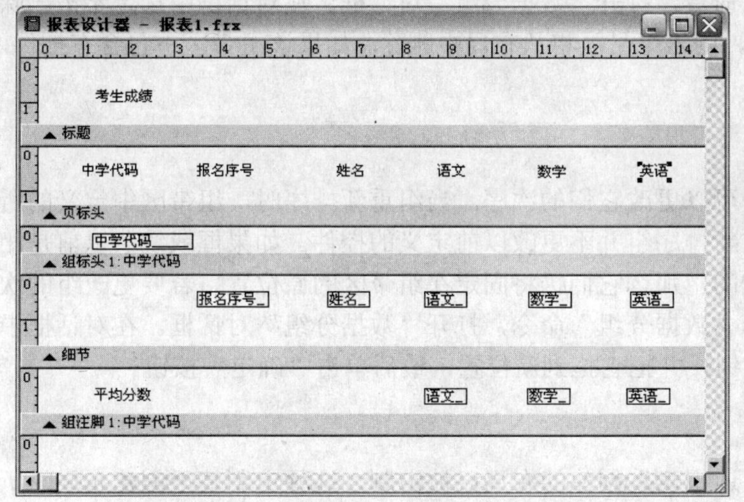

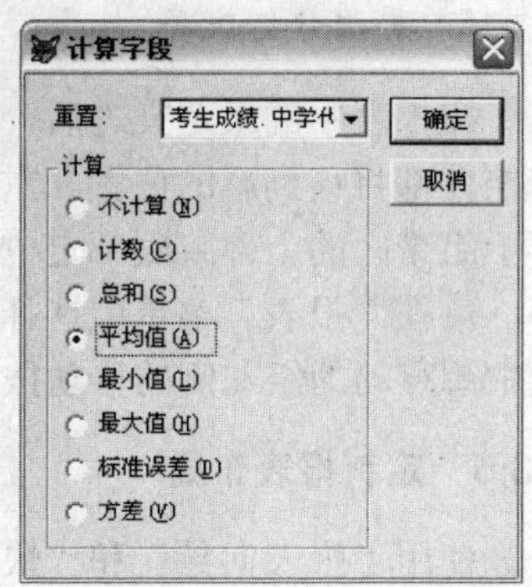

图 8-50　为组标头和组脚注带区添加控件　　　　图 8-51　“计算字段”对话框

由于在计算平均值时有可能是小数，因此用户还应在“报表表达式”对话框中的格式文本框中输入“999，999”，表示该字段允许显示三位小数。

2. 添加多个数据分组

在报表内最多可以定义 20 级的数据分组。嵌套分组有助于组织不同层次的数据和总计表达式。

若要选择一个分组层次，请先估计一下更改值的可能频度，然后定义最经常更改的组为第一层。例如，报表可能需要一个按地区的分组和一个按城市的分组。城市字段的值比地区字段更易更改，因此，城市应该是两个组中的第一个，地区就是第二个。在这个多组报表内，表必须在一个关键值表达式上排序或索引过，例如 Region+City 。

如果要添加多个组，在“报表”菜单中选择“数据分组”命令，打开“数据分组”对话框。在对话框中的第一个“分组表达式”文本框下方输入新的分组表达式，并在“组属性”选项区域，选择所需的属性。

组按照它们被创建时的顺序在“数据分组”列表中编号。在报表设计器内，组带区的名字包含该组的序号和一个缩短了的分组表达式。具有最小编号的组标头和注脚出现在离“细节”带区最近的地方。

3. 更改组带区

可以更改分组的表达式和组打印选项。如果要修改组带区，在“报表”菜单中选择“数据分组”命令打开“数据分组”对话框。在对话框中选定要更改的分组表达式，输入新的表达式，或者选择对话按钮，在“表达式生成器”对话框中更改该表达式。最后在“数据分组”对话框中，选择“确定”按钮。

4. 删除组带区

如果不再需要在报表布局保留某一分组，可以删除它。如果要删除组带区，可在“报表”菜单中选择“数据分组”命令，打开“数据分组”对话框。在对话框中选定希望删除的组，然后单击“删除”按钮，则该组带区将从布局中删除。如果该组带区中包含有控件，将提示同时删去控件。

5. 更改分组次序

在报表中的组定义之后，可以更改它们的次序。当组重新排序时，组带区中定义的所有控件都将移到新的位置。重新排序组并不更改以前定义的控件。如果框或线条以前是相对于组带区的上部或底部定位的，那么它们仍将固定在组带区的原位置。若要更改组的次序，可在“报表”菜单中选择“数据分组”命令，打开“数据分组”对话框。在对话框中选中想移动的组左侧的移动按钮，并把它拖到新位置，最后单击“确定”按钮。

8.3.6 定制报表布局

使用“报表向导”和“快速报表”创建的布局已被定制，这种定制基于创建布局时所做的选择。可以使用“报表设计器”进一步定制布局和更改其当前设置。可以更改数据环境、页面设置或报表控件。数据环境定义了报表中将包含的数据源，而页面设置定义了报表页面和报表带区的总体形状，报表控件定义了出现于页面上的数据项。

1. 定义报表的页面

当规划报表时，通常会考虑页面的外观。例如页边距，纸张类型和所需的布局。下面讨论如何可以定义多个列、设置页边距、页面方向。

在“文件”菜单中选择“页面设置”命令，打开“页面设置”对话框，如图 8-52 所示。

如果要定义一个多列报表，在“列”区域的“列数”文本框中输入页面所需的列数目，该数目就是一页上显示的记录列数。在“宽度”框中，输入列的宽度值。在“间隔”框中，输入所需要的列间距。通过“打印顺序”，可以指定当有多列时记录如何换行。

提示： 如果要在一个新页上显示分组记录，请不要使用“打印顺序”选项。如果在页面布局改变以前，“细节”带区中已经包含了报表控件，则布局改变后可能需要重新移动控件或改变控件的尺寸，以适合新列的边界。

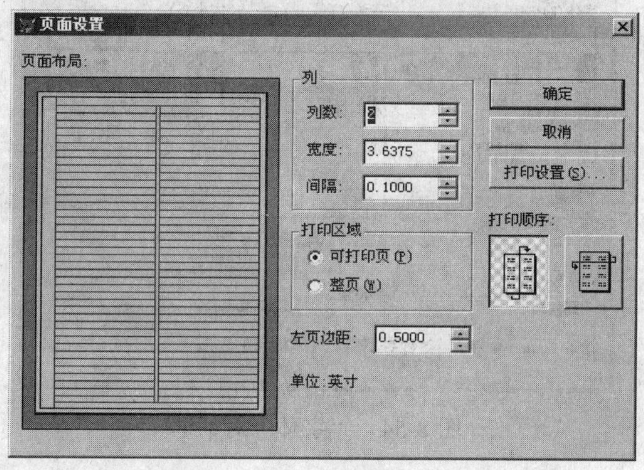

图 8-52 “页面设置”对话框

如果若要设置左边距，在对话框中的“左页边距”文本框中输入一个边距数值，页面布局将按新的页边距显示。如果要选择纸张大小，单击“打印设置”按钮，打开“打印设置”对话框，如图 8-53 所示。在“大小”列表中选定纸张大小，如果要选择纸张方向，在“方向”选项区域选择一种方向。如果更改了纸张的大小和方向设置，请确认该方向适用于所选的纸张大小。例如，如果纸张定为信封，则方向必须设置为横向。

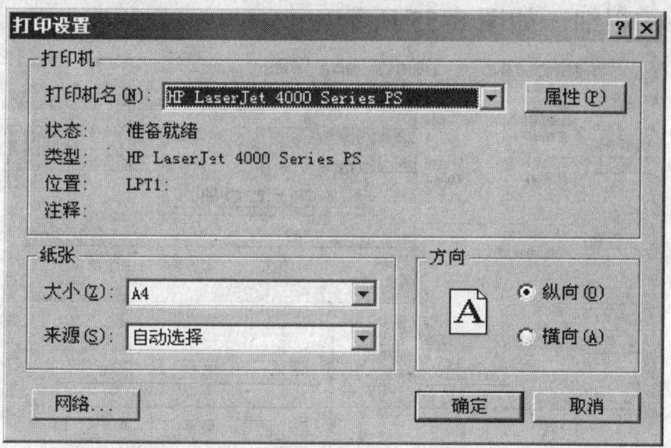

图 8-53 “打印设置”对话框

2. 设置控件中的文本

用户对调域控件或标签中的文本对齐方式和字体格式进行调整。

在调整控件中的文本对齐方式时不更改控件在报表上的位置，只修改文本在这个控件所在的位置。如果要调整域控件内的文本，选定想更改的控件。在“格式”菜单中选择“文本对齐方式”命令，从子菜单中选择适当命令。

用户还可以更改控件中文本的字体和大小，也可以更改报表的默认字体。如果要更改报表中的字体和大小，首先选定要更改的控件。在“格式”菜单中选择“字体”命令，打开“字体”对话框，如图 8-54 所示。在对话框中选定适当的字体和磅值，然后单击“确定”按钮。

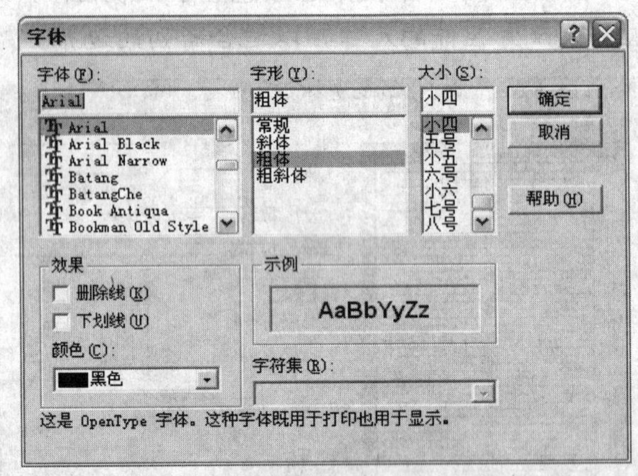

图 8-54 “字体”对话框

3. 添加线条控件

使用“线条”控件，可以在报表布局中添加垂直和水平直线。通常，需要在报表主体内的详细内容和报表的页眉和页脚之间划线。

如果要绘制线条，在“报表控件”工具栏中单击“线条”按钮，然后在报表设计器中，拖动绘制线条。绘制线条后，可以移动或调整其大小，或者更改它的粗细和颜色。如在细节带区的控件下面绘制一个线条，然后选择“格式”菜单中的“绘图笔”命令，在子菜单中用户可以设置线条的粗细，如图 8-55 所示。

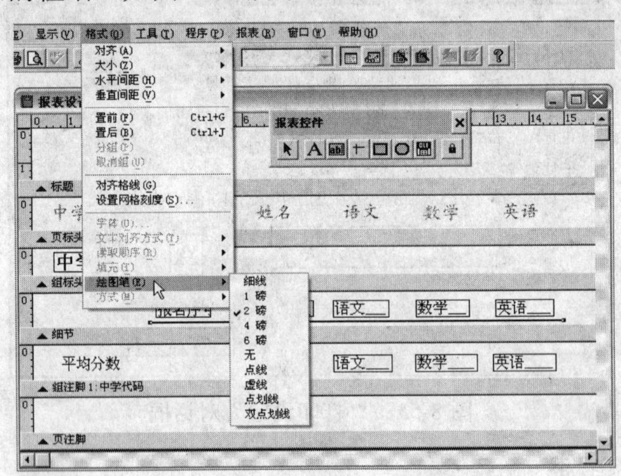

图 8-55 在报表中添加线条

4. 添加矩形控件

可以在布局上绘制矩形，从而以醒目的方式组织打印在页面上的信息。也可以把它们作为报表控件、报表带区或者整个页面周围的边框使用。

如果要绘制矩形，在报表控件工具栏中单击“矩形”按钮，然后在“报表设计器”中，拖动光标绘制矩形。

如在标题带区的控件上面绘制了一个矩形，选中矩形控件，选择“格式”菜单中的“绘图笔”命令，在子菜单中为矩形线条设置粗细，这里设置为 2 磅。然后继续在“格式”菜单中选择“填充”命令，在子菜单中为矩形设置填充材料，如图 8-56 所示。

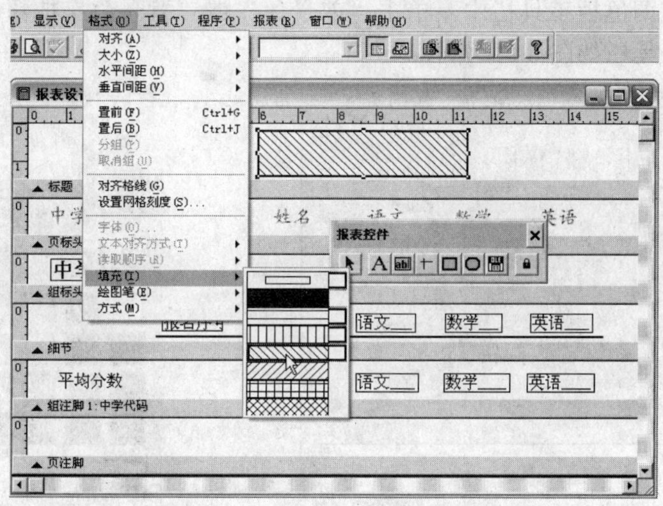

图 8-56　设置矩形的线条和填充材料

用户可以发现，在选择了填充材料后，就将标题文字覆盖了，此时用户可以在“格式”菜单中选择“方式”命令，在子菜单中选择“透明”，此时标题文字将显示出来，如图 8-57 所示。

图 8-57　设置矩形的显示方式

5. 添加圆角矩形和圆形控件

圆角矩形控件是一种多款项矩形控件，如果要绘制圆角矩形，在报表控件工具栏中单击“圆角矩形”按钮，然后在报表设计器中拖动鼠标绘制该控件。双击该控件，打开“圆角矩形”对话框，如图 8-58 所示。在“样式”区域，选择想要的圆角样式。如果需要，用户还可以设置位置选项。

6. 更改控件颜色

用户还可以更改域控件、标签、线条或矩形的颜色。如果要更改颜色，首先选择要更改的控件，然后在调色板工具栏中，单击“前景色”或“背景色”按钮，然后再选定希望的颜色。调色板工具栏如图 8-59 所示。

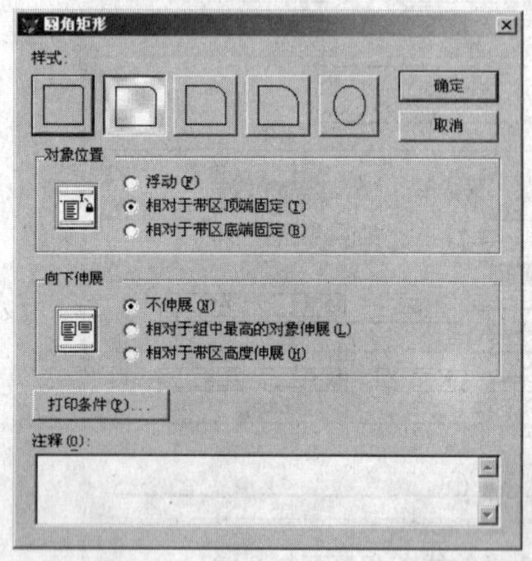

图 8-58 “圆角矩形”对话框

图 8-59 调色板工具栏

8.3.7 预览和打印报表

设置完报表的布局后，用户可以预览工作结果或打印一份报表，另外在制作报表的过程中用户也可以随时进行预览。

1. 预览结果

通过预览报表，不用打印就能看到它的页面外观。例如，可以检查数据列的对齐和间隔，或者查看报表是否返回所需的数据。

为确保报表正确输出，用户可以使用“预览”功能在屏幕上查看最终的页面设计是否符合设计要求。在“报表设计器”中，任何时候都可以使用“预览”功能查看打印效果。报表“预览”操作十分便利，可以从“显示”菜单中选择“预览”命令，或在“报表设计器”中单击鼠标右键在弹出的快捷菜单中选择“预览”命令，也可以直接单击“常用”工具栏中的“打印预览”按钮。

在预览报表时会同时打开“打印预览”工具栏，如图 8-60 所示。在工具栏中选择“上一页”或“前一页”可以切换页面。如果要更改预览报表的大小，在“缩放”列表中选择合适的值。用户还可以单击“转到页”按钮，打开“转到页”对话框，在对话框中用户可以设置需要预览的页码。如要返回到设计状态，单击“关闭预览”按钮，或者直接关闭预览窗口。

用户也可以直接使用命令预览报表，命令如下：

```
REPORT FORM <报表文件名> PREVIEW
```

例如要预览报表“考生成绩”，可以使用如下命令：

```
REPORT FORM 考生成绩 PREVIEW
```

报表设计器 - 报表1.frx - 页面 1

考生成绩

中学代码	报名序号	姓名	语文	数学	英语
1801					
	00564	谭玉坤	79	80	93
	00566	郑少华	79	90	94
	00575	卢华	82	86	88
	00582	夏世杰	74	90	85
	00600	郭曼丽	82	94	95
	00604	王飞跃	74	91	94
	00616	轩秋月	76	89	91

图 8-60 预览报表以及打印预览工具栏

2. 打印输出报表

打印报表，通常先打开要打印的报表，单击“常用”工具栏上的“运行”按钮，或者在“文件”菜单中选择“打印”命令，或在“报表设计器”中右击，在打开的快捷菜单中选择“打印”命令，系统将打开“打印”对话框，如图 8-61 所示。

在对话框中的“打印范围”区域用户可以设置打印的范围，在“打印份数”区域用户可以设置打印的份数，设置完毕单击“确定”按钮，即可开始打印。

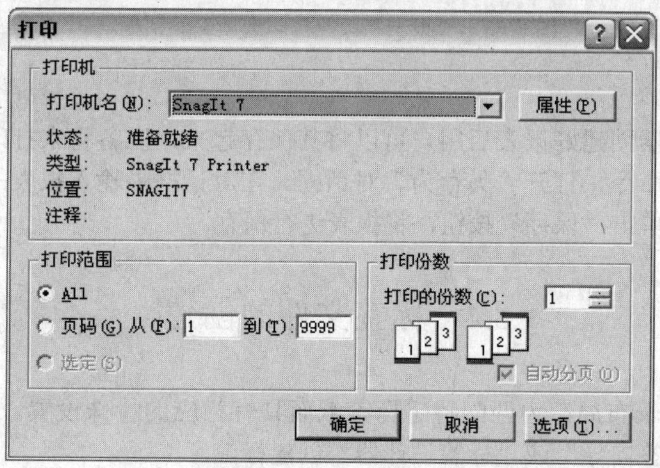

图 8-61 “打印”对话框

单击“选项”按钮打开“打印选项”对话框，如图 8-62 所示。在该对话框中的“类型”下拉列表中选择“报表”，然后在“文件”文本框中输入要打印的报表名，在“选项”选项区域与用户可以进行打印设置。该区域中的“还原环境”设置仅适用于 Visual FoxPro 2.x，“行号”和“打印后走纸”仅适用于打印命令窗口、文本文件等其他文件类型。

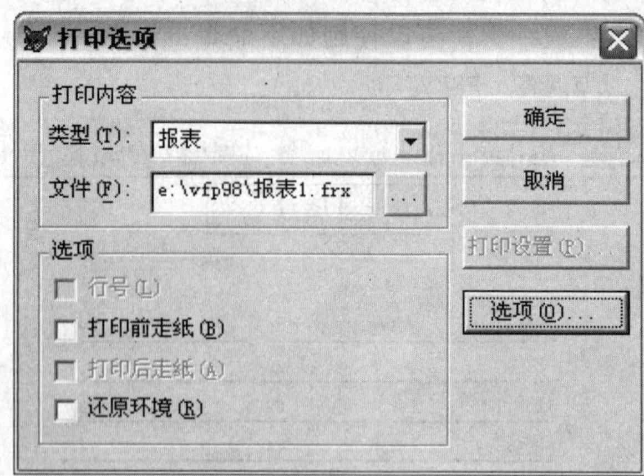

图 8-62 “打印选项”对话框

如果用户在“打印选项”对话框中单击“选项”按钮，则系统将打开“报表和标签打印选项”对话框，如图 8-63 所示。通过该对话框用户可以设置打印记录的范围和条件。

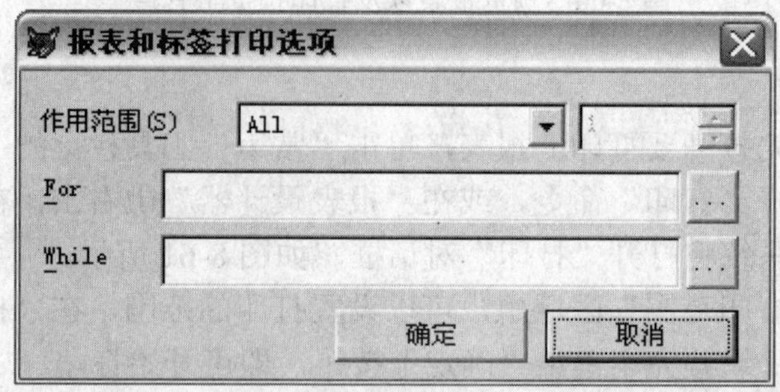

图 8-63 “报表和标签打印选项”对话框

3. 保存报表

使用报表设计器创建好报表后用户可以将其保存起来，以备将来打印。选择“文件”菜单中的“保存”命令，打开“另存为”对话框。在对话框中输入报表的名称，然后选择报表的保存位置，单击“保存”按钮，将报表进行保存。

8.4 标签文件的创建

标签是多列报表布局，为匹配特定标签纸而具有相应的特殊设置。在 Visual FoxPro 里，可以使用“标签向导”或“标签设计器”创建标签。

8.4.1 使用“标签向导”创建标签

利用“标签向导”是快速创建标签的方法，用向导创建标签文件后，可用“报表设计器”定制标签文件。

使用标签向导创建标签的基本方法如下：

（1）在“文件”菜单中选择“新建”命令，打开“新建”对话框。在对话框中选择“标签”选项，单击“向导”按钮，打开“标签向导”对话框。标签向导的第一步是选择表，如图 8-64 所示。在该对话框中用户首先要选择一个要使用的表。

（2）单击“下一步”按钮，进入“选择标签类型”对话框，如图 8-65 所示。在对话框的“型号”列表中用户可以选择标签的型号。

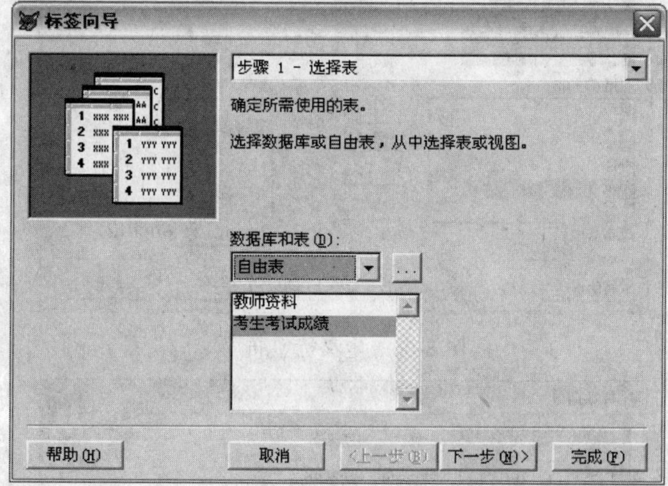

图 8-64　选择标签使用的表

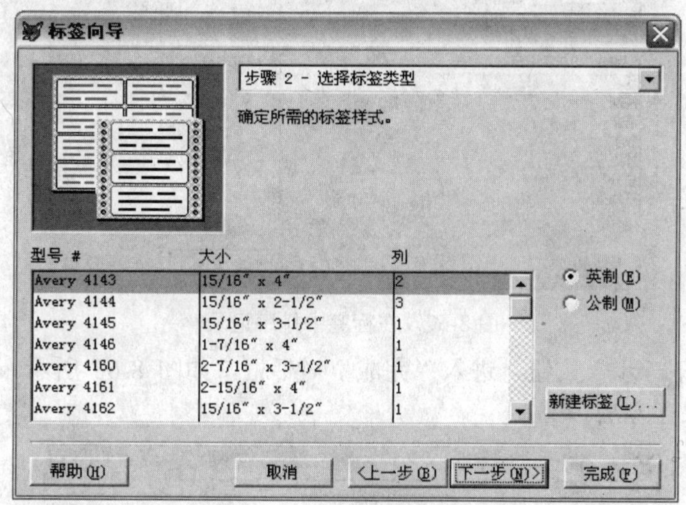

图 8-65　选择标签类型

（3）单击“下一步”按钮，进入“定义布局”对话框。在对话框中用户可以选择标签中使用的字段和分隔符。这里首先在“文本”文本框中输入“姓名”，然后单击添加按钮，将其添加到选定的字段列表中，然后单击“空格”按钮，将空格分隔符添加到姓名的后面，按照相同的方法将“语文”、“数学”和“外语”文本添加到选定的字段列表中。添加完文本后，单击换行分隔符进入到下一行，然后在可用字段列表中将“姓名”、“语文”、“数学”和“外语”字段添加到选定字段列表中，字段中间用空格分开，如图 8-66 所示。

（4）单击“下一步”按钮，进入“排序记录”对话框，如图 8-67 所示。在对话框中用户可以设置排序的字段。

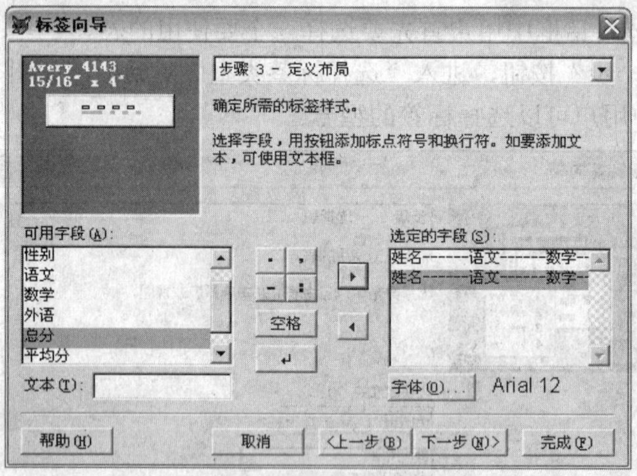

图 8-66 定义标签布局

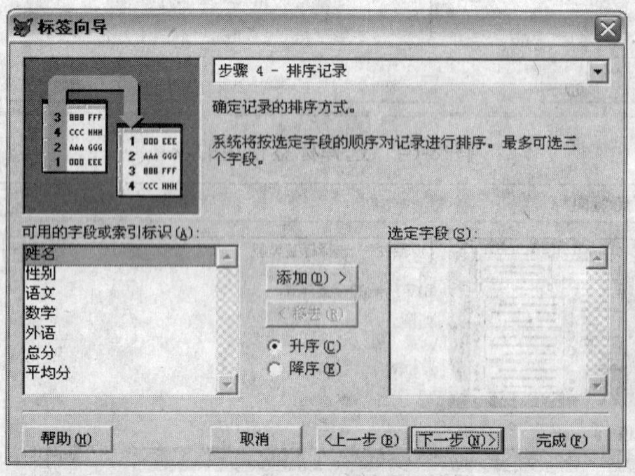

图 8-67 在标签中排序记录

（5）单击“下一步”按钮，进入“完成”对话框，如图 8-68 所示。在对话框中用户可以设置标签的保存方法。

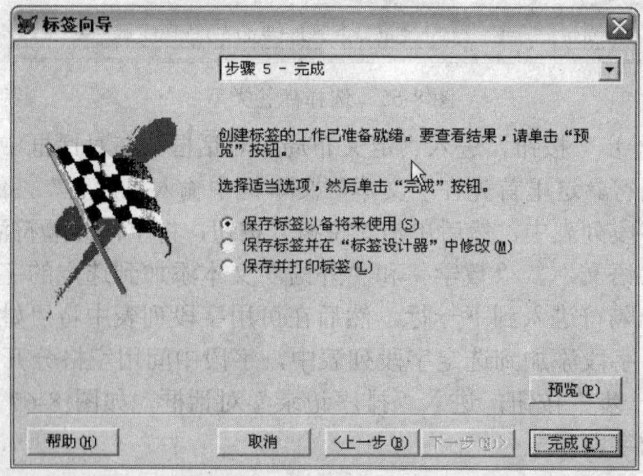

图 8-68 标签向导完成

在完成对话框中，单击“预览”按钮，则可以预览创建的标签，如图 8-69 所示。

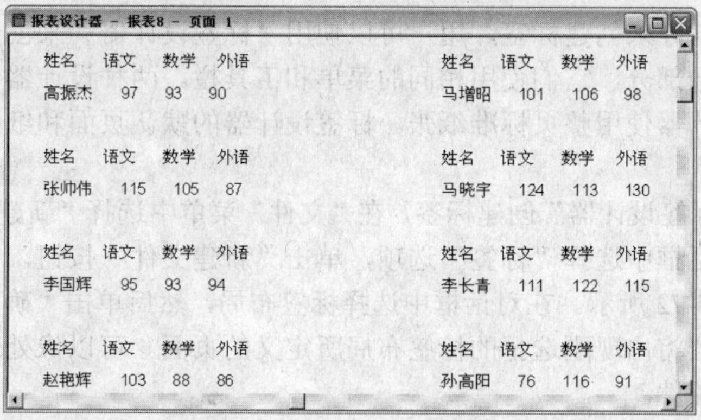

报表设计器 - 报表8 - 页面 1

姓名	语文	数学	外语	姓名	语文	数学	外语
高振杰	97	93	90	马增昭	101	106	98
张帅伟	115	105	87	马晓宇	124	113	130
李国辉	95	93	94	李长青	111	122	115
赵艳辉	103	88	86	孙高阳	76	116	91

图 8-69　创建的标签

在向导的选择标签类型对话框中用户还可以创建新的标签类型，在“选择标签类型”对话框中单击“新建标签”按钮，打开“自定义标签”对话框，如图 8-70 所示。

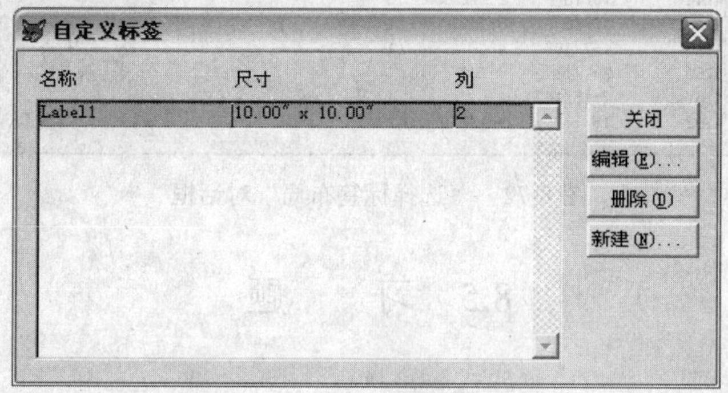

图 8-70　“自定义标签”对话框

单击“新建”按钮，打开“标签定义”对话框，如图 8-71 所示。在对话框中用户可以定义一个新的标签，然后单击“添加”按钮，将其添加到“自定义标签”对话框的列表中。

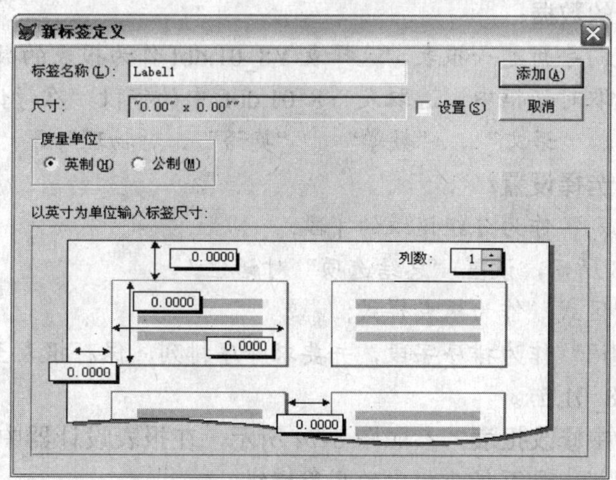

图 8-71　“标签定义”对话框

8.4.2 使用标签设计器创建标签

如果不想使用向导来创建标签，用户可以使用“标签设计器”来创建布局。标签设计器是报表设计器的一部分，它们使用相同的菜单和工具栏。两种设计器使用不同的默认页面和纸张。报表设计器使用整页标准纸张。标签设计器的默认页面和纸张与标准标签的纸张一致。

如果要使用“标签设计器”创建标签，在“文件”菜单中选择“新建”命令，打开“新建”对话框。在对话框中选择“标签”选项，单击“新建文件”按钮，打开“选择标签布局”对话框，如图 8-72 所示。在对话框中选择标签布局，然后单击“确定”按钮进入标签设计器。标签设计器将出现刚选择的标签布局所定义的页面。可以像处理报表一样给标签指定数据源并插入控件。

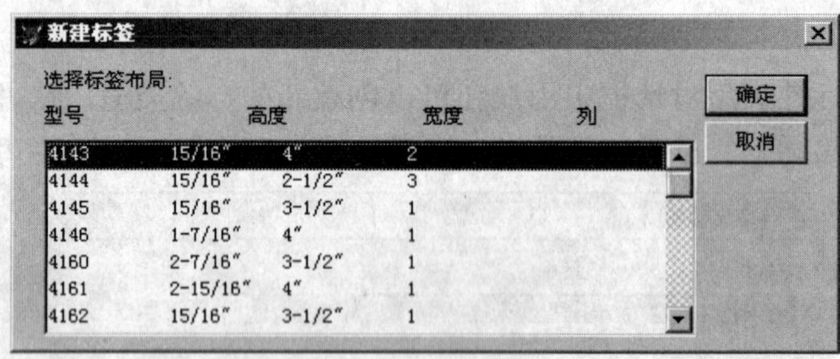

图 8-72 “选择标签布局”对话框

8.5 习 题

习题 1：

将习题素材 Unit8 文件夹中的文件夹 Y8-01 复制到考生文件夹中，重命名为“X8-01”，使用报表向导完成步骤 1-2，然后按要求保存报表并在报表设计器中修改。

1. **选择报表所需的数据：**
   - 使用报表向导新建一报表，选择表 Y8_01.dbf 作为报表的数据源；
   - 在字段选取对话框中，选取表 Y8_01.dbf 中的字段“准考证号”、“姓名”、“性别”、“语文”、“数学”、“英语”、“物理”、“化学”、“总分”。
2. **在报表向导中选择设置：**
   - 选择“性别”作为分组记录的字段；
   - 如图 8-73 所示，设置“总结选项”对话框；
   - 选择“带区式”作为报表样式；
   - 选择“英语”作为排序字段，并要求降序排列，保存报表至文件夹 X8-01，并命名为 x8_01.frx。
3. **在报表设计器中修改报表** 参照图 8-74 所示，在报表设计器中修改报表：
   - 删除标题栏中和页标头栏中的几条横线；
   - 修改标题名称为“竞赛分数”，并要求文字格式为楷体、斜体、二号，对齐格式设置为水平居中；

- 调整显示时间和页码两控件的位置；
- 适当调整细节栏目中各控件的位置和宽度，使其在一行内能完全显示所需字段，要求顶端对齐，而且不重叠，整体美观，页标头、组注脚、总结栏目中各控件也做相应的调整；
- 适当调整页标头栏、组标头栏、细节栏、组注脚栏的高度。

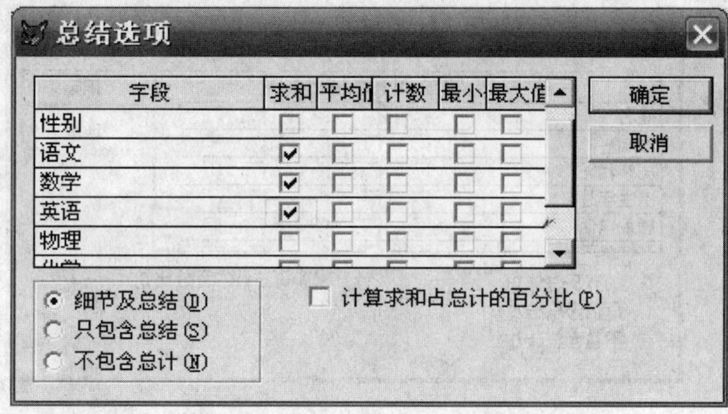

图 8-73

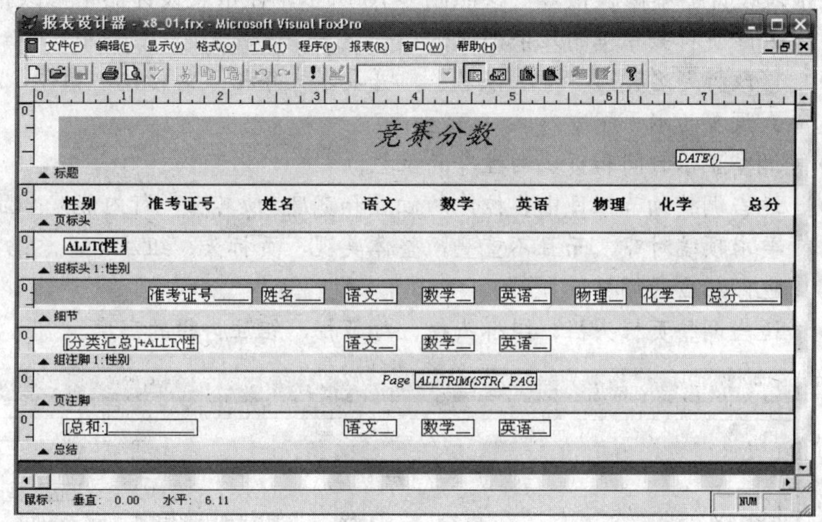

图 8-74

习题 2：

将习题素材 Unit8 文件夹中的文件夹 Y8-02 复制到考生文件夹中，重命名为“X8-02”，使用报表向导完成步骤 1-2，然后按要求保存报表并在报表设计器中修改。

1．选择报表所需的数据：

- 使用报表向导新建一报表，选择表 Y8_02.dbf 作为报表的数据源；
- 在字段选取对话框中，选取表 Y8_02.dbf 中的字段“序号”、“姓名”、“性别”、“民族代码”、“出生年月”、“联系电话”、“乡镇代码”。

2．在报表向导中选择设置：

- 选择“乡镇代码”作为分组记录的字段；
- 如图 8-75 所示，设置“总结选项”对话框；
- 选择“简报式”作为报表样式；
- 选择“性别”作为排序字段，并要求升序排列，保存报表至文件夹 X8-02，并命名为 x8_02.frx。

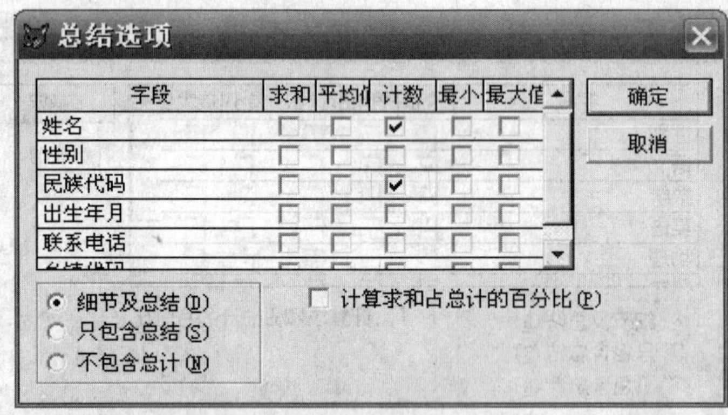

图 8-75

3．在报表设计器中修改报表 参照图 8-76 所示，在报表设计器中修改报表：

- 删除页标头栏中的几条横线；
- 修改标题名称为“考生报名”，并要求文字格式为楷体、粗体、三号，对齐格式设置为水平居中；
- 调整显示时间和页码两控件的位置；
- 适当调整细节栏目中各控件的位置和宽度，使其在一行内能完全显示所需字段，要求顶端对齐，而且不重叠，整体美观，页标头、组注脚、总结栏目中各控件也做相应的调整；
- 适当调整页标头栏、组标头栏、细节栏、组注脚栏的高度。

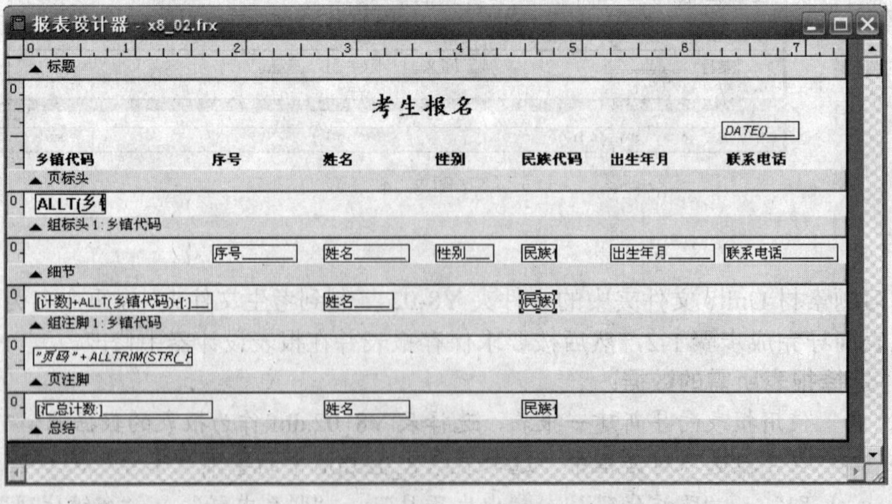

图 8-76

习题 3:

将习题素材 Unit8 文件夹中的文件夹 Y8-03 复制到考生文件夹中，重命名为“X8-03”，使用报表向导完成步骤 1-2，然后按要求保存报表并在报表设计器中修改。

1．选择报表所需的数据:

- 使用报表向导新建一报表，选择表 Y8_03.dbf 作为报表的数据源;
- 在字段选取对话框中，选取表 Y8_03.dbf 中的字段“报名序号”、“姓名”、“出生日期”、“民族”、“政治面貌”、“性别”、“选考科目”、“邮政编码”。

2．在报表向导中选择设置:

- 选择“性别”作为分组记录的字段;
- 如图 8-77 所示，设置“总结选项”对话框;
- 选择“带区式”作为报表样式;
- 选择“出生日期”作为排序字段，并要求降序排列，保存报表至文件夹 X8-03，并命名为 x8_03.frx。

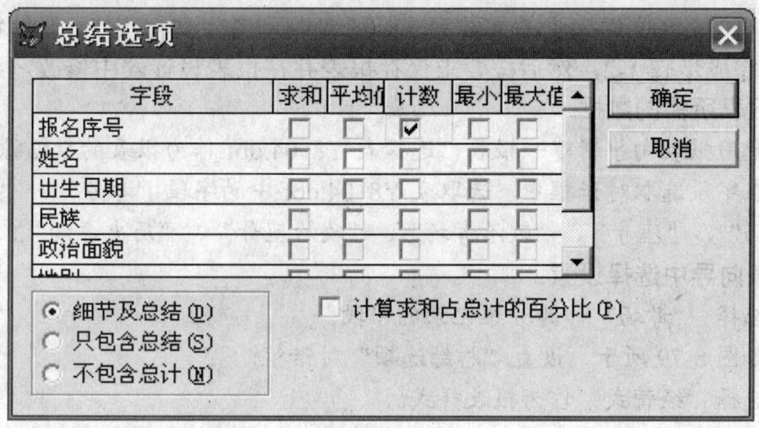

图 8-77

3．在报表设计器中修改报表　参照图 8-78 所示，在报表设计器中修改报表:

- 删除标题栏中和页标头栏中的几条横线;
- 修改标题名称为“报名信息”，并要求文字格式为楷体、粗体、三号，对齐格式设置为水平居中;
- 调整显示时间和页码两控件的位置;
- 适当调整细节栏目中各控件的位置和宽度，使其在一行内能完全显示所需字段，要求顶端对齐，而且不重叠，整体美观，页标头、组注脚、总结栏目中各控件也做相应的调整;
- 适当调整页标头栏、组标头栏、细节栏、组注脚栏的高度。

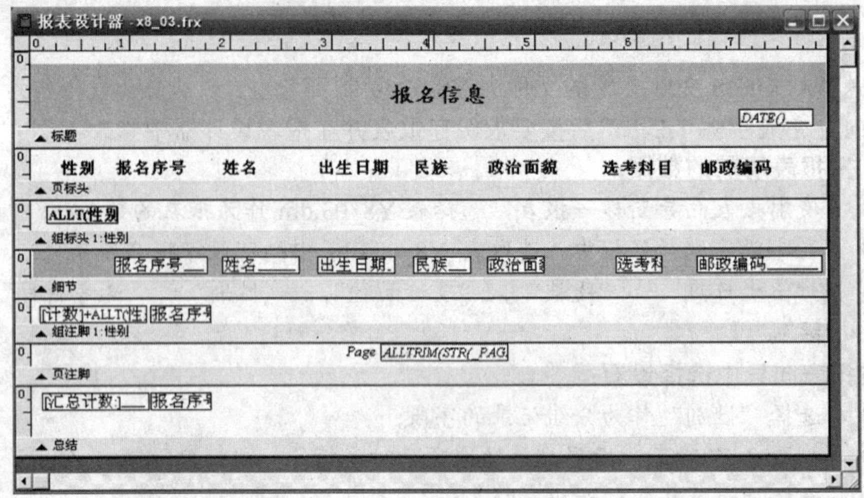

图 8-78

习题 4：

将习题素材 Unit8 文件夹中的文件夹 Y8-04 复制到考生文件夹中，重命名为“X8-04”，使用报表向导完成步骤 1-2，然后按要求保存报表并在报表设计器中修改。

1．**选择报表所需的数据：**

- 使用报表向导新建一报表，选择表 Y8_04.dbf 作为报表的数据源；
- 在字段选取对话框中，选取表 Y8_04.dbf 中的字段“考号”、“姓名”、“考场”、“座号”、“政治考场”、“政治座号”、“历史考场”、“历史座号”。

2．**在报表向导中选择设置：**

- 选择“考场”作为分组记录的字段；
- 如图 8-79 所示，设置“总结选项”对话框；
- 选择“经营式”作为报表样式；
- 选择“座号”作为排序字段，并要求升序排列，保存报表至文件夹 X8-04，并命名为 x8_04.frx。

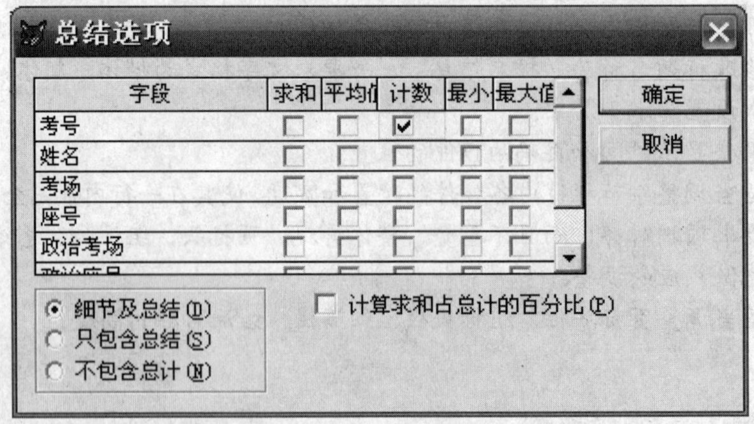

图 8-79

3．**在报表设计器中修改报表**　参照图 8-80 所示，在报表设计器中修改报表：

- 删除标题栏中和页标头栏中的几条横线；
- 修改标题名称为“考场表”，并要求文字格式为楷体、斜体、二号，对齐格式设置为水平居中；
- 调整显示时间和页码两控件的位置；
- 适当调整细节栏目中各控件的位置和宽度，使其在一行内能完全显示所需字段，要求顶端对齐，而且不重叠，整体美观，页标头、组注脚、总结栏目中各控件也做相应的调整；
- 适当调整页标头栏、组标头栏、细节栏、组注脚栏的高度。

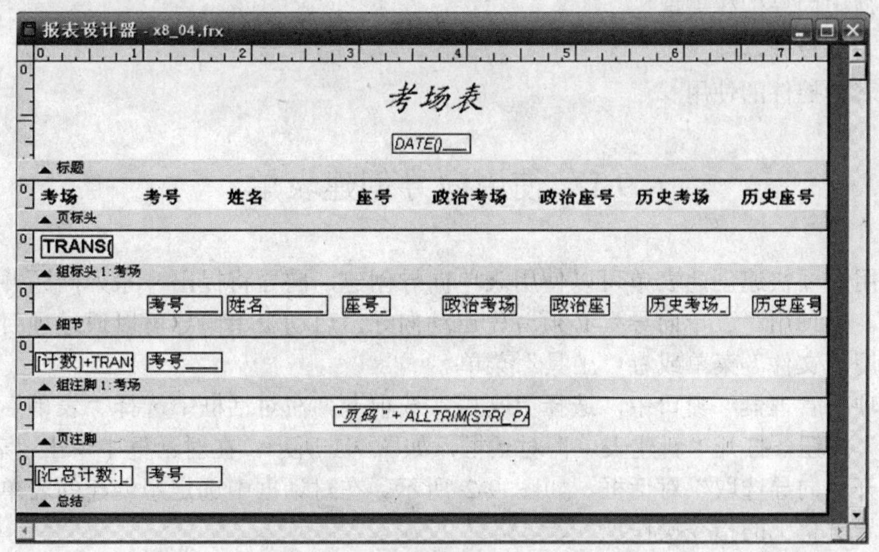

图 8-80

第 9 章　表单技术

表单（Form）是 Visual FoxPro 提供的用于建立应用程序界面的最主要的工具之一。表单内可以包含命令按钮、文本框、列表框等各种界面元素，产生标准的窗口或对话框。表单为数据的输入、显示和修改等提供了非常简便的方法。

本章重点：

- 使用向导创建表单
- 表单设计器
- 表单控件的使用

9.1　使用向导创建表单

如果用户要快速创建表单可以使用表单向导创建，向导将提出一系列问题并根据回答创建表单。要使用“表单向导”必须首先启动向导，启动表单向导可以通过项目管理器，也可以使用“文件”菜单或者“工具”菜单。

在“项目管理器”窗口中，选择“文档”选项卡。在对话框中选择“表单”，然后单击“新建”按钮，打开“新建表单”对话框，如图 9-1 所示。在对话框中单击“表单向导”按钮，打开“向导选取”对话框，如图 9-2 所示。在对话框中选定想创建的表单类型，然后按照向导屏幕上的指令操作。

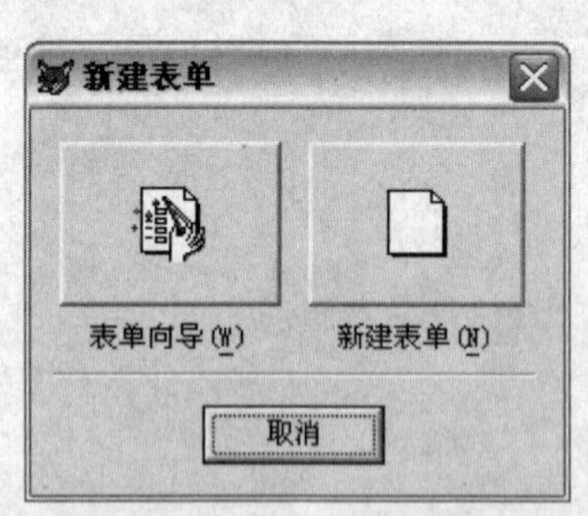

图 9-1　“新建表单”对话框

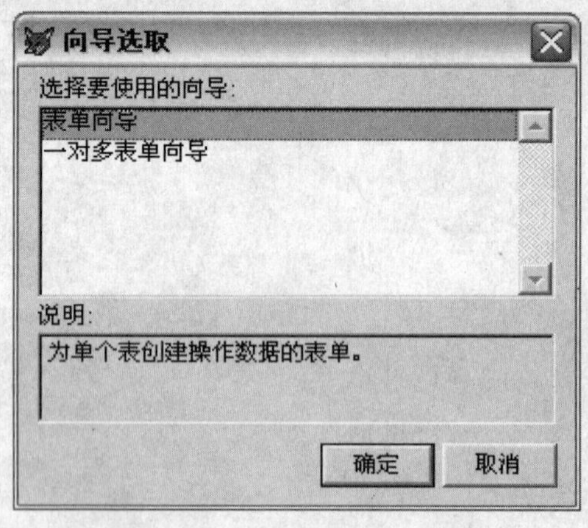

图 9-2　“向导选取”对话框

在“文件”菜单中选择“新建”命令，打开“新建”对话框。在对话框中选择“表单”选项，单击“向导”按钮，打开“向导选取”对话框，在对话框中选定想创建的表单类型，然后按照向导屏幕上的指令操作。

在“工具”菜单中选择“向导”子菜单，单击“表单”，打开“向导选取”对话框，在对话框中选定想创建的表单类型，然后按照向导屏幕上的指令操作。

在“向导选取”对话框中为用户提供了创建报表的两个向导，其中，“表单向导”适合于创建基于一个表的表单；“一对多表单向导”适合于创建基于两个具有一对多关系的表的表单。

9.1.1 使用向导创建单一表表单

使用向导创建单一表表单的基本方法如下：

（1）表单字段的选取。在“向导选取”对话框中选择“表单向导”，单击“确定”按钮，打开“字段选取”对话框，如图 9-3 所示。首先在数据库和表列表中选择一个表或视图，然后在“可用字段”列表中将需要的字段添加到“选定字段”列表中。用户只能从一个表或视图中选取字段，例如这里将“Y7-04”表中的“准考证号”、“姓名”以及所有的分数字段添加到表单中。

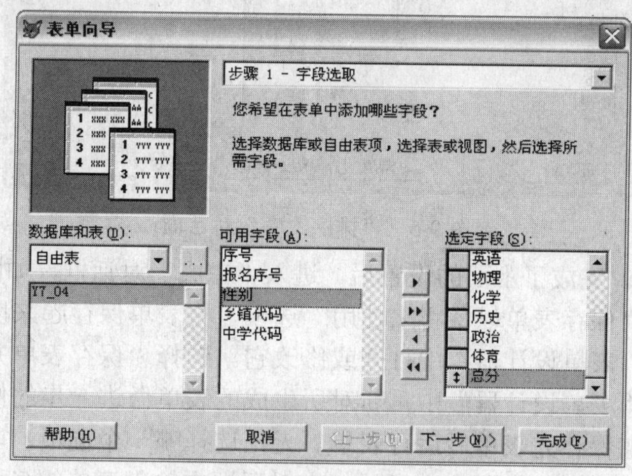

图 9-3　“字段选取”对话框

（2）选择表单样式。选取字段后单击“下一步”按钮，进入“选择表单样式”对话框，如图 9-4 所示。在该对话框中用户可以为表单选择样式，并且还可以设置表单中按钮的类型。例如，在这里选择样式为“标准式”，按钮类型为“文本按钮”。

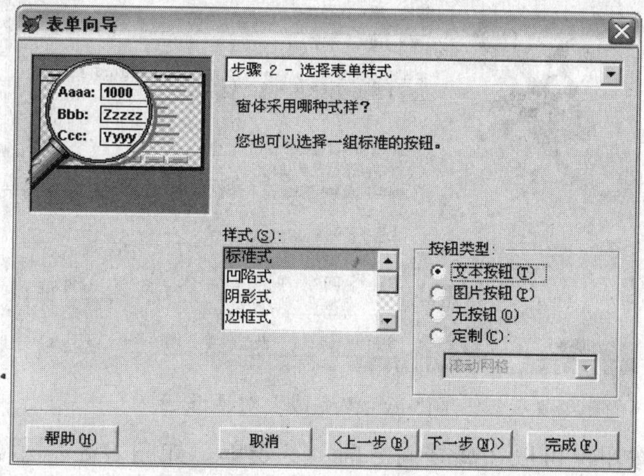

图 9-4　“选择表单样式”对话框

（3）排序次序。选择表单样式后，单击“下一步”按钮，进入“排序次序”对话框，如图 9-5 所示。在该对话框中用户可以指定表单使用的排序字段，以及这些字段的排列顺序（升序或降序）。例如，这里选择记录按“报名序号”排序，且使用升序。如果选择多个排序字段，则用户必须注意选择排序字段的顺序。

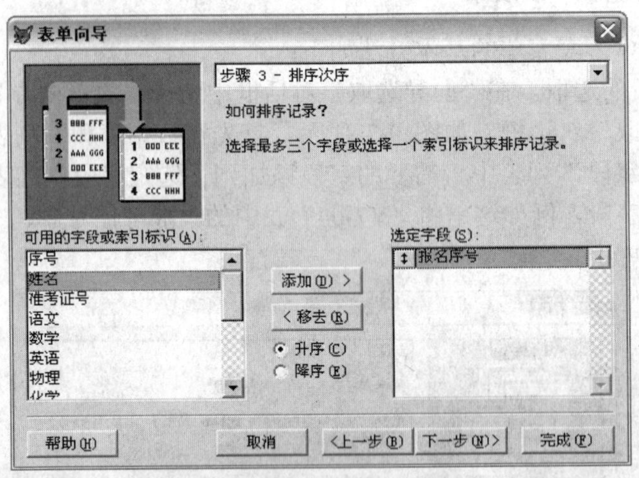

图 9-5　“排序次序”对话框

（4）完成设计。完成了上面的设置后，进入“完成”对话框，如图 9-6 所示。在“完成”对话框中选择“保存表单以备将来使用”选项，将表单保存起来以备以后使用。保存之后，仍旧可以在“表单设计器”中打开或修改它。选择“保存表单并用表单设计器修改表单”选项可以在“表单设计器”中重新对所生成的表单做进一步的修改。选择“保存并运行表单”则可以在保存完表单后运行表单。无论选择哪一个选项，单击“完成”按钮，则打开“另存为”对话框，如图 9-7 所示。在对话框中输入表单的名称，选择表单的保存位置，然后单击“保存”按钮，将报表保存。

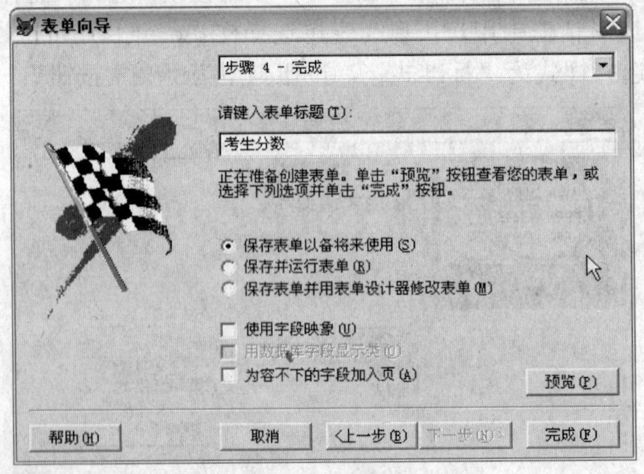

图 9-6　“完成”对话框

单击“预览”按钮，可以在离开向导前浏览表单，如图 9-8 所示。如果不满意可以单击“返回向导”按钮，返回向导重新设置。

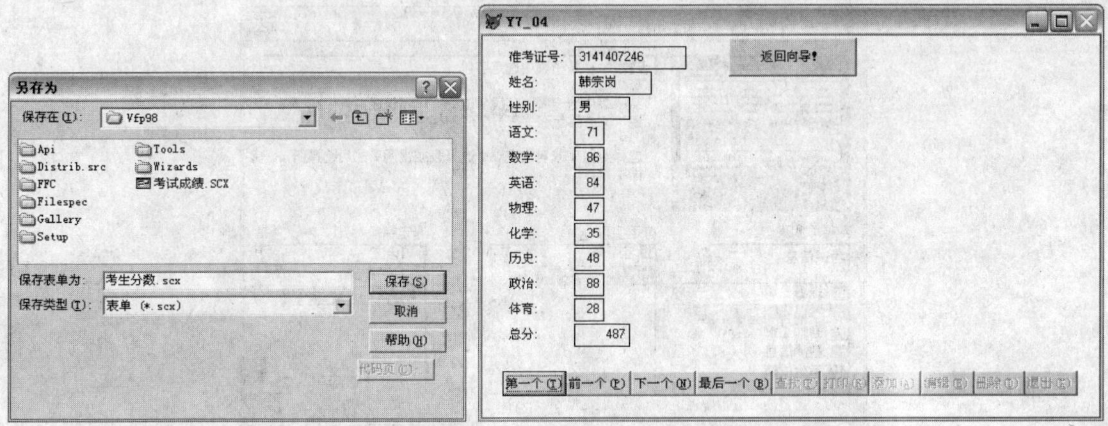

图 9-7　“另存为”对话框　　　　图 9-8　预览表单

9.1.2　使用向导创建一对多表单

使用向导创建一对多表单的基本方法如下：

（1）父表字段的选取。在“向导选取”对话框中选择“一对多表单向导”，单击“确定”按钮，打开“从父表中选取字段”对话框，如图 9-9 所示。首先在数据库和表列表中选择一个表或视图，然后在“可用字段”列表中将需要的字段添加到“选定字段”列表中。在这里用户只能从一个表或视图中选取字段。

图 9-9　从父表中选择字段

（2）子表字段的选取。选择了父表中的字段后，单击“下一步”按钮，进入“从子表中选择字段”对话框，如图 9-10 所示。在该对话框中用户可以选择子表中的字段。

（3）为表建立联系。选择了子表中的字段后，单击“下一步”按钮，进入“为表建立关系”对话框，如图 9-11 所示。

（4）为两个表之间建立关系后单击“下一步”按钮，进入“选择表单样式”对话框，在对话框中用户可以选择表单的样式，并设置按钮的类型。

（5）单击“下一步”按钮，进入“排序次序”对话框。在该对话框中，用户可以选择排序的字段并设置排序的方式。

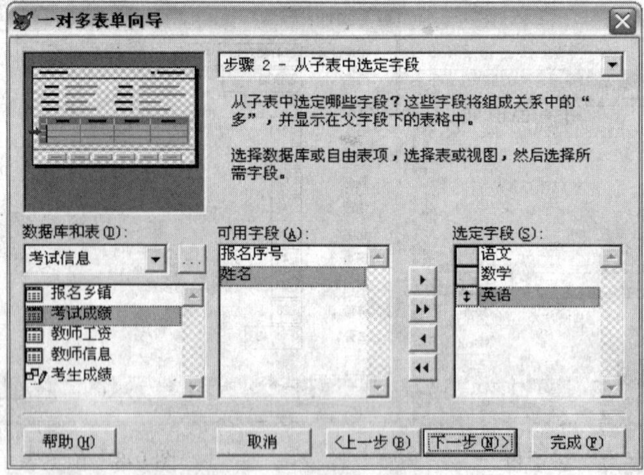

图 9-10　选择子表中的字段

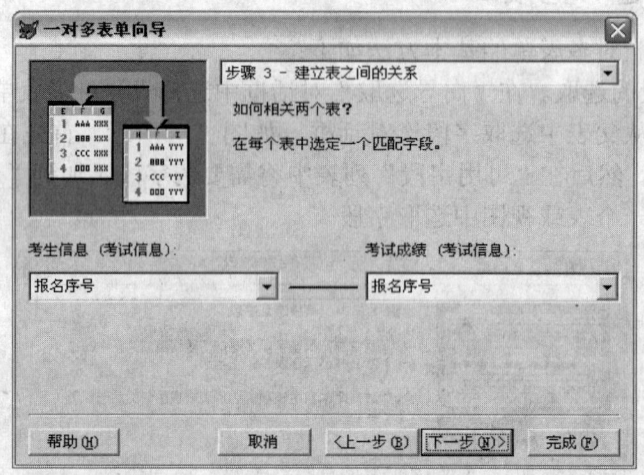

图 9-11　为两个表之间建立关系

（6）单击“下一步”按钮，进入“完成”对话框。单击“预览”按钮，可以预览创建的一对多表单，如图 9-12 所示。

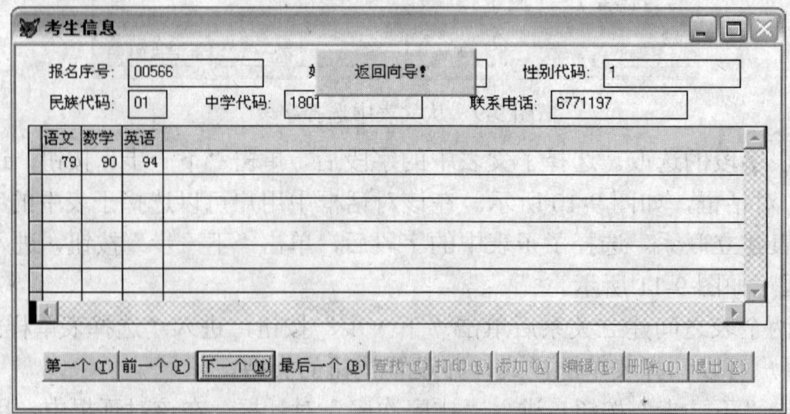

图 9-12　预览一对多表创建的表单

9.2　表单设计器

Visual FoxPro 提供的表单设计器允许用户通过直观的操作来直接设计表单，用户也可以使用表单设计器来设置使用向导创建的表单。通常来讲，使用表单设计器主要包括两部分工作，一是表单中数据环境的创建与设置，一是表单中对象的创建与设置。

9.2.1　使用表单设计器创建表单

利用表单设计器创建表单需要先打开表单设计器，可以使用下面 3 种方法之一打开表单设计器：

- 在“项目管理器”窗口中选择“文档”选项卡，选中“表单”，然后单击“新建”按钮，打开“新建表单”对话框。在对话框中单击“新建表单”按钮，打开表单设计器。
- 在“文件”菜单中选择“新建”命令，或者单击工具栏上的“新建”按钮，打开“新建”对话框。在对话框中选择“表单”选项，然后单击“新建文件”按钮，打开表单设计器。
- 使用如下命令：

```
CREATE  REPORT  [<表单名>]
```

不管采用上面哪种方法，系统都将打开“表单设计器”窗口，如图 9-13 所示。在表单设计器环境下，用户可以交互式、可视化地设计完全个性化的表单。

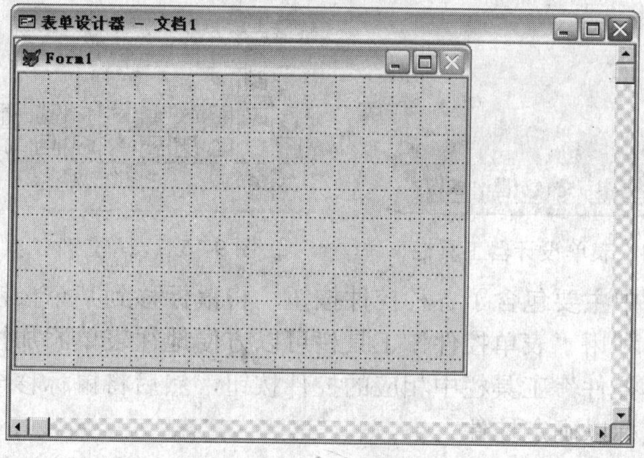

图 9-13　空白的表单设计器

9.2.2　表单设计器环境

表单设计器启动后，Visual FoxPro 主窗口上将出现“表单设计器”窗口、“属性”窗口、“表单控件”工具栏、“表单设计器”工具栏以及系统菜单里的“表单”菜单。

1. 表单设计器工具栏

当第一次打开表单设计器时，主窗口中会自动出现表单设计器工具栏，如图 9-14 所示。在设计表单时，利用表单设计器工具栏中的按钮可以方便地进行操作。如果在打开报表设计器时没有打开表单设计器工具栏，用户可以在任意的工具栏上右击，在快捷菜单中选择表单设计器，打开表单设计器工具栏，该工具栏中各按钮从左到右依次为“设置 Tab 键次序”、“数据环境”、“属性窗口”、“代码窗口”、“表单控件工具栏”、“调色板工具栏”、“布局工具栏”、“表单生成器”和“自动格式”，它们的基本功能如下：

- 设置 TAB 键次序：在设计模式和 Tab 键次序方式之间切换，Tab 键次序方式设置对象的 Tab 键次序方式。当表单含有一个或多个对象时可用。
- 数据环境：显示或隐藏数据环境设计器窗口。
- 属性窗口：显示或隐藏属性窗口，属性窗口是一个反映当前对象设置值的窗口。
- 代码窗口：显示当前对象的“代码”窗口，以便查看和编辑代码。
- 表单控件工具栏：显示或隐藏表单控件工具栏。
- 调色板工具栏：显示或隐藏调色板工具栏。
- 布局工具栏：显示或隐藏布局工具栏。
- 表单生成器：“表单生成器”提供一种简单、交互的方法把字段作为控件添加到表单上，并可以定义表单的样式和布局。
- 自动格式：“自动格式生成器”提供一种简单、交互的方法为选定控件应用格式化样式。要使用此按钮应先选定一个或多个控件。

2. 表单控件工具栏

当第一次打开表单设计器时，也会打开表单控件工具栏，如图 9-15 所示。单击“表单设计器”工具栏上的“表单控件工具栏”按钮可以随时显示或关闭“表单控件”工具栏。

图 9-14 表单设计器工具栏

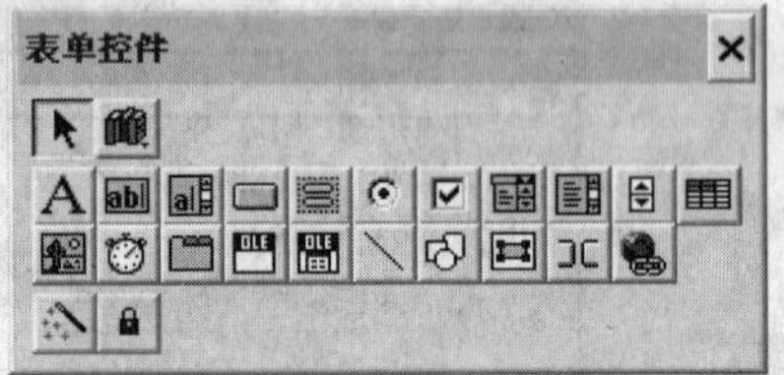

图 9-15 表单控件工具栏

表单控件工具栏中主要包含了各种控件按钮，将鼠标移到某个按钮上面停留片刻就会显示该按钮的名称。利用“表单控件”工具栏可以方便地往表单添加控件，操作方法是，先用鼠标单击“表单控件”工具栏中相应的控件按钮，然后将鼠标移至表单窗口的合适位置单击鼠标或拖动鼠标以确定控件大小。

在表单控件工具栏中除了各种控件按钮，还包含以下 4 个辅助按钮：

- “选定对象”按钮：当此按钮处于按下状态时，表示不可创建控件，此时可以对已经创建的控件进行编辑，如改变大小、移动位置等；当按钮处于未按下状态时，表示允许创建控件。
- “按钮锁定”按钮：当此按钮处于按下状态时，可以从“表单控件”工具栏中单击选定某种控件按钮，然后在表单窗口中连续添加这种类型的多个控件而不需要每添加一次控件就点一次控件按钮。
- “生成器锁定”按钮：当此按钮处于按下状态时，每次往表单添加控件，系统都会自动打开相应的生成器对话框，以便用户对该控件的常用属性进行设置。

- “查看类”按钮：在可视化设计表单时，除了可以使用 Visual FoxPro 提供的一些基类外，还可以使用保存在类库中的用户自定义类，但应该先将它们添加到“表单控件”工具栏中。将一个类库文件中的类添加到“表单控件”工具栏中的方法是：单击工具栏上的“查看类”按钮，然后在弹出的菜单中选择“添加”命令，调出“打开”对话框，最后在对话框中选定所需的类库文件，并单击“确定”按钮。要使“表单控件”工具栏重新显示 Visual FoxPro 基类，可选择“查看类”按钮弹出的菜单中的“常用”命令。

3. 表单属性

设计表单时一般要使用“属性”窗口，在“属性”窗口中可以完成表单设计的大部分工作。根据所选的对象不同，“属性”窗口显示的内容也不尽相同。当选定的对象多于一个时，窗口显示的是多个对象的共同属性。

“属性”窗口如图 9-16 所示，包括最上面的对象列表框和“全部”、“数据”、“方法程序”、“布局”及“其他”5 个属性选项卡。对象列表框显示当前被选定对象的名称，单击对象框右侧的下拉箭头将打开当前表单及表单中所有对象的名称列表，用户可以从中选择一个需要编辑修改的对象或表单。“属性”窗口中的列表框显示当前被选定对象的所有属性、方法和事件。如果选择的是属性项，窗口内将出现属性设置文本框，用户可以在此对选定的属性进行设置。

对于表单及控件的绝大多数属性，其数据类型通常是固定的，如 Width 属性只能接收数值型数据，Caption 属性只能接收字符型数据。但有些属性的数据类型并不是固定的，如文本框的 Value 属性可以是任意数据类型，复选框的 Value 属性可以是数值型的，也可以是逻辑型的。

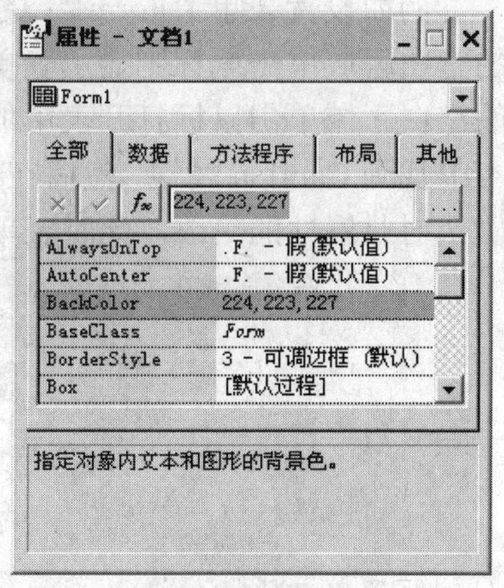

图 9-16 “属性”窗口

一般来说，要为属性设置一个字符型值，可以在设置框中直接输入，不需要加定界符。否则系统会把定界符作为字符串的一部分。但对那些既可接收数值型数据又可接收字符型数据的属性来说，如果在设置框中直接输入数字 123，系统会首先把它作为数值型数据对待。要为这类属性设置数字格式的字符串，可以采用表达式的方式，如=“123”。

要通过表达式为属性赋值，可以在设置框中先输入等号再输入表达式，或者单击设置框左侧的函数按钮打开表达式生成器，用它来给属性指定一个表达式。表达式在运行初始化对象时计算。

有些属性的设置需要从系统提供的一组属性值中指定，此时可以单击设置框右端的下拉箭头打开列表框从中选择，或者在属性列表框中双击属性，即可在各属性值之间进行切换。

有些属性需要指定文件名或颜色，这时可以单击设置框右侧的按钮，打开相应的对话框进行设置。

要把一个属性设置为默认值，可以在属性列表框中右击该属性，然后从快捷菜单中选择“重置为默认值”。要把一个属性设置为空串，可以在选定该属性后，依次按 Back Space

键和 Enter 键，此时在属性列表框中该属性的属性值显示为（无）。

有些属性在设计时是只读的，用户不能修改。这些属性的默认值在列表框中以斜体显示。当同时选择多对象时，“属性”窗口显示这些对象共有的属性，用户对属性的设置也将针对所有被选定的对象。

表单本身也是一个对象，因此对象所具有的属性和方法表单也都有。表单有 60 多个属性，常用属性如表 9-1 所示。

表 9-1　表单常用属性

属性名称	说　明	设置值举例
Height	表单的高度	300
Width	表单的宽度	200
AutoCenter	表单是否自动居中	.T.
Caption	表单的标题	成绩
ControlBox	运行是否在表单的右上角显示	.T.
ForeColor	前景颜色	100，100，50
BackColor	背景颜色	0，64，128
Name	表单的名称	考试成绩

例如设置表单“Form1”的标题为“考试成绩”，如果属性窗口打开，在表单设计器的空白区域单击鼠标则显示表单的属性窗口，如果属性窗口没有打开，可以在表单设计器的空白区域单击鼠标打开表单的属性窗口。在属性窗口的“全部”选项卡或“布局”选项卡中找到 Caption 属性，然后在属性设置文本框中输入“考试成绩”，单击“接受”按钮✓，确认对此属性的更改，此时表单的标题“Form1”变为“考试成绩”，如图 9-17 所示。

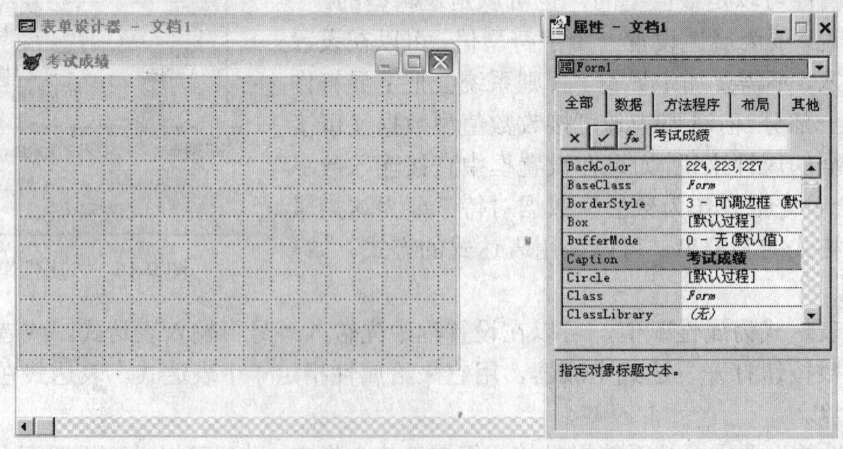

图 9-17　设置表单的属性

提示： 在属性窗口中单击“取消按钮”✕则可以取消更改，恢复以前的值。单击“函数按钮”f_x，可打开表达式生成器，在表达式生成器中为属性设置原义值或由函数或表达式返回的值。

9.2.3　创建数据环境

表单的数据环境包括了与表单交互作用的表和视图，以及表单要求的表之间的关系。用户可以在数据环境设计器中可视地设置数据环境，并将他和表单一起保存。通常情况下，数据环境中的表或视图会随着表单的打开或运行而打开，并随着表单的关闭或释放而关闭。可以用数据环境设计器来设置表单的数据环境。

1. 设置数据环境

在表单设计器环境下，单击“表单设计器”工具栏上的“数据环境”按钮，或选择“显示”菜单中的“数据环境”命令，即可打开“数据环境设计器”窗口，如图 9-18 所示。此时，系统菜单栏上将出现“数据环境”菜单。数据环境是一个对象，有自己的属性、方法和事件。在数据环境窗口中右击，在快捷菜单中选择“属性”命令，打开“属性”窗口，如图 9-18 所示。在该窗口中用户可以设置数据环境的属性，常用的数据环境属性有 AutoOpenTables、AutoCloseTables 和 InitalSelectdAlias，它们的设置情况如表 9-2 所示。

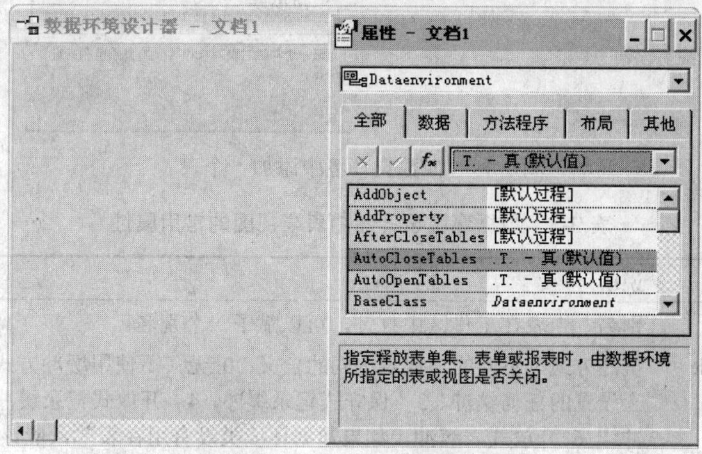

图 9-18　数据环境设计器及数据环境的属性窗口

表 9-2　数据环境常用属性

属性名称	说明	默认值
AutoOpenTables	当运行或打开表单时，是否打开数据环境中的表和视图	.T.
AutoCloseTables	当释放或关闭表单时，是否关闭由数据环境指定的表和视图	.T.
InitalSelectdAlias	初始选择的表，在该属性中添加该表的别名	

2. 向数据环境添加表或视图

向数据环境设计器添加表或视图时可以看到属于表或视图的字段和索引。如果要向数据环境中添加表或视图，可选择“数据环境”菜单中的“添加”命令，或右击“数据环境设计器”窗口，然后在弹出的快捷菜单中选择“添加”命令，打开“添加表或视图”对话框。如果数据环境原来是空的，那么在打开数据环境设计器时，该对话框会自动出现。在对话框中选择要添加的表或视图并单击“添加”按钮。如果单击“其他”按钮，将调出“打开”对话框，用户可以从中选择需要的表。如果数据环境原来是空的且没有打开的数据库，那么在打开数据环境设计器时，“打开”对话框会自动出现。

向环境中添加了一个表或视图时，同时也创建了一个临时表对象。打开数据环境设计器后，可在属性窗口中设置临时表的属性。例如，通过设置临时表对象的 Exclusive 属性，可以决定是以独占方式还是共享方式打开一个表（但视图只能以独占的方式打开）。

图 9-19 为向数据环境中添加了“考生信息”表后的画面。在设置数据环境设计器中表或视图的属性时可以在表或视图上单击鼠标右键，然后在快捷菜单中选择“属性”命令，打开属性窗口，数据环境设计器中表或视图的常用属性如表 9-3 所示。

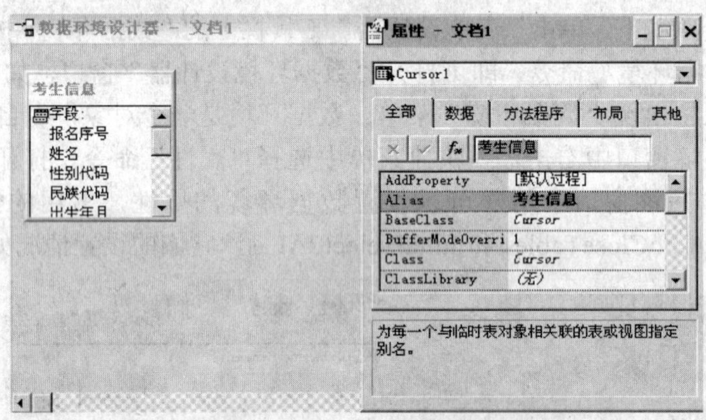

图 9-19 向数据环境中添加一个表

表 9-3 数据环境设计器中表或视图的常用属性

属性名称	说明
Alias	别名。当表在工作区中打开，可以赋予一个别名
BufferModeOverride	缓冲方式。不同的值代表不同的含义：0 无（不使用缓冲方式）、1 使用表单上设置的任何缓冲、3 保守式记录缓冲、4 开放式记录缓冲、5 保守式表缓冲 、6 开放式表缓冲。如果数据环境类没有用在表单，应该使用除 1 以外的其他值
CorsorSource	临时表的数据源。它可以是数据库的表、视图、自由表，如果是自由表，必须给定表文件的路径
Database	数据库，说明数据来源的数据库名
Exclusive	表打开方式。如果值为 .T. 表示独占方式打开，否则为共享方式打开
Filter	过滤。提供一个过滤表达式，可以在打开表时过滤不需要的记录
NoDataOnload	如果设置为 .T. 则只打开表结构，而不加载数据
Order	设置主控索引标记
ReadOnly	只读。如果设置为 .T. ，则表示该表只能读，而不能改

3. 从数据环境移去表或视图

如果要从数据环境移去表或视图，在“数据环境设计器”窗口中，单击选择要移去的表或视图，然后选择“数据环境”菜单中的“移去”命令。

也可以用鼠标右击要移去的表或视图，然后在弹出的快捷菜单中选择“移去”命令。当表从数据环境中移去时，与这个表有关的所有关系也将随之消失。

4. 在数据环境中设置关系

如果添加到数据环境的表之间具有在数据库中设置的永久关系，这些关系也会自动添加到数据环境中。如果表之间没有永久关系，可以根据需要在数据环境设计器下为这些表设置关系。如果要在数据环境中设置关系，可将主表的某个字段（作为关联表达式）拖动到子表的相匹配的索引标记上即可。如果子表中没有与主表字段相匹配的索引，也可以将主表字段拖动到子表的某个字段上，这时应根据系统提示确认创建索引。

要解除表之间的关系，可以先单击选定表示关系的连线，然后按 Delete 键。

5. 在数据环境中编辑关系

在数据环境设计器中设置了一个关系后，在表之间将有一条连线指出这个关系。如果要编辑关系的属性，在要编辑的关系线上右击，然后在快捷菜单中选择“属性”命令，打开属性窗口，在属性窗口中用户可以对关系进行编辑，如图 9-20 所示。

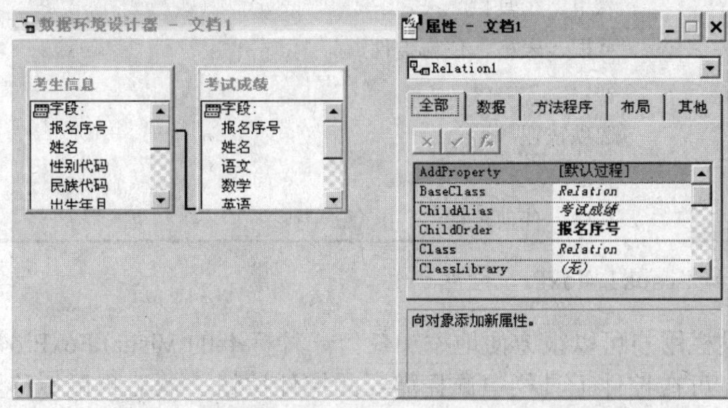

图 9-20　编辑表之间的关系

关系的属性对应于 SET RELATION 和 SET SKIP 命令中的子句和关键字。RelationlExpr 属性的默认设置为主表中主关键字段的名称。如果相关表是以表达式作为索引的，就必须将 RelationlExpr 属性设置为这个表达式。如果关系不是一对多关系，必须将 OneToMany 属性设置为“假 （.F.）”，如果是一对多关系应将属性设置为“真（.T.）”。数据环境设计器中表之间关系常用属性如表 9-4 所示。

表 9-4　数据环境设计器中表或视图的常用属性

属性名称	说明
ChildAliass	子表的别名
ChildOrder	子表的索引标记
CneToMany	是否属于一对多关系
ParentAlias	父表的别名
RelationExpr	关系表达式

9.2.4 向表单中添加对象

Visual FoxPro 中的对象根据它们所基于的类的性质可分为两类，即容器和控件（又称容器对象和控件对象）：

容器可以作为其他对象的父对象。例如，一个表单作为一个容器，是放在它上面文本框的父对象。

控件可以包含在容器中，但不能作为其他对象的父对象。例如，文本框就不能包含任何其他的对象。

在表单设计器中既可以设计容器，也可以设计控件。表 9-5 列出了各种容器对象所能包含的对象类型。

表 9-5 容器对象能包含的对象类型

容器	可以包含
列	标头，除了表单、表单集、工具栏、计时器之外的任何控件
命令按钮组	命令按钮
表单集	表单、工具栏
表单	页框、表格、任何控件
表格	列
选项按钮组	选项按钮
页框	页面
页面	表格、任何控件

1. 向表单添加 Visual FoxPro 控件

使用控件工具栏用户可以很方便地添加任何一种标准的 Visual FoxPro 控件。如果要在表单中添加控件，可在控件工具栏中选择需要的控件按钮，然后将鼠标移至表单窗口的合适位置单击鼠标或拖动鼠标以确定控件大小，随后可以通过拖动按钮调整其位置和大小。

如果希望一次能够放置多个控件，则可在选定所要的控件后，单击“按钮锁定”工具，然后即可通过在表单设计器中多次单击来一次放置多个相同的控件。

表单控件工具栏中另外一个较为有用的工具是“生成器锁定”工具，当用户选定该按钮后，系统将为任何放置到表单上的控件打开一个生成器，在生成器中用户可以对控间进行设置。

2. 向表单添加表字段

前面提到，利用“表单控件”工具栏可以很方便地将一个标准控件放置到表单上。当要通过控件来显示和修改数据时，一般要为控件设置一些属性。比如，用一个文本框来显示或编辑一个字段数据，这时就需要为该文本框设置 ControlSource 属性，使其与该字段关联。

Visual FoxPro 为用一个文本框来显示或编辑一个字段数据提供了更好的方法，它允许用户从“数据环境设计器”窗口、“项目管理器”窗口或“数据库设计器”窗口中直接将字段、表或视图拖入表单，系统将产生相应的控件并与字段相联系。

在默认情况下，如果拖动的是字符型字段，将产生文本框控件；如果拖动的是备注型字段，将产生编辑框控件；如果拖动的是逻辑型字段，将产生复选框，如果拖动的是表或视图，将产生表格控件。但用户可以选择“工具”菜单中的“选项”命令，打开“选项”

对话框，然后在“字段映象”选项卡中修改这种映象关系。

例如，在数据环境设计器中将表考试成绩拖到表单中，则将在表单中生成一个表格，如图 9-21 所示。

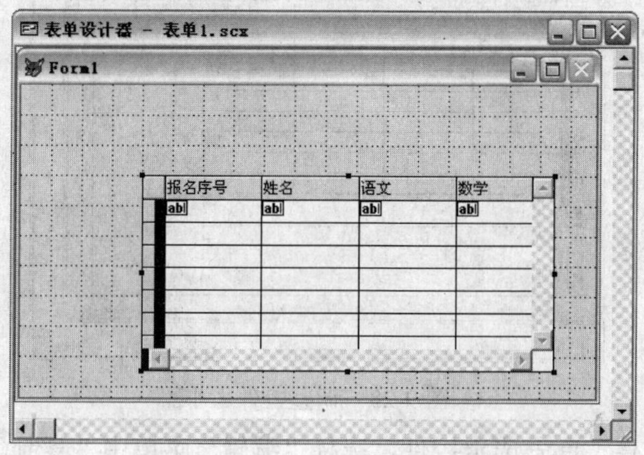

图 9-21　将表拖到表单中生成表格

9.2.5　控件的操作与布局

在表单中添加控件后，用户还应该对控间进行调整使表单的整体布局美观。

1．控件的基本操作

在表单设计器环境下，经常需要在表单上添加控件或对表单上已有的控件进行移动、改变大小、复制、删除等操作。

用鼠标单击控件可以选定该控件，被选定的控件四周出现 8 个控点。也可以同时选定多个控件，如果是相邻的多个控件，可以在“表单控件”工具栏上单击“选定对象”按钮，然后拖动鼠标使出现的框围住要选的控件即可。如果要选定不相邻的多个控件，可以在按住 Shift 键的同时，依次单击各控件。

如果添加的控件在表单中的位置不合适，用户可以通过移动控件来调整它的位置，先选定控件，然后将它拖动到需要的位置上，如图 9-22 所示。用户也可以在选定控件后使用方向键移动控件。

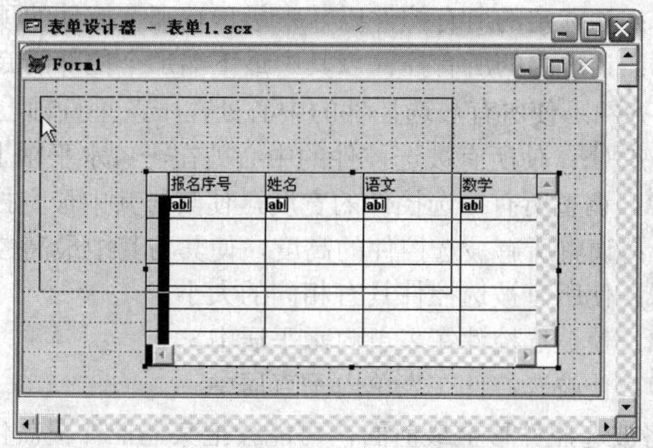

图 9-22　使用鼠标拖动移动控件

如果添加的控件大小不合适，用户可以使用鼠标适当调整控件大小。首先选定控件，然后拖动控件四周的某个控点可以改变控件的宽度和高度，如图 9-23 所示。

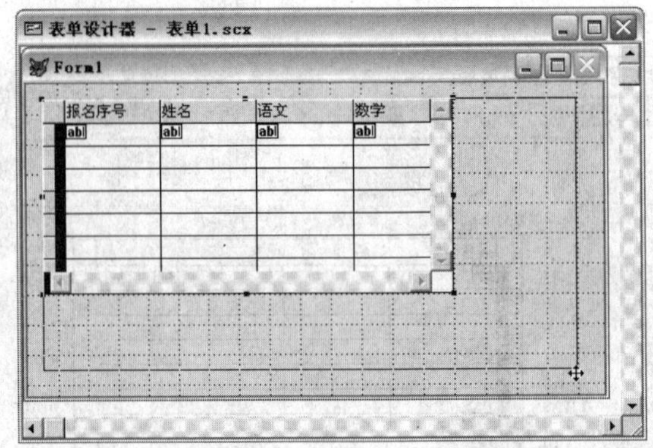

图 9-23　调整控件大小

如果需要复制控件，首先选定控件，选择“编辑”菜单中“复制”命令，然后选择“编辑”菜单中“粘贴”命令，最后将复制产生的新控件拖动到需要的位置。

如果表单中的控件是多余的，用户可以将其删除。选定不需要的控件，然后按 Delete 键或选择“编辑”菜单中的“剪切”命令。

2．控件布局

利用“布局”工具栏中的按钮，可以方便地调整表单窗口中被选控件的相对大小或位置。“布局”工具栏可以通过单击表单设计器工具栏上的“布局工具栏”按钮或选择“显示”菜单中的“布局工具栏”命令打开或关闭，“布局”工具栏如图 9-24 所示。

图 9-24　布局工具栏

布局工具栏中各按钮的功能如下：

- 左边对齐：让选定的所有控件以其中最左边那个控件的左侧对齐。
- 右边对齐：让选定的所有控件以其中最右边那个控件的右侧对齐。
- 顶边对齐：让选定的所有控件以其中最顶端那个控件的顶边对齐。
- 底边对齐：让选定的所有控件以其中最下端那个控件的底边对齐。
- 垂直居中对齐：使所有被选控件的中心处在一条垂直轴上。
- 水平居中对齐：使所有被选控件的中心处在一条水平轴上。
- 相同宽度：调整所有被选控件的宽度，使其与其中最宽控件的宽度相同。
- 相同高度：调整所有被选控件的高度，使其与其中最高控件的高度相同。
- 相同大小：使所有被选控件具有相同的大小。
- 水平居中：使被选控件在表单内水平居中。
- 垂直居中：使被选控件在表单内垂直居中。
- 置前：将被选控件移至最前面，可能会把其他控件覆盖住。
- 置后：将被选控件移至最后面，可能会被其他控件覆盖住。

3. 设置 Tab 键次序

当表单运行时，用户可以按 Tab 键选择表单中的控件，使焦点在控件间移动。控件的 Tab 次序决定了选择控件的次序。Visual FoxPro 提供了两种方式来设置 Tab 键次序：交互方式和列表方式。可以通过下列方法选择自己要使用的设置方式：

（1）选择“工具”菜单中的“选项”命令，打开“选项”对话框。

（2）选择“表单”选项卡。

（3）在“Tab 键次序”下拉列表框中选择“交互”或“按列表”，如图 9-25 所示。

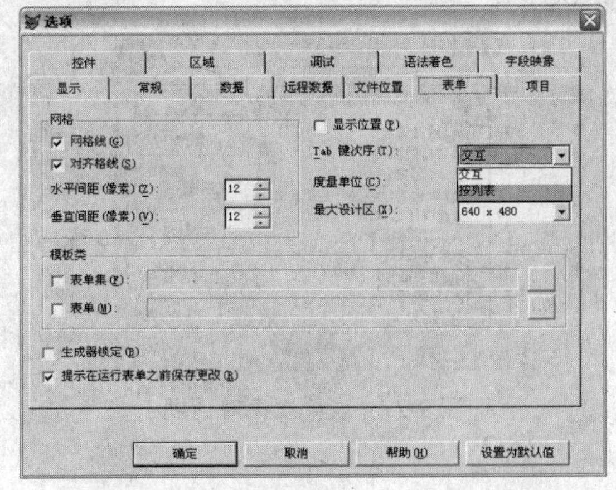

图 9-25　设置表单中 Tab 键次序的方式

在交互方式下，设置 Tab 键次序的步骤如下：

（1）选择“显示”菜单中的“Tab 键次序”命令或单击“表单设计器”工具栏上的“设置 Tab 键次序”按钮，进入 Tab 键次序设置状态。此时，控件左上方出现深色小方块，称为 Tab 键次序盒，里面显示该控件的 Tab 键次序号码，如图 9-26 所示。

（2）双击某个控件的 Tab 键次序盒，该控件将成为 Tab 键次序中的第一个控件。

（3）按希望的顺序依次单击其他控件的 Tab 键次序盒。

（4）单击表单空白处，确认设置退出设置状态。按 Esc 键，放弃设置退出设置状态。

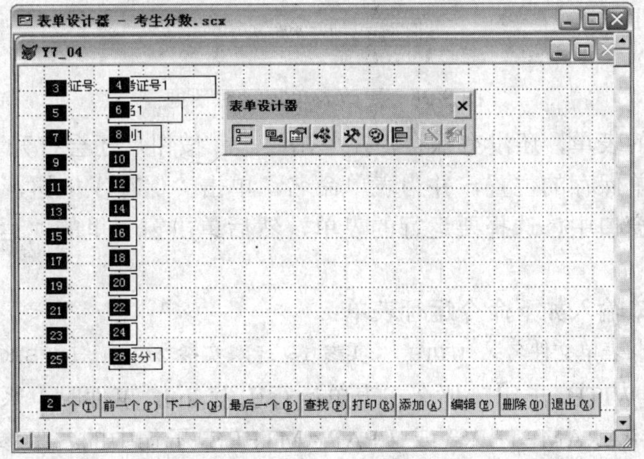

图 9-26　交互方法设置表单次序

在列表方式下，设置 Tab 键次序的步骤如下：

（1）选择“显示”菜单中的“Tab 键次序”命令或单击“表单设计器”工具栏上的“设置 Tab 键次序”按钮，打开“Tab 键次序”对话框，如图 9-27 所示。列表框中按 Tab 键次序显示各控件。

（2）通过拖动控件左侧的移动按钮移动控件，改变控件的 Tab 键次序。

（3）单击“按行”按钮，将按各控件在表单上的位置从左到右、从上到下自动设置各控件的 Tab 键次序；单击“按列”按钮，将按各控件在表单上的位置从上到下、从左到右自动设置各控件的 Tab 键次序。

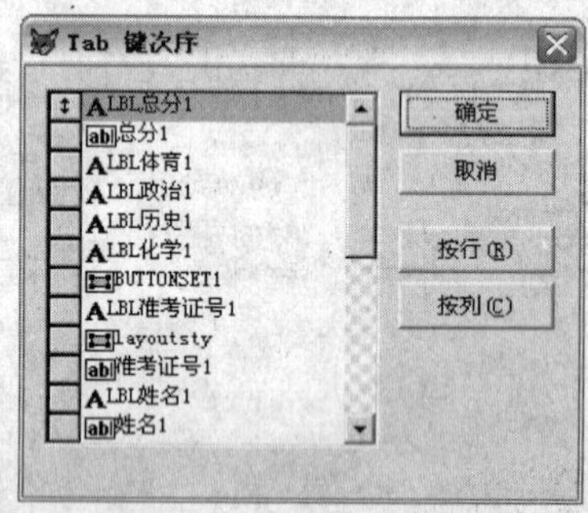

图 9-27　表单次序对话框

9.2.6　运行表单

所谓运行表单，就是根据表单文件及表单备注文件的内容产生表单对象。在表单设计器环境下，如果要运行表单，选择“表单”菜单或快捷菜单中的“执行表单”命令，或单击标准工具栏上的“运行”按钮。如果对表单进行了修改，则会打开如图 9-28 所示的对话框，在对话框中单击“是”按钮，则保存修改然后运行表单，如果单击“取消”则不运行表单。

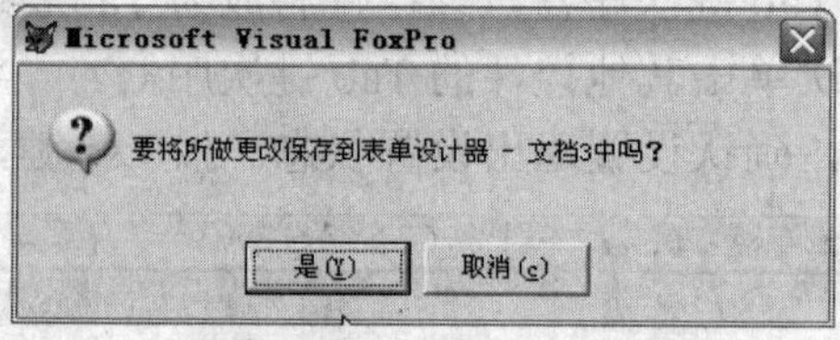

图 9-28　更改表单提示对话框

如果是新创建的表单，还没有保存，在单击“是”按钮后还会打开“另存为”对话框，在对话框中选择表单保存的位置，并为表单命名，单击“保存”按钮，运行表单。

在项目管理器窗口中，选择要运行的表单，然后单击窗口里的“运行”按钮，也可直接运行表单。

也可在命令窗口输入如下命令运行表单：

```
DO FORM <表单文件名> WITH <实参 1> [,<实参 2>,…] [NOSHOW]
```

命令如果包含 WITH 子句，那么在表单运行引发 Init 事件时，系统会将各实参的值传递给该事件代码 PARAMETERS 或 LPARAMTERS 子句中的各形参。一般情况下，运行表单时，在产生表单对象后，将调用表单对象的 SHOW 方法显示表单。如果包含

NOSHOW 关键字，表单运行时将不显示，直至表单对象的 Visible 属性被设置为.T.，或者调用了 Show 方法时才显示。

表单运行后的效果如图 9-29 所示。表单运行后，可以单击标准工具栏上的“修改表单”按钮，马上切换到表单设计器环境，使表单进入设计方式。单击表单窗口的“关闭”按钮，即释放表单。

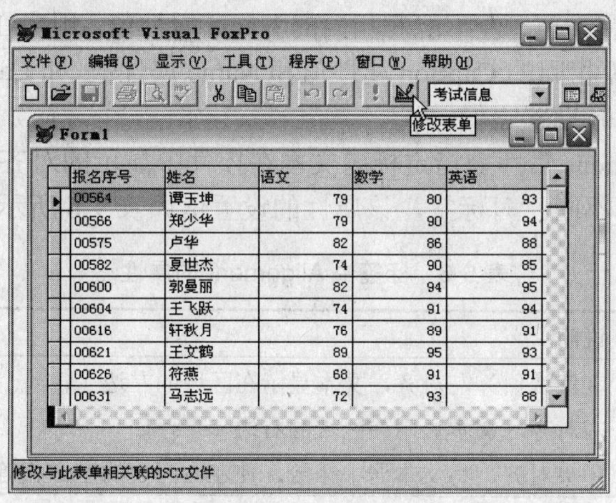

图 9-29　运行表单

9.2.7　表单集

表单集顾名思义就是多个表单组合在一起。在实际开发过程中经常需要在一个界面上使用几个表单。如果要创建表单集，首先创建一个表单，然后选择“表单”菜单中的“创建表单集”命令，这时创建的表单就包含在表单集中。用户可以在“表单”菜单中选择“添加表单”命令向表单集中添加表单。由此可见，表单集是表单的容器。如果要删除表单集中的表单，首先选定表单，然后选择“表单”菜单中的“移除表单”命令。

9.3　常用表单控件

表单的设计离不开控件，而要很好地使用和设计控件，则需要了解控件的属性、方法和事件，下面分别介绍一下常用表单控件的使用和设计。

9.3.1　基本控件

首先介绍一下表单中标签、文本框、线条以及形状控件的设计和使用方法。

1. 标签（Label）控件

标签是用以显示文本的图形控件，一般用来显示非变量的文本信息。被显示的文本在 Caption 属性中指定，称为标题文本。

标签的标题文本不能在屏幕上直接编辑修改，但可以在代码中通过重新设置 Caption 属性间接修改。标签标题文本最多可以包含 256 个字符。

标签最主要的属性为 Caption，它可以指定标签的标题文本。很多控件类都具有 Caption

属性，如表单、复选框、选项按钮、命令按钮等。用户可以利用该属性为所创建的对象指定标题文本。标题文本显示在屏幕上以帮助使用者识别各对象。标题文本的显示位置视对象类型不同而不同，比如，标签的标题文本显示在标签区域内，表单的标题文本显示在表单的标题栏上。需要注意的是，在设计代码时，应该用 Name 属性值（对象名称）而不能用 Caption 属性值来引用对象。在同一作用域内两个对象（如一个表单内的两个命令按钮）可以有相同的 Caption 属性值，但不能有相同的 Name 属性值。用户在产生表单或控件对象时，系统会自动赋予对象相同的 Caption 属性值和 Name 属性值，如 Labell，Forml，Commandl 等，但用户可以分别重新设置它们。

用户可以用 Alignment 属性来指定标题文本在控件中显示的对齐方式。对不同的控件，该属性的设置情况有所不同。对标签，该属性的设置值如表 9-6 所示。

表 9-6 标签中 Alignment 的属性

设置值	说明
0	（默认值）左对齐，文本显示在区域的左边
1	右对齐，文本显示在区域的右边
2	中央对齐，将文本居中排放，使左右两边的空白相等

该属性在设计和运行时均可用。除了标签，还适用于文本框、复选框、选项按钮、列、列标头等控件。

例如，在表单中添加一个“考试成绩查询”的标题，单击“表单控件”工具栏中的标签按钮，然后在表单中单击鼠标，则在表单中添加了一个标签 Labell，如图 9-30 所示。

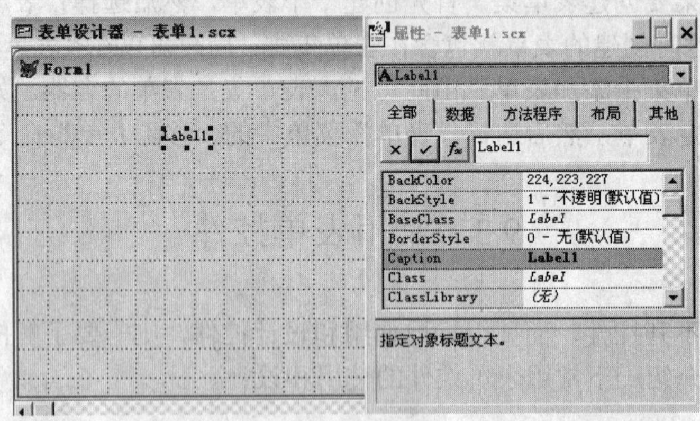

图 9-30 表单上添加一个标签

用鼠标拖动标签到合适位置，在该控件属性中设置如下属性：

```
Caption = "考试成绩查询"        FontName = "黑体"
FONTSIZE= 20                   FontBold =.T.
Alignment = 2                  ForeColor = 255,128,0
Height = 36                    Top = 36
Left = 120                     Width = 192
```

设置完标签的属性后，标签的效果如图 9-31 所示。

提示：对于标签的大小属性参数和标签在表单中的位置参数如果要求不是很精确，用户可以不在属性对话框中设置，而使用鼠标来适当调整它的大小和位置。

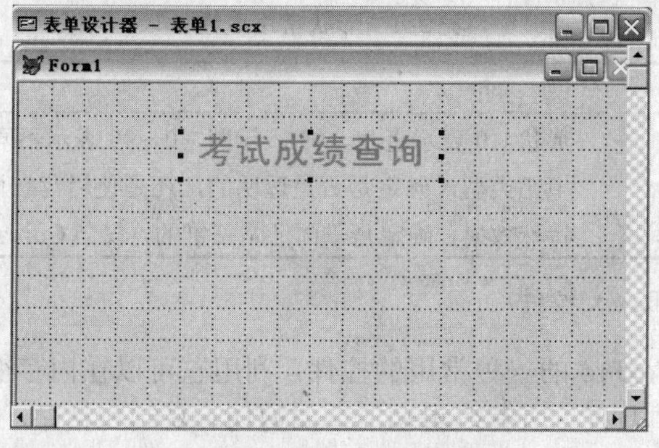

图 9-31　设置属性后的标签效果

2. 线条与形状控件

线条与形状控件是为了给表单提供简单图形的控间。

例如，在表单中的标题下面添加一条直线，单击“表单控件”工具栏中的直线按钮，然后在表单中拖动鼠标，在表单中绘制一条直线，然后在属性对话框中设置直线的属性。在实际应用中，线条有三个常用属性，如表 9-7 所示。

表 9-7　线条常用属性

属性名称	说明
BorderWidth	线宽，设置线条的宽度。
LineSlant	线条倾斜方向，有效值为正斜（/）和反斜（\）
BorderStyle	线型，其中：0 透明 、1 实线、 2 虚线、 3 点线 4、点划线　5、双点划线 6、内实线

形状控件可以在表单上绘制举行或圆。方法是单击“表单控件”工具栏中的形状按钮，然后在表单中单击就将形状控件放置在表单上。默认形状是一个矩形，可以通过鼠标操作改变其大小和位置，如图 9-32 所示。

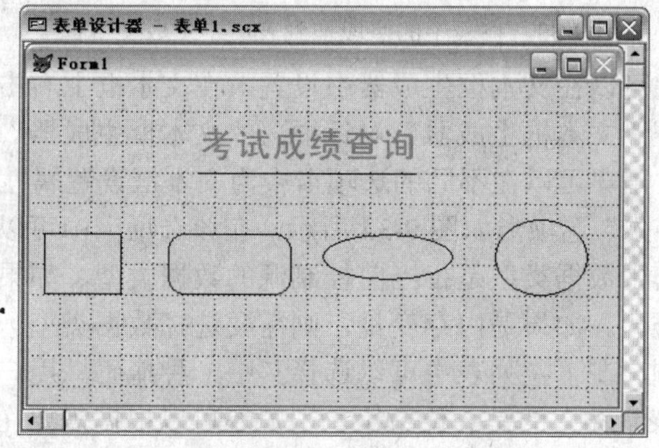

图 9-32　线条和形状控件

从图中可以看出，形状可以是矩形、圆、椭圆、圆角矩形等，形状的样式是通过 Curvature 属性控制的。形状常用的属性如表 9-8 所示。

表 9-8 形状常用属性

属性名称	说 明
Curvature	形状，0 表示直角，99 表示圆，0～99 表示不同的形状。
FillStyle	填充类型，确定是否是透明的，还是使用背景填充
SpecialEffect	特殊效果，确定是平面还是三维的，仅当 Curvature 为 0 有效

3. 文本框（TextBox）控件

文本框是 Visual FoxPro 的一种常用的控件，利用它可以在内存变量、数组元素或非备注型字段中输入或编辑数据。所有编辑功能，如剪切、复制和粘贴，在文本框内都可使用。文本框一般包含一行数据。文本框可以编辑任何类型的数据，如字符型、数值型、逻辑型、日期型或日期时间型等。如果编辑的是日期型或日期时间型数据，那么在整个内容被选定的情况下，按“+”或“-”，可以使日期增加一天或减少一天。

创建文本框时可以将表中的字段直接拖到表单中，也可以单击表单控件工具栏中的文本框按钮，然后在表单上单击，得到一个空白的文本框。这里将数据环境设计器中“考试成绩”表中的“报名序号”字段拖到表单中，则自动生成一个文本框同时还生成一个标签，如图 9-33 所示。

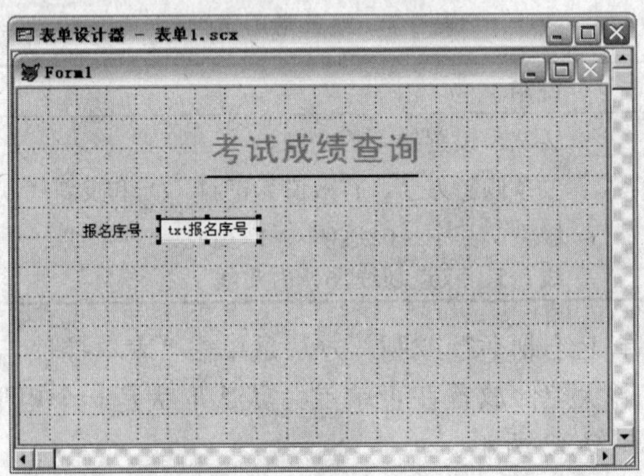

图 9-33 将表中的字段拖到表单中生成文本框

文本框的一些属性可以在文本框生成器中设置，在文本框上右击，在快捷菜单中选择“生成器”命令，打开“文本框生成器”对话框。“文本框生成器”对话框中有三个选项卡：格式、样式和值，用户可以在不同的选项卡中为文本框设置属性。

文本框生成器“格式”选项卡如图 9-34 所示，在该选项卡中可以设置当前文本框的数据控制源显示格式。其中数据类型是指当前控制源的数据类型，如果是字段变量，则自动使用字段变量的数据类型。如果是内存变量，则需要选择数据类型。输入掩码是给用户对输入提供一种输入控制，在下拉列表中可以选择其中一种掩码。用户还可以自定义输入掩码，如输入：999999 表示输入的是 6 位数字。用户还可以根据需要在对话框中选择相应的复选框，如选择“进入时选定”复选框，则一进入表单就选定该对象。

文本框生成器“样式”选项卡如图 9-35 所示，在该选项卡中用户可以设置文本框的样式，如是平面还是三维，边框有无线条等，可以根据需要进行设置。如果选中“调整文本框尺寸以恰好容纳”复选框，则可以自动调整文本框的大小，来容纳文本框中的内容。在字符格式下拉列表中用户可以设置字符在文本框中的对齐方式。

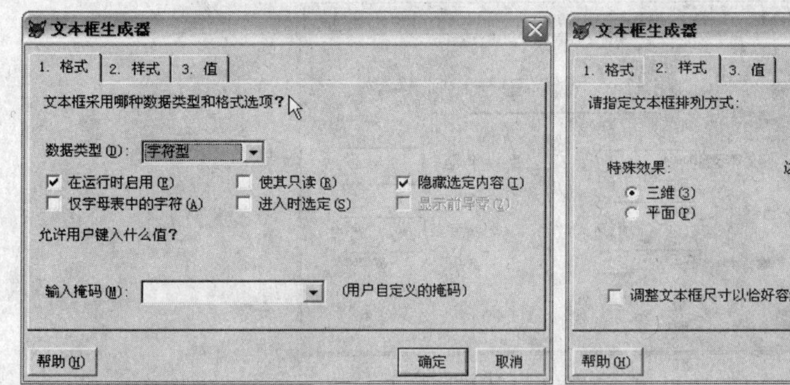

图 9-34　文本框生成器“格式”选项卡

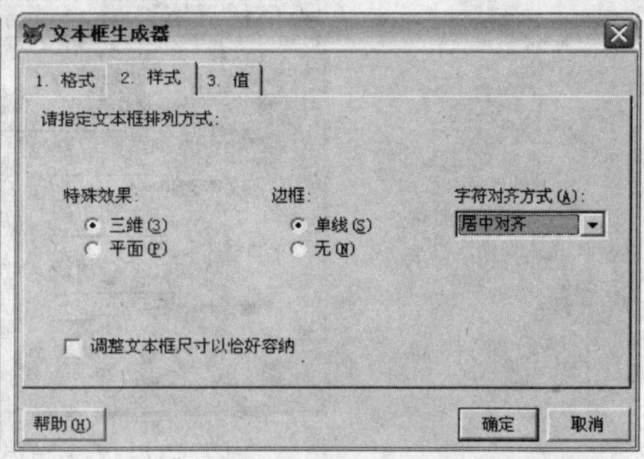

图 9-35　文本框生成器“样式”选项卡

文本框生成器“值”选项卡如图 9-36 所示，在该选项卡中用户可以设置数据控制源。如果字段是变量，在“字段名”下拉列表中选择表中字段，如这里选择“考试成绩.报名序号”字段变量，这种操作相当于为该文本框设置一个属性值，即：ControlSource=考试成绩.报名序号。如果是内存变量，则直接在“字段名”文本框中输入变量名即可。

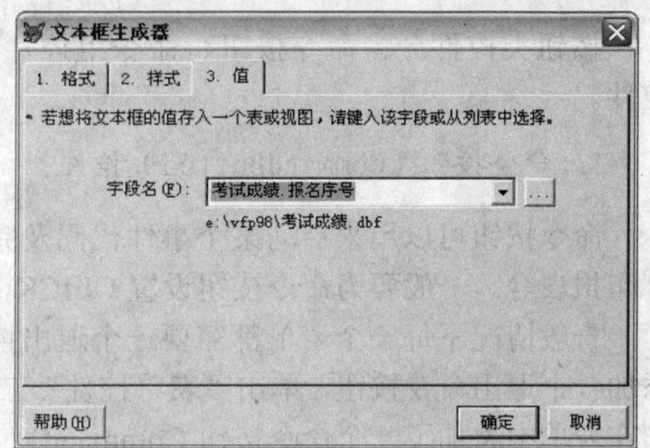

图 9-36　文本框生成器“值”选项卡

文本框生成器是交互式设置常用属性的工具，用户还可以在属性窗口中设置文本框的属性，文本框的主要属性如表 9-9 所示。

表 9-9　文本框的主要属性

属性名称	说明
Name	文本框名称，第一个文本框默认为 text1，第二个默认为 text2，…
ControlSource	为文本框指定一个字段或内存变量。运行时，文本框首先显示该变量的内容。而用户对文本框的编辑结果，也会最终保存到该变量中
Readonly	属性值默认为.F.，表示可以编辑；.T.表示不可以编辑
Value	返回文本框的当前内容；默认值是空串。与 ControlSource 属性指定的变量具有相同的数据和类型
PasswordChar	指定文本框控件内是显示用户输入的字符还是显示占位符；指定用作占位符的字符。该属性的默认值是空串
InputMask	指定在一个文本框中如何输入和显示数据

一般情况下，要为文本框指定 ControlSource 对应的一个字段或内存变量，ControlSource 还适用于编辑框、命令框、选项按钮、选项组、复选框、列表框、组合框等控件。

使用相同的方法为表单设置中学、姓名以及各科成绩等文本框，运行表单后的效果如图 9-37 所示。

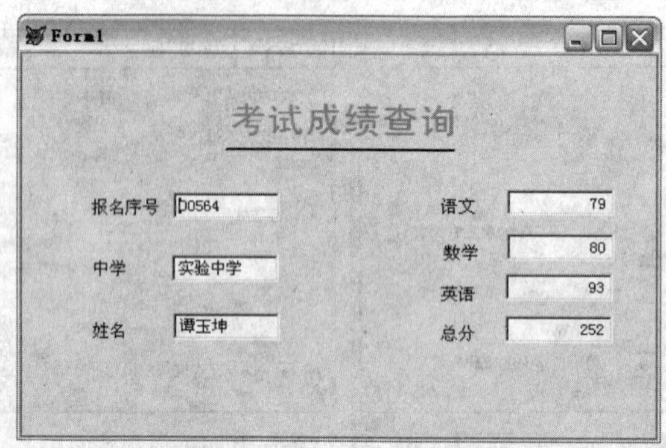

图 9-37　为表单添加文本框的效果

9.3.2　按钮类控件

按钮类控件分为命令按钮、命令组控件、单选按钮控件、复选框按钮控件和微调框控件。

1. 命令按钮（CommandButton）控件

命令按钮可以用来启动某个事件代码及完成特定功能，如关闭表单、移动记录指针、打印报表等。一般要为命令按钮设置 CLICK 事件的方法程序。

一般情况下每一个表单都需要一个退出控制操作，可使用按钮来控制。例如，为表单添加一个退出命令按钮，单击“表单控件”工具栏中的命令按钮，然后在表单中单击鼠标，则在表单中添加了一个命令按钮 Command1，如图 9-38 所示。

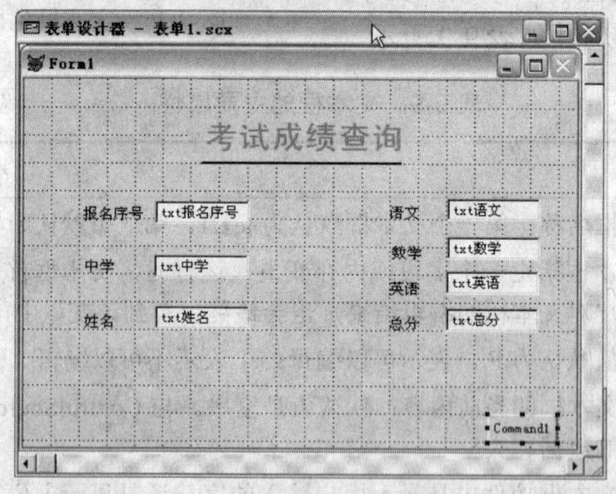

图 9-38　为表单添加命令按钮

初始命令按钮上的标题是 Command1，用户可以根据要求进行修改，在属性窗口中选择 Caption 属性，将它的值设置为“退出”。命令按钮的主要属性如表 9-10 所示。

表 9-10　命令按钮的主要属性

属性	说明
Default	Default 属性值为.T.的命令按钮称为“确认”按钮。命令按钮的 Default 属性默认值为.F.。一个表单内只能有一个“确认”按钮，当用户将某个命令按钮设置为“确认”按钮时，先前存在的“确认”按钮自动变为“非确认”按钮
Cancel	Cancel 属性值为.T. 的命令按钮称为“取消”按钮。命令按钮的 Cancel 属性默认值为.F.。在“取消”按钮所在的表单被激活的情况下，按 Esc 键可以激活“取消”按钮，执行该按钮的 Click 事件代码
Enabled	指定表单或控件能否响应由用户引发的事件。默认值为.T.，即对象是有效的，能被选择，能响应用户引发的事件
Backstyle	命令按钮是否具有透明或不透明的背景
Visible	指定对象是可见还是隐藏。在表单设计器中，默认值为.T.，即对象是可见的；在程序代码中，默认值为.F.，即对象是隐藏的。但一个对象即使是隐藏的，在代码中仍可以访问它

命令按钮的功能是当单击该按钮后，执行一种操作。例如单击之后释放表单，因此还应为按钮设置方法程序。双击添加的退出按钮，打开 Click 事件的方法程序窗口，如图 9-39 所示。在窗口中选择 Click 事件，然后编写如下代码：

```
RELEASE THISFORM
```

图 9-39　命令按钮 CLICK 事件的方法程序窗口

这些控件设计完成之后，选择“执行表单”命令，得到如图 9-40 所示的结果。

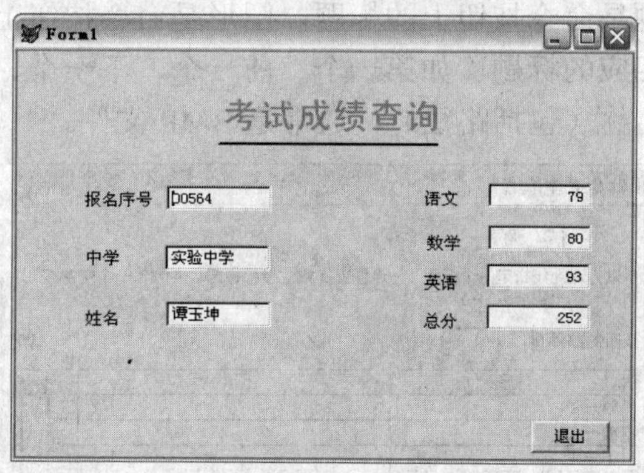

图 9-40　添加命令按钮执行后的结果

2. 命令组（CommandGroup）控件

在前面的表单中，只能显示学生成绩的第一个记录，因为没有移动记录指针的操作。通常将移动记录指针的操作称之为数据导航。实现数据库可使用命令按钮组和移动记录指针命令来实现。

命令组是包含一组命令按钮的容器控件，用户可以单个或作为一组来操作其中的按钮。在表单设计器中，为了选择命令组中的某个按钮，以便为其单独设置属性、方法或事件，可采用以下两种方法：一是从属性窗口的对象下拉列表中选择所需的命令按钮；二是右击命令组，然后从弹出的快捷菜单中选择“编辑”命令，这样命令组就进入了编辑状态，用户可以通过鼠标单击来选择某个具体的命令按钮。这种编辑操作方法对其他容器类控件（如选项组控件、表格控件）同样适用。

例如，为前面的表单添加命令按钮组，单击“表单控件”工具栏中的命令按钮组，然后在表单中单击鼠标，就将命令按钮组放置在表单中，如图 9-41 所示。

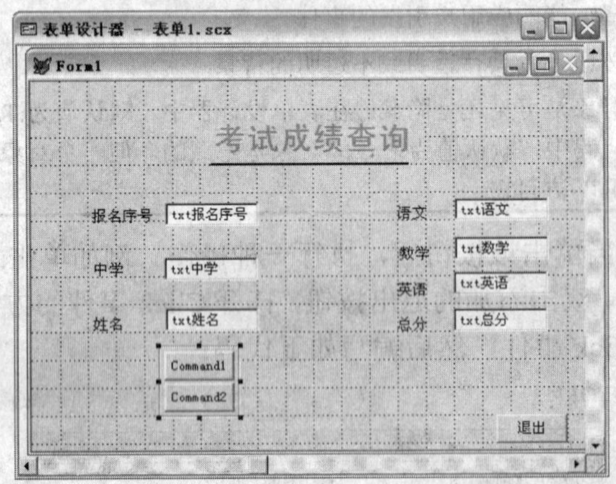

图 9-41　在表单中添加命令按钮组

命令按钮组初始设置为两个按钮，名称分别为 Command1 和 Command2。根据需要可以设置命令按钮的数目。在命令按钮组上右击，在快捷菜单中选择“生成器”命令，打开“命令组生成器”对话框。在对话框中选择“按钮”选项卡，如图 9-42 所示。在“按钮的数目”微调框中选择或者输入“4”，表示在命令按钮组中使用 4 个按钮。在命令按钮上可以设置标题和图形，标题是命令按钮上的标题，图形是命令按钮上的图形。如果使用标题方式，在标题列中书写相应的标题，如第一个、前一个、下一个、最后一个。如果使用图形，则需要输入图形的名称（包括路径），通常是 BMP 文件。

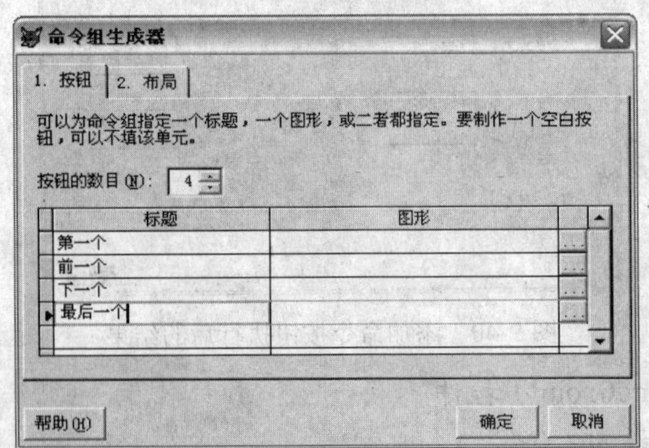

图 9-42　命令组生成器“按钮”选项卡

在“命令组生成器”对话框中选择“布局”选项卡，如图 9-43 所示。在该对话框中用户可以设置按钮组的布局，是垂直放置还是水平放置，按钮之间的间隔像素，有无按钮边框等。这里设置按钮的布局为水平。

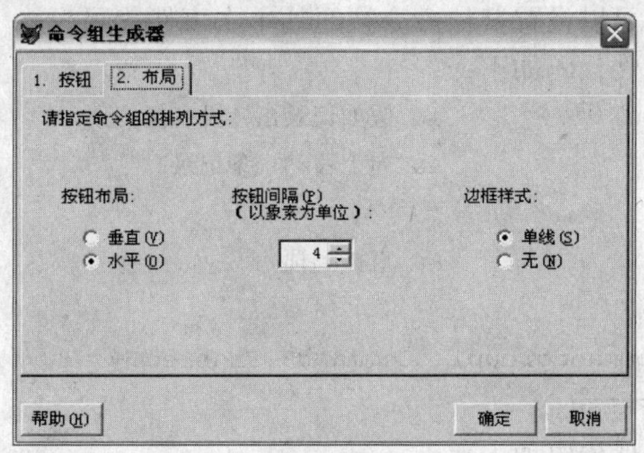

图 9-43　命令组生成器“布局”选项卡

用户还可以在属性窗口中对命令按钮组的属性进行设置，命令按钮组的主要属性如表 9-11 所示。

表 9-11　命令按钮的主要属性

属性	说明
Buttoncount	指定命令组中命令按钮的数目。在表单中创建一个命令组时，ButtonCount 属性的默认值是 2，即包含两个命令按钮。可以通过改变 ButtonCount 属性的值来重新设置命令组中包含的命令按钮数目
Buttons	用于存取命令组中各按钮的数组
Value	指定命令组当前的状态。该属性的类型可以是数值型的（这是默认的情况），也可以是字符型的
Backstyle	命令按钮组是否具有透明或不透明的背景。一个透明的背景与组下面的对象颜色相同，通常是表单或页面的颜色
Width	命令按钮组宽度
Height	命令按钮组高度

用户可以为命令按钮组设置 Click 事件代码，也可以为组内的某个按钮设置 Click 事件代码。如果命令组内的某个按钮有自己的 Click 事件代码，那么一旦单击该按钮，就会优先执行为它单独设置的代码，而不会执行命令组的 Click 事件代码。

例如，为第一个按钮添加代码，双击命令按钮组打开 Click 事件的方法程序窗口，在对象下拉列表中选择 Commandgroup1 中的 Command1，在过程列表中选择 Click 事件，然后输入如下代码：

```
GO TOP
THISFORM.Commandgroup1. Command2.Enabled = .F.
THISFORM.Commandgroup1. Command3.Enabled = .T.
THISFORM.REFRESH()
```

第 1 条命令是将记录指针移到顶端，第 2 条命令是让第 2 个命令按钮失效，因为记录已到顶端，再操作上一个没有意义。第 3 条命令是让第 3 个按钮起作用，第 4 条命令是刷新当前表单。

使用同样的方法，可以设置其他命令按钮的单击事件代码。

前一个按钮单击事件代码如下：

```
IF!BOF()                    && 假如记录指针没有指到顶
SKIP-1                      && 向上移动一条记录
ELSE
GO TOP                      && 直接到顶
ENDIF
Thisform. Commandgroup1. Command3.Enabled = .T.
THISFORM.REFRESH()
```

下一个按钮单击事件代码如下：

```
IF!EOF()                    && 假如记录指针没有指到底
SKIP                        && 向下移动一条记录
ELSE
GO BOTTOM                   && 直接到底
ENDIF
Thisform. Commandgroup1. Command2.Enabled = .T.
THISFORM.REFRESH()
```

最后一个按钮单击事件代码如下：

```
GO BOTTOM
THISFORM.Commandgroup1. Command3.Enabled = .F.
THISFORM.Commandgroup1. Command2.Enabled = .T.
THISFORM.REFRESH()
```

这些事件代码设置完成后，运行表单，得到如图 9-44 所示的画面。单击“最后一个”按钮，显示最后一个记录，同时“下一个”按钮变成暗色，表示不能单击。单击“第一个”按钮，显示第一个记录，同时“前一个”按钮变成暗色，表示不能单击。

用户还可以为命令组按钮设置 Click 事件代码来达到上述设置效果，双击命令按钮组打开 Click 事件的方法程序窗口，在对象下拉列表中选择 Commandgroup1，在过程列表中选择 Click 事件，然后输入如下代码：

```
DO CASE
  CASE THIS.VALUE=1
    GO TOP
  CASE THIS.VALUE=2
    IF!BOF()
      SKIP-1
    ENDIF
```

```
        CASE THIS.VALUE=3
          IF!EOF()
             SKIP
          ENDIF
        CASE THIS.VALUE=4
          GO BOTTOM
     ENDCASE
     THISFORM.REFRESH()
```

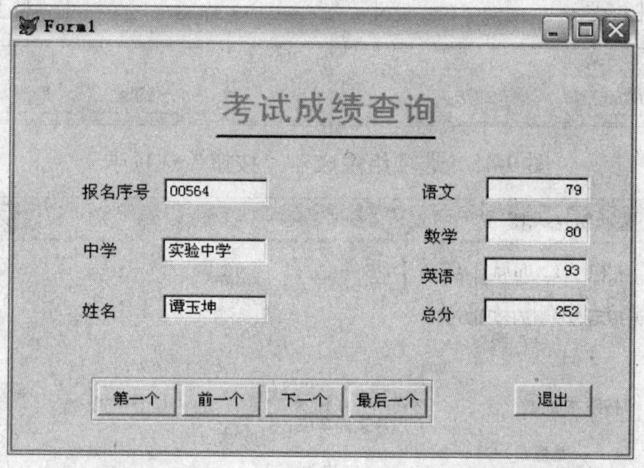

图 9-44　添加命令组按钮执行后的效果

3. 单选按钮（OptionGroup）控件

单选按钮又称为选项按钮，它是成组出现的，一个选项组中往往包含若干个选项按钮，但用户只能从中选择一个按钮。当用户选择某个选项按钮时，该按钮即成为被选中状态，而选项组中的其他选项按钮，不管原来是什么状态，都变为未选中状态。被选中的选项按钮中会显示一个圆点。

例如，这里制作一个能够统计考试成绩表中各科平均成绩的表单，在该表单中选中一个科目，然后单击“统计”按钮，即可得到该科目的平均成绩。

单击“表单控件”工具栏中的选项按钮组，然后在表单中单击鼠标，就将选项按钮组放置在表单中，选项按钮组初始设置为选项按钮，名称分别为 Option1 和 Option2。根据需要可以设置选项按钮的数目。在选项按钮组上右击，在快捷菜单中选择“生成器”命令，打开“选项组生成器”对话框。在对话框中选择“按钮”选项卡，如图 9-45 所示。在“按钮的数目”微调框中选择或者输入“4”，表示在命令按钮组中使用 4 个按钮。在选项按钮上可以设置标题和图形，标题是选项按钮上的标题，图形是选项按钮上的图形。如果使用标题方式，在标题列中书写相应的标题，如语文、数学、英语、总分。

在“选项组生成器”对话框中选择“布局”选项卡，如图 9-46 所示。在该对话框中用户可以设置选项组的布局，是垂直放置还是水平放置，按钮之间的间隔像素，有无按钮边框等。这里设置按钮的布局为水平。

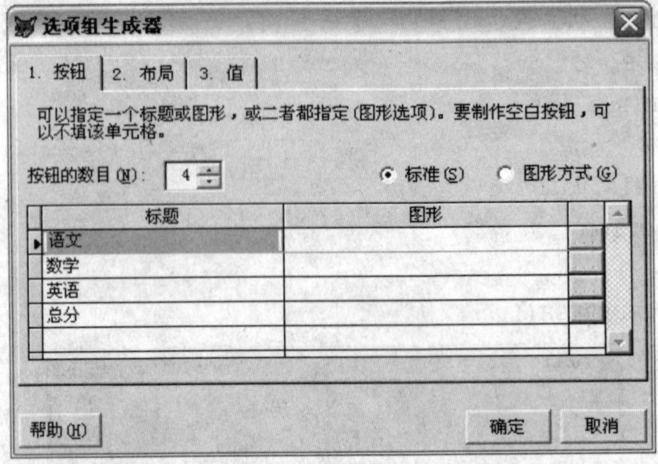

图 9-45 选项组生成器“按钮”选项卡

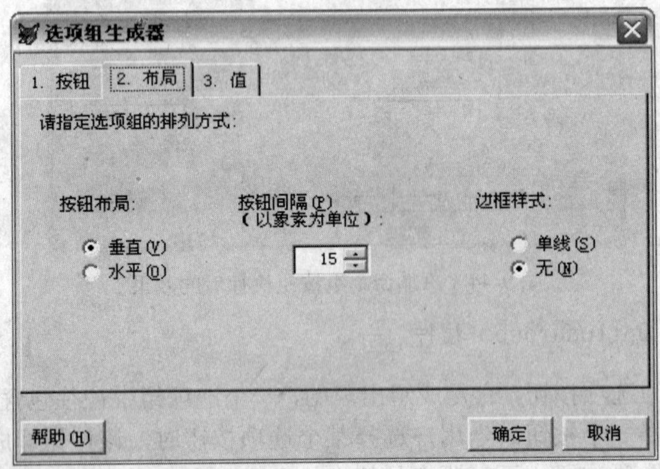

图 9-46 选项组生成器“布局”选项卡

用户还可以在属性窗口中对选项按钮组的属性进行设置，选项按钮组的主要属性如表 9-12 所示。

表 9-12 选项组的主要属性

属性	说明
Enabled	属性值设置为.T.时，选项组为可选的
ButtonCount	指定选项组中选项按钮的数目。默认值是 2
ControlSource	指明与选项组或选项建立联系的数据源。作为选项组数据源的字段变量或内存变量，其类型可以是数值型或字符型。选项组和选项可以分别建立不同的变量与其对应
Value	用于指定选项组中哪个选项按钮被选中。该属性值的类型可以是数值型的，也可以是字符型的。若为数值型值 N，则表示选项组中第 N 个选项按钮被选中；若为字符型值 C，则表示选项组中 Caption 属性值为 C 的选项按钮被选中
Buttons	用于存取选项组中每个按钮的数组。用户可以利用该属性为选项组中的按钮设置属性或调用其方法

在属性窗口中将选项组的 ControlSource 属性值设置为 a，选项组的 VALUE 属性值设置为 1，选项组的 ENABLED 的属性值设置为.T.。

在表单中添加 2 个标签和 1 个文本框，分别设置标签的 CAPTION 属性。将文本框的 ControlSource 属性值设置为 tj，READONLY 的属性值设置为.T.。在表单中添加 1 个命令按钮，按钮的 CAPTION 属性设置为“统计”，如图 9-47 所示。

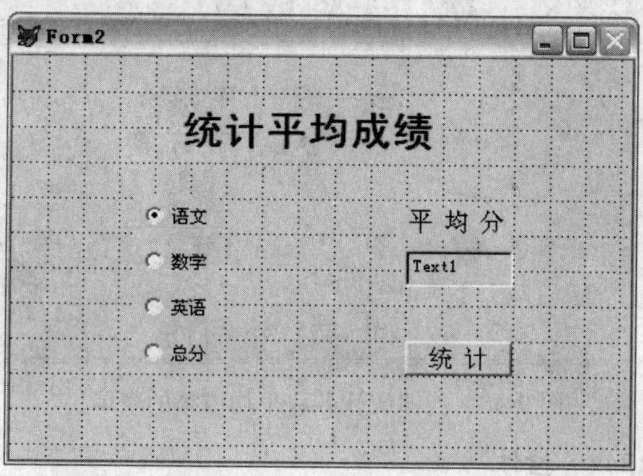

图 9-47　在表单中添加选项组

为表单添加了控件之后用户还应该给它们添加事件代码，在本例中不但要为按钮添加事件代码，还应为表单添加初始化事件代码。

在表单中双击表单打开事件的方法程序窗口，为表单设置 LOAD 事件代码如下：

```
Set talk off
tj=0
Use 考试成绩
```

然后再设置表单的 UNLOAD 事件代码如下：

```
Relea tj
Use
Set talk on
```

双击“统计”命令按钮打开事件的方法程序窗口，为按钮设其 CLICK 事件代码为：

```
Do case
  Case a=1
    aver 语文 to tj
  Case a=2
    aver 数学 to tj
  Case a=3
    aver 英语 to tj
  Case a=4
    aver 总分 to tj
  Endcase
Thisform.refresh
```

设置完毕后运行表单，即可得到如图 9-48 所示的界面，选中一个科目，然后单击统计按钮即可得到该科目的平均成绩。

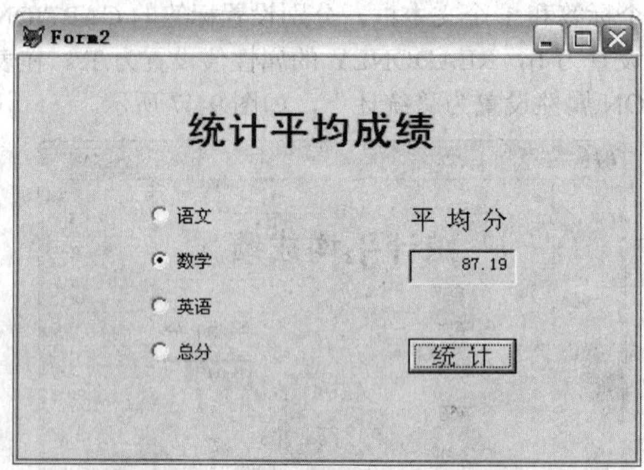

图 9-48　能够统计各科平均成绩的表单

4. 复选框（CheckBox）控件

一个复选框用于标记一个两值状态，真（.T.）或假（.F.）。当处于“真”状态时复选框内显示一个勾（√）；否则，复选框内为空白。

例如，这里制作一个能够统计考试成绩表中各学校总分平均成绩的表单，在该表单中选中一个科目，然后单击“统计”按钮，即可得到该学校的总分平均成绩。如果选中所有学校，单击“统计”按钮，即可得到这几个学校的总分平均成绩。

单击“表单控件”工具栏中的复选框按钮，然后在表单中单击鼠标，就将复选框按钮组放置在表单上。初始复选框的标题和名称为 Check1，按照相同的方法在表单中再添加三个复选框按钮。复选框的主要属性如表 9-13 所示。

表 9-13　复选框的主要属性

属　性	说　明
Caption	用来指定显示在复选框旁边的文字
Alignment	复选框旁边的文字的对齐方式。默认为 0，表示文字在复选框旁边的右边；1 表示文字在复选框旁边的左边
Enabled	默认属性值为.T.，表示可选
ControlSource	指明与复选框建立联系的数据源。作为数据源的字段变量或内存变量，其类型可以是逻辑型或数值型。对于逻辑型变量，值.F.、.T.和.null.分别对应复选框未被选中、被选中和不确定。对于数值型变量，值 0、1 和 2（或.null.）分别对应复选框未被选中、被选中和不确定
Value	用来指明复选框的当前状态

提示： 复选框的不确定状态与不可选状态（Enabled 属性值为.F.）不同。不确定状态只表明复选框的当前状态值不属于两个正常状态值中的一个，但用户仍能对其进行选择操作，并使其变为确定状态。而不可选状态则表明用户现在不适合针对

它作出某种选择。在屏幕上，不确定状态复选框以灰色显示，标题文字正常显示。而不可选状态复选框标题文字的显示颜色由 DisabledBackColor 和 DisabledForeColor 属性值决定，通常是浅色。

这里设置四个复选框的 CAPTION 属性分别为“实验中学”、“华夏中学”、“航海中学”和“职业高中”，ControlSource 属性值分别设置为 a、b、c、d，VALUE 属性值都设置为 0，Alignment 属性值都设置为 1。

为表单添加 2 个标签和一文本框。第一个标签的 CAPTION 属性设置为“统计各中学总分平均分”，第二个标签的属性使用默认的“Label2”，文本框的 ControlSource 属性值设置为 tj，READONLY 的属性值设置为.T.。在表单中添加 1 个命令按钮，按钮的 CAPTION 属性设置为“统计”，如图 9-49 所示。

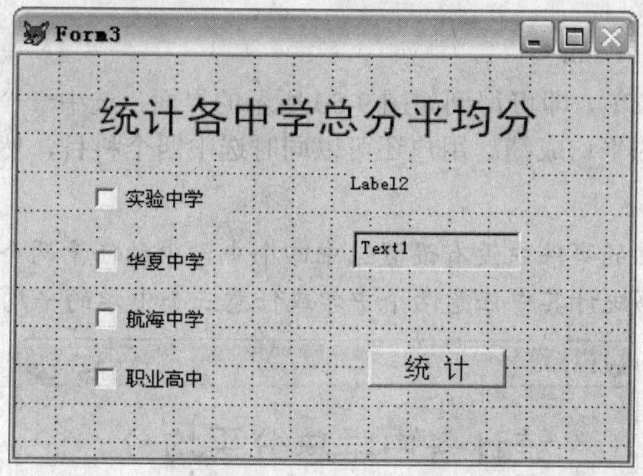

图 9-49　在表单中添加复选框

为表单添加了控件之后用户还应该给它们添加事件代码，在本例中不但要为按钮添加事件代码，还应为表单添加初始化事件代码。

在表单中双击表单打开事件的方法程序窗口，为表单设置 LOAD 事件代码如下：

```
Set talk off
tj=0
Use 考试成绩
```

然后再设置表单的 UNLOAD 事件代码如下：

```
Relea tj
Use
Set talk on
```

双击“统计”命令按钮打开事件的方法程序窗口，为按钮设其 CLICK 事件代码为：

```
do case
  case a=1 and b=1 and c=1 and d=1
    aver 总分 to tj
    thisform.label2.caption='所有同学的平均总分'
  case a=1 and b=0 and c=0 and d=0
    aver 总分 to tj for 中学='实验中学'
```

```
    thisform.label2.caption='实验中学的平均总分'
  case a=0 and  b=1 and c=0 and d=0
    aver 总分 to tj for 中学='华夏中学'
    thisform.label2.caption='华夏中学的平均总分'
   case a=0 and  b=0 and c=1 and d=0
    aver 总分 to tj for 中学='航海中学'
    thisform.label2.caption='航海中学的平均总分'
   case a=0 and b=0 and c=0 and d=1
    aver 总分 to tj for 中学='职业高中'
    thisform.label2.caption='职业高中的平均总分'
    endcase
thisform.refresh
```

设置完毕后运行表单，即可得到如图 9-50 所示的界面，选中一个科目，然后单击统计按钮即可得到该科目的平均成绩。用户还可以同时选中四个科目，然后单击统计按钮得到四个中学的平均总分。

提示： 这里在按钮的事件中没有设置选中四个中学中的任意两个和任意三个的事件，因此不能够统计其中任意两个中学或任意三个中学的平均总分。

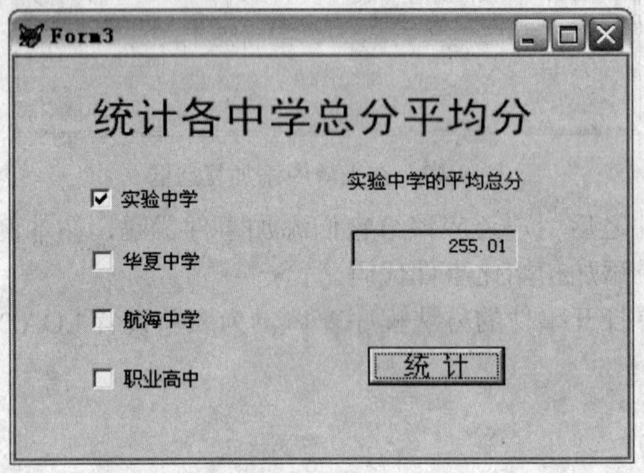

图 9-50 能够统计各中学平均总分的表单

5. 微调按钮控件

微调按钮是一种用来调整一定增量的按钮，如年龄字段可以使用微调按钮控件，这样设置一个初始值，然后可以通过调整操作输入年龄大小。微调按钮的主要属性如表 9-14 所示。

例如，在这里将图 9-51 所示的考生信息注册系统表单中的年龄文本框设计为微调按钮。首先将年龄文本框删除，然后单击“表单控件”工具栏中的微调控件，在表单中单击鼠标，得到微调按钮控件，适当调整微调按钮的位置与大小，然后设置微调按钮的 ControlSource 的属性值为“考生信息.年龄”，Increment 的属性值为 1，Keyboardlowvalue 的属性值为 14，Keyboardhighvalue 的属性值为 22，Spinnerhighvalue 的属性值为 22，Spinnerlowvalue 的属性值为 14。

表 9-14　微调按钮的主要属性

属性	说明
ControlSource	可以指定一个字段或变量用以显示、保存用户在微调框输入的值
Value	该属性的取值及类型总是与 Controlsource 属性所指定的字段或内存变量的取值及类型保持一致，用以设置微调框的初始值
Increment	微调步长
Keyboardlowvalue	微调框的最小值
Keyboardhighvalue	微调框的最大值
Spinnerhighvalue	键盘可以输入的最大值
Spinnerlowvalue	键盘可以输入的最小值

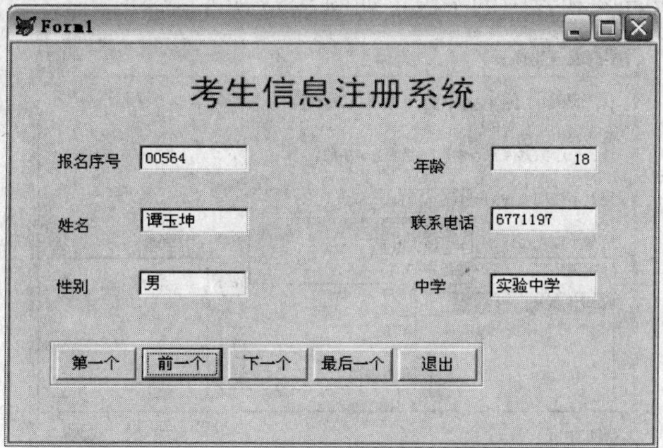

图 9-51　考生信息注册系统

运行该表单，得到如图 9-52 所示的效果。用户可以通过下一个和前一个按钮查看考生注册信息，如果需要修改年龄，可以使用微调按钮进行修改当然也可以直接在微调按钮框中输入年龄。

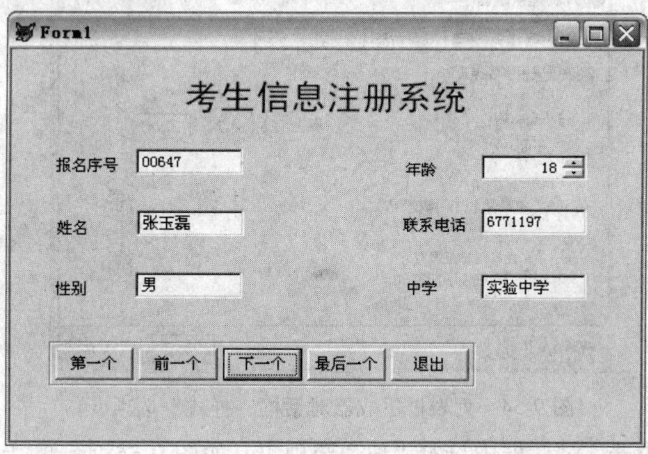

图 9-52　添加微调按钮的表单

9.3.3 框类控件

框类控件包括列表框、组合框（下拉组合框、下拉列表框）、编辑框、页框和网格。

1. 列表框（ListBox）控件

列表框提供一组条目（数据项），用户可以从中选择一个或多个条目。一般情况下，列表框只显示其中的若干条目，用户可以通过滚动条浏览其他条目。

例如，这里将考生注册系统表单中的中学设计为列表框。首先将表单中的中学文本框删除，然后单击“表单控件”工具栏中的列表框，在表单中单击鼠标，得到列表框控件。在列表框上右击，打开“列表框生成器”对话框。在对话框中选择列表项选项卡，在对话框中用户可以在“用此填充列表”下拉列表中选择填充列表的数据。如果选择“表或视图中的字段”，则应在下面设置表和表中的字段，如图 9-53 所示。

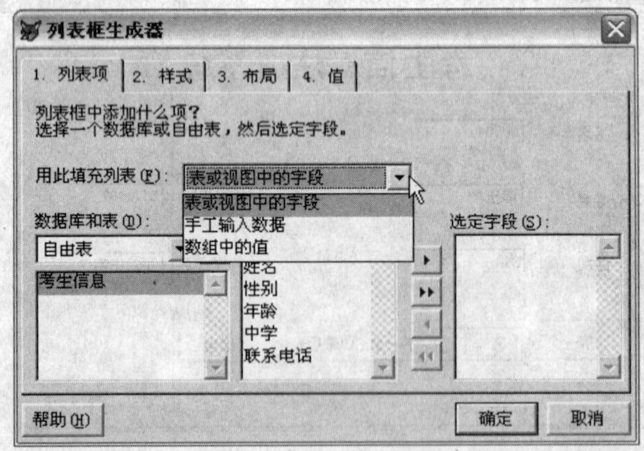

图 9-53　列表框生成器对话框“列表项”选项卡

在“列表框生成器”对话框的“样式”选项卡中用户可以设置列表框要显示的行数，如图 9-54 所示。

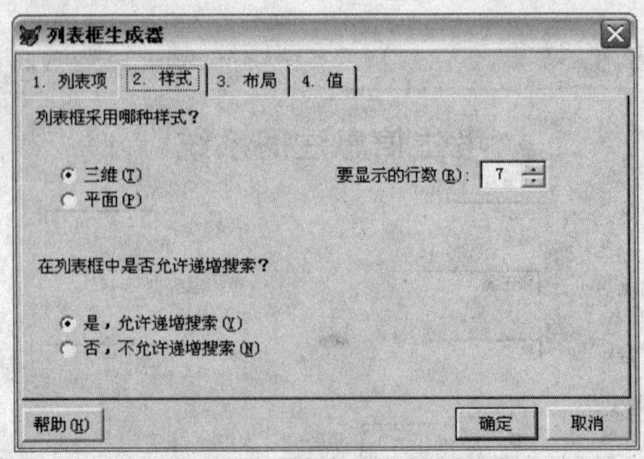

图 9-54　列表框生成器对话框“样式”选项卡

在“列表框生成器”对话框中选择“值”选项卡，如图 9-55 所示。上面列表框中的“中学”表示列表框的列名，选择列表框中的选项只是选择该列的内容。下面的列表框是选择选项值的存储位置，可以是字段变量，也可以是内存变量。

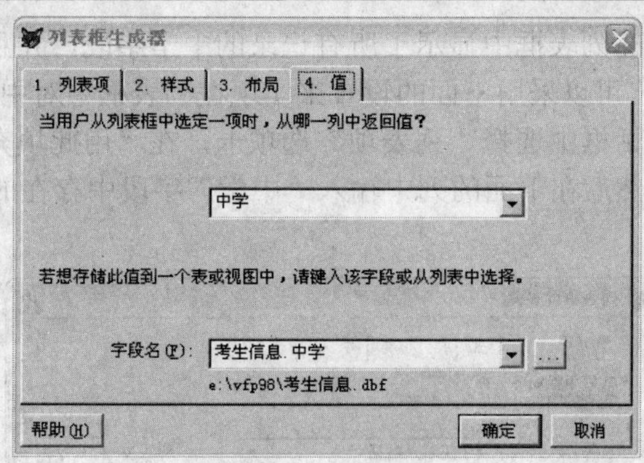

图 9-55　列表框生成器对话框“值”选项卡

用户还可以在属性窗口中设置列表框的属性，列表框的主要属性如表 9-15 所示。

表 9-15　列表框的主要属性

属性	说明
ColumnCount	指定列表框的列数
RowSourceType	指明列表框中条目数据源的类型。类型为：0 无，由程序向列表框中添加内容、1 值、2 别名、3 SQL 语句、4 查询 、5 数值、6 字段、7 文件、8 结构、9 弹出式菜单
RowSource	指定列表框的条目数据源
ControlSource	可以指定一个字段或变量用以保存用户从列表框中选择的结果
List	用以存取列表框中数据条目的字符串数组
ListCount	指明列表框中数据条目的数目。该属性在设计时不可用，在运行时只读
Selected	指定列表框内的某个条目是否处于选定状态
MultiSelect	指定用户能否在列表框控件内进行多重选定。1 或.T.表示允许。默认值为 0，表示不允许

运行表单，得到如图 9-56 所示的效果。单击数据导航按钮，列表框中的值会跟随着显示。由于该列表框的列名是字段变量中学，存储变量也是中学，因此不会修改字段中的内容。

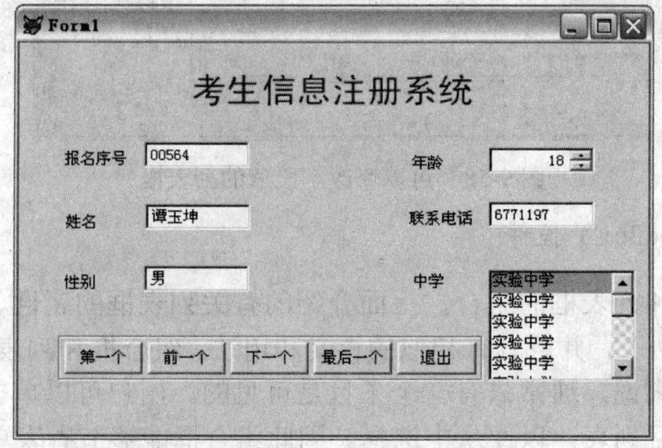

图 9-56　添加列表框的表单

在上面的例子中，在列表框中显示了所有记录的中学字段，并且用户还不能使用列表框进行修改字段值，用户可以采用下面的设置来实现在列表框中对中学字段的值进行修改。在“列表框生成器”对话框中选择“列表项”选项卡，在“用此填充列表”下拉列表中选择“手工输入数据”，然后在下面的列中输入“中学”字段中存在的中学名称，如图 9-57 所示。

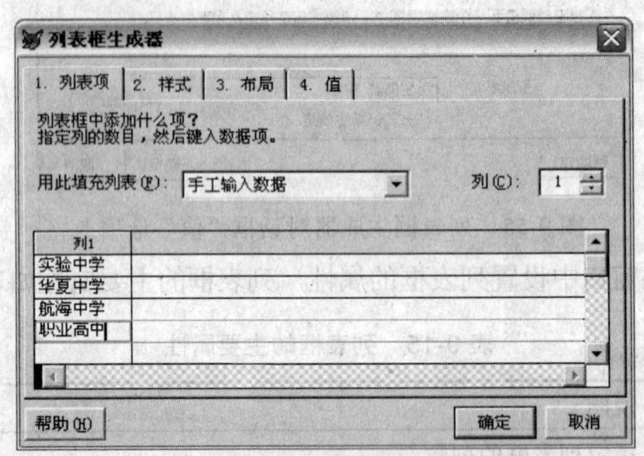

图 9-57 设置手工输入数据

在“列表框生成器”对话框中选择“值”选项卡，设置列表框的条目数据源为列 1，设置保存从列表框中选择结果的字段为“考生信息.中学”，运行该表单，效果如图 9-58 所示。这样用户再单击数据导航按钮，列表框中的值会跟随着显示，如果需要修改，则可以在列表中选择一个，这样就自动给“中学”字段赋予了一个新值，从而实现用列表框选项值来改变字段的操作。

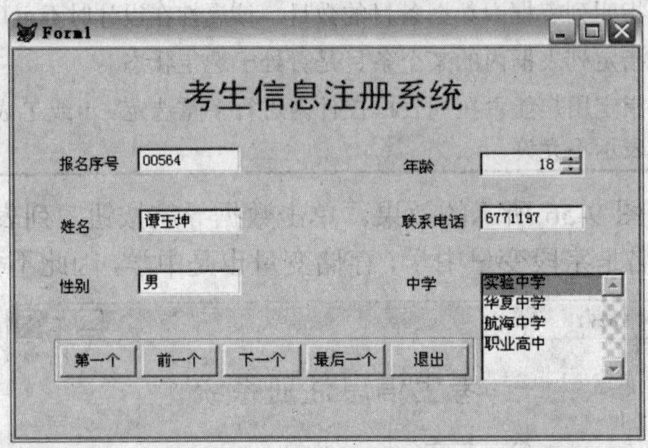

图 9-58 可以修改字段值的列表框

2. 组合框（ComboBox）控件

组合框是文本框和列表框的组合，上面介绍的有关列表框的属性、方法，组合框同样具有（除 MultiSelect 外），并且具有相似的含义和用法。组合框和列表框的主要区别在于：

- 对于组合框来说，通常只有一个条目是可见的。用户可以单击组合框上的下箭头按钮打开条目列表，以便从中选择。因此组合框能够节省表单里的显示空间。
- 组合框不提供多重选择的功能，没有 MultiSelect 属性。

- 组合框有两种形式，即下拉组合框和下拉列表框。通过设置Style属性可选择想要的形式：Style属性值为0时设置为下拉组合框，Style属性值为2时设置为下拉列表框。下拉组合框既可以输入数据也可以显示数据，下拉列表则只能显示数据。

例如，这里将考生注册系统表单中的中学列表框设计为下拉组合框。首先将列表框删除，然后单击“表单控件”工具栏中的组合框，在表单中单击鼠标，得到组合框控件。在组合框上右击，打开“组合框生成器”对话框。在“组合框生成器”对话框的“列表项”选项卡中设置列表的填充字段为“考生信息.中学”，在“值”选项卡中设置列表框的条目数据源为中学，设置保存从列表框中选择结果的字段为“考生信息.中学”。在“样式”选项卡中选择样式为“下拉组合框”，如图9-59所示。

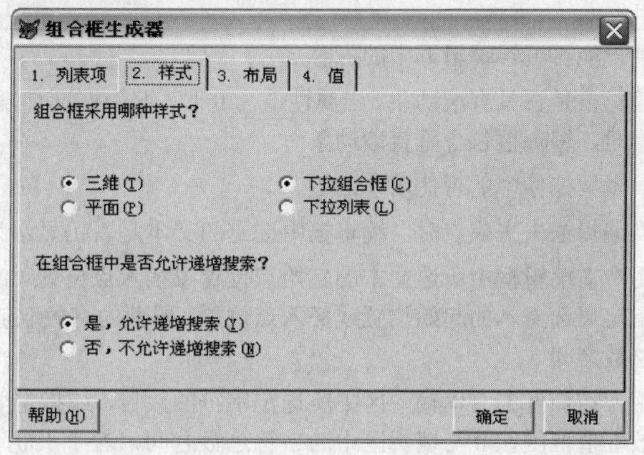

图9-59　组合框生成器对话框“样式”选项卡

运行表单后效果如图9-60所示。如果要修改某一个记录的中学字段值，可以在组合框中单击右边的向下箭头，在列表中选择一个，也可以直接在组合框中输入班级字段。

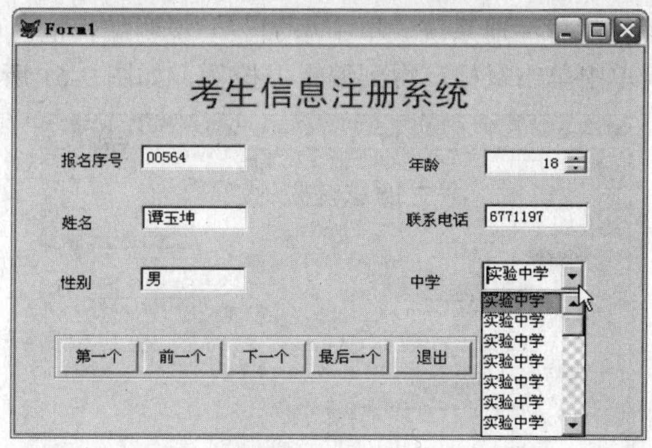

图9-60　添加组合框的表单

如果在“组合框生成器”对话框中的“样式”选项卡中选择样式为“下拉列表”，则设计的组合框为下拉列表框，在下拉列表框中不能输入数据。

3. 编辑框（EditBox）控件

与文本框一样，编辑框的主要功能也是显示文本。但它有自己的特点：

- 编辑框实际上是一个完整的字处理器，利用它能够选择、剪切、粘贴以及复制文本；可以实现自动换行；能够有自己的垂直滚动条；可以用方向键在正文里面移动光标。
- 编辑框只能输入、编辑字符型数据，包括字符型内存变量、数组元素、字段以及备注字段里的内容。

前面介绍的有关文本框的有关属性（不包括 PasswordChar、lnputMask 属性）对编辑框同样适用。编辑框的主要属性如表 9-16 所示。

表 9-16　编辑框的主要属性

属性	说明
Readonly	指定用户能否编辑编辑框中的内容
ScrollBars	指定编辑框是否具有滚动条。当属性值为 0 时，编辑框没有滚动条；当属性值为 2（默认值）时，编辑框包含垂直滚动条
AllowTabs	指定编辑框控件中能否使用 Tab 键
HideSelection	指定当编辑框失去焦点时，编辑框中选定的文本是否仍显示为选定状态。
SelStart	返回用户在编辑框中所选文本的起始点位置或插入点位置（没有文本选定时）。也可用以指定要选文本的起始位置或插入点位置。属性的有效取值范围在 0 与编辑区中的字符总数之间
SelLength	返回用户在控件的文本输入区中所选定字符的数目，或指定要选定的字符数目。属性的有效取值范围在 0 与编辑区中的字符总数之间，若小于 0，将产生一个错误 该属性在设计时不可用，在运行时可读写
SelText	返回用户编辑区内选定的文本，如果没有选定任何文本，则返回空串。
ControlSource	为文本框指定一个字段或内存变量

例如，在前面的考生信息注册系统表单中添加一个说明编辑框。单击“表单控件”工具栏中的编辑框，在表单中单击鼠标，得到编辑框控件，如图 9-61 所示。

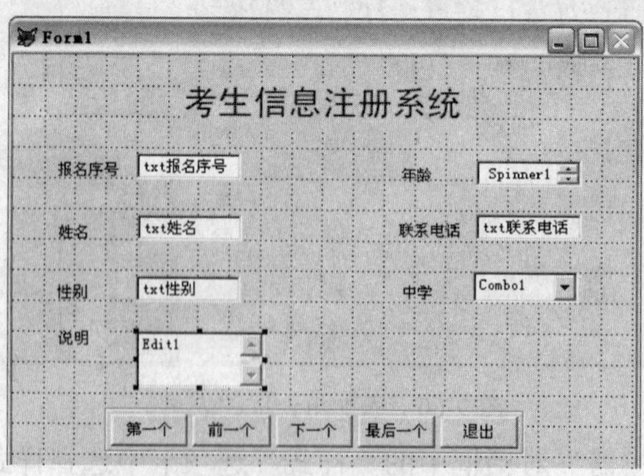

图 9-61　在表单中添加编辑框控件

在编辑框上右击，打开“编辑框生成器”对话框。在“编辑框生成器”对话框的“格式”选项卡中用户可以根据需要设置格式选项，如图 9-62 所示。在“样式”选项卡中设置编辑框的样式，在“值”选项卡中设置字段名称为“考生信息.备注”。

运行表单后的效果如图 9-63 所示。用户可以看到，备注字段的信息可以在编辑框中显示，用户还可以在编辑框中修改备注字段的信息。

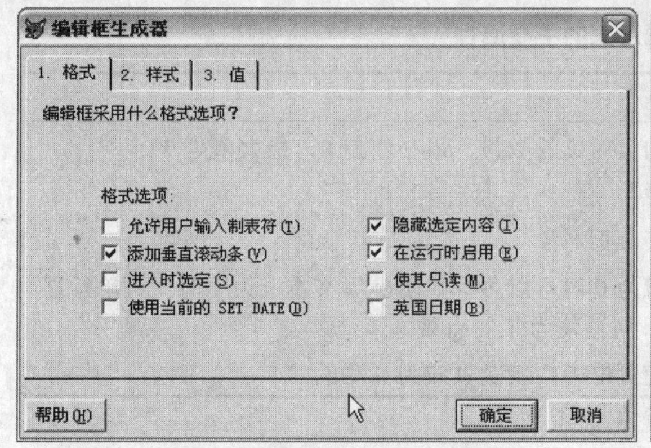

图 9-62　编辑框生成器对话框“格式”选项卡

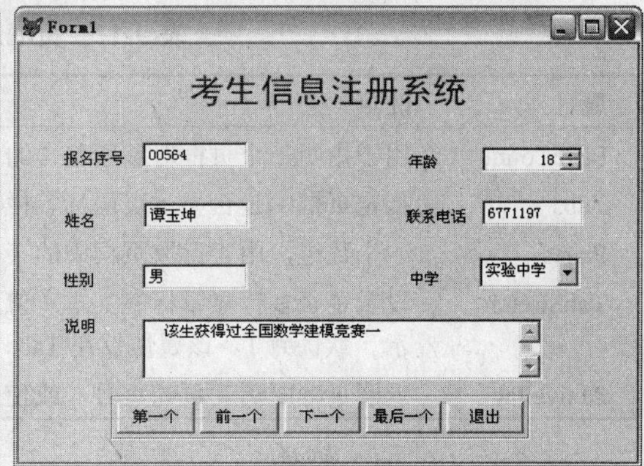

图 9-63　运行带编辑框表单的效果

4. 页框（PageFrame）控件

页框是包含页面（Page）的容器对象，而页面本身也是一种容器，它可以包含其他控件。利用页框、页面和相应的控件可以构建选项卡对话框。

如果要向表单中添加页框控件，单击“表单控件”工具栏中的页框，在表单中单击鼠标，即可得到页框控件，如图 9-64 所示。

默认情况下，添加的页框包含两个页面，它们的标签文本分别是 Pagel 和 Page2（与它们的对象名称相同）：用户可以通过设置页框的 PageCount 属性重新指定页面数目，例如这里设置 PageCount 的值为 3。如果要往页框的某页面中添加控件，则应该使该页面成为活动页面。用鼠标右击页框，在弹出的快捷菜单中选择“编辑”命令，然后再单击相应页面的标签，可以使该页面成为当前页面，也可以从属性窗口的对象框中直接选择相应的页面，这时页框四周出现粗框。通过设置页面的 Caption 属性可以重新指定页面的标签文本，这里将第一个页面的标题设置为“教师基本信息”，第二个页面标题设置为“教师课时分布”，第三个页面标题设置为“教师工资”。在页面中添加其他控件的设计和在表单中相同，运行后的页框表单效果如图 9-65 所示。

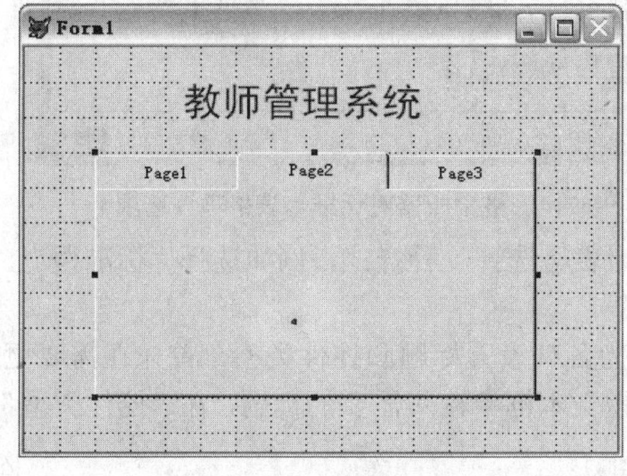

图 9-64　在表单中添加页框

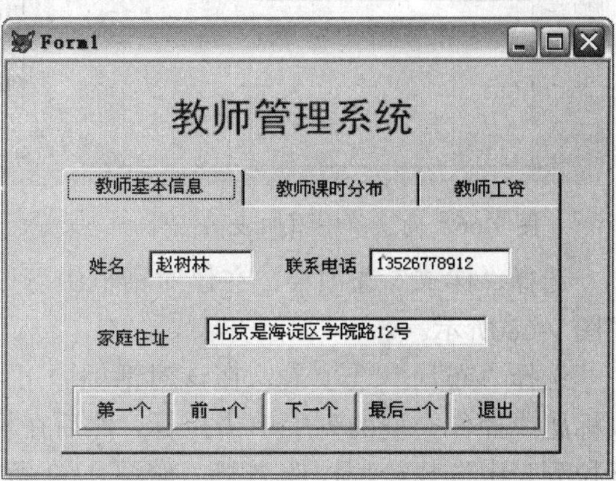

图 9-65　运行带编辑框表单的效果

使用页框所涉及的主要属性是 PageCount 属性和页面的 Caption 属性，使用页框可以很好地进行分类管理。页框对象的主要属性如表 9-17 所示。

表 9-17　页框对象的主要属性

属性	说明
PageCount	用于指明一个页框对象所包含的页对象的数量，最小值是 0，最大值是 99
Tabs	指定页框中是否显示页面标签栏
Pages	一个数组，用于存取页框中的某个页对象
TabStretch	设置是否多行显示标签文本。值为 0 时可以多行显示标签文本；为 1 时仅可单行显示。默认为 1。该属性仅在 Tabs 属性值为.T.时有效
ActivePage	返回页框中活动页的页号，或使页框中的指定页成为活动的

5. 表格（Grid）控件

表格是一种容器对象，其外形与 Browse 窗口相似，按行和列的形式显示数据。一个表格对象由若干列对象（Column）组成，每个列对象包含一个标头对象（Header）和若干控件。表格、列、标头和控件都有自己的属性、事件和方法。

如果要向表单中添加表格控件，单击“表单控件”工具栏中的页框，在表单中单击鼠标，即可得到页框控件，如图 9-66 所示。

在表格上右击，在快捷菜单中选择“生成器”命令，打开“表格生成器”对话框。选择“表格项”选项卡，在该对话框中用户可以选择在表格控件中显示的字段，首先在“数据库和表”列表中选中一个自由表或者一个数据库，然后从一个表中选择字段，如图 9-67 所示。

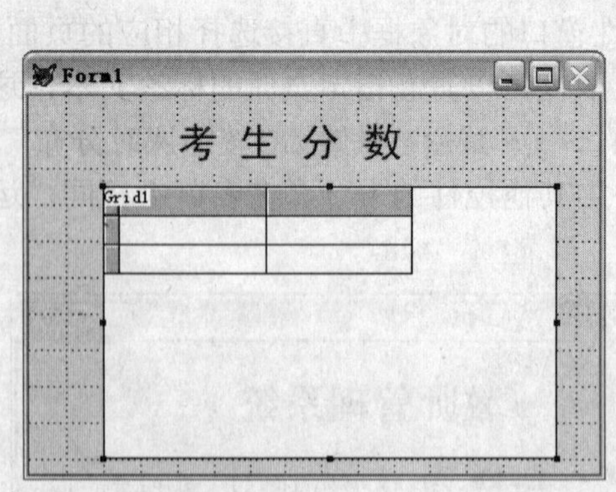

图 9-66　向表单中添加表格控件

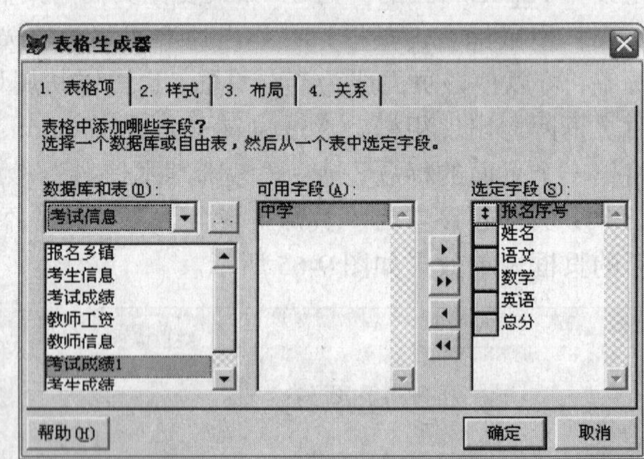

图 9-67　表格生成器对话框“表格项”选项卡

选择“样式”选项卡，在该对话框中可以为表格选择一种样式，例如选择“标准型”，如图 9-68 所示。

选择“布局”选项卡，在该对话框中可以为各列设置标题和控件类型。首先在需要更改标题或控件类型的列上单击鼠标，然后在标题文本框中输入需要的标题，在“控件类型”下拉列表中选择一种控件类型，如图 9-69 所示。

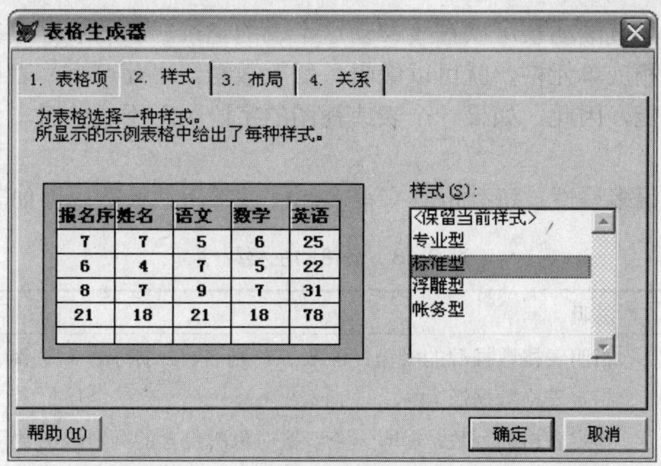

图 9-68　表格生成器对话框“样式”选项卡

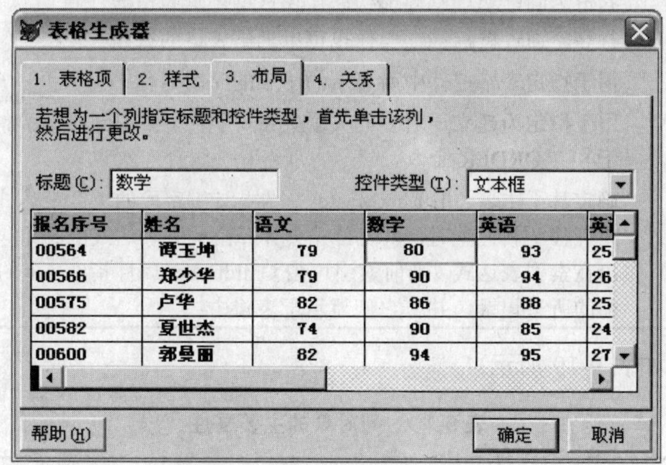

图 9-69　表格生成器对话框“布局”选项卡

设计完成后，运行表单，得到如图 9-70 所示的效果。

Form1

考 生 分 数

报名序号	姓名	语文	数学	英语	总分
00564	谭玉坤	79	80	93	252
00566	郑少华	79	90	94	263
00575	卢华	82	86	88	256
00582	夏世杰	74	90	85	249
00600	郭晏丽	82	94	95	271
00604	王飞跃	74	91	94	259
00616	轩秋月	[illegible]	89	91	256
00621	王文鹤	89	95	93	277
00626	符燕	68	91	91	250

图 9-70　带表格控间的表单运行效果

在表单上移动垂直滚动条可以直接移动这个表的记录。移动水平滚动条可以移动记录的各个字段。单击相应单元格，就可以编辑、修改数据。由此可见，表格具有数据导航和编辑修改字段的功能，因此，如果一个表或视图的字段类型不复杂时，使用表格控件就很方便，而且很实用。

表格控件具有很多属性，每列也具有很多属性，常用的表格属性如表 9-18 所示。

表 9-18　表格的主要属性

属性	说明
RecordSourceType	指明表格数据源的类型：0 表、1 别名、2 提示、3 查询、4 SQL 语句
RecordSource	指定表格数据源
ColumnCount	指定表格的列数，也即一个表格对象所包含的列对象的数目。该属性的默认值为-1，此时表格将创建足够多的列来显示数据源中的所有字段
HeaderHeight	表格头高。通过鼠标拖动操作也可以调整表格的行高
RowHeight	行高。通过鼠标拖动操作也可以调整表格的行高
LinkMaster	用于指定表格控件中所显示的子表的父表名称
ChildOrder	用于指定为建立一对多的关联关系，子表所要用到的索引。该属性的作用类似于 SET ORDER 命令
RelationalExpr	确定基于主表（由 LinkMaster 属性指定）字段的关联表达式。当主表中的记录指针移至新位置时，系统首先会计算出关联表达式的结果，然后再从子表中找出在索引表达式（当前索引可由 ChildOrder 属性指定）上的取值与该结果相匹配的所有记录，并将它们显示于表格中

常用的列属性如表 9-19 所示。

表 9-19　列对象的主要属性

属　性	说　明
ControlSource	指定要在列中显示的数据源，常见的是表中的一个字段
CurrentControl	指定列对象中的一个控件，该控件用以显示和接收列中活动单元格的数据。列中非活动单元格的数据将在缺省的 TextBox 中显示。在默认情况下，表格中的一个具体列对象包含一个标头对象（名称为 Headerl）和一个文本框对象（名称为 Textl），而 Current Control 属性的默认值就是文本框 Textl
Width	列宽
Sparse	用于确定 Current Control 属性是影响列中的所有单元格还是只影响活动单元格

如果在表单上建立了两个表格，这两个表格如果关联，用户还可以为它们建立关系。

首先在表单上设计两个表格，一个是考生成绩表格，一个是考生信息表格，如图 9-71 所示。在考生成绩表格上右击，在快捷菜单中选择“生成器”命令，打开“表格生成器”对话框。选择“关系”选项卡，在对话框中设置父子表关系，如图 9-72 所示。在“父表中的关键字段”下拉列表中选择一个关键字段，如选择“考生信息.报名序号”，在“子表中的相关索引”下拉列表中选择关键字段，如选择当前表的报名序号字段。然后再按照类似的方法继续设置考生信息表的父子表关键字。

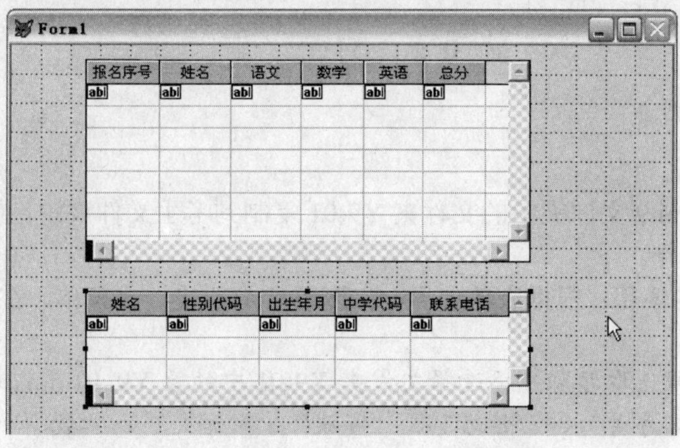

图 9-71　在表单中添加两个表格控件

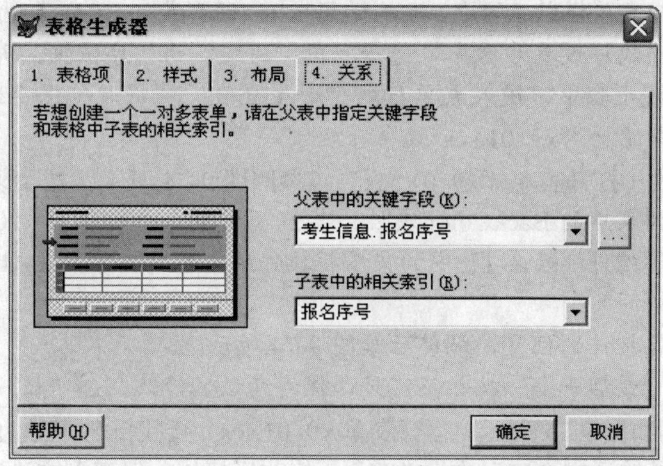

图 9-72　设置两个表格控件之间的关系

运行表单后，效果如图 9-73 所示。可以看出，单击考生成绩表中的记录，在考生信息表中就显示与成绩表中相关的记录。

图 9-73　带关系表格表单运行效果

9.4 习　　题

习题 1：

将习题素材 Unit9 文件夹中的文件夹 Y9-01 复制到考生文件夹中，重命名为“X9-01”，按要求完成下列操作。

1．**表单向导的使用**：根据表单向导，按以下要求新建一个表单，在表单向导中完成如下操作：

- 在字段选取步骤中，选择文件夹 X9-01 中的表 Y9_01.dbf，并选取表中的字段“报名序号”、“姓名”、“民族”、“语文”、“数学”、“政治”、“历史”、“体育”；
- 在选择表单样式步骤中，表单样式选择“阴影式”，按钮类型选择“文本按钮”；
- 在排序次序设置步骤中，选择字段“语文”为排序依据，并设置为“降序”；
- 在完成步骤中，键入表单标题“考生分数”；将表单保存到考文件夹 X9-01 中并命名为“x9_01.scx”。

2．**表单的修改**　打开表单“x9_01.scx”，参照图 9-74 所示，按要求修改表单：

- 修改该表单的 BackColor 属性，其值修改为（200，200，200）；
- 把容器控件“姓名 1”中的文本框控件的文本对齐方式（Aligment 属性）设置为“中间”；
- 调整各控件的位置，调整后如图 9-74 所示；
- 设置“最后一个”按钮不可见，保存所做的修改。

3．**运行表单**：如图 9-75 所示，运行表单 x9_01.scx，查找报名序号为“07054”的记录，修改该记录的语文“67”改为“87”；修改后拷屏，保存到文件夹 X9-01 下并命名为 x9_01.bmp。

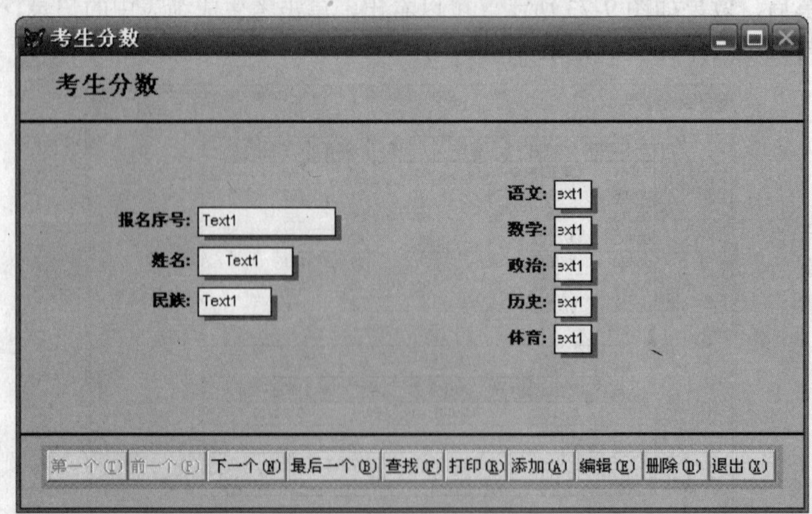

图 9-74

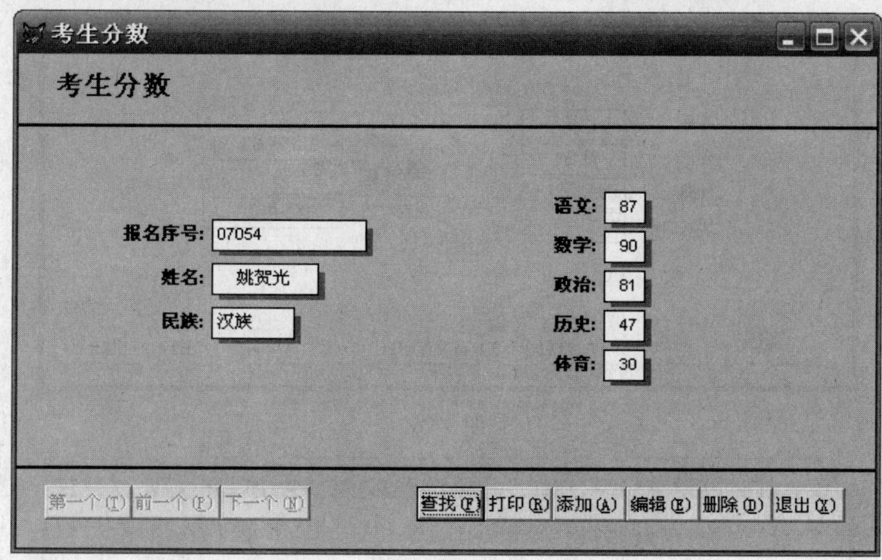

图 9-75

习题 2:

将习题素材 Unit9 文件夹中的文件夹 Y9-02 复制到考生文件夹中，重命名为“X9-02”，按要求完成下列操作。

1. **表单向导的使用**：根据表单向导，按以下要求新建一个表单，在表单向导中完成如下操作：
   - 在字段选取步骤中，选择文件夹 X9-02 中的表 Y9_02.dbf，并选取表中的字段“序号”、“姓名”、“性别”、“民族代码”、“出生年月”、“中学代码”、“联系电话”；
   - 在选择表单样式步骤中，表单样式选择“标准式”，按钮类型选择“文本按钮”；
   - 在排序次序设置步骤中，选择字段“出生年月”为排序依据，并设置为“降序”；
   - 在完成步骤中，键入表单标题“基本信息”；将表单保存到考文件夹 X9-02 中并命名为“x9_02.scx”。
2. **表单的修改**　打开表单“x9_02.scx”，参照图 9-76 所示，按要求修改表单：
   - 修改该表单的 BackColor 属性，其值修改为（235，235，235）；
   - 要求所有文本框的文本对齐方式（Aligment 属性）设置为“中间”；
   - 调整各控件的位置，调整后如图 9-76 所示；
   - 设置“打印”按钮不可见，保存所做的修改。
3. **运行表单**：如图 9-77 所示，运行表单 x9_02.scx，查找姓名为“陈景玉”的记录，修改该记录的电话号码“0266635504”为“0266791918”；修改后拷屏，保存到文件夹 X9-02 下并命名为 x9_02.bmp。

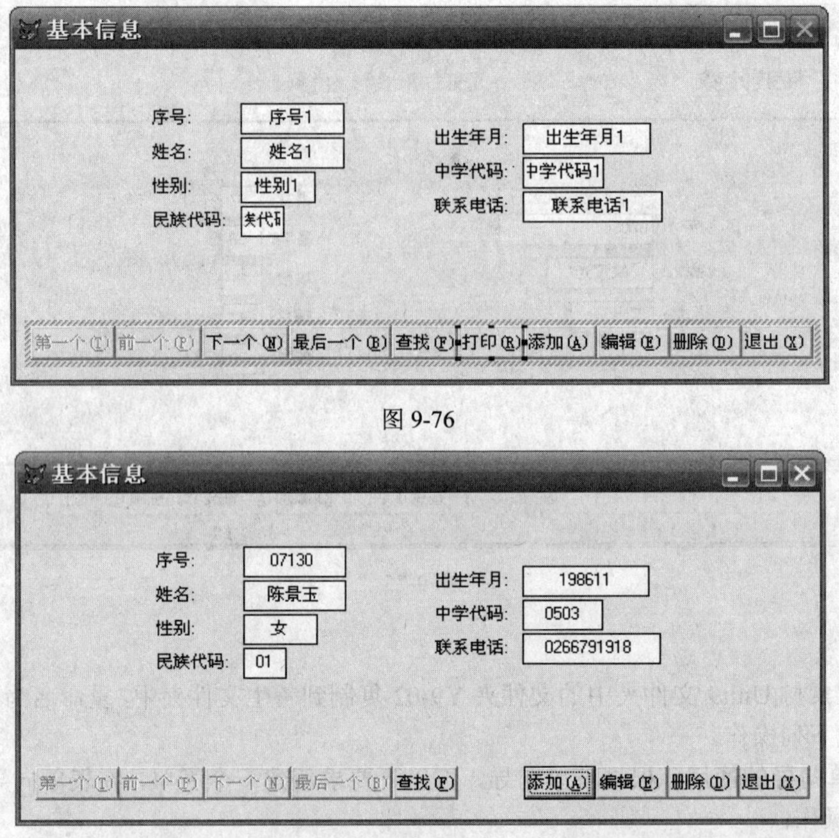

图 9-76

图 9-77

习题 3：

将习题素材 Unit9 文件夹中的文件夹 Y9-03 复制到考生文件夹中，重命名为“X9-03”，按要求完成下列操作。

1．**表单向导的使用**：根据表单向导，按以下要求新建一个表单，在表单向导中完成如下操作：

- 在字段选取步骤中，选择文件夹 X9-03 中的表 Y9_03.dbf，并选取表中的字段“考号”、“姓名”、“性别”、“批次”、“第几志愿”、“院校代号”、“院校名称”；
- 在选择表单样式步骤中，表单样式选择“新奇式”，按钮类型选择“文本按钮”；
- 在排序次序设置步骤中，选择字段“考号”为排序依据，并设置为“降序”；
- 在完成步骤中，键入表单标题“考生志愿”；将表单保存到考文件夹 X9-3 中并命名为“x9_03.scx”。

2．**表单的修改**：打开表单“x9_03.scx”，参照图 9-78 所示，按要求修改表单：

- 修改该表单的 BackColor 属性，其值修改为（64，128，128）；
- 把容器控件“性别 1”中的文本框控件的文本对齐方式（Aligment 属性）设置为“中间”；

- 调整各控件的位置，调整后如图 9-78 所示；
- 设置“退出”按钮不可见，保存所做的修改。

3．**运行表单**：如图 9-79 所示，运行表单 x9_03.scx，查找考号为“1056”的记录，修改该记录的姓名“王娟”为“王秀娟”；修改后拷屏，保存到文件夹 X9-03 下并命名为 x9_03.bmp。

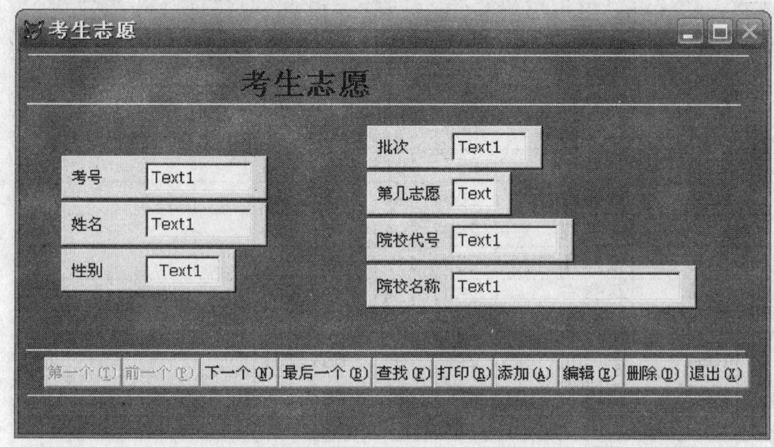

图 9-78

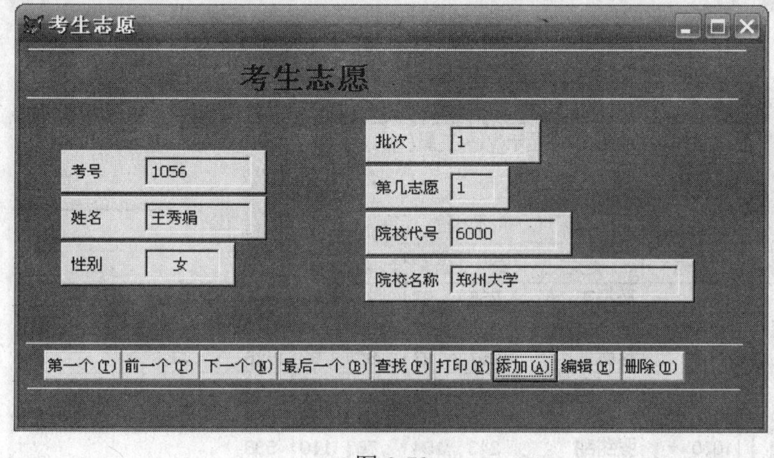

图 9-79

习题 4：

将习题素材 Unit9 文件夹中的文件夹 Y9-04 复制到考生文件夹中，重命名为“X9-04”，并按以下要求完成操作。

- 本题要求使用命令方式完成各技能点的操作；
- 建立文本文件 x9_04.txt，保存至文件夹 X9-04；
- 本题操作完成后，将命令窗口中的全部操作命令复制至 x9_04.txt 中并保存。

1．**打开、浏览表（USE、BROWSE 命令）：**

- 以独占方式打开表 Y9_04.dbf；
- 浏览表，并要求显示在浏览窗口中的字段如图 9-80 所示。

2. **导出为其它文件类型**：把表 Y9_04.dbf 导出为“Microsoft Excel 5.0（XLS）”类型，到文件夹 X9-04 中，并命名为 x9_04.xls。

3. **替换字段（REPLACE 命令）**：计算出所有记录的“总分”字段的值（总分是综合、语文、数学、外语的和），结果如图 9-81 所示。

Y9_04

考号	姓名	综合	语文	数学	外语	总分
1000	高振杰	266	97	93	90	
1005	张书香	229	97	106	98	
1006	蒋春丽	257	97	82	92	
1008	马增昭	257	101	106	98	
1028	张建辉	265	94	97	88	
1030	张甜甜	243	104	76	110	
1035	张帅伟	259	115	105	87	
1044	马晓宇	250	124	113	130	
1047	李嘉男	224	103	80	107	
1054	李风光	244	94	86	101	
1055	李国辉	256	95	93	94	
1056	王娟	251	86	81	96	
1057	邓飞	245	99	100	108	

图 9-80

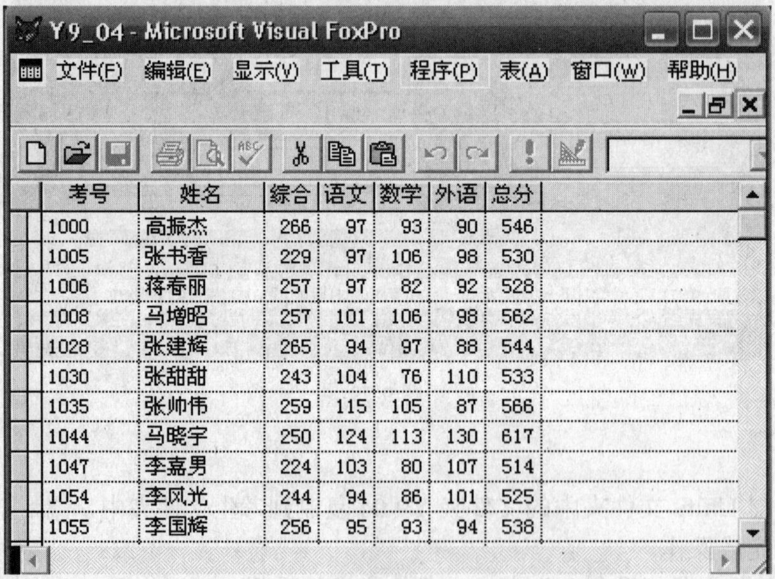

Y9_04 - Microsoft Visual FoxPro

文件(F) 编辑(E) 显示(V) 工具(T) 程序(P) 表(A) 窗口(W) 帮助(H)

考号	姓名	综合	语文	数学	外语	总分
1000	高振杰	266	97	93	90	546
1005	张书香	229	97	106	98	530
1006	蒋春丽	257	97	82	92	528
1008	马增昭	257	101	106	98	562
1028	张建辉	265	94	97	88	544
1030	张甜甜	243	104	76	110	533
1035	张帅伟	259	115	105	87	566
1044	马晓宇	250	124	113	130	617
1047	李嘉男	224	103	80	107	514
1054	李风光	244	94	86	101	525
1055	李国辉	256	95	93	94	538

图 9-81

4. **记录的排序和筛选（SORT、SET FILTER TO 命令）**：

- 将 Y9_04.dbf 中所有记录按“总分”字段降序、“综合”字段升序排序，生成新文件 x9_04A.dbf 到文件夹 X9-04 中；
- 筛选“语文”字段大于 100 的记录，然后生成新文件 x9_04B.dbf 到文件夹 X9-04 中。

5．**删除记录（DELETE、 RECALL、PACK 命令）**：

- 逻辑删除 Y9_04.dbf 中语文字段大于 105 的记录；
- 清除 Y9_04.dbf 中“数学”字段值小于 110 的记录的删除标记；
- 物理删除带删除标记的所有记录。

习题 5：

将习题素材 Unit9 文件夹中的文件夹 Y9-05 复制到考生文件夹中，重命名为“X9-05”，并按以下要求完成操作。

- 本题要求使用命令方式完成各技能点的操作；
- 建立文本文件 x9_05.txt，保存至文件夹 X9-05；
- 本题操作完成后，将命令窗口中的全部操作命令复制至 x9_05.txt 中并保存。

1．**打开、浏览表（USE、BROWSE 命令）**：

- 以独占方式打开表 Y9_05.dbf；
- 浏览表，并要求显示在浏览窗口中的字段如图 9-82 所示。

Y9_05

序号	姓名	性别	出生年月	中学代码
00490	高现伟	男	198610	1802
00564	谭玉坤	男	198802	1801
00566	郑少华	男	198802	1801
00575	卢华	男	198809	1801
00582	夏世杰	男	198607	1801
00600	郭曼丽	女	198810	1801
00604	王飞跃	女	198802	1801
00616	轩秋月	女	198808	1801
00621	王文鹤	女	198704	1801
00626	符燕	女	198802	1801

图 9-82

2．**导出为其它文件类型**：把表 Y9_05.dbf 导出为“Microsoft Excel 5.0（XLS）”类型，到文件夹 X9-05 中，并命名为 x9_05.xls。

3．**替换字段（REPLACE 命令）**：把所有“中学代码”字段值为“1801”的记录“中学代码”字段的值替换为“3801”，结果如图 9-83 所示。

Y9_05

序号	姓名	性别	出生年月	中学代码
00490	高现伟	男	198610	1802
00564	谭玉坤	男	198802	3801
00566	郑少华	男	198802	3801
00575	卢华	男	198809	3801
00582	夏世杰	男	198607	3801
00600	郭曼丽	女	198810	3801
00604	王飞跃	女	198802	3801
00616	轩秋月	女	198808	3801
00621	王文鹤	女	198704	3801
00626	符燕	女	198802	3801

图 9-83

4. **记录的排序和筛选（SORT、SET FILTER TO 命令）：**
   - 将 Y9_05.dbf 中所有记录按“出生年月”字段升序、“序号”字段降序排序，生成新文件 x9_05A.dbf 到文件夹 X9-05 中；
   - 筛选“性别”字段的值为“男”的记录，然后生成新文件 x9_05B.dbf 到文件夹 X9-05 中。
5. **删除记录（DELETE、 RECALL、PACK 命令）：**
   - 逻辑删除 Y9_05.dbf 中“中学代码”字段的值为“2003”的记录；
   - 清除 Y9_05.dbf 中“性别”字段值为“女”的记录的删除标记；
   - 物理删除带删除标记的所有记录。

习题 6：

将习题素材 Unit9 文件夹中的文件夹 Y9-06 复制到考生文件夹中，重命名为“X9-06”，并按以下要求完成操作。

- 本题要求使用命令方式完成各技能点的操作；
- 建立文本文件 x9_06.txt，保存至文件夹 X9-06；
- 本题操作完成后，将命令窗口中的全部操作命令复制至 x9_06.txt 中并保存。

1. **打开、浏览表（USE、BROWSE 命令）：**
   - 以独占方式打开表 Y9_06.dbf；
   - 浏览表，并要求显示在浏览窗口中的字段如图 9-84 所示。

Y9_06

报名序号	姓名	出生日期	性别	类别	民族
10004	马增昭	19850401	男	3	汉
10027	王新威	19811002	男	4	汉
10030	王喜玲	19830120	女	3	回
10031	何慧霞	19841027	女	3	汉
10069	张挺	19851017	男	1	汉
10073	王春亢	19841227	男	4	汉
10074	孙金辉	19860218	男	4	汉
10085	张富山	19831004	男	3	汉
10092	王岱	19881110	男	1	回
10104	王连举	19841204	男	3	汉
10117	章保见	19841124	男	4	汉
10120	张书香	19840227	女	3	汉
10134	王爱青	19840516	女	3	汉

图 9-84

2. **导出为其它文件类型：**把表 Y9_06.dbf 导出为“Microsoft Excel 5.0（XLS）”类型，到文件夹 X9-06 中，并命名为 x9_06.xls。
3. **替换字段（REPLACE 命令）：**把所有“类别”字段值为“3”的记录“类别”字段的值替换为“农村应届”，结果如图 9-85 所示。
4. **记录的排序和筛选（SORT、SET FILTER TO 命令）：**
   - 将 Y9_06.dbf 中所有记录按“出生日期”字段降序、“性别”字段降序排序，生成新文件 x9_06A.dbf 到文件夹 X9-06 中；

- 筛选“民族”字段的值为“回”的记录，然后生成新文件 x9_06B.dbf 到文件夹 X9-06 中。

Y9_06

报名序号	姓名	出生日期	性别	类别	民族
10004	马增昭	19850401	男	农村应届	汉
10027	王新威	19811002	男	4	汉
10030	王喜玲	19830120	女	农村应届	回
10031	何慧霞	19841027	女	农村应届	汉
10069	张挺	19851017	男	1	汉
10073	王春亢	19841227	男	4	汉
10074	孙金辉	19860218	男	4	汉
10085	张富山	19831004	男	农村应届	汉
10092	王岱	19881110	男	1	回
10104	王连举	19841204	男	农村应届	汉
10117	章保见	19841124	男	4	汉
10120	张书香	19840227	女	农村应届	汉
10134	王爱青	19840516	女	农村应届	汉

图 9-85

5. 删除记录（DELETE、 RECALL、PACK 命令）：
   - 逻辑删除 Y9_06.dbf 中“类别”字段的值为“4”的记录；
   - 清除 Y9_06.dbf 中“性别”字段值为“女”的记录的删除标记；
   - 物理删除带删除标记的所有记录。